高等学校计算机类系列教材

离散数学

（第二版）

刘丽珏　费洪晓　编著

西安电子科技大学出版社

内 容 简 介

本书系统地介绍了离散数学的理论与方法。全书共十章，包括数论、数理逻辑、集合论、图论、代数系统等基本知识，以及相应的应用。

本书内容丰富，叙述深入浅出，可作为高等学校计算机科学与技术、软件工程等计算机类专业的专业基础课教材，也可作为相关技术人员的参考书。

图书在版编目(CIP)数据

离散数学/刘丽珏，费洪晓编著. —2版. —西安：西安电子科技大学出版社，2021.12(2022.4重印)
ISBN 978-7-5606-6259-6

Ⅰ. ①离… Ⅱ. ①刘… ②费… Ⅲ. ①离散数学 Ⅳ. ①O158

中国版本图书馆CIP数据核字(2021)第245191号

策划编辑 李惠萍
责任编辑 王 瑛
出版发行 西安电子科技大学出版社(西安市太白南路2号)
电　　话 (029)88202421 88201467 邮　　编 710071
网　　址 www.xduph.com 电子邮箱 xdupfxb001@163.com
经　　销 新华书店
印刷单位 咸阳华盛印务有限责任公司
版　　次 2021年12月第2版 2022年4月第2次印刷
开　　本 787毫米×1092毫米 1/16 印张 18.5
字　　数 437千字
印　　数 101～1100册
定　　价 43.00元
ISBN 978-7-5606-6259-6/O
XDUP 6561002-2

前　言

“离散数学”是专门研究离散量的结构和相互间关系的数学学科，是现代数学的重要分支。由于计算机只能处理离散的或离散化了的数量关系，因此，无论是计算机科学本身，还是与计算机科学及其应用密切相关的现代科学研究领域，都需要对离散结构建立相应的数学模型，或将已用连续数量关系建立起来的数学模型离散化，从而由计算机加以处理。

离散数学形成于20世纪70年代初期，随着计算机科学的发展而逐步建立，并随着计算机应用的日益广泛而不断地扩充与更新，它是计算机科学中基础理论的核心课程，是计算机类专业最重要的专业基础课之一。离散数学的基本概念、基本思想和方法与计算机科学中的高级语言程序设计、数据结构、操作系统、算法设计与分析、编译理论、计算机网络、逻辑设计、系统结构、数据库原理与技术、容错诊断、编码理论、人工智能、机器定理证明、信息安全学等课程联系紧密，广泛用于计算机电路设计、计算机系统设计、软件工程、人工智能等方面，是从事计算机硬件与软件设计、研究、应用的专业人员必须掌握的基础知识。我们根据多年的教学实践，编写了这本适用于理工科院校计算机类专业的离散数学教材，本书也可供从事计算机工作的科研人员、工程技术人员及其他有关人员参考。

本书在内容编写上具有以下特点：

(1) 重点选择了离散数学最核心、最基础的内容，并在阐述时力求严谨，推演时务求详尽。

(2) 突出了相关知识的应用，在介绍概念的背景和举例时，对部分内容在计算机与软件工程中的应用作了介绍。

(3) 在图论部分的内容组织上，将无向图和有向图分开介绍，这对增强学生的理解大有帮助。

(4) 在介绍代数系统的基本内容时，特别强调了非常典型的、在计算机科学中应用极其广泛的“按模加”和“按素数模乘”这两个代数结构。

(5) 对数论的基础知识作了一定的介绍，这对本课程和后续课程的学习都大有帮助。

本书是在第一版的基础上修订而成的，主要内容与第一版的大致相同。本次修订工作主要包括:更正了部分错误，对习题进行了完善，尤其增加了一些与应用相关的习题，并提供了一些有代表性的习题的答案；在“数论”一篇中，增加了在数论方面做出卓越贡献的我国数学家的介绍，旨在让学生牢记先辈们的贡献，学习先辈们的精神；在“数理逻辑”一篇中，通过习题引入了对模糊逻辑的介绍；在“集合论”一篇中，加入了传递闭包的求解算法、拓扑排序等内容，并增加了“集合的计算机表示”和“n元关系与关系数据库”这两小节内容，同时在习题中引入了模糊集合的概念；在“图论”一篇中，添加了一些习题和例题，加强了对图的应用方面的描述，并增加了“图模型及其应用”一节内容。本书大部分习题较简单、基础，只要熟悉了书中的基本内容即可做出；少数习题难度较大，供对课程掌握情况较好的读者选做；还有部分习题需要编程解决，供计算机及相关专业人员选做。

本书由中南大学刘丽珏、费洪晓编著。中南林业科技大学朱明娥、中南大学沈海澜、中南大学漆华妹、湖南科技职业学院戴臻、湖南女子学院蒋翀参与了大纲的讨论及部分内容的编写工作。在本书的编写过程中，中南大学任胜兵、杨柳、胡琳、郑莹、曾妮、莫天池、陈力等师生提出了许多宝贵的意见，在此一并表示感谢。此外，在本书的编写过程中，编著者参考了大量的文献，在此也向这些文献的作者表示感谢。

由于计算机科学与技术发展迅速，加之编著者水平有限，书中不妥之处在所难免，恳请读者批评指正。

编著者

2021年9月

目　　录

第一篇　数　　论

第二篇　数 理 逻 辑

第三篇　集　合　论

第四篇 图 论

第五篇 代数系统

第一篇　数　论

初等数论是主要用算术方法研究整数性质的一个数学分支，它是数学中最古老的分支之一。

公元前300年前后，古希腊数学家欧几里得(Euclid)证明了素数的个数是无穷的，并给出了求两个正整数的最大公因子的算法。成书于公元四五世纪的《孙子算经》中给出了求一次同余方程组的公解的算法，即著名的孙子定理，国外把它称为中国剩余定理。17世纪到19世纪，费马(Fermat)、欧拉(Euler)、勒让德(Legendre)、高斯(Gauss)等人的工作大大发展和丰富了初等数论的内容。特别是1801年，Gauss出版了著名的*Disquisitiones Arithmeticae*一书，书中Gauss证明了互逆定理、原根存在的充要条件等重要结论。随着初等数论的不断发展，它的内容也越来越丰富，并促进了数学中新分支的发展。

近几十年来，初等数论在计算机科学、组合数学、代数编码、数字信号处理、信息安全学等领域得到了广泛的应用，而且许多数论中较深刻的结论也都得到了应用。

本篇介绍初等数论中最基础的内容：整除、最大公约数、素数的基本性质、同余、同余方程、二次剩余等，学习这些内容对计算机类专业的学生是非常有益的。一方面，这些内容的学习有助于加深学生对数的性质的了解，从而使其更加深入地理解某些其他邻近学科(包括离散数学的其他内容和计算机科学的其他学科)；另一方面，这些内容的学习有助于培养、训练学生严密的逻辑推理能力。

本篇还简要介绍了数论知识在计算机密码学中的应用。

第一章　数论基础

1.1　整数、整除和最大公约数

初等数论中很大一部分内容是研究整数的性质的，尤其是研究正整数的性质。所谓整数，乃指下列数之一：

$$\cdots,\ -2,\ -1,\ 0,\ 1,\ 2,\ \cdots$$

所谓正整数，乃指下列数之一：

$$1,\ 2,\ 3,\ 4,\ \cdots$$

另有非负整数，乃指下列数之一：

$$0,\ 1,\ 2,\ 3,\ 4,\ \cdots$$

显然，正整数和非负整数都是整数的一部分。

在本篇中，小写英文字母一律代表整数，除非有特别声明。

定义 1.1.1　设 a、b 是整数，若存在一个整数 d 使得 $b=ad$，则称 a(可)整除 b 或 b 可被 a 整除，记作 $a|b$，并称 a 为 b 的一个因子(或称为约数、因数)，b 为 a 的倍数；否则，称 a 不能整除 b 或 b 不能被 a 整除，记作 $a\nmid b$。

例 1.1.1　根据定义 1.1.1，有 $2|4$，$2\nmid 3$。

整除关系有如下重要性质。

(1) 对于任意的整数 a，皆有 $\pm1|a$，$\pm a|a$，$a|0$。

证明　由整除的定义直接可知。

因为对于任意的整数 a，皆有 $\pm1|a$ 和 $\pm a|a$，所以常称 ±1 和 $\pm a$ 为 a 的平凡因子。

【注】　*若 b 是 a 的因子，而 b 既不等于 ±1，也不等于 $\pm a$，则称 b 为 a 的非平凡因子(或真因子)。*

(2) 若 d 是 $a(a\neq0)$ 的非平凡因子，则

$$1<|d|<|a|$$

证明　显然成立。

(3) 若 $a|b$ 且 $b|c$，则 $a|c$。

证明　因为 $b|c$，所以存在 d' 使得 $c=d'b$。又因为 $a|b$，所以存在 d'' 使得 $b=d''a$。故

$$c=d'b=d'(d''a)=(d'd'')a$$

因为 $d'd''$ 是整数，所以由整除的定义知 $a|c$。

(4) 若 $d|a$ 且 $d|b$，则 $d|(a+b)$。

证明　已知 $d|a$ 且 $d|b$，则由整除的定义知存在整数 x_1 和 x_2，使得

$$a=dx_1,\ b=dx_2$$

从而有

$$a+b=d(x_1+x_2)$$

又因为 x_1+x_2 为整数，所以由整除的定义知 $d\mid(a+b)$。

(5) 若 $d\mid a$，则 $cd\mid ca$，特别地，$d\mid ca$，其中 c 为任意整数。

(6) 若 $d\mid a_1$，$d\mid a_2$，…，$d\mid a_n$，且 c_1，c_2，…，c_n是 n 个整数，则

$$d \mid \sum_{i=1}^{n} a_i c_i$$

性质(5)和性质(6)请读者自己证明。

定理 1.1.1 设 a 和 b 是任意两个整数，且 $b>0$，则存在唯一的一对整数 q 和 r，使得

$$a=qb+r \qquad (0\leqslant r<b)$$

式中：r 称为 b 除 a 所得的最小非负剩余(简称为余数)，用 $a \bmod b$ 表示；q 称为 b 除 a 的(不完全)商。

证明 (1) 存在性。

令 α 为一实数，用$[\alpha]$表示 α 的整数部分，即不超过 α 的最大整数，那么

$$[\alpha]\leqslant\alpha<[\alpha]+1$$

即

$$0\leqslant\alpha-[\alpha]<1$$

现取 $\alpha=\dfrac{a}{b}$，则有

$$0\leqslant\frac{a}{b}-\left[\frac{a}{b}\right]<1$$

从而有

$$0\leqslant a-b\left[\frac{a}{b}\right]<b$$

取 $q=\left[\dfrac{a}{b}\right]$，$r=a-b\left[\dfrac{a}{b}\right]$，立得

$$a=qb+r \qquad (0\leqslant r<b)$$

(2) 唯一性。

设 q、r 与 q_1、r_1是两对这样的商与余数，即

$$a=qb+r=q_1b+r_1 \qquad (0\leqslant r<b,\ 0\leqslant r_1<b)$$

故

$$b(q-q_1)=r_1-r$$

这说明 r_1-r 是 b 的倍数，但是

$$-b<r_1-r<b$$

所以，$r_1-r=0$，即 $b(q-q_1)=0$。

综上，有

$$q=q_1,\ r=r_1$$

当 $a \bmod b=0$，即 $b\mid a$ 时，则称 b 除 a 为零剩余。计算 $a \bmod b$ 也称 a 对 b 取模(或 a 对模 b 取余)，这一点在 1.3 节还要深入讨论。

定义 1.1.2 若 $d\mid a_1$，$d\mid a_2$，…，$d\mid a_n$，则称 d 为 a_1，a_2，…，a_n的公因子。

定义 1.1.3　设 d 是 $a_1, a_2, \cdots, a_n$ 的公因子，若对 $a_1, a_2, \cdots, a_n$ 的任一公因子 c 都有 $c \leqslant d$，则称 d 为 $a_1, a_2, \cdots, a_n$ 的最大公因子，记作 $d = \mathrm{GCD}(a_1, a_2, \cdots, a_n)$，或简单地记作 $d = (a_1, a_2, \cdots, a_n)$。

另常用 $\mathrm{LCM}(a_1, a_2, \cdots, a_n)$ 表示 $a_1, a_2, \cdots, a_n$ 的最小公倍数。

定义 1.1.4　若 $(a_1, a_2, \cdots, a_n) = 1$，则称 $a_1, a_2, \cdots, a_n$ 互素（也称互质）。如果 $a_1, a_2, \cdots, a_n$ 中的每一个数都与其他数互素，则称 $a_1, a_2, \cdots, a_n$ 是两两互素的。

例 1.1.2　根据定义，有 $(2, 3) = 1$，$(4, 6) = 2$，$(4, 6, 8) = 2$；而 3，4，5 是两两互素的。

最大公因子有下列性质。

(1) 若 $a|b$，则 $(a, b) = |a|$。

证明　由最大公因子的定义直接可知。

(2) 若 $(a, b) = d$，则 $\left(\frac{a}{d}, \frac{b}{d}\right) = 1$。

证明　显然 $\left(\frac{a}{d}, \frac{b}{d}\right) \geqslant 1$。令 $\left(\frac{a}{d}, \frac{b}{d}\right) = c$，则 $c \left| \left(\frac{a}{d}\right)\right.$ 且 $c \left| \left(\frac{b}{d}\right)\right.$。根据整除的性质(5)，有

$$cd|a \quad 且 \quad cd|b$$

即 cd 是 a 和 b 的公因子，所以 $cd \leqslant (a, b) = d$，这表明 $c \leqslant 1$。

综上，有

$$c = \left(\frac{a}{d}, \frac{b}{d}\right) = 1$$

(3) 若 $a = bq + r$，则 $(a, b) = (b, r)$。

证明　记 $d = (a, b)$，$c = (b, r)$。

一方面，由 $d|a$ 且 $d|b$ 可知 $d|(a - bq)$，即 $d|r$，从而 d 是 b 和 r 的公因子，所以 $d \leqslant c$。

另一方面，由 $c|b$ 且 $c|r$ 可知 $c|(bq + r)$，即 $c|a$，从而 c 是 a 和 b 的公因子，所以 $c \leqslant d$。

综上，有 $c = d$，也即 $(a, b) = (b, r)$。

性质(3)提示了一个求最大公因子的有效方法，即著名的 Euclid 算法（或称辗转相除法）。

定理 1.1.2（Euclid 算法）　若 a 和 b 是正整数，且

$$\begin{aligned}
a &= bq_1 + r_1 & (0 < r_1 < b) \\
b &= r_1 q_2 + r_2 & (0 < r_2 < r_1) \\
r_1 &= r_2 q_3 + r_3 & (0 < r_3 < r_2) \\
&\vdots \\
r_k &= r_{k+1} q_{k+2} + r_{k+2} & (0 < r_{k+2} < r_{k+1})
\end{aligned}$$

那么，当 k 足够大时，比如 $k = t$，有

$$r_t = r_{t+1} q_{t+2}$$

并且

$$(a, b) = r_{t+1}$$

证明　因为非负整数序列

$$b > r_1 > r_2 > r_3 > \cdots$$

必有终点，所以这些余数中最后将出现零。假定 $r_{t+2} = 0$，那么 $r_t = r_{t+1} q_{t+2}$。

由最大公因子的性质(3)可知

$$(a, b)=(b, r_1)=(r_1, r_2)=(r_2, r_3)=\cdots=(r_t, r_{t+1})=r_{t+1}$$

例 1.1.3 用 Euclid 算法计算(343, 280)的过程如下：

① 343＝280×1＋63

② 280＝63×4＋28

③ 63＝28×2＋7

④ 28＝7×4

所以，(343, 280)＝(280, 63)＝(63, 28)＝(28, 7)＝7。

【注】 由$(a, b)=(-a, b)=(a, -b)=(-a, -b)$可知，当 a 和 b 中有一个或两个都是负数时，仍可利用 Euclid 算法求得(a, b)。

定理 1.1.3 对于任意整数 a 和 b，必存在整数 x 和 y，使得

$$ax+by=(a, b)$$

证明 可用多种方法来证明此定理，下面介绍两种。

证法一：根据 Euclid 算法，有

$$(a, b) = r_{t+1} = r_{t-1} + r_t(-q_{t+1}) \tag{1.1.1}$$

它将 r_{t-1} 和 r_t 用整系数组合起来表示了(a, b)。又因为

$$r_{t-2}=r_{t-1}q_t+r_t$$

所以

$$r_t=r_{t-2}+r_{t-1}(-q_t)$$

将其代入式(1.1.1)，得

$$(a, b)=r_{t-2}(-q_{t+1})+r_{t-1}(1+q_tq_{t+1})$$

即将(a, b)表示成了 r_{t-2} 和 r_{t-1} 的整系数组合。再利用

$$r_{t-3}=r_{t-2}q_{t-1}+r_{t-1}$$

消去 r_{t-1}，便可将(a, b)表示成 r_{t-3} 和 r_{t-2} 的整系数组合：

$$(a, b)=r_{t-3}x_1+r_{t-2}y_1 \qquad (x_1\text{和 }y_1\text{是两个整数})$$

如此继续下去，最后必可将(a, b)表示成 a 和 b 的一个整系数组合：

$$(a, b)=ax+by$$

证法二：若 a 和 b 中有一个为 0，则命题显然成立。现不妨设 $a\neq0$，$b\neq0$，构造集合：

$$S=\{ax+by \mid x, y\text{ 为整数}\}$$

由于 $a\neq0$，$b\neq0$，因此 S 必非空且 S 含有正整数。令

$$S_+=\{s \mid s\in S\text{ 且 }s>0\}$$

S_+ 中必有最小数 d。事实上，$d=(a, b)$。这是因为：

(1) 由 $d\in S$ 可知，存在整数 x 和 y，使得 $ax+by=d$。令

$$a=dq+r \qquad (0\leqslant r<d)$$

由于 $r=a-dq=a-(ax+by)q=a(1-xq)+b(-yq)$，因此 $r\in S$；又 $0\leqslant r<d$ 且 d 为 S_+ 中最小者，这样 $r=0$，即 $d|a$。同理，$d|b$。所以，$d\leqslant(a, b)$。

(2) 显然对于任意的整数 x 和 y，有$(a, b)|(ax+by)$，从而$(a, b)|d$。

综合(1)和(2)，即得证。

【注】 定理 1.1.3 可以这样推广：对于任意的整数 $a_1, a_2, \cdots, a_n$，必存在整数 $t_1, t_2, \cdots, t_n$，使得 $a_1t_1+a_2t_2+\cdots+a_nt_n=(a_1, a_2, \cdots, a_n)$。

将定理 1.1.3 的证法一应用于例 1.1.3，有

$$\begin{aligned}(343,\ 280)=7&=63+28\times(-2)\\&=63+[280+63\times(-4)]\times(-2)\\&=63\times 9+280\times(-2)\\&=[343+280\times(-1)]\times 9+280\times(-2)\\&=343\times 9+280\times(-11)\end{aligned}$$

这样就找到了使

$$343x+280y=(343,\ 280)$$

成立的 x 和 y，即 $x=9$，$y=-11$。

根据定理 1.1.3，有以下推论。

推论 1　如果 $d|ab$ 且 $(d,\ a)=1$，则 $d|b$。

证明　因为 $(d,\ a)=1$，所以存在一对整数 x 和 y，满足

$$ax+dy=1$$

故

$$abx+dby=b$$

现在，$d|db$ 且 $d|ab$，所以 $d|b$。

推论 2　设 $(a,\ b)=d$ 且 $c|a$，$c|b$，则 $c|d$。

证明　因为存在一对整数 x 和 y，使得

$$d=ax+by$$

而 $c|a$ 且 $c|b$，故 $c|d$。

【注】　① 这一结论也可从 Euclid 算法中得到。

② 根据这一结论，有 $(a,\ b,\ c)=((a,\ b),\ c)$，从而可用归纳法证明递推式 $(a_1,\ a_2,\ \cdots,\ a_n)=((a_1,\ a_2,\ \cdots,\ a_{n-1}),\ a_n)$ 成立。

推论 3　若 $a|m$，$b|m$，并且 $(a,\ b)=1$，则 $ab|m$。

证明　因为 $a|m$，所以存在整数 q 使得 $m=aq$。又 $b|m$，即 $b|aq$，而 $(a,\ b)=1$，故由推论 1 可知 $b|q$。因此，存在整数 r 使得 $q=br$，于是 $m=aq=abr$，即 $ab|m$。

推论 4　$(ac,\ bc)=(a,\ b)c$，此处设 $c>0$。

证明　一方面，因为存在一对整数 x 和 y，使得

$$ax+by=(a,\ b)$$

故

$$acx+bcy=(a,\ b)c$$

从而 $(ac,\ bc)\,|\,(a,\ b)c$。

另一方面，易知 $(a,\ b)c|ac$，$(a,\ b)c|bc$，所以 $(a,\ b)c\,|\,(ac,\ bc)$。

综上，有

$$(ac,\ bc)=(a,\ b)c$$

【注】　这一结论也可从 Euclid 算法中得到。

推论 5　若 $(a,\ b)=1$，则 $(ac,\ b)=(c,\ b)$。

证明　一方面，显然 $(ac,\ b)|ac$，$(ac,\ b)|bc$，故由推论 2 得 $(ac,\ b)\,|\,(ac,\ bc)$。又由推论 4 得 $(ac,\ bc)=(a,\ b)c=c$，即 $(ac,\ b)|c$。因此，$(ac,\ b)$ 是 c 和 b 的公因子，从而有 $(ac,\ b)\leqslant(c,\ b)$。

另一方面，由$(c, b)|ac$和$(c, b)|b$可知$(c, b)\leqslant(ac, b)$。

综上，有

$$(ac, b)=(c, b)$$

推论 6 若$a_1, a_2, \cdots, a_m$中的每一个数与$b_1, b_2, \cdots, b_n$中的每一个数互素，则$a_1a_2\cdots a_m$与$b_1b_2\cdots b_n$互素。

证明 略(反复应用推论 5 的结论即可)。

习 题 1.1

1. 设α为一实数，且$\alpha=p+\beta$，其中p为整数，证明：$[\alpha]=p+[\beta]$。

2. 设α和β为实数，证明不等式：

(1) $[\alpha]+[\beta]\leqslant[\alpha+\beta]\leqslant[\alpha]+[\beta]+1$；

(2) $[\alpha-\beta]\leqslant[\alpha]-[\beta]\leqslant[\alpha-\beta]+1$。

3. 设α和β为实数，证明不等式：$[2\alpha]+[2\beta]\geqslant[\alpha]+[\alpha+\beta]+[\beta]$。

4. 设α为实数，n为正整数，证明：

(1) $\left[\frac{[\alpha]}{n}\right]=\left[\frac{\alpha}{n}\right]$；

(2) $\left[\frac{[n\alpha]}{n}\right]=[\alpha]$；

(3) $[\alpha]+\left[\alpha+\frac{1}{n}\right]+\cdots+\left[\alpha+\frac{n-1}{n}\right]=[n\alpha]$。

5. 证明：若n是奇数，则$16|(n^4+4n^2+11)$。

6. 证明：若$(m-n)|(mx+ny)$，则$(m-n)|(my+nx)$。

7. 用 Euclid 算法求出(323, 221)，并找出使$323x+221y=(323, 221)$成立的x和y。对另一对数：578 和 442，作相同的计算。

8. 证明：若$(a, b)=1$，$c|(a+b)$，则$(a, c)=(b, c)=1$。

9. 证明：$(a, b, c)(ab, bc, ca)=(a, b)(b, c)(c, a)$。

10. 证明：若$(a, b)=1$，则$(a+b, a-b)=1$或2。

11. 证明：若$(a, b)=1$，则$(a+b, a^2-ab+b^2)=1$或3。

12. 设$(a, b)=d$，$c>0$，且$c|a$，$c|b$，证明：$\left(\frac{a}{c}, \frac{b}{c}\right)=\frac{d}{c}$。

1.2 关于素数的某些初等事实

全体正整数可以按以下方式分成三类：

(1) 数 1；

(2) 不能被除了 1 和其本身之外的任何其他正整数整除的数，这类数称为素数(prime)或质数；

(3) 除(1)和(2)中包含的正整数以外，其他的正整数组成一类，称为复合数(composite number)或合数。任一合数除了 1 和其本身之外还能被第三个正整数整除。

或者说，合数是含有非平凡因子的正整数，素数是没有非平凡因子的大于1的正整数。

例 1.2.1　2，3，5，7，11，13，17，19，23，29，31，37，41，43，47，53，59，61，67，71，73，79，83，89，97 是100以内的全部25个素数，2是全体素数中唯一的偶数，除2以外的素数称为奇素数。常用 p、q 等字母来表示素数。

两个相差2的素数称为一对孪生素数(twin primes)。例如，11和13、17和19、29和31是三对孪生素数。

素数有很多重要性质，在计算机科学中有广泛的应用。素数的性质是数论最早的研究课题之一，著名的数学家华罗庚①、陈景润②、王元③、潘承洞④等对素数论的研究都作出了重要贡献。

定理 1.2.1　若 p 为素数，则对于任一整数 a，有

$$(p,\ a)=1 \text{ 或 } p\mid a$$

证明　因为 p 仅有正因子1和 p，故要么 $(p,\ a)=1$，要么 $(p,\ a)=p$，亦即 $p\mid a$。

常称 a 的素数因子为 a 的素因子。

定理 1.2.2　设 a 是大于1的正整数，且所有不超过 $\sqrt{a}$ 的正整数 $x\ (x>1)$ 都不能整除 a，则 a 是素数。

证明　反证法。

假定 a 不是素数，则存在正整数 b 和 c 是 a 的非平凡因子，使得

$$a=bc$$

由条件知，$b>\sqrt{a}$，$c>\sqrt{a}$，从而

$$bc>\sqrt{a}\cdot\sqrt{a}=a=bc$$

这显然矛盾。

定理1.2.2表明，若 a 是合数，则 a 必有不超过 $\sqrt{a}$ 的非平凡因子，事实上必有不超过

---

① 华罗庚(1910年11月12日—1985年6月12日)，江苏丹阳人，中国科学院院士，著名数学家。初中毕业后，就读上海中华职业学校，因拿不出学费而中途退学。此后，他用5年时间自学了高中和大学低年级的全部数学课程。主要从事解析数论、矩阵几何学、典型群、自守函数论、多复变函数论、偏微分方程、高维数值积分等方面的研究，被列为芝加哥科学技术博物馆中当今世界88位数学伟人之一。国际上以华氏命名的数学科研成果有“华氏定理”“华氏不等式”“华—王方法”等。

② 陈景润(1933年5月22日—1996年3月19日)，福建福州人，中国科学院院士，著名数学家。主要从事解析数论方面的研究，对筛法及其有关重要问题作了深入研究。1973年3月2日，他发表了著名论文《大偶数表为一个素数及一个不超过二个素数的乘积之和》，即“1+2”，将200多年来人们未能解决的哥德巴赫猜想的证明大大推进了一步，这一结果被国际上誉为“陈氏定理”。

③ 王元(1930年4月30日—2021年5月14日)，浙江兰溪人，中国科学院院士，著名数学家。主要从事解析数论方面的研究。20世纪50年代至60年代初，王元首先在中国将解析数论中的筛法用于哥德巴赫猜想的研究，他关于哥德巴赫猜想的工作是中国在该领域的第一个重要成果。他与华罗庚一起开拓了高维数值积分的研究方向，1973年与华罗庚合作证明用分圆域的独立单位系构造高维单位立方体的一致分布点贯的一般定理，被国际学术界称为“华—王方法”。

④ 潘承洞(1934年5月26—1997年12月27日)，江苏苏州人，中国科学院院士，著名数学家。在解析数论研究中成绩卓著，他参与撰写的《哥德巴赫猜想》一书，是“猜想”研究历史上第一部全面、系统的学术专著，被国内外数学家评价为“成功的再创造”“解析数论研究宝库中的又一新作”。

$\sqrt{a}$的素因子。著名的 Eratosthenes 筛选法就是利用这一原理求出不大于给定正整数的所有素数的。

定理 1.2.3 若 p 是素数，且 $p|a_1a_2\cdots a_m$，则存在 $a_k(1\leqslant k\leqslant m)$使得 $p|a_k$。

证明 由定理 1.1.3 之推论 1 和定理 1.2.1 直接可得。

定理 1.2.4 素数的个数为无限。

证明 反证法。

假设只有有限个(不妨设 n 个)素数，并设它们是 p_1，p_2，…，p_n。考虑正整数：

$$m=p_1p_2\cdots p_n+1$$

由于 p_1，p_2，…，p_n是仅有的 n 个素数，因此 m 是合数，且它的任一素因子 p 均等于某个 $p_i(1\leqslant i\leqslant n)$，因而

$$p|p_1p_2\cdots p_n$$

从而，$p|(m-p_1p_2\cdots p_n)$，即 $p|1$。这显然矛盾。

定理 1.2.5(Fermat 小定理) 若 p 是一素数，则对于任一整数 x，$f(x)=x^p-x$ 必为 p 的倍数。

证明 分情况讨论：

(1) 若 $p=2$，则 $f(x)=x^2-x=x(x-1)$，于是 $2|f(x)$，定理成立。

(2) 现设 p 为奇素数，令

$$\begin{aligned}\Delta f(x)&=f(x+1)-f(x)\\&=(x+1)^p-(x+1)-(x^p-x)\\&=(x+1)^p-x^p-1\\&=C_p^1x^{p-1}+C_p^2x^{p-2}+\cdots+C_p^{p-1}x\end{aligned}$$

可以证明，对一切 k：$1\leqslant k\leqslant p-1$，有 $p|C_p^k$。事实上

$$C_p^k=\frac{p!}{k!\,(p-k)!}$$

是组合数，故 C_p^k是 p 的倍数(习题 1.2 第 1 题)，因此

$$p|\Delta f(x)$$

即

$$p|(f(x+1)-f(x))$$

因为 $f(0)=0$，所以 $p|f(0)$。取 $x=0$，可得 $p|f(1)$；取 $x=1$，可得 $p|f(2)$；如此继续，可知定理在 $x\geqslant 0$ 时成立。

另一方面，由

$$f(x)=x^p-x=-((-x)^p-(-x))=-f(-x)$$

可知，定理在 $x<0$ 时亦成立。

定理 1.2.6 任何大于 1 的正整数都可分解成一些素数的连乘积。

证明 考虑大于 1 的正整数 n，若 n 是素数，则结论显然成立。现设 n 不是素数，并设 p_1是它的最小正真因子，显然，p_1是素数。令

$$n=p_1n_1\qquad(1<n_1<n)$$

若 n_1是素数，则定理得证；否则设 p_2是 n_1的最小正真因子，可得

$$n=p_1p_2n_2\qquad(1<n_2<n_1<n)$$

如此下去，由于 $n>n_1>n_2>\cdots>1$，因此这一过程不能超过 n 步，即最后必得

$$n=p_1p_2\cdots p_t \qquad (p_1, p_2, \cdots, p_t\text{皆是素数})$$

例 1.2.2 $300=2^2\cdot 3\cdot 5^2$，$10\ 725=3\cdot 5^2\cdot 11\cdot 13$。

若将定理 1.2.6 中所得的素因子排列成

$$n=p_1^{e_1}p_2^{e_2}\cdots p_s^{e_s} \qquad (e_i>0(i=1, 2, \cdots, s), p_1<p_2<\cdots<p_s)$$

则此式是 n 的标准分解式(或标准表示法)。

定理 1.2.7(唯一分解定理) 任何大于 1 的正整数 n 的标准分解式是唯一的。即若不计素因子的出现次序，则将 n 分解成素数的连乘积的方法是唯一的。

证明 假若

$$n=p_1^{e_1}p_2^{e_2}\cdots p_s^{e_s}=q_1^{d_1}q_2^{d_2}\cdots q_t^{d_t}$$

是 n 的两个标准分解式，则由定理 1.2.3 知，每个 p_i 必与某个 q_j 相等($i=1, 2, \cdots, s$；$j=1, 2, \cdots, t$)，反之亦然，故 $s=t$。且由

$$p_1<p_2<\cdots<p_s, \quad q_1<q_2<\cdots<q_t$$

可知

$$p_i=q_i \qquad (1\leqslant i\leqslant s)$$

若 $e_1>d_1$，则两边同除以 $p_1^{d_1}$，可得

$$p_1^{e_1-d_1}p_2^{e_2}\cdots p_s^{e_s}=p_2^{d_2}\cdots p_s^{d_s}$$

左边是 p_1 的倍数，而右边不是，这显然是不可能的，即 $e_1=d_1$。同理 $e_i=d_i(i=2, 3, \cdots, s)$。定理得证。

【注】 这也是不将 1 看成素数的原因。

唯一分解定理又称算术基本定理，它是初等数论中最基本的定理之一。数论中许多结果都由唯一分解定理导出。

在给定的合数很大时，求它的标准分解式是非常困难的。例如，在计算机的帮助下利用特殊的方法很早就证明：

$$2^{257}-1=231\ 584\ 178\ 474\ 632\ 390\ 847\ 141\ 970\ 017\ 375\ 815\ 706\ 539\ 969\ 331\ 281\ 128\ 078\ 915\ 168\ 015\ 826\ 259\ 279\ 871$$

是一个合数，但求它的标准分解式的过程极为费时(即使是现今计算机分布式环境中的计算能力)，1.6 节介绍的 RSA 加密方法的安全性就基于大整数分解的困难性。

利用标准分解式可以很方便地求出某些数论函数(指定义在正整数集上的函数)。如当

$$a=p_1^{a_1}p_2^{a_2}\cdots p_s^{a_s}, \ b=p_1^{b_1}p_2^{b_2}\cdots p_s^{b_s}$$

时，有

$$(a, b)=p_1^{c_1}p_2^{c_2}\cdots p_s^{c_s}, \ \mathrm{LCM}(a, b)=p_1^{d_1}p_2^{d_2}\cdots p_s^{d_s}$$

其中：$c_i=\min\{a_i, b_i\}$，$d_i=\max\{a_i, b_i\}$，$i=1, 2, \cdots, s$。

定理 1.2.8 设 $n=p_1^{e_1}p_2^{e_2}\cdots p_s^{e_s}$ 是 n 的标准分解式，$\sigma(n)$ 表示 n 的所有正因子之和，即

$$\sigma(n)=\sum_{\substack{1\leqslant d\leqslant n\\ d\mid n}} d$$

则

$$\sigma(n)=\frac{p_1^{e_1+1}-1}{p_1-1}\frac{p_2^{e_2+1}-1}{p_2-1}\cdots\frac{p_s^{e_s+1}-1}{p_s-1}$$

证明 显然

$$p_1^{x_1} p_2^{x_2} \cdots p_s^{x_s} \qquad (0 \leqslant x_i \leqslant e_i,\ i=1,\ 2,\ \cdots,\ s)$$

是 n 的正因子，且 n 的正因子皆具有此种形式，故

$$\sigma(n) = \sum_{x_1=0}^{e_1} \sum_{x_2=0}^{e_2} \cdots \sum_{x_s=0}^{e_s} p_1^{x_1} p_2^{x_2} \cdots p_s^{x_s} = \left(\sum_{x_1=0}^{e_1} p_1^{x_1}\right)\left(\sum_{x_2=0}^{e_2} p_2^{x_2}\right)\cdots\left(\sum_{x_s=0}^{e_s} p_s^{x_s}\right)$$
$$= \frac{p_1^{e_1+1}-1}{p_1-1} \frac{p_2^{e_2+1}-1}{p_2-1} \cdots \frac{p_s^{e_s+1}-1}{p_s-1}$$

由上述证明过程知，$\sigma(p_1^{e_1} p_2^{e_2} \cdots p_s^{e_s}) = \sigma(p_1^{e_1})\sigma(p_2^{e_2})\cdots\sigma(p_s^{e_s})$，从而有：若 $(m,\ n)=1$，则

$$\sigma(mn) = \sigma(m)\sigma(n)$$

定义 1.2.1 若数论函数 $f(n)$ 具有这样的性质：

(1) 对任意的正整数 n，$f(n)$ 都有定义，且至少存在一个正整数 n 使得 $f(n) \neq 0$；

(2) 对任意的正整数 m 和 n，只要 $(m,\ n)=1$，就有 $f(mn)=f(m)f(n)$，

则称 $f(n)$ 是一个积性函数。

若 $f(n)$ 是积性函数，由于可将 n 分解成标准分解式，因此对 $f(n)$ 的研究可转化为对 $f(p^e)$（p 为素数）的研究。积性函数是一个很重要的概念。定理 1.2.8 的证明过程表明，$\sigma(n)$ 是积性函数。

例 1.2.3 根据 $\sigma(n)$ 的定义，有 $\sigma(6)=1+2+3+6=12$，$\sigma(12)=1+2+3+4+6+12=28$；或者根据 $\sigma(n)$ 是积性函数的事实，有 $\sigma(6)=\sigma(2)\sigma(3)=12$，$\sigma(12)=\sigma(2^2)\sigma(3)=28$。

定义 1.2.2 满足 $\sigma(n)=2n$ 的正整数 n 称为完全数(perfect number)。

例 1.2.4 因为 $\sigma(6)=12$，所以 6 是一个完全数；因为 $\sigma(12)=28$，所以 12 不是完全数。另外，由于 $\sigma(28)=\sigma(2^2)\sigma(7)=56$，因此 28 也是一个完全数。

定理 1.2.9 若 $p=2^n-1$ 为素数，则

$$\frac{1}{2}p(p+1)=2^{n-1}(2^n-1)$$

为完全数，且所有偶完全数均有此形式。

证明 (1) 因为 2^n-1 为素数，所以

$$\sigma\left(\frac{1}{2}p(p+1)\right)=\sigma(2^{n-1}(2^n-1))=\sigma(2^{n-1}) \cdot \sigma(2^n-1)=(2^n-1) \cdot 2^n=p(p+1)$$

故 $\frac{1}{2}p(p+1)$ 是完全数。

(2) 反之，设 a 是偶完全数，令 $a=2^{n-1} \cdot u$，其中 $n \geqslant 2$，u 是奇数。往证 u 是素数且 $u=2^n-1$。

首先，因为 $\sigma(2^{n-1})=2^n-1$，故 2^{n-1} 不是完全数，即 $u \neq 1$。

其次，有

$$2^n \cdot u=2a=\sigma(a)=\sigma(2^{n-1} \cdot u)=\sigma(2^{n-1}) \cdot \sigma(u)=(2^n-1) \cdot \sigma(u)$$

从而

$$\sigma(u)=\frac{2^n \cdot u}{2^n-1}=u+\frac{u}{2^n-1}$$

显然 u 与 $\frac{u}{2^n-1}$ 都是 u 的正因子，而 $\sigma(u)$ 是 u 的所有正因子之和。这说明 u 仅有两个正因

子：u 和$\frac{u}{2^n-1}$。也就是说，u 是素数，且$\frac{u}{2^n-1}=1$ 即 $u=2^n-1$。

根据定理 1.2.9，求偶完全数的问题就变成了求形如 2^n-1 的素数的问题。这种素数称为 Mersenne 数。有一 Mersenne 数即有一偶完全数。是否有无穷多个 Mersenne 数存在，是数论中一个著名的尚未解决的难题。

定理 1.2.10　如果 $n>1$，且 a^n-1 是素数，则 $a=2$ 且 n 为素数。

证明　因为$(a-1)|(a^n-1)$，所以若 $a>2$，则 $a-1$ 是 a^n-1 的非平凡因子，即 a^n-1 不是素数，从而 $a=2$ 是必要的。

如果 n 不是素数，设它为两个非平凡因子 s 与 t 之积：$n=st$，其中 s、$t\neq1$，则 2^t-1 是 2^n-1的非平凡因子，即 2^n-1 不是素数。

故形如 2^n-1 的素数的问题已化为形如 2^p-1 的素数的问题(其中 p 是素数)。令

$$M_p=2^p-1$$

表示 Mersenne 数，其中 p 是使得 2^p-1 为素数者。要注意，并非任何素数 p 都能使 2^p-1 为素数，例如

$$2^{11}-1=2047=23\times89$$

就不是素数。17 世纪，Mersenne 证明了当 $p=2, 3, 5, 7, 13, 17, 19, 31$ 时，M_p是素数。截至 2018 年 1 月 3 日，已经发现的 Mersenne 数共 50 个。第 50 个 Mersenne 数为 $2^{77\,232\,917}-1$，其长度为 23 249 425 位。

关于奇完全数，目前仅知道，借助电子计算机可以证明：① 所有小于 10^{50} 的奇数都不是完全数；② 若 n 为奇完全数，则它必含有一个大于 11 200 的素因子。是否有奇完全数存在，是数论中另一个著名的尚未解决的难题。

下面讨论与 Mersenne 数有相似形式的数：Fermat 数。

定理 1.2.11　若 2^m+1 是素数，则 m 必有 2^n的形式($n\geqslant0$)。

这一定理的证明留作习题(习题 1.2 第 10 题)。

令 $F_n=2^{2^n}+1$，称 F_n为 Fermat 数。前五个 Fermat 数是

$$F_0=3,\ F_1=5,\ F_2=17,\ F_3=257,\ F_4=65\,537$$

它们都是素数。根据这一事实，1640 年，法国数学家 Fermat 猜测 F_n皆为素数。但 Euler 于 1732 年发现

$$F_5=2^{2^5}+1=641\times6\,700\,417$$

故 Fermat 的猜测是不成立的。

【注】　“$641|F_5$”可简证如下：令 $a=2^7$，$b=5$，则 $a-b^3=3$，$1+ab-b^4=1+3b=2^4$，故

$$F_5=2^{2^5}+1=(2a)^4+1=(1+ab-b^4)a^4+1=(1+ab)a^4+(1-a^4b^4)$$

它必能被 $1+ab$(即 641)整除。

迄今为止，人们只知道以上五个 Fermat 数是素数。因此，目前有人猜测：“仅有有限个 Fermat 素数存在”。但是，到目前尚不知除前五个 Fermat 数是素数外，是否还有别的 Fermat 素数存在。另外，还证明了 48 个 Fermat 数是合数，这些 Fermat 合数可以分成三类：

(1) 当 $n=5, 6, 7$ 时，已得到了 F_n的标准分解式；

(2) 当 $n=8, 9, 10, 11, 12, 13, 15, 16, 18, 19, 21, 23, 25, 26, 27, 30, 32, 36, 38, 39, 42, 52, 55, 58, 63, 73, 77, 81, 117, 125, 144, 150, 207, 226, 228, 250, 267, 268,$

284，316，452，556，744，1945 时，得到了 F_n的部分真因子；

(3) 当 $n=14$ 时，知道 F_{14}是合数，但尚不知它的任何真因子。

Gauss 曾证明：若 F_n为素数，则正 F_n边形可用圆规和直尺作出来。故 Fermat 数是否为素数的问题，在几何学上有特殊的应用。此外，Fermat 数还和某些实际问题有联系，例如在信号的数字处理中，用 Fermat 数给出的数论变换可计算整数序列的卷积。

习 题 1.2

1. 设 p 是一素数，证明：$p|C_p^k$，其中 $1\leqslant k\leqslant p-1$。
2. 如果一个正整数具有 21 个正因子，求这个最小的正整数。
3. 500！恰能被 7 的多少次方整除？
4. 证明：对一切整数 n，$n^2+2n+12$ 均不是 121 的倍数。
5. 证明：如果 $9|(a^2+ab+b^2)$，则 $3|a$ 或 $3|b$。
6. 证明：lg2 和$\sqrt{2}$都是无理数。
7. 利用标准分解式计算：(1008，1260，882，1134)。
8. 试计算出第三个完全数。
9. 验证表 1.2.1 中所示的三组数满足：$\sigma(m)=\sigma(n)=m+n$。

表 1.2.1

m	n
284	220
17 296	18 416
9 363 584	9 437 056

10. 证明定理 1.2.11。
11. 求 30！的标准分解式。

1.3 同 余

定义 1.3.1 设 $m>1$ 为正整数，若 $m|(a-b)$，即 $a \bmod m=b \bmod m$，则称 a 和 b 关于模 m 同余，或 a 和 b 同余(mod m)，并记为

$$a\equiv_m b$$

反之，用

$$a\not\equiv_m b$$

表示 a 和 b 关于模 m 不同余。

在以后的叙述中，约定“模 m”这一说法隐含着“模数 m 是大于 1 的正整数”的含义。

例 1.3.1 下列同余式成立：

(1) $5\equiv_7 12$，$3\equiv_7 10$；

(2) $41\equiv_{10}-9$，$53\equiv_{10}-47$；

(3) $am+b\equiv_m b$；

(4) $a\equiv_m a$。

定理 1.3.1　同余关系有下列性质：

(1) 自反性：$a\equiv_m a$；

(2) 对称性：若 $a\equiv_m b$，则 $b\equiv_m a$；

(3) 传递性：若 $a\equiv_m b$，$b\equiv_m c$，则 $a\equiv_m c$。

证明　性质(1)与性质(2)由同余的定义直接可知。下面证明性质(3)。

由已知条件和同余的定义可知

$$m\mid(a-b) \text{ 及 } m\mid(b-c)$$

于是

$$m\mid((a-b)+(b-c))$$

即

$$m\mid(a-c)$$

也即

$$a\equiv_m c$$

定理 1.3.2　若 $a\equiv_m b$，则$(a, m)=(b, m)$。

证明　由已知条件和同余的定义可知，存在整数 k，满足

$$a-b=km$$

即

$$a=km+b$$

故

$$(a, m)=(b, m)$$

定理 1.3.3　设 $a\equiv_m b$，$c\equiv_m d$，则 $a+c\equiv_m b+d$，$a-c\equiv_m b-d$，$ac\equiv_m bd$。

证明　$a+c\equiv_m b+d$ 和 $a-c\equiv_m b-d$ 显然成立。

由于 $ac-bd=(a-b)c+b(c-d)$，而 $m\mid(a-b)$，$m\mid(c-d)$，因此 $ac\equiv_m bd$。

根据定理 1.3.3 可得以下推论。

推论 1　同余式的被加项可以移到另一边，只需改变它的符号。

推论 2　若 $a_i\equiv_m b_i$，$i=1, 2, \cdots, k$，则

(1) $\sum_{i=1}^{k} a_i \equiv_m \sum_{i=1}^{k} b_i$；

(2) $\prod_{i=1}^{k} a_i \equiv_m \prod_{i=1}^{k} b_i$。

推论 3(按模运算原理)

(1) $(a+b) \bmod m=[(a \bmod m)+(b \bmod m)] \bmod m$；

(2) $(a-b) \bmod m=[(a \bmod m)-(b \bmod m)] \bmod m$；

(3) $(a\times b) \bmod m=[(a \bmod m)\times(b \bmod m)] \bmod m$。

按模运算限制了中间结果的范围，它在实际生活和计算机科学中具有非常广泛的应用。著名的“弃九法”就是按模运算原理的一个特例，它说的是：对任意整数 a，a 对 9 取模等于 a 的各位数字之和对 9 取模。

例 1.3.2

$$
\begin{aligned}
3^5 \bmod 7 &= (3\times(3^4 \bmod 7)) \bmod 7 \\
&= (3\times((3^2 \bmod 7)^2 \bmod 7)) \bmod 7 \\
&= (3\times(2^2 \bmod 7)) \bmod 7 \\
&= (3\times 4) \bmod 7 = 5
\end{aligned}
$$

【注】 这个例子采用的方法叫“快速指数算法”，用快速指数算法计算 $a^e \bmod m$ 最多需要 $2\,\mathrm{lb}\,e$ 步。

定理 1.3.4 若 $ac\equiv_m bd$，$c\equiv_m d$，且$(c, m)=1$，则 $a\equiv_m b$。

证明 由$(a-b)c+b(c-d)=ac-bd\equiv_m 0$ 和 $m|(c-d)$可得

$$m|(a-b)c$$

而$(c, m)=1$，故

$$m|(a-b)$$

即

$$a\equiv_m b$$

上述定理表明：同余的数有很多相同的性质。因此，全体整数可按同余关系分为若干类，同一类的数皆同余。

定义 1.3.2 全体整数可按关于模 m 同余这一关系分成 m 个类，分别用 C_0，C_1，…，C_{m-1}来表示，其中，类 $C_r(0\leqslant r\leqslant m-1)$中的任一整数 a 皆与 r 同余(mod m)，即

$$a\equiv_m r$$

或

$$a \bmod m=r$$

这样划分的每一个类 C_r称为关于模 m 的同余类，或同余类(mod m)。在关于模 m 的 m 个同余类中各取一个数作为代表，构成一个集合，该集合称为模 m 的完全剩余系(或简单地称为完全系)。特别地，称集合$\{0, 1, \cdots, m-1\}$为模 m 的最小非负完全系。

例 1.3.3 $\{0, 1, 2, 3, 4, 5, 6\}$是模 7 的最小非负完全系，$\{1, 2, 3, 4, 5, 6, 7\}$也是模 7 的完全系。

定理 1.3.5 m 个整数构成模 m 的完全系的充分必要条件是它们关于模 m 两两互不同余。

证明 (1) 充分性。

设 a_1，a_2，…，a_m是 m 个两两互不同余(mod m)的整数，根据同余类的定义，a_1，a_2，…，a_m中的任何两个都不属于同一个同余类，即它们是来自 m 个不同的同余类的代表。因此由定义知，$\{a_1, a_2, \cdots, a_m\}$是一个完全系(mod m)。

(2) 必要性。

反之，若$\{a_1, a_2, \cdots, a_m\}$是一个完全系(mod m)，则由完全系的定义知，a_1，a_2，…，a_m是两两互不同余的(mod m)。

定理 1.3.6 设$(a, m)=1$，b 是任意整数，若 x 过模 m 的完全系，则 $ax+b$ 也过模 m 的完全系。即若

$$\{a_1, a_2, \cdots, a_m\}$$

是一个完全系(mod m)，则

$$\{aa_1+b,\ aa_2+b,\ \cdots,\ aa_m+b\}$$

也是一个完全系(mod m)。

证明 根据定理1.3.5，只需证明 m 个数

$$aa_1+b,\ aa_2+b,\ \cdots,\ aa_m+b$$

是两两互不同余的(mod m)。

假若不然，即存在 i, j：$1\leqslant i, j\leqslant m$, $i\neq j$，但 $aa_i+b\equiv_m aa_j+b$，那么

$$aa_i\equiv_m aa_j$$

因 $(a, m)=1$，故

$$a_i\equiv_m a_j$$

这与定理条件矛盾。

定理1.3.7 设 $(m, n)=1$，若 x 和 y 分别过模 m 和模 n 的完全系，则 $my+nx$ 过模 mn 的完全系。

证明 在 mn 个形如 $my+nx$ 的数中，若

$$my+nx\equiv_{mn}my'+nx'$$

则

$$m(y-y')+n(x-x')\equiv_{mn}0$$

于是

$$n|m(y-y')\text{且}m|n(x-x')$$

由 $(m, n)=1$，有

$$n|(y-y')\text{且}m|(x-x')$$

即

$$y\equiv_n y'\text{且}x\equiv_m x'$$

所以，形如 $my+nx$ 的 mn 个数没有互相同余的(mod mn)，这表明定理成立。

虽然对于给定的模数 m，模 m 的完全系不是唯一的，但由定理1.3.2知，若同余类 C_r $(0\leqslant r\leqslant m-1)$中有一个代表与 m 互素，则 C_r 中的所有数皆与 m 互素(这种情况被简单地说成同余类 C_r 与 m 互素)。

定义1.3.3 从关于模 m 的 m 个同余类中取出所有与 m 互素的同余类，再从这些同余类中各取出一个数作为代表，构成一个集合，则该集合称为模 m 的缩剩余系(或简单地称为缩系)。不超过 m 且与 m 互素的正整数构成模 m 的最小正缩系。

也可以这样说，模 m 的任一完全系中与 m 互素的数组成模 m 的一个缩系。

例1.3.4 $\{1, 3, 5, 7\}$是模8的最小正缩系，$\{7, 9, 11, 13\}$也是模8的缩系。

定义1.3.4 设 m 为一正整数，令 $\phi(m)$ 表示数列

$$1,\ 2,\ \cdots,\ m-1,\ m$$

中与 m 互素的数的个数，即

$$\phi(m)=\sum_{\substack{1\leqslant x\leqslant m\\(x,\ m)=1}}1$$

则称 $\phi(m)$ 为Euler函数。

例1.3.5 根据定义1.3.4，有 $\phi(1)=1$，$\phi(2)=1$，$\phi(3)=2$，$\phi(4)=2$，$\phi(5)=4$，$\phi(6)=2$，$\phi(7)=6$，$\phi(8)=4$，$\phi(9)=6$，$\phi(10)=4$，…… 对任意的素数 p，有 $\phi(p)=p-1$。

显然，模 m 的缩系中有 $\phi(m)$ 个数，或者说 $\phi(m)$ 是与 m 互素的同余类(mod m)的数目。

定理 1.3.8　设$(a, m)=1$，若x过模m的缩系，则ax也过模m的缩系。

证明　设

$$\{a_1, a_2, \cdots, a_{\phi(m)}\}$$

是一个缩系(mod m)，则对于任意i：$1\leqslant i\leqslant \phi(m)$，皆有$(aa_i, m)=(a_i, m)=1$，即$aa_i$代表了一个与$m$互素的同余类。又由定理 1.3.6 的证明过程(取$b=0$)可知

$$aa_1, aa_2, \cdots, aa_{\phi(m)}$$

是两两互不同余的(mod m)。这说明，$\{aa_1, aa_2, \cdots, aa_{\phi(m)}\}$也是一个缩系(mod m)。

由这一定理的证明过程，立即有$\prod_{i=1}^{\phi(m)} aa_i \equiv_m \prod_{i=1}^{\phi(m)} a_i$，而$\prod_{i=1}^{\phi(m)} aa_i = a^{\phi(m)}\prod_{i=1}^{\phi(m)} a_i$。又因为$(a_i, m)=1$(其中$1\leqslant i\leqslant \phi(m)$)，所以有如下 Euler 定理。

定理 1.3.9(Euler 定理)　若$(a, m)=1$，则

$$a^{\phi(m)}\equiv_m 1$$

当m为一素数p时，立即得到以下定理。

定理 1.3.10　若p为素数，则对所有与p互素的整数a皆有

$$a^{p-1}\equiv_p 1$$

定理 1.3.10 就是著名的 Fermat 小定理，根据 Euler 定理，其证明是显然的，1.2 节中曾给出过它的另一形式的证明。

定理 1.3.11　设$(m, n)=1$，若x和y分别过模m和模n的缩系，则$my+nx$过模mn的缩系。

证明　分三点来说明这一定理的正确性。

(1) 证明所有形如$my+nx$的数皆与mn互素($(x, m)=(y, n)=1$)。

假若不然，必存在素数p，使得

$$p\mid mn \quad 且 \quad p\mid(my+nx)$$

不妨设$p\mid m$，这样$p\mid nx$，而$(m, n)=1$，即$p\nmid n$，故$p\mid x$，从而$(x, m)\geqslant p$，这与$(x, m)=1$相矛盾。

(2) 说明与mn互素的数a必与一形如

$$my+nx \qquad ((x, m)=(y, n)=1)$$

的数同余(mod mn)。

由定理 1.3.7 知，存在整数x和y(它们分别属于模m和模n的完全系)，使得

$$a\equiv_{mn} my+nx$$

往证$(x, m)=(y, n)=1$。假若$(x, m)=d>1$，则

$$(a, m)=(my+nx, m)=(nx, m)=(x, m)=d>1$$

这与$(a, mn)=1$相矛盾。同理，$(y, n)=1$。

(3) 由定理 1.3.7 的证明过程可知：所有形如$my+nx$的数是两两互不同余的(mod mn)。

由定理 1.3.11 还可得出“Euler 函数是积性函数”这一重要事实。因为当x和y分别过模m和模n的缩系时，$my+nx$恰过$\phi(m)\phi(n)$个数，而模mn的缩系有$\phi(mn)$个数，所以$\phi(mn)=\phi(m)\phi(n)$。这样，就得到了 Euler 函数的计算公式。

定理 1.3.12　若m的标准分解式为$m=p_1^{e_1}p_2^{e_2}\cdots p_s^{e_s}$，则

$$\phi(m)=\prod_{i=1}^{s}(p_i^{e_i}-p_i^{e_i-1})=m\prod_{i=1}^{s}\left(1-\frac{1}{p_i}\right)$$

由于 Euler 函数是积性函数，因此只需证明如下引理。

引理 设 p 为一素数，e 为正整数，则

$$\phi(p^e)=p^e-p^{e-1}=p^e\left(1-\frac{1}{p}\right)$$

证明 因为 p 是素数，所以不与 p^e 互素的数必有素因子 p，反之亦然，即在数列

$$1,\ 2,\ \cdots,\ p^e$$

中，恰有 p^{e-1} 个数

$$p,\ 2p,\ \cdots,\ p^{e-1}p$$

不与 p^e 互素，故

$$\phi(p^e)=p^e-p^{e-1}=p^e\left(1-\frac{1}{p}\right)$$

例 1.3.6 由 Euler 函数的计算公式可得

$$\phi(300)=\phi(2^2\cdot 3\cdot 5^2)=(2^2-2)(3-1)(5^2-5)=2\cdot 2\cdot 20=80$$

定理 1.3.13 设 d 是使得

$$a^d\equiv_m 1$$

成立的最小正整数(Gauss 称其为 a 对模 m 的阶)，若有正整数 n 满足

$$a^n\equiv_m 1$$

则 $d|n$，特别地 $d|\phi(m)$。

证明 反证法。

假若 $d\nmid n$，令 $q=\left[\dfrac{n}{d}\right]$，$r=n \bmod d$，则 $n=qd+r$，$0<r<d$。于是

$$a^n=a^{qd+r}=a^{qd}a^r\equiv_m a^r\equiv_m 1$$

这与 d 的最小性矛盾，所以 $d|n$。

另外，令$(a,\ m)=c$，因为 $a^d\equiv_m 1$，即 $m|(a^d-1)$，所以 $c|(a^d-1)$，从而 $c|1$，这表明 $c=1$。因此，由 Euler 定理知 $a^{\phi(m)}\equiv_m 1$，所以 $d|\phi(m)$。

定理 1.3.14 若 $a^{m-1}\equiv_m 1$，并且对 $m-1$ 的任何真因子 d 恒有

$$a^d\not\equiv_m 1$$

则 m 是素数。

证明 由定理条件可知，a 对模 m 的阶为 $m-1$，从而

$$(m-1)|\phi(m)$$

又 $\phi(m)\leqslant m-1$，故 $\phi(m)=m-1$，这表明 m 是素数。

定理 1.3.15 设 p 是素数，$d|(p-1)$，则在模 p 的缩系中恰有 $\phi(d)$ 个阶为 d 的整数。

定理 1.3.15 的证明需要涉及较多的知识，这里不作详细介绍，读者可参看有关文献。

定理 1.3.16(Wilson 定理) p 是素数的充分必要条件是

$$(p-1)!\equiv_p -1$$

证明 (1) 充分性。

假若 p 不是素数，即 p 有真因子 $d(2\leqslant d\leqslant p-1)$。由条件 $(p-1)!\equiv_p -1$ 可得

$$d|((p-1)!+1)$$

因为 $2\leqslant d\leqslant p-1$，所以必有

$$d\mid(p-1)!$$

从而有

$$d\mid 1$$

这显然矛盾，即 p 是素数。

(2) 必要性。

当 $p=2$ 或 $p=3$ 时，命题显然成立。

现设奇素数 $p>3$，若 r 是下列 $p-3$ 个数

$$2, 3, \cdots, p-2$$

中的一个，则因为

$$r, 2r, 3r, \cdots, (p-2)r, (p-1)r$$

是一个缩系(mod p)，所以有且仅有一数 $sr(1\leqslant s\leqslant p-1)$满足

$$sr\equiv_p 1$$

因为 $2\leqslant r\leqslant p-2$，故 $s\neq 1$，$s\neq p-1$，另外还有 $s\neq r$。因为若 $s=r$，则

$$r^2\equiv_p 1$$

即

$$p\mid(r-1)(r+1)$$

这与$(r-1, p)=(r+1, p)=1$ 相矛盾。

又因为 $sr=rs$，即 r 和 s 是成对出现的，所以

$$2, 3, \cdots, p-2$$

这 $p-3$ 个数共可分成$\dfrac{p-3}{2}$对，每一对数之乘积都与 1 同余(mod p)，所以

$$2\cdot 3\cdot \cdots \cdot (p-2)\equiv_p 1$$

即

$$(p-2)!\equiv_p 1$$

从而有

$$(p-1)!\equiv_p -1$$

习 题 1.3

1. 令 n 为 t 位十进制整数，它的 t 个数字序列为 $d_1d_2\cdots d_t$，证明：

$$n \bmod 9 = \left(\sum_{i=1}^{t} d_i\right) \bmod 9$$

2. 利用按模运算原理，求：

(1) $9^7 \bmod 33$；

(2) $18^{11} \bmod 35$；

(3) $3^{\phi(70)} \bmod 70$；

(4) $(12\,371^{56}+34)^{28} \bmod 111$。

3. 今天是星期一，那么 10^{100} 天后是星期几？

4. 计算：

(1) $\phi(1001)$；

(2) $\phi(1984)$；

(3) $\phi(25\ 296)$。

5. 设 p 是奇素数，证明：

$$\left\{-\frac{p-1}{2}, \cdots, -2, -1, 1, 2, \cdots, \frac{p-1}{2}\right\}$$

是一缩系(mod p)。

6. 根据定义 1.3.4，直接证明：Euler 函数是积性函数。

7. 证明 Gauss 公式：$\sum_{d|m}\phi(d)=m$，并取 $m=30$ 验证此公式。

8. 证明：$61!\equiv_{71}-1$。

1.4　同余方程

在初等代数中，一个主要的问题就是求解代数方程。在初等数论中，也有类似的问题，这就是求解同余方程。这也是在了解了同余关系的一些基本性质后，自然会考虑到的问题。例如，在我国古代的《孙子算经》[①]里就提出了这种形式的问题，并且很好地解决了它。《孙子算经》里所提出的问题之一如下：

"今有物不知其数，三三数之剩二，五五数之剩三，七七数之剩二，问物几何？"这就是求同时满足

$$x\equiv_3 2,\ x\equiv_5 3,\ x\equiv_7 2$$

的 x 值，即求解一次同余方程组。

本节首先介绍同余方程及其解的基本概念，然后重点讨论一次同余方程与一次同余方程组。

定义 1.4.1　设 m 为大于 1 的正整数，$f(x)$是一整系数多项式

$$f(x)=a_nx^n+a_{n-1}x^{n-1}+\cdots+a_1x+a_0$$

若 $m\nmid a_n$，则称方程

$$f(x)\equiv_m 0$$

为关于模 m 的(x 的)(一元)n 次同余方程。若 x_0 使得 $f(x_0)\equiv_m 0$，则称 x_0 是方程 $f(x)\equiv_m 0$ 的解(或根)。

根据按模运算原理，若 x_0 是同余方程 $f(x)\equiv_m 0$ 的解，则 x_0+mt 也是它的解(t 为任意整数)，即以 x_0 为代表的同余类(mod m)中的每一个数都是该方程的解。故对于同余方程而言，一个同余类只能算一个解。通常只需考虑一个完全系(譬如最小非负完全系)。

与代数方程类似，同余方程也有重解的概念。若 $f(x)\equiv_m(x-a)^kg(x)$，且 a 不是方程

---

① 《孙子算经》，中国南北朝数术著作，《算经十书》之一，作者不详。传本的《孙子算经》共三卷。上卷叙述筹算记数的纵横相间制度和筹算乘除法。中卷主要是关于分数的应用题，包括面积、体积、等比数列等计算题。下卷对后世的影响最为深远，其中第 26 题，即"物不知数"问题，奠定了一次同余式理论的基础，被称为"中国剩余定理"；第 31 题，就是"鸡兔同笼"问题。

$g(x)\equiv_m 0$ 的解，则称 a 是同余方程 $f(x)\equiv_m 0$ 的 k 重解。

关于代数方程，知道 n 次方程恰有 n 个解，但高次同余方程的解数(即解的个数)非常不规则，解数不仅与同余方程的次数 n 有关，还与模数 m 有关。

例 1.4.1 容易验证：同余方程 $x^3-x\equiv_6 0$ 有六个解(mod 6)：0，1，2，3，4，5；同余方程 $(x-1)(x-p-1)\equiv_{p^2}0$ 有 p 个解(mod p^2)：$kp+1$ $(k=0, 1, \cdots, p-1)$；而同余方程 $x^2+1\equiv_3 0$ 无解(mod 3)。

不过，当模数 m 是素数时，有如下定理：

定理 1.4.1(Lagrange 定理) 设 p 为素数，则关于模 p 的 n 次同余方程

$$f(x)=a_nx^n+a_{n-1}x^{n-1}+\cdots+a_1x+a_0\equiv_p 0 \qquad (p\nmid a_n)$$

的解的个数小于等于 n(计算重解的重数在内)。

证明 若该方程无解，则定理为真。

若 a 为该方程的解，则不妨将 $f(x)$ 写成

$$f(x)=(x-a)f_1(x)+r_1$$

把 a 代入上式，显然有 $p|r_1$，故

$$f(x)\equiv_p(x-a)f_1(x)$$

若 a 为原方程的 h 重解，则可仿此进行下去，得

$$f(x)\equiv_p(x-a)^hg_1(x)$$

其中，$g_1(x)$是 $n-h$ 次整系数多项式，且 $g_1(a)\not\equiv_p 0$。

若原方程另有一解 b，则

$$0\equiv_p f(b)\equiv_p(b-a)^hg_1(b)$$

由于 a、b 是不同的解(mod p)，即 $p\nmid(a-b)$，而 p 为素数，因此

$$g_1(b)\equiv_p 0$$

若 b 为 $g_1(x)\equiv_p 0$ 的 k 重解，则有

$$f(x)\equiv_p(x-a)^h(x-b)^kg_2(x)$$

如此进行下去，可得

$$f(x)\equiv_p(x-a)^h(x-b)^k\cdots(x-c)^lg(x)$$

其中，$g(x)$是 $n-h-k-\cdots-l$ 次整系数多项式，且

$$g(x)\equiv_p 0$$

不再有解。

由于 $n-h-k-\cdots-l\geqslant 0$，因此 $h+k+\cdots+l\leqslant n$。

现在，将重点放在同余方程的最简单的形式，即一次同余方程上。为讨论简便起见，以后将一次同余方程写成 $ax\equiv_m b$ 的形式，显然，这不影响问题的本质。需要讨论的是它在什么情况下有解，有几个同余类适合此方程，如何求得这几个解。

定理 1.4.2 若$(a, m)=1$，则一次同余方程 $ax\equiv_m b$ 恰有一解。

证明 (1) 用三种方法来证明解的存在性，这些不同的证明方法实质上给出了求解给定条件下的一次同余方程的不同方法。

证法一：因为$\{0, 1, 2, \cdots, m-1\}$组成一完全系(mod m)，所以$\{0, a, 2a, \cdots, (m-1)a\}$也组成一完全系(mod m)，这说明必存在 $ja(0\leqslant j\leqslant m-1)$，使得

$$ja\equiv_m b$$

这表明 $x \equiv_m j$ 就是该方程的解。

证法二：由 Euler 定理可知，在给定条件下

$$x \equiv_m b a^{\phi(m)-1}$$

是该方程的解。

证法三：因为$(a, m)=1$，所以存在整数 x_0 和 y_0，使得

$$a x_0 + m y_0 = 1$$

即

$$a x_0 \equiv_m 1$$

故 $x \equiv_m b x_0$ 是该方程的解。

(2) 证明解的唯一性。

设 x_1 和 x_2 皆是方程

$$ax \equiv_m b$$

的解，即

$$a x_1 \equiv_m b \quad 且 \quad a x_2 \equiv_m b$$

则

$$m \mid a(x_1 - x_2)$$

由于$(a, m)=1$，因此

$$m \mid (x_1 - x_2)$$

即 x_1 和 x_2 是同一个同余类(mod m)的代表，即是同一个解。

例 1.4.2 用四种方法来求解同余方程 $8x \equiv_{11} 9$。

解 方法一：用 0，1，2，…，10 逐一验算得 $x \equiv_{11} 8$ 是该方程的解。

方法二：由 Euler 定理可知

$$\begin{aligned} x &= 9 \cdot 8^{\phi(11)-1} = 9 \cdot 8^9 \equiv_{11} (-2) \cdot (-3)^9 \equiv_{11} 6 \cdot 3^8 \equiv_{11} 6 \cdot 9^4 \\ &\equiv_{11} 6 \cdot (-2)^4 \equiv_{11} 6 \cdot 4^2 \equiv_{11} 6 \cdot 5 \equiv_{11} 8 \end{aligned}$$

是该方程的解。

方法三：由

$$8 \cdot (-4) + 11 \cdot 3 = 1$$

可知

$$x = 9 \cdot (-4) \equiv_{11} 8$$

是该方程的解。

方法四：陆续用与 11 互素的数乘(或除)同余方程的两边，并对 11 取模，目的是使 x 的系数的绝对值减小，直至为 1。如由 $8x \equiv_{11} 9$ 可得

① $32x \equiv_{11} 36$，即 $-x \equiv_{11} 3$，所以 $x \equiv_{11} 8$ 是该方程的解；

② $8x \equiv_{11} 20$，故 $2x \equiv_{11} 5 \equiv_{11} 16$，亦有 $x \equiv_{11} 8$ 是该方程的解；

③ $8x \equiv_{11} 64$，亦有 $x \equiv_{11} 8$ 是该方程的解；

……

本例介绍的四种方法各有优缺点，在模数较小时用第一种和第二种方法比较方便，在模数很大时用第三种方法比较好，而在模数不太大时用第四种方法比较简捷。

由上也可以看出，求解一次同余方程的关键在于求解方程

$$ax \equiv_m 1$$

这时，方程的解常称为 a 对模 m 的(乘法)逆元，这在以后还要详细讨论。

定理 1.4.3 若$(a, m)=d>1$，则一次同余方程

$$ax \equiv_m b$$

(1) 在 $d \nmid b$ 时无解；

(2) 在 $d \mid b$ 时恰有 d 个解。

证明 (1) 显然成立。

(2) 如果 $d \mid b$，则由 $\left(\frac{a}{d}, \frac{m}{d}\right)=1$ 可知

$$\frac{a}{d}x \equiv_{\frac{m}{d}} \frac{b}{d}$$

有唯一解 $\left(\bmod \frac{m}{d}\right)$。设该解为 x_0，则

$$x_0 + k\frac{m}{d} \qquad (k=0, 1, 2, \cdots, d-1)$$

是原方程的仅有的 d 个不同解(mod m)。理由如下：

① 由于

$$\frac{m}{d} \left| \left(\frac{a}{d}x_0 - \frac{b}{d}\right)\right.$$

因此

$$\frac{m}{d} \left| \left(\frac{a}{d}\left(x_0 + k\frac{m}{d}\right) - \frac{b}{d}\right)\right.$$

从而

$$m \left| \left(a\left(x_0 + k\frac{m}{d}\right) - b\right)\right.$$

即

$$a\left(x_0 + k\frac{m}{d}\right) \equiv_m b$$

这说明 $x_0 + k\frac{m}{d}(k=0, 1, 2, \cdots, d-1)$是原方程的解(mod m)。

② 若

$$x_0 + i\frac{m}{d} \equiv_m x_0 + j\frac{m}{d} \qquad (i, j=0, 1, 2, \cdots, d-1)$$

则

$$m \left| (i-j)\frac{m}{d}\right.$$

从而

$$d \mid (i-j)$$

所以，$i=j$。也就是说，所有的 $x_0 + k\frac{m}{d}(k=0, 1, 2, \cdots, d-1)$是原方程的不同的解(mod m)。

③ 若 y 是原方程的一个解，即

$$m \mid (ay-b)$$

则

$$\frac{m}{d}\left|\left(\frac{a}{d}y-\frac{b}{d}\right)\right.$$

而

$$\frac{a}{d}x\equiv_{\frac{m}{d}}\frac{b}{d}$$

有唯一解$\left(\mathrm{mod}\ \frac{m}{d}\right)$，故 $y\equiv_{\frac{m}{d}}x_0$。这说明原方程的解都具有 $x\equiv_m x_0+k\frac{m}{d}(k=0, 1, 2, \cdots, d-1)$的形式。

例 1.4.3 求解同余方程 $286x\equiv_{341}121$。

解 由于$(286, 341)=11$，而 $11|121$，因此应先求出

$$26x\equiv_{31}11$$

的唯一解 $x_0\equiv_{31}4$。所以，原方程的 11 个解(mod 341)为

$$x=4, 35, 66, 97, 128, 159, 190, 221, 252, 283, 314$$

当掌握了一次同余方程的一般解法后，再来考虑一次同余方程组。在代数中，解联立一次方程组时，未知数至少是两个，而一次同余方程组中只有一个未知数。

设有一数 r(同余类)可以同时满足 k 个同余方程

$$f_i(x)\equiv_{m_i}0 \qquad (i=1, 2, \cdots, k)$$

则称 r 为这 k 个同余方程构成的同余方程组的公解。自然地，若同余方程组中的某一个同余方程无解，则此同余方程组无解。

这里仅讨论一次同余方程组。前面已经提到，在我国古代的《孙子算经》里就提出了这种形式的问题，并且很好地解决了它，这就是著名的孙子定理。

定理 1.4.4(孙子定理) 设 $m_1, m_2, \cdots, m_k$是 k 个两两互素的正整数($k\geqslant 2$)，令 $m=m_1m_2\cdots m_k$，则同余方程组

$$x\equiv_{m_i}a_i \qquad (i=1, 2, \cdots, k)$$

有唯一解(mod m)。

证明 (1) 存在性。

对于任意的 $i=1, 2, \cdots, k$，令 $M_i=\frac{m}{m_i}$。由于 $i\neq j$ 时有$(m_i, m_j)=1$，因此$(M_i, m_i)=1$。于是存在唯一的M'_i，使得

$$M_iM'_i\equiv_{m_i}1$$

且 $j\neq i$ 时，有

$$M_jM'_j\equiv_{m_i}0$$

所以

$$x_0=\sum_{j=1}^{k}M_jM'_ja_j\equiv_{m_i}M_iM'_ia_i\equiv_{m_i}a_i$$

即 x_0是同余方程组的一个公解。

(2) 唯一性。

若 x_1、x_2是适合同余方程组

$$x\equiv_{m_i}a_i \qquad (i=1, 2, \cdots, k)$$

的两个整数，则

$$x_1 \equiv_{m_i} x_2 \qquad (i=1, 2, \cdots, k)$$

因为 m_1，m_2，…，m_k 两两互素，所以 $x_1 \equiv_m x_2$，即 x_1、x_2 是同余方程组的同一个公解。

孙子定理提供了求同余方程组的公解的有效手段，如表 1.4.1 所示。

表 1.4.1

除数	余数	最小公倍数	衍数	乘率	各总	答数
m_1	a_1	$m=m_1m_2\cdots m_k$	M_1	M_1'	$M_1M_1'a_1$	$x\equiv_m \sum_{j=1}^{k} M_jM_j'a_j$
m_2	a_2		M_2	M_2'	$M_2M_2'a_2$	
⋮	⋮		⋮	⋮	⋮	
m_k	a_k		M_k	M_k'	$M_kM_k'a_k$	

例 1.4.4　求解同余方程组

$$x\equiv_3 2,\ x\equiv_5 3,\ x\equiv_7 2$$

的过程如表 1.4.2 所示。

表 1.4.2

除数	余数	最小公倍数	衍数	乘率	各总	答数	最小答数
3	2	3×5×7=105	5×7	2	35×2×2	140+63+30=233	233 mod 105=23
5	3		7×3	1	21×1×3		
7	2		3×5	1	15×1×2		

利用孙子定理还可求解高次同余方程(限于篇幅，有关定理不作详细介绍，读者可参看相关文献)。例如，为求解 $f(x)=6x^3+27x^2+17x+20\equiv_{30}0$，可先分别求解以下两个同余方程：

$$f(x)\equiv_5 0,\ f(x)\equiv_6 0$$

容易验证第一个同余方程有解

$$x\equiv_5 0,\ 1,\ 2$$

第二个同余方程有解

$$x\equiv_6 2,\ 5$$

当 (a_1, a_2) 取 (0, 2)，(0, 5)，(1, 2)，(1, 5)，(2, 2)，(2, 5) 时，得到 6 个同余方程组，应用孙子定理求得解(mod 30)即为 $f(x)\equiv_{30}0$ 的 6 个解：

$$x\equiv_{30}6a_1+25a_2\equiv_{30}2,\ 5,\ 11,\ 17,\ 20,\ 26$$

习　题　1.4

1. 求解下列同余方程：

(1) $111x\equiv_{321}75$；

(2) $256x\equiv_{337}179$；

(3) $1215x\equiv_{2755}560$；

(4) $1296x\equiv_{1935}1125$。

2. 求解下列同余方程组：

(1) $x\equiv_7 1$，$x\equiv_5 3$，$x\equiv_9 5$；

(2) $3x\equiv_4 5$，$5x\equiv_7 2$；

(3) $4x\equiv_{25} 3$，$3x\equiv_{20} 8$；

(4) $x\equiv_{15} 8$，$x\equiv_8 5$，$x\equiv_{25} 13$。

3. 用孙子定理求解同余方程：

(1) $3x\equiv_{10} 1$；

(2) $19x\equiv_{26} 1$；

(3) $17x\equiv_{100} 1$；

(4) $31x^4+57x^3+96x+191\equiv_{225} 0$。

1.5 二次剩余的概念

现在考虑二次同余方程，重点关注模数是奇素数的情形(对于模数不是奇素数的情形，读者可参看相关文献)：

$$ax^2+bx+c\equiv_p 0 \qquad (p \text{ 是奇素数}, (a, p)=1)$$

由条件可知，$(4a, p)=1$，所以该方程与方程

$$4a(ax^2+bx+c)\equiv_p 0$$

等价，而 $4a(ax^2+bx+c)=(2ax+b)^2-(b^2-4ac)$，故原方程等价于

$$(2ax+b)^2\equiv_p b^2-4ac$$

现令 $y=2ax+b$，$d=b^2-4ac$。这样，若 y_0 是二次同余方程 $y^2\equiv_p d$ 的解，x_0 是 $2ax\equiv_p y_0-b$ 的唯一解，则 x_0 是方程 $ax^2+bx+c\equiv_p 0$ 的解，反之亦然。这说明所有模数是奇素数的二次同余方程都可归结为

$$x^2\equiv_p n$$

的形式。此外，如果 $p|n$，则 $x^2\equiv_p n$ 有唯一解 $x\equiv_p 0$。下面只考虑 $(p, n)=1$ 的情形。

定义 1.5.1 设 m 为大于 1 的正整数，$(m, n)=1$，若 $x^2\equiv_m n$ 可解，则称 n 为对模 m 的二次(平方)剩余，或二次剩余(mod m)；否则，称 n 为对模 m 的二次非剩余。

与 m 互素的整数(可仅考虑模 m 的某个缩系)可分成两类：一类是二次剩余，另一类是二次非剩余。常称模 m 的最小正缩系中的诸二次剩余之集为模 m 的二次剩余系。

【注】 这里并不限制模数 m 是奇素数。

例 1.5.1 由定义 1.5.1 知，1，2，4 为模 7 之二次剩余，3，5，6 为模 7 之二次非剩余；1，3，4，5，9 是二次剩余(mod 11)，而 2，6，7，8，10 是二次非剩余(mod 11)。

定义 1.5.2(Legendre 符号) 设 p 为奇素数，$(p, n)=1$。n 对模 p 的 Legendre 符号被定义为

$$\left(\frac{n}{p}\right)=\begin{cases}1, & \text{若 } n \text{ 为二次剩余(mod } p\text{)}\\ -1, & \text{若 } n \text{ 为二次非剩余(mod } p\text{)}\end{cases}$$

显然，Legendre 符号有以下性质：

若 $n\equiv_p n'$ 且 $(p, n)=1$，则 $\left(\frac{n}{p}\right)=\left(\frac{n'}{p}\right)$。

定理 1.5.1　设 p 为奇素数，则在模 p 的一缩系中有$\frac{p-1}{2}$个二次剩余，有$\frac{p-1}{2}$个二次非剩余，且

$$1^2,\ 2^2,\ \cdots,\ \left(\frac{p-1}{2}\right)^2 \tag{1.5.1}$$

为其全部二次剩余(mod p)。

证明　(1) 显然，这些数都是二次剩余(mod p)。

(2) 若方程

$$x^2 \equiv_p n$$

可解，则至多有两个解。由

$$(p-x)^2 \equiv_p (-x)^2 = x^2 \equiv_p n$$

可知，该方程必有一解适合

$$1 \leqslant x \leqslant \frac{p-1}{2}$$

即诸二次剩余(mod p)必与序列(1.5.1)中的某个数同余(mod p)。

(3) 这些数是两两互不同余的(mod p)。这是因为

$$a^2 - b^2 = (a-b)(a+b)$$

的两个因子 $a-b$ 和 $a+b$ 都小于 p，不可能是 p 的倍数(a, $b=1, 2, \cdots, \frac{p-1}{2}$，不妨设$a>b$)。

定理 1.5.2(Euler 判别条件)　设 p 为奇素数，$(p, n)=1$，则

$$n^{\frac{p-1}{2}} \equiv_p \left(\frac{n}{p}\right)$$

证明　(1) 证明：$n^{\frac{p-1}{2}} \equiv_p 1$，当且仅当$\left(\frac{n}{p}\right)=1$。

充分性：若$\left(\frac{n}{p}\right)=1$，即 n 是二次剩余(mod p)，则存在 x，使得

$$x^2 \equiv_p n$$

因为$(p, n)=1$，所以$(p, x)=1$，根据 Fermat 小定理，有

$$n^{\frac{p-1}{2}} \equiv_p x^{p-1} \equiv_p 1$$

必要性：由定理 1.4.1 知，n 的$\frac{p-1}{2}$次同余方程

$$n^{\frac{p-1}{2}} \equiv_p 1$$

之解数不超过$\frac{p-1}{2}$。而由充分性的证明过程可知，模 p 的$\frac{p-1}{2}$个二次剩余都是该方程的解，故除模 p 的二次剩余外，都不能使 $n^{\frac{p-1}{2}} \equiv_p 1$ 成立。

(2) 证明：若 n 是二次非剩余(mod p)，则 $n^{\frac{p-1}{2}} \equiv_p -1$。

由 Fermat 小定理知

$$n^{p-1} - 1 = (n^{\frac{p-1}{2}} - 1)(n^{\frac{p-1}{2}} + 1) \equiv_p 0$$

故若 $p \nmid (n^{\frac{p-1}{2}} - 1)$，则 $p \mid (n^{\frac{p-1}{2}} + 1)$，即

$$n^{\frac{p-1}{2}} \equiv_p -1$$

由 Euler 判别条件很容易得到下面的定理。

定理 1.5.3 若 p 为奇素数，$(p, mn)=1$，则

$$\left(\frac{mn}{p}\right)=\left(\frac{m}{p}\right)\left(\frac{n}{p}\right)$$

根据定理 1.5.3，有以下推论。

推论 1 两个二次剩余之积仍为二次剩余(mod p)。

推论 2 两个二次非剩余之积为二次剩余(mod p)。

推论 3 一个二次剩余与一个二次非剩余之积为二次非剩余(mod p)。

推论 4 $\left(\frac{n^e}{p}\right)=\left(\frac{n}{p}\right)^e$。

由于任一非零整数 n 必具有

$$n=\pm 2^e q_1^{e_1} q_2^{e_2} \cdots q_s^{e_s} \qquad (e,\ s\geqslant 0,\ e_i>0,\ q_i \text{是奇素数}(i=1,\ 2,\ \cdots,\ s))$$

的形式，因此由定理 1.5.3，有

$$\left(\frac{n}{p}\right)=\left(\frac{\pm 1}{p}\right)\left(\frac{2}{p}\right)^e\left(\frac{q_1}{p}\right)^{e_1}\left(\frac{q_2}{p}\right)^{e_2}\cdots\left(\frac{q_s}{p}\right)^{e_s}$$

这表明任一 Legendre 符号值的计算只依赖于

$$\left(\frac{-1}{p}\right),\ \left(\frac{2}{p}\right),\ \left(\frac{q}{p}\right) \qquad (q \text{ 是奇素数})$$

这三者的计算。

在 Euler 判别条件中，取 $n=-1$，有

$$\left(\frac{-1}{p}\right)\equiv_p (-1)^{\frac{p-1}{2}}$$

该式的两边都只能取值± 1，故有定理 1.5.4。

定理 1.5.4 设 p 为奇素数，则$\left(\frac{-1}{p}\right)=(-1)^{\frac{p-1}{2}}$。

换句话说，若 $p\equiv_4 1$，则-1 是二次剩余(mod p)；而若 $p\equiv_4 3$，则-1 是二次非剩余(mod p)。由此可知，整数 $n=x^2+1$ 之奇素数因子必有 $4k+1$ 的形式(习题 1.5 第 2 题)。

定理 1.5.5(Gauss 引理) 设 p 为奇素数，$(p, n)=1$，若在$\frac{p-1}{2}$个数

$$n \bmod p,\ 2n \bmod p,\ \cdots,\ \frac{p-1}{2}\cdot n \bmod p \tag{1.5.2}$$

中，有 m 个大于$\frac{p}{2}$，则

$$\left(\frac{n}{p}\right)=(-1)^m$$

证明 令

$$a_1,\ a_2,\ \cdots,\ a_l$$

表示序列(1.5.2)的诸数中小于$\frac{p}{2}$者$\left(l=\frac{p-1}{2}-m\right)$，而

$$b_1,\ b_2,\ \cdots,\ b_m$$

表示序列(1.5.2)的诸数中大于$\frac{p}{2}$者，于是

$$\prod_{s=1}^{l} a_s \prod_{t=1}^{m} b_t \equiv_p \prod_{k=1}^{\frac{p-1}{2}} kn = \left(\frac{p-1}{2}\right)! \cdot n^{\frac{p-1}{2}}$$

另一方面，由于$\frac{p}{2}<b_t\leqslant p-1$，即$\frac{p+1}{2}\leqslant b_t\leqslant p-1$，因此$1\leqslant p-b_t\leqslant\frac{p-1}{2}$，这说明$a_s$，$p-b_t(s=1, 2, \cdots, l;\ t=1, 2, \cdots, m)$这$\frac{p-1}{2}$个数皆在1到$\frac{p-1}{2}$之间。现证这$\frac{p-1}{2}$个数各不相同。假若存在一组$s$、$t(1\leqslant s\leqslant l,\ 1\leqslant t\leqslant m)$，使得

$$p-b_t=a_s$$

即

$$a_s+b_t=p$$

则必存在x、y，满足

$$(xn \bmod p)+(yn \bmod p)=p \qquad \left(1\leqslant x,\ y\leqslant\frac{p-1}{2}\right)$$

由$(p, n)=1$可得

$$(x+y)\equiv_p 0$$

而这是不可能的，故a_s，$p-b_t(s=1, 2, \cdots, l;\ t=1, 2, \cdots, m)$是$1, 2, \cdots, \frac{p-1}{2}$这$\frac{p-1}{2}$个数的一个排列，所以

$$\prod_{s=1}^{l} a_s \prod_{t=1}^{m} (p-b_t) = \left(\frac{p-1}{2}\right)!$$

同时

$$\prod_{s=1}^{l} a_s \prod_{t=1}^{m} (p-b_t) \equiv_p (-1)^m \prod_{s=1}^{l} a_s \prod_{t=1}^{m} b_t \equiv_p (-1)^m \cdot \left(\frac{p-1}{2}\right)! \cdot n^{\frac{p-1}{2}}$$

从而

$$n^{\frac{p-1}{2}}\equiv_p(-1)^m$$

由Euler判别条件可知

$$\left(\frac{n}{p}\right)\equiv_p(-1)^m$$

立得

$$\left(\frac{n}{p}\right)=(-1)^m$$

例 1.5.2　在Gauss引理中，若取$p=7$，$n=10$，则在3个数

$$10 \bmod 7=3,\ 20 \bmod 7=6,\ 30 \bmod 7=2$$

中只有一个数大于$\frac{7}{2}$，故

$$\left(\frac{10}{7}\right)=-1$$

例 1.5.3　在Gauss引理中，若取$p=13$，$n=2$，则在6个数

$$2 \bmod 13=2,\ 4 \bmod 13=4,\ 6 \bmod 13=6,\ 8 \bmod 13=8,\ 10 \bmod 13=10,\ 12 \bmod 13=12$$

中有 3 个数大于$\frac{13}{2}$，故

$$\left(\frac{2}{13}\right)=(-1)^3=-1$$

定理 1.5.6　设 p 为奇素数，则$\left(\frac{2}{p}\right)=(-1)^{\frac{(p-1)(p+1)}{8}}$。

证明　在 Gauss 引理中，取 $n=2$，则

$$2,\ 2\cdot 2,\ \cdots,\ \frac{p-1}{2}\cdot 2$$

均在 0 与 $p-1$ 之间，故大于$\frac{p}{2}$的数的个数 m 即是适合

$$\frac{p}{2}<2k<p\quad\left(即\frac{p}{4}<k<\frac{p}{2}\right)$$

的 k 的个数，所以 $m=\left[\frac{p}{2}\right]-\left[\frac{p}{4}\right]$。下面分四种情况讨论 m 的奇偶性：

当 $p\equiv_8 1$ 时，$m\equiv_2 0$；

当 $p\equiv_8 3$ 时，$m\equiv_2 1$；

当 $p\equiv_8 5$ 时，$m\equiv_2 1$；

当 $p\equiv_8 7$ 时，$m\equiv_2 0$。

总之，$m\equiv_2 \frac{(p-1)(p+1)}{8}$，故

$$\left(\frac{2}{p}\right)=(-1)^m=(-1)^{\frac{(p-1)(p+1)}{8}}$$

定理 1.5.6 说明，若 $p\equiv_8 \pm 1$，则 2 是二次剩余(mod p)；若 $p\equiv_8 \pm 3$，则 2 是二次非剩余(mod p)。由此可知，整数 $n=x^2-2$ 之奇素数因子必有 $8k\pm 1$ 的形式(习题 1.5 第 3 题)。

定理 1.5.7　设 p 和 q 都是奇素数，$p\neq q$，则

$$\left(\frac{q}{p}\right)\left(\frac{p}{q}\right)=(-1)^{\frac{(p-1)(q-1)}{4}}$$

证明　(1) 利用 Gauss 引理计算序列

$$q \bmod p,\ 2q \bmod p,\ \cdots,\ \frac{p-1}{2}\cdot q \bmod p$$

中大于$\frac{p}{2}$的数的个数 m，即得

$$\left(\frac{q}{p}\right)=(-1)^m$$

对于任意 $k=1,\ 2,\ \cdots,\ \frac{p-1}{2}$，令

$$kq=q_k p+r_k\qquad\left(q_k=\left[\frac{kq}{p}\right],\ 1\leqslant r_k\leqslant p-1\right)$$

同时，与 Gauss 引理的证明过程一样，用 a_1，a_2，…，a_l 表示诸 r_k 中小于$\frac{p}{2}$者$\left(l=\frac{p-1}{2}-m\right)$，而 b_1，b_2，…，b_m 表示诸 r_k 中大于$\frac{p}{2}$者，并记

$$a=\sum_{s=1}^{l}a_s,\ b=\sum_{t=1}^{m}b_t$$

于是有

$$\sum_{k=1}^{\frac{p-1}{2}}r_k=a+b$$

另一方面，由 Gauss 引理的证明过程可知

$$\sum_{s=1}^{l}a_s+\sum_{t=1}^{m}(p-b_t)=\sum_{k=1}^{\frac{p-1}{2}}k=\frac{p^2-1}{8}$$

所以

$$\frac{p^2-1}{8}=a+mp-b \tag{1.5.3}$$

又

$$\frac{p^2-1}{8}\cdot q=\sum_{k=1}^{\frac{p-1}{2}}kq=p\cdot\sum_{k=1}^{\frac{p-1}{2}}q_k+\sum_{k=1}^{\frac{p-1}{2}}r_k=p\cdot\sum_{k=1}^{\frac{p-1}{2}}q_k+a+b \tag{1.5.4}$$

式(1.5.4)减去式(1.5.3)，得

$$\frac{p^2-1}{8}\cdot(q-1)=p\left(\sum_{k=1}^{\frac{p-1}{2}}q_k-m\right)+2b$$

注意到 p 和 q 都是奇数，可知等式左边为偶数，而 $2b$ 也是偶数，故 $\sum\limits_{k=1}^{\frac{p-1}{2}}q_k-m$ 应为偶数，即

$$m\equiv_2\sum_{k=1}^{\frac{p-1}{2}}q_k$$

因此

$$\left(\frac{q}{p}\right)=(-1)^m=(-1)^{\sum_{k=1}^{\frac{p-1}{2}}q_k}=(-1)^{\sum_{k=1}^{\frac{p-1}{2}}\left[\frac{kq}{p}\right]}$$

(2) 同理

$$\left(\frac{p}{q}\right)=(-1)^{\sum_{k=1}^{\frac{q-1}{2}}\left[\frac{kp}{q}\right]}$$

从而

$$\left(\frac{q}{p}\right)\left(\frac{p}{q}\right)=(-1)^{\sum_{k=1}^{\frac{p-1}{2}}\left[\frac{kq}{p}\right]+\sum_{k=1}^{\frac{q-1}{2}}\left[\frac{kp}{q}\right]}$$

(3) 采用几何的方法证明

$$\sum_{k=1}^{\frac{p-1}{2}}\left[\frac{kq}{p}\right]+\sum_{k=1}^{\frac{q-1}{2}}\left[\frac{kp}{q}\right]=\frac{(p-1)(q-1)}{4}$$

作一以$(0,0)$，$\left(\frac{p}{2},0\right)$，$\left(0,\frac{q}{2}\right)$，$\left(\frac{p}{2},\frac{q}{2}\right)$为顶点的长方形，如图 1.5.1 所示。

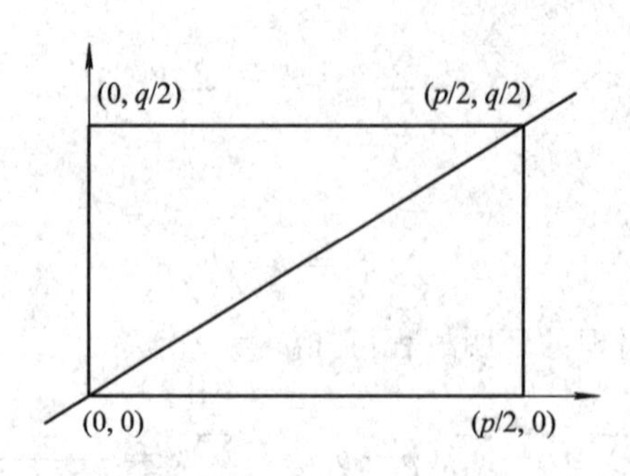

图 1.5.1

在这个长方形内，经过原点的对角线上没有整点(指纵、横坐标都是整数的点)。因为若这条对角线上有整点(x, y)，则整数x、y应满足：

$$xq-yp=0 \qquad \left(1\leqslant x\leqslant\frac{p-1}{2},\ 1\leqslant y\leqslant\frac{q-1}{2}\right)$$

从而$p|x$，$q|y$，而这是不可能的。显然，长方形内的整点总数为$\dfrac{(p-1)(q-1)}{4}$。其中，对角线以下的三角形内有$\sum\limits_{k=1}^{\frac{p-1}{2}}\left[\dfrac{kq}{p}\right]$个整点，对角线以上的三角形内有$\sum\limits_{k=1}^{\frac{q-1}{2}}\left[\dfrac{kp}{q}\right]$个整点。由此可见

$$\sum_{k=1}^{\frac{p-1}{2}}\left[\frac{kq}{p}\right]+\sum_{k=1}^{\frac{q-1}{2}}\left[\frac{kp}{q}\right]=\frac{(p-1)(q-1)}{4}$$

定理 1.5.7 说明，若$p\equiv_4 q\equiv_4 3$，则两同余方程

$$x^2\equiv_p q,\quad x^2\equiv_q p$$

一个可解，一个不可解；否则，它们都可解，或都不可解。

【注】 华罗庚先生在《数论导引》一书中对此定理作了这样的注解：“此乃初等数论中最著名且重要之 Gauss 氏互逆定理(Law of reciprocity)。Gauss 称此为 Legendre 之互逆定理。但 Legendre 虽发现此定理而未能确切证明之。此定理 Gauss 称之谓‘数论之酵母’。后来 Kummer，Eisenstein，Hilbert，Artin，Furtwangler 等之代数数论之研究，证明此说，实深且切也。”

这样，对于任意的奇素数p和与p互素的整数n，总可以通过对n因子分解，并不断利用前面介绍的计算法则，计算出n对模p的 Legendre 符号值。

例 1.5.4　已知 593 是素数，计算 438 对模 593 的 Legendre 符号值的过程如下：

首先求得 438 的标准分解式为

$$438=2\cdot 3\cdot 73$$

从而

$$\left(\frac{438}{593}\right)=\left(\frac{2}{593}\right)\left(\frac{3}{593}\right)\left(\frac{73}{593}\right)$$

又

$$\left(\frac{2}{593}\right)=(-1)^{\frac{(593-1)(593+1)}{8}}=1$$

$$\left(\frac{3}{593}\right)=(-1)^{\frac{(593-1)(3-1)}{4}}\left(\frac{593}{3}\right)=\left(\frac{593 \bmod 3}{3}\right)=\left(\frac{2}{3}\right)=-1$$

$$\left(\frac{73}{593}\right)=(-1)^{\frac{(593-1)(73-1)}{4}}\left(\frac{593}{73}\right)=\left(\frac{593 \bmod 73}{73}\right)=\left(\frac{9}{73}\right)=\left(\frac{3^2}{73}\right)=1$$

所以

$$\left(\frac{438}{593}\right)=-1$$

Legendre 符号提供了判断二次剩余的有力工具，但运用时有严格的限制，必须保证模数是奇素数，这就需要在计算过程中频繁地进行素性检测和因子分解，这极大地降低了 Legendre 符号的计算速度，从而给实际使用带来了不便，这也是运用 Legendre 符号进行计算时的最大缺点。避开这个缺点的一个方法就是引入 Jacobi 符号。

定义 1.5.3(Jacobi 符号) 设正奇数 m 的标准分解式为

$$m=\prod_{r=1}^{t} p_r$$

其中的诸 p_r 可能有相同者，若 $(n, m)=1$，则定义 n 对模 m 的 Jacobi 符号为

$$\left(\frac{n}{m}\right)=\prod_{r=1}^{t}\left(\frac{n}{p_r}\right)$$

$\left(\frac{n}{p_r}\right)$ 为 n 对素数模 p_r 的 Legendre 符号值($r=1, 2, \cdots, t$)，当模数 m 为奇素数(即 $t=1$)时，n 对模 m 的 Jacobi 符号就是 n 对模 m 的 Legendre 符号。Jacobi 符号的计算法则容易由 Legendre 符号的计算法则推出(习题 1.5 第 7 题)。

定理 1.5.8(Jacobi 符号的计算法则) 设 m 为正奇数，那么：

(1) 若 $n\equiv_m n'$，且 $(n, m)=1$，则 $\left(\frac{n}{m}\right)=\left(\frac{n'}{m}\right)$；

(2) 若 $(n, m)=(n, m')=1$，m' 为正奇数，则 $\left(\frac{n}{mm'}\right)=\left(\frac{n}{m}\right)\left(\frac{n}{m'}\right)$；

(3) 若 $(n, m)=(n', m)=1$，则 $\left(\frac{nn'}{m}\right)=\left(\frac{n}{m}\right)\left(\frac{n'}{m}\right)$；

(4) $\left(\frac{1}{m}\right)=1$；

(5) $\left(\frac{-1}{m}\right)=(-1)^{\frac{m-1}{2}}$；

(6) $\left(\frac{2}{m}\right)=(-1)^{\frac{(m-1)(m+1)}{8}}$；

(7) 若 n 也为正奇数，则 $\left(\frac{n}{m}\right)\left(\frac{m}{n}\right)=(-1)^{\frac{(m-1)(n-1)}{4}}$。

引入 Jacobi 符号以后，Legendre 符号值的实际计算问题就基本上解决了，并且简化了。Jacobi 符号的好处在于一方面它具有 Legendre 符号一样的计算法则，而在 $t=1$ 时，它的值就是 Legendre 符号的值；另一方面它并没有模数 m 必须是奇素数的限制，因此要想计算 Legendre 符号的值，只需将它看成是 Jacobi 符号来计算，而在计算 Jacobi 符号的值时，由于不必考虑模数 m 是否是奇素数，因此在实际计算时就非常方便，并且利用 Jacobi 符号最后一定能把 Legendre 符号的值计算出来。

例 1.5.5 有了 Jacobi 符号以后，例 1.5.4 的计算过程如下：

$$\left(\frac{438}{593}\right)=\left(\frac{2}{593}\right)\left(\frac{219}{593}\right)=\left(\frac{219}{593}\right)=\left(\frac{593}{219}\right)=\left(\frac{155}{219}\right)=-\left(\frac{219}{155}\right)=-\left(\frac{64}{155}\right)=-1$$

最后，必须指出，虽然 Jacobi 符号是 Legendre 符号的推广，但两者有一点很重要的不同，这就是根据 Legendre 符号的值可以判断二次同余方程是否有解，但是 Jacobi 符号的值一般没有这个作用，例如

$$\left(\frac{2}{9}\right)=\left(\frac{2}{3}\right)\left(\frac{2}{3}\right)=1$$

但同余方程 $x^2\equiv_9 2$ 无解。

习 题 1.5

1. 求解下列二次同余方程：

(1) $4x^2-11x-3\equiv_{13}0$；

(2) $5x^2-11x+16\equiv_{45}0$；

(3) $12x^2+8x-15\equiv_{44}0$。

2. 证明：整数 $n=x^2+1$ 之奇素数因子必有 $4k+1$ 的形式。

3. 证明：整数 $n=x^2-2$ 之奇素数因子必有 $8k\pm1$ 的形式。

4. 设 $n>0$，$4n+3$ 和 $8n+7$ 都是素数，证明：$M_{4n+3}=2^{4n+3}-1$ 不是素数。

5. 分别求出以 -2、3、5 和 10 为二次剩余的奇素数的一般表达式。

6. 计算下列 Legendre 符号的值：

(1) $\left(\frac{77}{103}\right)$；

(2) $\left(\frac{102}{181}\right)$；

(3) $\left(\frac{163}{257}\right)$；

(4) $\left(\frac{254}{773}\right)$；

(5) $\left(\frac{369}{1949}\right)$；

(6) $\left(\frac{1215}{4523}\right)$。

7. 证明定理 1.5.8。

1.6 数论在密码学中的应用

数论长期以来一直被认为是一门优美漂亮、纯之又纯的理论学科，20 世纪世界级数学大师、英国剑桥大学著名数学家 Hardy 曾说过：数论是一门与现实、与战争无缘的纯粹数学学科。Hardy 本人也因主要从事数论研究而被尊称为纯之又纯的纯粹数学家。不过，在

计算机科学与电子技术深入发展的今天，数论已经不再仅仅是一门“纯”理论学科，而成为了一门应用性极强的数学学科。数论已经在诸如计算、密码、物理、化学、生物、声学、电子、通信、图形学等许多领域中都有着广泛而深入的应用。数论的这些应用，尤其是在密码学中的应用，使得它从一门理论学科转变成了一门应用性极强的学科，数论的研究也增加了新的内容。

所谓“密码”，是相对于“明码”来说的，那些一目了然(公众能够理解)的信息称为“明码”或“明文”，而那些经过加密(只有专门对象能够理解)的信息称为“密码”或“密文”。密文不是任何人都能看懂的，只有合法接收人，他们掌握了一定的窍门信息(密钥)，才能把它翻译成明文。传统的加密方法首先要建立明文与正整数之间的对应关系。一个文件总是由文字和其他符号组成的。如果把这些符号和正整数之间建立一一对应的关系，则可以将文字表示成一串正整数。比如，假设 26 个英文字母与数字 00，01，02，…，24，25 建立一一对应关系，例如 a＝00，b＝01，…，z＝25，则“woyaolai”(我要来)对应的整数串就是 2214240014110008，这个数串就相当于对应的密文。这种加密方法就是所谓的“单码加密法”，它是一种替代加密法，每个明文只能被一个密文字母所替代。在实际应用中，一个文件所对应的正整数是一个很大的数字，所以，人们往往要对大的正整数进行处理，使它们可以与较小的正整数数列对应，从而容易进行加密。因为对于给定的正整数 k，任何正整数 n 都可以唯一表示成

$$n=n_tk^t+n_{t-1}k^{t-1}+\cdots+n_1k+n_0 \qquad (0\leqslant n_i\leqslant k-1,\ 0\leqslant i\leqslant t)$$

所以任何正整数 n 就与正整数数列 $\{n_t, n_{t-1}, \cdots, n_0\}$ 建立了一一对应的关系，对大整数 n 的加密就转化为对不超过 k 的整数 n_i 的加密。

在 20 世纪 70 年代以前，人们所知道的密码学都是类似上述方法的所谓对称密码学，即加密和解密的双方都必须知道密文和明文之间的对应关系，换句话说，就是在加密和解密过程中需要使用同一个密钥，加密方与解密方有相同的“知识”(能进行加密的一方必能解密，反之亦然)，这给密钥的分配与管理带来了极大的困难。为使敌方不容易破译密码，这个密钥需要经常更换，这样加密、解密双方也就需要频繁交换密钥。每次密钥交换的过程都是极其复杂的，并需付出高昂的代价。因为如果密钥被敌方获得，密码就变成了明码。是否能找到一种方法，使得加密和解密的密钥分开，从而省略交换密钥的工作呢？这些问题就是 1976 年 Whitfield Diffie 和 Martin Hellman 在他们那篇划时代的论文《密码学的新方向》(*New Directions in Cryptography*)中提出的，他们也给出了其中一个解决办法，那就是 Diffie-Hellman-Merkle 密钥交换算法。在该算法中，他们提出了“公钥密码体制”，即加密、解密用两个不同的密钥。加密用公钥，此钥可以公开，任何人都可以得到；解密用私钥，此钥必须严加管理，只有合法解密者才有此钥，并不能泄漏。在这个算法中利用了数论中的一个经典难题，即离散对数。所谓离散对数，就是给定正整数 a、y、n，求正整数 x (如果 x 存在)，使之满足

$$y\equiv_n a^x$$

这个 x 就是 y 在模 n 下的离散对数。对于一般情况下的有限域上的离散对数，目前仍没有有效算法进行求解。

在 Diffie-Hellman-Merkle 密钥交换算法中，假定参与密钥生成与交换的双方分别为 A 和 B，则他们密钥交换、生成的过程如下：

(1) A 和 B 两个人要共同公开约定一个素数 q 和有限域 F_q 中的一个生成元 g(模 q 的缩系中阶为 $q-1$ 者)；

(2) A 选定一个随机数 $a\in\{1, 2, \cdots, q-1\}$ 并将 $g^a \bmod q$ 送给 B；

(3) B 选定一个随机数 $b\in\{1, 2, \cdots, q-1\}$ 并将 $g^b \bmod q$ 送给 A；

(4) 此时 A 可以算出 $(g^b)^a \bmod q$，B 也可以算出 $(g^a)^b \bmod q$，由于 $(g^b)^a \bmod q = (g^a)^b \bmod q = g^{ab} \bmod q$，因此 A 和 B 就形成了一个公共的密钥 $g^{ab} \bmod q$，日后便可以此钥进行信息的加密、解密。

显然，敌方可窃听到 g、q、$g^a \bmod q$、$g^b \bmod q$，但目前尚没有快速求解离散对数的算法，当所选有限域 F_q 很大时，很难从窃听到的信息中求出 a 或 b，从而算出 $g^{ab} \bmod q$。

下面来看一个例子：

(1) A 和 B 先约定公共的 $q=2\times739(7^{149}-1)/6+1$ 和 $g=7$；

(2) A 选随机数 a，并计算 $7^a \bmod q$，且将其送给 B(注：a 不能对外泄漏)；

(3) B 收到 $7^a \bmod q$=127 402 180 119 973 946 825 269 244 334 322 849 749 382 042 586 931 621 654 557 735 290 322 914 679 095 998 681 860 978 813 046 595 166 455 458 144 280 588 076 766 033 781；

(4) B 选随机数 b，并计算 $7^b \bmod q$，且将其送给 A(注：b 不能对外泄漏)；

(5) A 收到 $7^b \bmod q$=18 016 228 528 745 310 244 478 283 483 679 989 501 596 704 669 534 669 731 302 512 173 405 995 377 208 475 958 176 910 625 380 692 101 651 848 662 362 137 934 026 803 049；

(6) 此时 A 和 B 都能计算出密钥 $7^{ab} \bmod q$，但别人不太容易算出，因为别人不知道 a 和 b。

注意，上述例子中的 q 是一个 129 位的整数，在巨型计算机上是可以算出 a 和 b 从而算出 $7^{ab} \bmod q$ 的。因此，在实用上 q 的值必须大于 155 位，并且最好是大于 200 位。

当然，Diffie，Hellman 和 Merkle 只是提出了一种关于公钥密码体制与数字签名的思想，而并没有真正实现，但他们没做完的功课，在 1978 年，被美国 MIT 的 Rivest，Shamir 和 Adleman 三人提出的一种完全基于大整数因子分解困难性的实用的公钥密码体制解决了，这就是现在常说的 RSA 方法。RSA 算法自其诞生之日起就成为被广泛接受且被实现的通用公钥算法，但是 RSA 算法还带来了另一个意义，那就是：数论知识从未像现在这样被广泛地使用着。RSA 程序的普及率要远远大于 Windows，因为每台电脑的Windows上都装配着 RSA 算法程序，但 RSA 程序并不仅仅装配于 Windows。每当人们登录邮箱、网上银行、聊天软件、安全终端时，都在使用着数论带来的好处。RSA 用到了数论中的三个基本定理：Fermat 小定理、Euler 定理和中国剩余定理(几乎处处都在)，和一个古典难题：大整数因子分解问题。RSA 算法中密钥的生成过程如下：

(1) 选择两个至少有 100 位的素数 p 和 q；

(2) 计算 $n=pq$；

(3) 计算 $\phi(n)=(p-1)(q-1)$；

(4) 选择 $e<\phi(n)$，并使得其与 $\phi(n)$ 互素；

(5) 确定 $d<\phi(n)$，并使得 $de\equiv_{\phi(n)}1$；

(6) 此时，私钥是 (d, p, q)，公钥是 (e, n)。

设明码是 M，密码是 C，则加密过程为

$$C=M^e \bmod n$$

解密过程为

$$M=C^d \bmod n$$

例 1.6.1　若用户 A 取 $p=11$（私钥），$q=13$（私钥），这样 $n=143$（公钥）。另取 $e=23$（公钥），用户 A 本人可通过 $\phi(n)=(p-1)(q-1)$ 计算得到 $\phi(n)=120$，从而利用 Euclid 算法计算出 d（私钥），过程如下：

根据

$$\begin{aligned}120&=23\times5+5\\23&=5\times4+3\\5&=3\times1+2\\3&=2\times1+1\end{aligned}$$

得到

$$\begin{aligned}1&=3+2\times(-1)\\&=3+[5+3(-1)]\times(-1)\\&=5\times(-1)+3\times2\\&=5\times(-1)+[23+5\times(-4)]\times2\\&=5\times(-9)+23\times2\\&=[120+23\times(-5)]\times(-9)+23\times2\\&=120\times(-9)+23\times47\end{aligned}$$

从而 $d=47$。

若有人欲给用户 A 发送明码为 $M=2$ 的消息，则需要用快速指数算法进行加密，计算得

$$C=M^e \bmod n=2^{23} \bmod 143=85$$

用户 A 接收到消息 C 后，通过快速指数算法进行解密，计算得

$$M=C^d \bmod n=85^{47} \bmod 143=2$$

即可还原出明码 M，而其他人因不能得到 p 和 q 而无法实现此解密过程。

注意，例 1.6.1 只是为了让读者理解 RSA 算法的编码方法，没有实际的使用价值。实际应用时，选取的素数 p 和 q 至少大于 10^{100}，使 n 达到 200 位（十进制）以上，此时任何非法用户无法从公开的 n 得到 p 和 q，从而无法算出私有的 d。因为要算出 d，必须先算出 $\phi(n)$；而要算出 $\phi(n)$，则必须先分解 n 得到 p 和 q。1.2 节曾经提到，大整数因子分解是个很困难的问题，事实上，当 n 为一个一般的 200 位的整数时，要进行分解，在现有的计算条件下至少需要几亿年时间。总的说来，RSA 方法被认为具有较好的安全性。另外，在例

1.6.1 中，若将 e 和 d 作用互换，便可用于确认消息是否由用户 A 构造(即数字签名)。

目前世界上公认的比较安全、实用、新颖的公钥密码体制是所谓的椭圆曲线密码体制。其基本思想是在基于有限域的椭圆曲线上对信息进行加密、解密。由于有限域上椭圆曲线的计算实际上是离散对数在椭圆曲线上的计算的一种对应物，因此它至少在实用上比单纯的离散对数的计算要麻烦些，其安全性也要强一些。这些方法本书就不再详细介绍了，具体内容读者可以参考信息安全学方面的有关书籍。

实际上，现代公钥密码体制基本上都是基于某一个数论难题的，即将信息的加密、解密、破译等问题与数论难题求解联系在一起。密码之所以难以破译，是因为数论问题目前还没有很好的求解方法，因此，不光数论理论与方法本身具有实用价值，其中的难题也显示了很好的实用价值。

第二篇　数理逻辑

逻辑学是一门研究思维形式及思维规律的科学。逻辑规律就是客观事物在人的主观意识中的反映。

逻辑学分为辩证逻辑与形式逻辑两种，前者是以辩证法认识论的世界观为基础的逻辑学，而后者主要是对思维的形式结构和规律进行研究的类似于语法的一门工具性学科。思维的形式结构包括了概念、判断和推理之间的结构和联系。其中：概念是思维的基本单位；通过概念对事物是否具有某种属性进行肯定或否定的回答，就是判断；由一个或几个判断推出另一个判断的思维形式，就是推理。

正确的推理形式应当是，从假定和已知的前提出发，按照一定的规则，得出正确的结论。研究推理有很多方法，自然语言(即生活中使用的语言)有时(有的)有二义性，这对精确研究推理造成了困难。用数学方法来研究推理的规律和形式的科学称为数理逻辑。这里所指的数学方法，就是引进一套文法是充分定义的称为目标语言的形式符号体系，从而形成一个形式系统的方法。所以，数理逻辑又称符号逻辑，也称理论逻辑，它是从量的侧面来研究思维规律的，其研究对象是对证明和计算这两个直观概念进行符号化以后的形式系统。

数理逻辑研究的内容具有高度概括性，即数理逻辑研究的不是某一(些)具体的推理规则，而是推理的一般规律，这些规律不仅仅适用于某个具体问题或学科，而是普遍适用的。

现代数理逻辑可分为证明论、模型论、递归函数论、公理化集合论等，这里介绍的是数理逻辑最基本的内容：命题逻辑和谓词逻辑。本篇最后，还对自动(机器)定理证明作了简单介绍。

第二章 命题逻辑

2.1 命题的概念与表示

在数理逻辑中，为了表达概念，陈述理论和规则，常常需要应用语言进行描述，但是日常生活中使用的自然语言(如汉语)往往不够精确，容易产生二义性，因此就需要引入一种目标语言，这种目标语言和一些公式符号形成了数理逻辑的形式符号体系，这一点已经在本篇的引言中作了说明。

所谓目标语言，就是表达判断的一些语句的汇集。表达判断的语句就是命题，它一般是陈述句。

定义 2.1.1 一个陈述句称为断言。具有确定真假含义的陈述句叫命题。如果某命题的含义为真，则称该命题是真命题，也称该命题的真值为“真”，并用“T”或“1”表示这个真值。如果某命题的含义为假，则称该命题是假命题，也称该命题的真值为“假”，并用“F”或“0”表示这个真值。

由命题的定义可知，命题必须满足以下两个条件：

(1) 命题是表达判断的陈述句。疑问句、祈使句和感叹句等都不是命题。

(2) 命题有确定的真值，即其真假可判断，它的真值或者为真或者为假，两者必居其一。

考察以下几个语句：

(1) 2 是唯一的偶素数。

(2) 雪是黑的。

(3) 全体立正!

(4) 多美的校园啊!

(5) 你是谁?

(6) 我正在说谎。

(7) 那个商店已经关门了。

(8) 除地球外，别的星球上也存在生物。

(9) 1+101=110。

(10) 如果天气好，我就去散步。

语句(1)是真命题，语句(2)是假命题；语句(3)是祈使句，语句(4)是感叹句，语句(5)是疑问句，它们都不能表示判断，所以它们都不是命题；语句(6)虽是陈述句，但它的语义自相矛盾，称为“说谎者悖论”，不是命题；尽管语句(7)中“关门”一词有二义性，语句(8)的真值现在尚无法确定，但在本质上它们都有唯一确定的真值，所以仍将它们看作命题；

语句(9)在二进制中为真，否则为假，所以在确定的上下文环境中它也是命题；语句(10)也是命题，它是由“天气好”和“我去散步”这两个命题通过连词“如果……就……”组合而成的。

由简单陈述句表述的判断称为原子命题(或称初等命题、简单命题)，由复合陈述句表述的判断称为分子命题(或称复合命题)。也就是说，原子命题是指不能再细分的命题，而分子命题是由原子命题(用连词、标点符号)复合构成的。

就像代数中常用字母代表不同数字一样，在数理逻辑中常使用大写字母(或带下标)表示命题。表示命题的形式符号叫命题标识符，并称表示原子命题的命题标识符为命题词。

一般地，并不规定一个命题词表示真命题还是假命题，即命题词是表示任意命题的位置标志，因此，命题词又称为命题变元(或原子变元)。因为命题变元可以表示任意命题，所以它不能确定真值，故命题变元不是命题。但是，有时又需要规定命题词表示某个确定的命题，或是真命题，或是假命题，为此，亦将命题的真值 T 和 F 看成两个特殊的命题词：T 永远表示真命题，F 永远表示假命题。这时，T 和 F 又常称为命题常量。

注意，这样已赋予了符号 T 和 F 两种含义：命题的真值和命题常量。

2.2　逻辑联结词

2.1 节介绍了命题及其真值的概念。原子命题的真值是显然的，然而可以用一些连词将简单的原子命题进行组合而构成复杂的分子命题，从而扩大命题的应用范围，以便研究实践中可能遇到的复杂的情形。在汉语中就有一些这样的连词，如“并且”“或”“若……则……”等，但是自然语言中的这些连词往往不够精确，这就有必要去建立一套数理逻辑中的联结词。数理逻辑中的联结词都是用符号表示的，所以这些联结词又称为符号联词。符号联词的意义是充分定义的，在任何场合它都有唯一的意义。本节将逐个定义常用的逻辑联结词。

除了逐个定义若干基本联结词以外，还要说明怎样去确定由这些联结词所形成的复合命题的真值，即要讨论这些命题的各种性质及它们之间的关系。此外，将把命题作为运算对象、联结词作为运算符去定义一种满足一定性质的代数，即所谓的命题代数。以命题代数为基础进行的演算，叫命题演算。这里所描述的代数，在开关理论、数字电子技术、计算机逻辑设计等方面有着十分有趣而重要的应用，本节的某些结果在第五篇中还要用到。

1. 否定联结词“¬”

定义 2.2.1　设 P 是一个命题，则 P 的否定是一个复合命题，记作 $\neg P$，读作“非 P”。若 P 的真值为 T，则 $\neg P$ 的真值为 F；若 P 的真值为 F，则 $\neg P$ 的真值为 T。

命题 P 的真值与其否定 $\neg P$ 的真值之间的对应关系如表 2.2.1 所示。

表 2.2.1

P	$\neg P$
T	F
F	T

从定义可以看出，联结词“$\neg$”实质上是一个一元运算符。联结词“$\neg$”与汉语中的“不”“否”“非”“没有”“未必”等表示否定意义的连词有着相似的意义。在大多数程序设计语言中，都有“逻辑非”运算，其定义与定义 2.2.1 相同。例如，在 Java 语言中，“逻辑非”运算符为“!”，表达式“!($x<100$)”为真当且仅当变量 x 不小于 100，即 $x\geqslant 100$。

2. 合取联结词“$\wedge$”

定义 2.2.2 设 P 和 Q 是两个命题，则 P 和 Q 的合取是一个复合命题，记作 $P\wedge Q$，读作“P 且 Q”。若 P 和 Q 的真值皆为 T，则 $P\wedge Q$ 的真值为 T；否则，$P\wedge Q$ 的真值为 F。

命题 P 和 Q 的真值与命题 $P\wedge Q$ 的真值之间的对应关系如表 2.2.2 所示。

表 2.2.2

P	Q	$P\wedge Q$
T	T	T
T	F	F
F	T	F
F	F	F

联结词“$\wedge$”实质上是一个二元运算符。联结词“$\wedge$”在用法上很灵活，汉语中的“且”“而且”“并且”“和”“与”“既……又……”“不仅……而且……”“但”“虽然……但是……”等表示并列、加强、转折意义的连词都可(应)用“$\wedge$”表示。在大多数程序设计语言中，“逻辑与”运算的定义与定义 2.2.2 相同。例如，在 Java 语言中，“逻辑与”运算符为“&&”，表达式“$x<10$ && $y>1$”为真当且仅当变量 x 的值小于 10 并且变量 y 的值大于 1。

3. 析取联结词“$\vee$”

定义 2.2.3 设 P 和 Q 是两个命题，则 P 和 Q 的析取是一个复合命题，记作 $P\vee Q$，读作“P 或 Q”。若 P 和 Q 的真值皆为 F，则 $P\vee Q$ 的真值为 F；否则，$P\vee Q$ 的真值为 T。

命题 P 和 Q 的真值与命题 $P\vee Q$ 的真值之间的对应关系如表 2.2.3 所示。

表 2.2.3

P	Q	$P\vee Q$
T	T	T
T	F	T
F	T	T
F	F	F

联结词“$\vee$”实质上是一个二元运算符。联结词“$\vee$”的意义大致相当于汉语中的“或”“或者”等表示选择意义的连词。在大多数程序设计语言中，“逻辑或”运算的定义与定义 2.2.3相同。例如，在 Java 语言中，“逻辑或”运算符为“||”，表达式“$x<10$ || $y>1$”为真当且仅当变量 x 小于 10 或者变量 y 大于 1 或者两者都为真。但要注意，自然语言中的“或”具有二义性，用“或”联结的命题，有时具有相容性，有时又具有排斥性，因而在实际使用时要注意区分，这一点在后面章节中还要详细讨论。

4. 条件联结词“$\rightarrow$”

定义 2.2.4 设 P 和 Q 是两个命题，则它们的条件命题是一个复合命题，记作 $P\rightarrow Q$，读作“若 P，则 Q”或“如果 P，那么 Q”。当 P 的真值为 T，并且 Q 的真值为 F 时，$P\rightarrow Q$ 的真值为 F；否则，$P\rightarrow Q$ 的真值为 T。常称条件命题 $P\rightarrow Q$ 中的 P 为条件(或前件)，Q 为结论(或后件)。

命题 P 和 Q 的真值与命题 $P\rightarrow Q$ 的真值之间的对应关系如表 2.2.4 所示。

表 2.2.4

P	Q	$P\rightarrow Q$
T	T	T
T	F	F
F	T	T
F	F	T

联结词“→”实质上是一个二元运算符。命题 $P\rightarrow Q$ 在汉语中除采用“若 P，则 Q”“如果 P，那么 Q”等表述方式外，还可能是“P 是 Q 的充分条件”“Q 是 P 的必要条件”“只要 P，就 Q”“P 仅当 Q”“只有 Q 才 P”等不同的方式。条件联结词在数理逻辑中极为重要，因为就大多数现实应用的情况而言，推理过程总会涉及因果关系。但要注意，在自然语言中，条件和结论往往有某种内在联系，并且往往表示若条件成立则结论也成立这样的推理关系；而在数理逻辑中，条件和结论不一定有内在联系，且规定若条件为假则条件命题为真。

给定命题 $P\rightarrow Q$，分别把 $Q\rightarrow P$、$\neg P\rightarrow \neg Q$、$\neg Q\rightarrow \neg P$ 称为命题 $P\rightarrow Q$ 的逆命题(逆换式)、反命题(否命题、反换式)和逆反命题(逆否命题、逆反式)。

5. 双条件联结词“↔”

定义 2.2.5 设 P 和 Q 是两个命题，则它们的双条件命题是一个复合命题，记作 $P\leftrightarrow Q$，读作“P 当且仅当(if and only if，简记为 iff)Q”。当 P 和 Q 具有相同的真值时，$P\leftrightarrow Q$的真值为 T；否则，$P\leftrightarrow Q$ 的真值为 F。

命题 P 和 Q 的真值与命题 $P\leftrightarrow Q$ 的真值之间的对应关系如表 2.2.5 所示。

表 2.2.5

P	Q	$P\leftrightarrow Q$
T	T	T
T	F	F
F	T	F
F	F	T

联结词“↔”实质上是一个二元运算符。命题 $P\leftrightarrow Q$ 在汉语中的表述通常是“P 当且仅当 Q”“P 的充分必要条件是 Q”等，此外，像“P 除非 Q”这样的表述也常常需要用双条件联结词“↔”加以表示：$P\leftrightarrow(\neg Q)$。

最后，要特别声明一点，尽管对每个逻辑联结词都列举了一些与之对应的自然语言中的连词，但自然语言是丰富多彩的，并且有时会有二义性，只有在具体的语言环境中，每个连词才具有确切的含义，因此需要具体情况具体分析。

习题 2.1、2.2

1. 判断下列语句是否为命题，并讨论命题的真值。

(1) 离散数学是计算机科学系的一门必修课。

(2) $\sqrt{10}<\pi$。

(3) 请勿吸烟!

(4) 计算机有空吗?

(5) $2x-3=0$。

(6) $9+5<12$。

(7) 如果 $2\times 2=4$，那么雪是白的。

(8) 如果太阳从西方升起，你就可以长生不老。

(9) 这个命题是一个假命题。

(10) 明天我去看电影。

(11) 任一大于 4 的偶数都可表示成两个素数之和。

(12) 昨天是晴天，我们上了体育课。

2. 给定下列原子命题：

P：天在下雪， Q：我进城， R：我有时间。

使用逻辑联结词将下列复合命题符号化。

(1) 如果天不下雪且我有时间，那么我就进城；

(2) 我进城，仅当我有时间时；

(3) 天不下雪；

(4) 天下雪，那么我不进城；

(5) 我进城，仅当我有时间且天不下雪；

(6) 我进城，除非天下雪。

3. 用符号形式写出下列命题，并讨论其真值。

(1) 若 a 是 4 的倍数，则 a 是偶数；

(2) 如果今天是星期一，则明天是星期二；

(3) 如果今天是星期一，则明天是星期三；

(4) 如果明天不下雨，我就进城，否则就在家读书或看报。

4. 用自然语言写出命题，对应下列表达式：

(1) $(P\wedge Q)$；

(2) $(P\leftrightarrow(Q\wedge(\neg R)))$；

(3) $((P\rightarrow Q)\wedge(Q\rightarrow P))$。

5. 将下列复合命题分成若干原子命题。

(1) 气候很好或很热；

(2) 小王身体很好，成绩也很好；

(3) 小李一边看书，一边听音乐；

(4) 虽然天气很冷，老陈还是来了；

(5) 如果 a 和 b 是偶数，则 $a+b$ 是偶数；

(6) 停机的原因在于语法错误或程序错误；

(7) 如果天下大雨，他就乘公共汽车上班；

(8) 只有天下大雨，他才乘公共汽车上班；

(9) 除非天下大雨，否则他不乘公共汽车上班；

(10) 四边形 $ABCD$ 是平行四边形，当且仅当它的对边平行。

6. 三人估计比赛结果，甲说“A 第一，B 第二”，乙说“C 第二，D 第四”，丙说“A 第二，D 第四”，结果三人的估计都对了一半，试确定 A、B、C 和 D 的名次。

7. 某勘探队有三名队员。有一天取得一块矿样，甲说“这不是铁，也不是铜”，乙说“这不是铁，是锡”，丙说“这不是锡，是铁”。经鉴定发现，三人中只有一人的判断全部正确，另有一人的判断对了一半。试根据以上情况，判断矿样的种类。

8. 模糊逻辑常被应用于人工智能技术中。在模糊逻辑中，一个命题的真值是 0 到 1 之间的一个数，包括 0 和 1。真值为 0 的命题为假，真值为 1 的命题为真。在 0 和 1 之间的真值表示不同程度的命题为真的程度。例如，“小王很快乐”这一命题的真值为 0.8，意味着小王大部分时间都很快乐，而“小李很快乐”这一命题的真值为 0.4，可能是因为小李在不到一半的时间里感到快乐。

(1) 模糊逻辑中，一个命题的否定的真值是 1 减去该命题的真值。求“小王不快乐”和“小李不快乐”的真值。

(2) 模糊逻辑中，两个命题合取的真值是这两个命题真值的最小值。求“小王和小李都很快乐”和“小王和小李都不快乐”的真值。

(3) 模糊逻辑中，两个命题析取的真值是这两个命题真值的最大值。求“小王或小李很快乐”和“小王不快乐或者小李不快乐”的真值。

9. 在一个偏远村庄中，这里的居民有的总是说真话，有的总是说谎。对于游客提出的问题，村民只会给出“是”或“不是”的回答。假设你是来参观这个地区的游客，来到了一个岔路口。一条路通向你想要去游览的景点，另一条路则通向丛林深处。一个村民正站在岔路口，你可以问村民一个什么问题来决定走哪条路？

部分习题参考答案

2.3　命题演算的合适公式

前面已经提到，不包含任何逻辑联结词的命题叫作原子命题，至少包含一个逻辑联结词的命题称为复合命题。例如，若 P 和 Q 是任意两个命题，则 $(\neg P)$、$(P \wedge Q)$、$((P \wedge Q) \rightarrow (P \vee Q))$、$(P \leftrightarrow (Q \vee (\neg P)))$ 等都是复合命题。若 P 和 Q 是命题变元，则上述各式均称为命题演算的合适公式(来源于英文 well-formed formula，也译为合式公式)，或简称为命题公式。

注意：命题公式一般是没有确定的真值的，仅当将一个命题公式中的全部命题变元用确定的命题(即命题常量)代入时，才得到一个命题，而这个命题的真值依赖于代换变元的那些命题的真值。也就是说，命题公式是以命题变元为自变量的离散函数。此外，由命题词、逻辑联结词和一些括号组成的字符串不一定都能成为命题公式。

定义 2.3.1 命题公式是有限次应用以下规则(条款)得到的由命题词、联结词和圆括号组成的符号串：

(1) 每个命题词是命题公式；

(2) 如果 A 是一个命题公式，则$(\neg A)$是命题公式；

(3) 如果 A 和 B 都是命题公式，则$(A\wedge B)$、$(A\vee B)$、$(A\rightarrow B)$和$(A\leftrightarrow B)$都是命题公式。

此外，称在逐次使用规则(1)、(2)和(3)的过程中所得到的命题公式为最后所形成的命题公式的子命题公式(简称为子公式)。

这个合适公式的定义是以递归形式给出的，这种描述方法将在以后详细讨论。

由定义 2.3.1 知，$(P\rightarrow(\neg(Q\vee R)))$是合适公式，其形成过程如下：

(i) P 是命题公式　　根据规则(1)

(ii) Q 是命题公式　　根据规则(1)

(iii) R 是命题公式　　根据规则(1)

(iv) $(Q\vee R)$是命题公式　　根据(ii)、(iii)和规则(3)

(v) $(\neg(Q\vee R))$是命题公式　　根据(iv)和规则(2)

(vi) $(P\rightarrow(\neg(Q\vee R)))$是命题公式　　根据(i)(v)和规则(3)

图 2.3.1 形象地展现了上述形成过程。

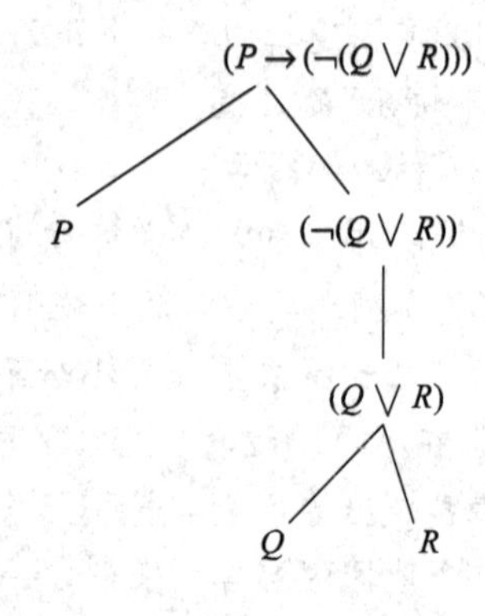

图 2.3.1

下面的符号串都不是合适公式：

(1) (P)；

(2) $P\wedge Q$；

(3) $(P\rightarrow Q$；

(4) $((P\vee Q)\rightarrow PQ)$。

因为它们不能通过应用定义 2.3.1 的规则形成。

在命题公式中使用圆括号的意义，就像普通的初等算术、代数或计算机程序设计语言中的括号一样，其目的是指出一个先后次序，使得该命题公式的结构清晰，不会有二义性，但是括号太多会给命题公式的阅读和书写带来很多不便。为了减少一个命题公式中括号的数量，而又能保证命题公式有唯一确定的意义，特作如下约定：

(1) 命题公式最外层的那对括号可以省略；

(2) 各逻辑联结词的运算遵照$\neg$、$\wedge$、$\vee$、$\rightarrow$、$\leftrightarrow$的优先级次序，凡符合此次序者，中间的括号可以省略；

(3) 对命题公式中同一个逻辑联结词的多次连续出现，按左结合规则运算，凡符合此次序者，中间的括号也可以省略。

例如，对命题公式$((\neg((P\wedge(\neg Q))\vee R))\leftrightarrow((R\wedge S)\wedge Q))$来说，由约定(1)可简写成$(\neg((P\wedge(\neg Q))\vee R))\leftrightarrow((R\wedge S)\wedge Q)$，再由约定(2)可简写成$\neg(P\wedge\neg Q\vee R)\leftrightarrow(R\wedge S)\wedge Q$，最后由约定(3)可简写成$\neg(P\wedge\neg Q\vee R)\leftrightarrow R\wedge S\wedge Q$。

为了能用数理逻辑的思想指导现实中的推理，对思维的形式结构和规律进行研究，需要对自然语言中的命题用数理逻辑中的目标语言加以表达。这首先需要用命题词表示它所包含的原子命题，然后用这些命题词和逻辑联结词构造出给定命题的相应的命题公式。习惯上，将用数理逻辑中的目标语言表达自然语言描述的命题的过程称为翻译，或称对给定命题符号化。

例 2.3.1 试符号化下列命题：

(1) 他虽聪明，但不用功；

(2) 我将去现场看这场比赛，或在家看电视转播。

解 (1) 本命题包含两个原子命题："他聪明"和"他用功"，若分别用命题词 P 和 Q 表示这两个原子命题，则本命题可符号化为 $P\wedge\neg Q$。

(2) 用命题词 P 和 Q 表示原子命题：

P：我将去现场看这场比赛，　　Q：我将在家看电视转播。

由于本例中的"或"具有排斥性，故不能简单地对两个原子命题作析取运算。具有排斥性的"或"是指在析取的基础上不允许两个原子命题同时成立，故该命题可符号化为 $(P\vee Q)\wedge\neg(P\wedge Q)$。

另外，也可以这样理解，本命题的实质含义是以下两种情况有一种将出现：

情况 1：我将去现场看这场比赛，从而不再在家看电视转播。

情况 2：我不去现场看这场比赛，而是在家看电视转播。

所以，该命题也可符号化为 $(P\wedge\neg Q)\vee(Q\wedge\neg P)$。

例 2.3.1 中的第(2)小题表明，同一个自然语言表述的命题可以用不同的命题公式表示，这个问题将在以后讨论。

需要注意，命题符号化过程中要注重命题间的逻辑关系，认真分析自然语言命题中连词所对应的逻辑联结词，不能只凭字面翻译。例如，设 P 表示"张明是大学生"，Q 表示"李亮是大学生"，则"张明和李亮都是大学生"可翻译为 $P\wedge Q$，但"张明和李亮是表兄弟"则是一个简单命题，用一个命题词表示即可。

如果命题公式 A 中仅含有命题变元 $P_1, P_2, \cdots, P_n$(约定它们是按字母的字典顺序排列的)，则常用 $A(P_1, P_2, \cdots, P_n)$ 来表示它。前面已经讲到，它实质上是以 $P_1, P_2, \cdots, P_n$ 为自变量的离散函数。

定义 2.3.2 设 A 和 B 是两个命题公式，如果将 A 中的某些命题变元用命题公式进行代换便可得到 B，并且此种代换满足：

(1) 被代换的是命题变元(即它表示的是一个原子命题)；

(2) 如果要代换某个命题变元，则要将该命题变元在 A 中的一切出现进行代换；

(3) 代换必须同时独立地进行，

此时，便称 B 是 A 的一个代换实例(或称为代入实例)。

也就是说，命题公式 $A(X_1, X_2, \cdots, X_n)$ 是命题公式 $A(P_1, P_2, \cdots, P_n)$ 的一个代换实例，其中，$P_1, P_2, \cdots, P_n$ 是出现于 A 中的全部命题变元，而 $X_1, X_2, \cdots, X_n$ 是 n 个命题公式(允许 $X_i=P_i$，$i=1, 2, \cdots, n$)。

例 2.3.2 设 $A(P, Q)=P\vee\neg P\to Q$，则 $(P\wedge Q)\vee\neg(P\wedge Q)\to Q$，即 $A(P\wedge Q, Q)$ 是 $A(P, Q)$ 的一个代换实例；但 $(P\wedge Q)\vee\neg P\to Q$ 不是 $A(P, Q)$ 的代换实例，因为没有用 $P\wedge Q$ 代换 $A(P, Q)$ 中的全部 P，$(P\to\neg P)\to\neg Q$ 也不是 $A(P, Q)$ 的代换实例，因为 $P\to\neg P$ 取代的是子公式 $P\vee\neg P$，而不是命题变元。

若命题公式中的全部命题变元皆用命题常量进行代换，则该公式就成了真值确定的命题了。

定义 2.3.3 设 $A(P_1, P_2, \cdots, P_n)$ 是一个命题公式，$P_1, P_2, \cdots, P_n$ 是出现于其中的全部命题变元。P_i 有两种取值可能，$P_1, P_2, \cdots, P_n$ 共有 2^n 种取值可能，$P_1, P_2, \cdots, P_n$ 的任何一种取值称为对 A(中变元)的一种真值指派(或称为解释、赋值)，记为 $\mathrm{I}=(\widetilde{P}_1, \widetilde{P}_2, \cdots, \widetilde{P}_n)$，其中

$$\widetilde{P}_i=\begin{cases}1, & \text{若 } P_i \text{ 取真值真} \\ 0, & \text{若 } P_i \text{ 取真值假}\end{cases} \quad (i=1, 2, \cdots, n)$$

例 2.3.3 命题公式 $P \to Q \vee R$ 共有三个命题变元，因此对它的真值指派共有八种：(0, 0, 0)，(0, 0, 1)，(0, 1, 0)，(0, 1, 1)，(1, 0, 0)，(1, 0, 1)，(1, 1, 0)，(1, 1, 1)在这八种真值指派下，$P \to Q \vee R$ 的真值分别为 T，T，T，T，F，T，T，T。

在软件测试中，依据程序中逻辑路径设计测试用例时往往采用逻辑覆盖标准进行衡量(有语句覆盖、判定覆盖、条件覆盖、判定/条件覆盖以及条件组合覆盖等)，就是要考虑判定表达式(及其中的条件)的各种取值可能。

定义 2.3.4 设 $A(P_1, P_2, \cdots, P_n)$ 是一个命题公式，$P_1, P_2, \cdots, P_n$ 是出现于其中的全部命题变元。如果有一张表列出了在 $P_1, P_2, \cdots, P_n$ 的所有 2^n 种真值指派的每一种指派下公式 A 对应的真值，则称此表为公式 A 的真值表。

下面通过例子说明构造命题公式真值表的基本方法。

例 2.3.4 构造命题公式 $\neg(P \wedge Q) \leftrightarrow \neg P \vee \neg Q$ 的真值表。

解 方法一：按子公式列表，见表 2.3.1。

表 2.3.1

P	Q	$P \wedge Q$	$\neg(P \wedge Q)$	$\neg P$	$\neg Q$	$\neg P \vee \neg Q$	$\neg(P \wedge Q) \leftrightarrow \neg P \vee \neg Q$
0	0	0	1	1	1	1	1
0	1	0	1	1	0	1	1
1	0	0	1	0	1	1	1
1	1	1	0	0	0	0	1

方法二：按逻辑联结词列表，见表 2.3.2(表的下方所注数字为运算次序)。

表 2.3.2

P	Q	$\neg$	$(P$	$\wedge$	$Q)$	$\leftrightarrow$	$\neg$	P	$\vee$	$\neg$	Q
0	0	1	0	0	0	1	1	0	1	1	0
0	1	1	0	0	1	1	1	0	1	0	1
1	0	1	1	0	0	1	0	1	1	1	0
1	1	0	1	1	1	1	0	1	0	0	1
		3	1	2	1	4	2	1	3	2	1

表 2.3.1 和表 2.3.2 都是按照构造真值表的步骤一步一步地写出来的，这样构造真值

表不容易出错。如果比较熟练，有些中间结果可不列出。

对真值表作如下约定：

(1) 公式中出现的命题变元按字母的字典顺序排列；

(2) 对 2^n 种真值指派，按其对应的 n 位二进制数从小到大(或从大到小)顺序排列。

一般而言，在按子公式列出的命题公式真值表的最右一列上，既有 1，也有 0，也就是说，该命题公式在某些真值指派下真值为 T，而在另一些真值指派下真值为 F。但是，也有一些特殊结构的命题公式，在任何真值指派下真值总是 T(或 F)，例 2.3.4 的命题公式就是如此。这是两类极其重要的命题公式。

定义 2.3.5 设 A 是一命题公式，P_1，P_2，…，P_n是出现于其中的全部命题变元。若在 P_1，P_2，…，P_n的任何真值指派下，A 的真值皆为真，则称 A 为重言式(或永真式)；若在 P_1，P_2，…，P_n的任何真值指派下，A 的真值皆为假，则称 A 为矛盾式(或永假式)；若 A 不是矛盾式，则称其为可满足式。

定理 2.3.1 若 A 和 B 是两个重言式，则 $A\wedge B$ 和 $A\vee B$ 都是重言式。

定理 2.3.2(代入定理) 重言式的代入实例是重言式。

这两个定理的结论是显然的，并且对于矛盾式也有类似的结论。但要注意，对于可满足式没有类似的结论。

例 2.3.5 因为命题公式$(P\wedge Q)\vee\neg(P\wedge Q)$和$(P\to R\vee Q)\vee\neg(P\to R\vee Q)$都是重言式 $P\vee\neg P$ 的代入实例，所以它们都是重言式。因为命题公式$(R\vee S)\wedge\neg(R\vee S)\to(Q\vee P\to R\vee Q)$是重言式 $P\wedge\neg P\to Q$ 的代入实例，所以它也是重言式。因为命题公式$(R\vee S)\vee\neg(R\vee S)\to(Q\vee P)\wedge\neg(Q\vee P)$是矛盾式 $P\vee\neg P\to Q\wedge\neg Q$ 的代入实例，所以它是矛盾式。

习 题 2.3

1. 判别下列有穷串哪些是合适公式，哪些不是合适公式。

(1) $(RS\to T)$；

(2) $(Q\to R\wedge S)$；

(3) $(P\leftrightarrow(R\to S))$；

(4) $(((\neg P)\to Q)\to(Q\to P)))$。

2. 根据合适公式的定义，说明下列表达式是合适公式，然后根据括号省略规则进行简写。

(1) $(P\to(Q\vee R))$；

(2) $(((\neg P)\wedge Q)\wedge P)$；

(3) $(((\neg P)\to Q)\leftrightarrow(Q\to P))$；

(4) $((P\to(Q\to R))\to((P\to Q)\to(P\to R)))$。

3. 试用 P、Q、R 等符号表示原子命题，然后用符号形式写出下列命题。

(1) 仅当你走，我将留下；

(2) 我们不能既划船又跑步；

(3) 除非你努力，否则你不会成功；

(4) 如果张三和李四都不去，他就去；

(5) 或者你没有给我写信，或者信在途中丢失了；

(6) 如果你来了，那么他唱不唱歌将看你是否伴奏而定。

4. 一个人起初说“占据空间的、有质量的而且不断变化的叫作物质”；后来他改说“占据空间的有质量的叫作物质，而物质是不断变化的”。问他前后主张的差异在什么地方，试以命题形式进行分析。

5. 产生下列代换实例。

(1) 用 $P\to Q$ 和 $P\to Q\to R$ 同时分别代换 $P\to Q\to P\to P$ 中的 P 和 Q；

(2) 用 Q 和 $P\wedge\neg P$ 同时分别代换$(P\to Q)\to(Q\to P)$中的 P 和 Q；

(3) 用 $P\to R$ 和 $Q\wedge R\to P$ 同时分别代换 $P\to Q\to Q\to P$ 中的 P 和 Q；

(4) 用 Q 代换$(P\to Q)\wedge(Q\to P)$中的 P。

6. 指出下列公式中有哪几个是别的公式经过代换得到的。

(1) $P\to(Q\to P)$；

(2) $(P\to Q)\wedge(R\to S)\wedge(P\vee R)\to Q\vee S$；

(3) $Q\to((P\to P)\to Q)$；

(4) $P\to((P\to(Q\to P))\to P)$；

(5) $(S\to R)\wedge(Q\to P)\wedge(S\vee Q)\to R\vee P$。

7. 求下列命题公式在给定真值指派 I 下的真值。

(1) $P\to(\neg(S\wedge R)\to\neg Q)\wedge S$, I=(T, F, T, T)；

(2) $(P\wedge Q\wedge R)\vee\neg((P\vee Q)\wedge(R\vee S))$, I=(T, T, F, F)；

(3) $(P\to Q)\vee R\to(R\to S)\wedge P$, I=(F, F, T, T)；

(4) $P\vee(Q\to R\wedge\neg P)\to\neg Q\vee S$, I=(T, F, T, F)；

(5) $(P\vee Q\to Q\wedge R)\to P\wedge\neg S$, I=(T, F, F, T)；

(6) $(P\leftrightarrow S)\wedge(\neg Q\vee R)$, I=(F, F, T, T)；

(7) $(P\wedge(Q\vee R))\to((P\vee Q)\wedge R\wedge S)$, I=(T, F, F, T)；

(8) $\neg(P\vee(Q\to\neg P\wedge R))\to(R\vee\neg S)$, I=(F, F, F, T)；

(9) $(\neg P\wedge\neg Q)\to(R\wedge S)$, I=(T, F, F, T)；

(10) $P\vee Q\to R\leftrightarrow S$, I=(F, F, T, T)。

8. 构造下列命题公式的真值表。

(1) $(P\vee Q)\leftrightarrow(Q\vee P)$；

(2) $P\vee\neg P\vee Q\wedge\neg Q$；

(3) $P\to(Q\vee R)$；

(4) $(P\vee\neg Q)\wedge R$；

(5) $(P\wedge\neg Q)\to R$；

(6) $(P\to Q\vee P)\vee R$；

(7) $(P\vee Q)\wedge(P\to R)$；

(8) $\neg(P\to Q)\wedge Q\wedge R$；

(9) $P\wedge Q\wedge R\vee\neg P\wedge Q\wedge R$；

(10) $(P\to(Q\to R))\to((P\to Q)\to(P\to R))$。

9. 找出使下列命题公式为 T 的真值指派。

(1) $\neg(P\rightarrow Q)\wedge R\wedge S$;

(2) $(P\wedge Q)\vee(\neg P\vee R)$;

(3) $P\vee(Q\wedge\neg R\wedge(P\vee Q))$;

(4) $((P\vee Q)\wedge\neg(P\vee Q))\vee R$;

(5) $P\vee\neg P\rightarrow\neg(P\vee R)\wedge S\wedge Q$;

(6) $P\vee R\rightarrow\neg(P\vee R)\wedge(Q\vee R)$;

(7) $\neg(P\rightarrow Q)\rightarrow(R\wedge\neg R)$;

(8) $(P\rightarrow Q\wedge\neg Q)\rightarrow(R\rightarrow Q\wedge\neg Q)$;

(9) $P\vee\neg P\rightarrow\neg(P\vee R)\wedge Q\wedge S$;

(10) $(P\wedge Q)\vee(\neg P\vee R)$。

10. 判断下列公式的类型。

(1) $P\vee\neg P\rightarrow Q$;

(2) $\neg(P\wedge Q\rightarrow P)$;

(3) $\neg P\wedge\neg(P\rightarrow Q)$;

(4) $(P\rightarrow Q)\wedge Q\rightarrow P$;

(5) $(P\rightarrow Q)\wedge\neg Q\rightarrow\neg P$;

(6) $(P\leftrightarrow Q)\rightarrow\neg(P\vee Q)$;

(7) $(P\wedge Q\leftrightarrow P)\leftrightarrow(P\leftrightarrow Q)$;

(8) $P\wedge(((P\vee Q)\wedge\neg P)\rightarrow Q)$;

(9) $\neg((P\rightarrow Q)\wedge P\rightarrow Q)\wedge R$;

(10) $(P\vee Q)\wedge\neg(P\vee Q)\wedge R$。

部分习题参考答案

2.4　等价与蕴涵

从2.3节例2.3.1的第(2)小题可以看出，同一个自然语言表述的命题可以用不同的命题公式表示，即不同的命题公式有可能在本质上是完全相同的，这就是命题公式的等价。显然命题公式的等价是指不论其中的命题变元如何取值，命题公式的真值皆相等。另一方面，也可以这样来理解，既然命题公式是一个以集合{T，F}为定义域的离散函数(值域为{T，F}的子集)，那么根据函数的含义，两个函数相等(即两个命题公式等价)是指不论自变量(即命题变元)如何取值，它们的函数值(即命题公式的真值)皆相等。下面详细介绍这方面的有关概念，并给出判断两个命题公式等价的一些方法。

定义2.4.1　给定两个命题公式A和B，设P_1，P_2，…，P_n是出现于其中的全部命题变元。若在P_1，P_2，…，P_n的任何真值指派下，公式A和公式B的真值恒相等，则称公式A和公式B等价(或逻辑相等)，记作$A\Leftrightarrow B$(在不会产生混淆时，也常简单地记作$A=B$)。

【注】　命题公式等价的概念与一般程序设计语言中逻辑表达式等价是一致的，这一概念在开关电路、数字电子技术中逻辑函数的运算及电子计算机等自动机的逻辑设计方面有重要的应用。

例2.4.1　从表2.4.1所列的命题公式$P\leftrightarrow Q$和$(P\rightarrow Q)\wedge(Q\rightarrow P)$的真值表可以看出，在任何真值指派下，$P\leftrightarrow Q$和$(P\rightarrow Q)\wedge(Q\rightarrow P)$的真值恒相等，故$(P\leftrightarrow Q)\Leftrightarrow(P\rightarrow Q)\wedge(Q\rightarrow P)$。

表 2.4.1

P	Q	$P\leftrightarrow Q$	$(P\rightarrow Q)\wedge(Q\rightarrow P)$
0	0	1	1
0	1	0	0
1	0	0	0
1	1	1	1

表 2.4.2 列出的常用基本等价式都可用真值表予以验证。

表 2.4.2

定　律	定　律　描　述
对合律	$\neg\neg P\Leftrightarrow P$
交换律	$P\wedge Q\Leftrightarrow Q\wedge P$ $P\vee Q\Leftrightarrow Q\vee P$
结合律	$(P\wedge Q)\wedge R\Leftrightarrow P\wedge(Q\wedge R)$ $(P\vee Q)\vee R\Leftrightarrow P\vee(Q\vee R)$
(左)分配律	$P\wedge(Q\vee R)\Leftrightarrow(P\wedge Q)\vee(P\wedge R)$ $P\vee(Q\wedge R)\Leftrightarrow(P\vee Q)\wedge(P\vee R)$
德·摩根律	$\neg(P\wedge Q)\Leftrightarrow\neg P\vee\neg Q$ $\neg(P\vee Q)\Leftrightarrow\neg P\wedge\neg Q$
幂等律	$P\wedge P\Leftrightarrow P$ $P\vee P\Leftrightarrow P$
单位元律	$P\wedge \mathrm{T}\Leftrightarrow P$ $P\vee \mathrm{F}\Leftrightarrow P$
零元律	$P\wedge \mathrm{F}\Leftrightarrow \mathrm{F}$ $P\vee \mathrm{T}\Leftrightarrow \mathrm{T}$
否定律	$P\wedge\neg P\Leftrightarrow \mathrm{F}$ $P\vee\neg P\Leftrightarrow \mathrm{T}$
吸收律	$P\wedge(P\vee Q)\Leftrightarrow P$ $P\vee(P\wedge Q)\Leftrightarrow P$
其　他	$P\rightarrow Q\Leftrightarrow\neg P\vee Q$ $\neg(P\rightarrow Q)\Leftrightarrow P\wedge\neg Q$ $P\rightarrow Q\Leftrightarrow\neg Q\rightarrow\neg P$ $P\rightarrow(Q\rightarrow R)\Leftrightarrow(P\wedge Q)\rightarrow R$ $(P\leftrightarrow Q)\Leftrightarrow(P\rightarrow Q)\wedge(Q\rightarrow P)$ $(P\leftrightarrow Q)\Leftrightarrow(P\wedge Q)\vee(\neg P\wedge\neg Q)$ $\neg(P\leftrightarrow Q)\Leftrightarrow P\leftrightarrow\neg Q$

定理 2.4.1(等价定理)　设 A 和 B 是两个命题公式，那么 $A \Leftrightarrow B$ 的充分必要条件是 $A \leftrightarrow B$ 为重言式。

证明　(1) 必要性。

因为 $A \Leftrightarrow B$，所以在变元的任何真值指派下，公式 A 和公式 B 的真值恒相等，即 $A \leftrightarrow B$ 为重言式。

(2) 充分性。

因为在变元的任何真值指派下，公式 $A \leftrightarrow B$ 的真值皆为 T，即公式 A 和公式 B 的真值相同，所以 $A \Leftrightarrow B$。

特别要注意，不能因为这一定理而混淆等价符号"$\Leftrightarrow$"和双条件联结词"$\leftrightarrow$"。"$\Leftrightarrow$"不是逻辑联结词，不是对"$\Leftrightarrow$"两边的命题公式进行逻辑运算，它只是表示两个公式的关系，即可以将"等价"看成是命题公式之间的二元关系。极易证明"等价"关系满足下列性质：

(1) 自反性。即若 A 是一个命题公式，则 $A \Leftrightarrow A$。

(2) 对称性。即若 A 和 B 是两个命题公式，且 $A \Leftrightarrow B$，则 $B \Leftrightarrow A$。

(3) 若 A 和 B 是两个命题公式，且 $A \Leftrightarrow B$，则 $\neg A \Leftrightarrow \neg B$。

(4) 传递性。即若 A、B 和 C 是三个命题公式，且 $A \Leftrightarrow B$，$B \Leftrightarrow C$，则 $A \Leftrightarrow C$。

定理 2.4.2(置换定理)　设 X 是合适公式 A 的子公式，$Y \Leftrightarrow X$，则用 Y 置换 A 中的 X 所得的公式 B 与 A 等价。

证明　在变元的任一真值指派 I 下，X 和 Y 的真值总相同，故以 Y 代替 X 后，公式 A 和公式 B 在 I 下真值也必相同，所以 $A \Leftrightarrow B$。

例 2.4.2　证明：$Q \rightarrow (P \vee (P \wedge Q)) \Leftrightarrow Q \rightarrow P$。

证明　由于 $P \vee (P \wedge Q) \Leftrightarrow P$，故用 P 置换公式 $Q \rightarrow (P \vee (P \wedge Q))$ 中的子公式 $P \vee (P \wedge Q)$ 后所得的公式 $Q \rightarrow P$ 与 $Q \rightarrow (P \vee (P \wedge Q))$ 等价，即

$$Q \rightarrow (P \vee (P \wedge Q)) \Leftrightarrow Q \rightarrow P$$

需要注意的是，"代换"与"置换"是有差别的：首先，代换是对命题变元进行取代，而置换是对子公式进行取代；其次，代换时必须取代该命题变元在命题公式中的一切出现，而置换时不一定要这样；第三，可用任意合适公式去代换命题变元，而只能用与子公式等价的合适公式去置换该子公式；第四，置换后得到的新公式必与原公式等价，而代换实例一般不与原公式等价。

根据置换定理，就可以由已知的等价式推演出另外一些等价式。

例 2.4.3　证明：$(A \vee B) \rightarrow C \Leftrightarrow (A \rightarrow C) \wedge (B \rightarrow C)$。

证明

$$\begin{aligned}
(A \vee B) \rightarrow C &\Leftrightarrow \neg(A \vee B) \vee C && (E_{16}) \\
&\Leftrightarrow (\neg A \wedge \neg B) \vee C && (E_{9}) \\
&\Leftrightarrow C \vee (\neg A \wedge \neg B) && (E_{3}) \\
&\Leftrightarrow (C \vee \neg A) \wedge (C \vee \neg B) && (E_{7}) \\
&\Leftrightarrow (\neg A \vee C) \wedge (\neg B \vee C) && (E_{3}) \\
&\Leftrightarrow (A \rightarrow C) \wedge (B \rightarrow C) && (E_{16})
\end{aligned}$$

习惯上，称在这个例子中采用的"由已知的等价式按照合理的规则逐步推演出另外一些等价式"的过程为对相应命题公式作等价变换(或演算)。在等价变换的过程中，总是需要反复地用到置换定理，同时还需要引用相应的基本等价式，为此，在表 2.7.1 中对常用

的基本等价式编了号，本例中每个步骤右侧所列的代号即为该步骤所引用的基本等价式。另外，在等价变换过程中引用基本等价式时要注意：根据定理 2.3.2 和定理 2.4.1，基本等价式中出现的 P、Q、R 代表任意的命题公式，即每个基本等价式都是一个模式，它们中的每一个都对应着无数个同型的等价式。例如由基本等价式 E_{16} 可知，$(P\to Q)\leftrightarrow(\neg P\vee Q)$ 为重言式(定理 2.4.1 的必要性)，故它的代入实例 $((A\vee B)\to C)\leftrightarrow(\neg(A\vee B)\vee C)$ 是重言式(定理 2.3.2，用 $A\vee B$ 代换 P，C 代换 Q)，所以 $(A\vee B)\to C\Leftrightarrow\neg(A\vee B)\vee C$ 成立(定理 2.4.1的充分性)。

定义 2.4.2　给定两个命题公式 A 和 B，如果 $A\to B$ 为重言式，则称 A 重言蕴涵 B，或简单地说 A 蕴涵 B，记作 $A\Rightarrow B$。

显然，与"⇔"一样，"⇒"不是逻辑联结词。

例 2.4.4　证明：$(P\vee Q)\wedge(P\to R)\wedge(Q\to R)\Rightarrow R$。

证明　根据表 2.4.3 所示的命题公式 $(P\vee Q)\wedge(P\to R)\wedge(Q\to R)\to R$ 的真值表知，结论成立。

表 2.4.3

P	Q	R	$(P\vee Q)\wedge(P\to R)\wedge(Q\to R)$	$(P\vee Q)\wedge(P\to R)\wedge(Q\to R)\to R$
0	0	0	0	1
0	0	1	0	1
0	1	0	0	1
0	1	1	1	1
1	0	0	0	1
1	0	1	1	1
1	1	0	0	1
1	1	1	1	1

例 2.4.5　证明：$(P\to Q)\wedge\neg Q\Rightarrow\neg P$。

证明

$$
\begin{aligned}
(P\to Q)\wedge\neg Q\to\neg P &\Leftrightarrow\neg((P\to Q)\wedge\neg Q)\vee\neg P && (E_{16})\\
&\Leftrightarrow(\neg(P\to Q)\vee Q)\vee\neg P && (E_{8})\\
&\Leftrightarrow\neg(P\to Q)\vee(Q\vee\neg P) && (E_{5})\\
&\Leftrightarrow\neg(P\to Q)\vee(P\to Q) && (E_{16})\\
&\Leftrightarrow T && (E_{24})
\end{aligned}
$$

为了证明 $A\Rightarrow B$，采用前面介绍的真值表技术或对命题公式等价变换的方法来证明 $A\to B\Leftrightarrow T$，在多数情况下是烦琐的。事实上，当 A 的真值为 F 时，$A\to B$ 的真值为 T，故为了证明 $A\to B\Leftrightarrow T$，只需证明"在任何使 A 为真的真值指派下，B 皆为真"；同理，当 B 的真值为 T 时，$A\to B$ 的真值为 T，故也可通过证明"在任何使 B 为假的真值指派下，A 皆为假(即 $A\to B$ 的逆反式 $\neg B\to\neg A$ 是重言式，事实上有 $A\to B\Leftrightarrow\neg B\to\neg A$)"而证明 $A\Rightarrow B$。通常称这种方法为逻辑推证。

例 2.4.6　证明：$\neg Q \wedge (P \to Q) \Rightarrow \neg P$。

证明　证法一：设 I 是一使 $\neg Q \wedge (P \to Q)$ 的真值为 T 的真值指派，则在 I 下，$\neg Q$ 和 $(P \to Q)$ 的真值皆为 T，即 Q 的真值为 F，所以 P 的真值为 F，$\neg P$ 的真值为 T。

证法二：设 I 是一使 $\neg P$ 的真值为 F(即 P 的真值为 T)的真值指派，分两种情况讨论。

(1) 若在 I 下，Q 的真值为 T，则 $\neg Q$ 的真值为 F，从而 $\neg Q \wedge (P \to Q)$ 的真值为 F；

(2) 若在 I 下，Q 的真值为 F，则 $P \to Q$ 的真值为 F，也可得 $\neg Q \wedge (P \to Q)$ 的真值为 F。

所以，$\neg Q \wedge (P \to Q) \Rightarrow \neg P$ 成立。

表 2.4.4 所列的基本蕴涵式都可用前面介绍的方法予以证明。

表 2.4.4

定　律	定律描述
化简式	$P \wedge Q \Rightarrow P$ $P \wedge Q \Rightarrow Q$
附加式	$P \Rightarrow P \vee Q$ $Q \Rightarrow P \vee Q$
变形附加式	$\neg P \Rightarrow P \to Q$ $Q \Rightarrow P \to Q$
变形化简式	$\neg(P \to Q) \Rightarrow P$ $\neg(P \to Q) \Rightarrow \neg Q$
析取三段论	$\neg P \wedge (P \vee Q) \Rightarrow Q$
假言推理	$P \wedge (P \to Q) \Rightarrow Q$
拒取式	$\neg Q \wedge (P \to Q) \Rightarrow \neg P$
假言三段论	$(P \to Q) \wedge (Q \to R) \Rightarrow P \to R$
二难推理	$(P \vee Q) \wedge (P \to R) \wedge (Q \to R) \Rightarrow R$

定理 2.4.3　设 A 和 B 是两个命题公式，那么 $A \Leftrightarrow B$ 的充分必要条件是 $A \Rightarrow B$ 且 $B \Rightarrow A$。

证明　(1) 充分性。

因为 $A \Rightarrow B$ 且 $B \Rightarrow A$，即 $A \to B$ 和 $B \to A$ 都是重言式，所以 $(A \to B) \wedge (B \to A)$ 是重言式，而 $(A \to B) \wedge (B \to A) \Leftrightarrow A \leftrightarrow B$，故 $A \leftrightarrow B$ 是重言式，这说明 $A \Leftrightarrow B$。

(2) 必要性。

因为 $A \Leftrightarrow B$，即 $A \leftrightarrow B$ 是重言式，所以 $(A \to B) \wedge (B \to A)$ 是重言式，从而 $A \to B$ 和 $B \to A$ 都是重言式，故 $A \Rightarrow B$ 且 $B \Rightarrow A$。

定理 2.4.3 表明，若将“蕴涵”看成是命题公式之间的二元关系，那么它具有反对称性。此外，“蕴涵”关系还有下列性质。

(1) 自反性。即若 A 是一个命题公式，则 $A \Rightarrow A$。

证明　显然。

(2) 设 A 和 B 是两个命题公式，若 $A \Rightarrow B$ 且 A 是重言式，则 B 是重言式。换句话说，若 $A \Rightarrow B$ 且 B 是矛盾式，则 A 是矛盾式。

证明　因为 $A \rightarrow B$ 是重言式，又 A 是重言式，即在变元的任何真值指派下，A 的真值皆为真，故在变元的任何真值指派下，B 的真值皆为真。

(3) 传递性。即若 A、B 和 C 是三个命题公式，且 $A \Rightarrow B$，$B \Rightarrow C$，则 $A \Rightarrow C$。

证明　因为 $A \rightarrow B$ 和 $B \rightarrow C$ 都是重言式，所以 $(A \rightarrow B) \wedge (B \rightarrow C)$ 是重言式；又 $(A \rightarrow B) \wedge (B \rightarrow C) \Rightarrow A \rightarrow C$，所以由(2)知，$A \rightarrow C$ 是重言式，即 $A \Rightarrow C$。

(4) 若 A、B 和 C 是三个命题公式，且 $A \Rightarrow B$，$A \Rightarrow C$，则 $A \Rightarrow B \wedge C$。

证明　设 I 是一使 A 为 T 的真值指派，由于 $A \Rightarrow B$，$A \Rightarrow C$，因此在 I 下 B 和 C 的真值皆为 T，从而 $B \wedge C$ 的真值为 T。所以，$A \Rightarrow B \wedge C$。

(5) 若 A、B 和 C 是三个命题公式，且 $A \Rightarrow C$，$B \Rightarrow C$，则 $A \vee B \Rightarrow C$。

证明　设 I 是一使 C 为 F 的真值指派，由于 $A \Rightarrow C$，$B \Rightarrow C$，因此在 I 下 A 和 B 的真值皆为 F，从而 $A \vee B$ 的真值为 F。所以，$A \vee B \Rightarrow C$。

习　题　2.4

1. 利用真值表证明下述等价式。

(1) $P \leftrightarrow Q \Leftrightarrow \neg P \leftrightarrow \neg Q$；

(2) $\neg(P \rightarrow Q) \Leftrightarrow (P \wedge \neg Q)$；

(3) $P \rightarrow (Q \rightarrow P) \Leftrightarrow \neg P \rightarrow (P \rightarrow Q)$；

(4) $\neg(P \leftrightarrow Q) \Leftrightarrow (P \vee Q) \wedge \neg(P \wedge Q)$；

(5) $\neg(P \leftrightarrow Q) \Leftrightarrow (P \wedge \neg Q) \vee (\neg P \wedge Q)$；

(6) $P \rightarrow Q \vee R \Leftrightarrow P \wedge \neg Q \rightarrow R$；

(7) $P \rightarrow (Q \rightarrow R) \Leftrightarrow (P \wedge Q) \rightarrow R$；

(8) $(P \rightarrow R) \wedge (Q \rightarrow R) \Leftrightarrow (P \vee Q) \rightarrow R$；

(9) $(P \wedge Q \rightarrow R) \wedge (Q \rightarrow R \vee S) \Leftrightarrow Q \wedge (S \rightarrow P) \rightarrow R$；

(10) $(P \wedge Q \wedge R \rightarrow S) \wedge (R \rightarrow P \vee Q \vee S) \Leftrightarrow R \wedge (P \leftrightarrow Q) \rightarrow S$。

2. 对习题 2.3 第 10 题所列的命题公式，用等价变换的方法判断其类型。

3. 用对命题公式等价变换的方法证明下述等价式。

(1) $Q \vee \neg((\neg P \vee Q) \wedge P) \Leftrightarrow \mathrm{T}$；

(2) $\neg(\neg P \vee \neg Q) \vee \neg(\neg P \vee Q) \Leftrightarrow P$；

(3) $(P \vee Q) \wedge (\neg P \wedge (\neg P \wedge Q)) \Leftrightarrow \neg P \wedge Q$；

(4) $(P \vee Q) \wedge (P \vee \neg Q) \wedge (\neg P \vee \neg Q) \Leftrightarrow \neg(\neg P \vee Q)$；

(5) $\neg(\neg(P \vee Q) \rightarrow \neg P) \Leftrightarrow \mathrm{F}$；

(6) $(Q \rightarrow P) \wedge (\neg P \rightarrow Q) \Leftrightarrow P$；

(7) $(P \rightarrow \neg P) \wedge (\neg P \rightarrow P) \Leftrightarrow \mathrm{F}$；

(8) $(P \rightarrow Q) \wedge (P \rightarrow R) \Leftrightarrow P \rightarrow Q \wedge R$；

(9) $(P \wedge Q \rightarrow R) \wedge (Q \rightarrow R \vee S) \Leftrightarrow Q \wedge (S \rightarrow P) \rightarrow R$；

(10) $(P\wedge Q\wedge R\rightarrow S)\wedge(R\rightarrow P\vee Q\vee S)\Leftrightarrow R\wedge(P\leftrightarrow Q)\rightarrow S$。

4. 用等价变换的方法求出下列命题公式的最简形式。

(1) $A(P,Q)=P\vee(\neg P\vee(Q\wedge\neg Q))$；

(2) $A(P,Q,R)=(\neg P\vee Q)\wedge R\vee P\wedge \mathrm{F}$；

(3) $A(P,Q,R)=(P\rightarrow Q\vee\neg R)\wedge\neg P\wedge Q$；

(4) $A(P,Q,R)=Q\wedge R\vee P\wedge R\vee \mathrm{T}\wedge\neg P\wedge R$；

(5) $A(P,Q,R)=((P\rightarrow Q)\leftrightarrow(\neg Q\rightarrow\neg P))\wedge R$；

(6) $A(P,Q,R)=(P\vee R)\rightarrow\neg(P\vee R)\wedge(Q\vee R)$；

(7) $A(P,Q,R)=(P\vee R)\wedge\neg(P\vee R)\wedge(Q\vee R)$；

(8) $A(P,Q,R)=(P\wedge Q)\vee(\neg P\vee\neg R)\wedge(Q\vee \mathrm{F})$；

(9) $A(P,Q,R)=(P\wedge Q\wedge R)\vee(\neg P\wedge Q\wedge R)\vee R$；

(10) $A(P,Q,R)=(\neg P\wedge(\neg P\wedge R))\vee((Q\wedge R)\vee(P\wedge R))$。

5. 如果 $A\wedge C\Leftrightarrow B\wedge C$，是否有 $A\Leftrightarrow B$？如果 $A\vee C\Leftrightarrow B\vee C$，是否有 $A\Leftrightarrow B$？如果 $\neg A\Leftrightarrow\neg B$，是否有 $A\Leftrightarrow B$？将“$\Leftrightarrow$”改成“$\Rightarrow$”，结果如何？

6. 分别用对命题公式等价变换的方法和逻辑推证的方法证明下列蕴涵式。

(1) $P\wedge Q\Rightarrow P\rightarrow Q$；

(2) $\neg P\wedge Q\wedge P\Rightarrow R$；

(3) $R\Rightarrow\neg P\vee Q\vee P$；

(4) $(P\leftrightarrow Q)\wedge Q\Rightarrow P$；

(5) $P\rightarrow Q\Rightarrow P\rightarrow P\wedge Q$；

(6) $(P\rightarrow Q)\rightarrow Q\Rightarrow P\vee Q$；

(7) $(P\leftrightarrow Q)\wedge(Q\leftrightarrow R)\Rightarrow P\leftrightarrow R$；

(8) $(P\vee\neg P\rightarrow Q)\rightarrow(P\vee\neg P\rightarrow R)\Rightarrow Q\rightarrow R$；

(9) $(Q\rightarrow P\wedge\neg P)\rightarrow(R\rightarrow P\wedge\neg P)\Rightarrow R\rightarrow Q$；

(10) $P\wedge Q\rightarrow R,\ \neg S,\ \neg R\vee S\Rightarrow\neg P\vee\neg Q$。

7. 检验下列论述的有效性。

(1) 前提：如果我学习，那么我数学不会不及格；
　　如果我不热衷于玩扑克，那么我将学习；
　　我数学不及格。
　结论：我热衷于玩扑克。

(2) 前提：如果 6 是偶数，则 2 不能整除 7；
　　或者 5 不是素数，或者 2 整除 7；
　　5 是素数。
　结论：6 不是偶数。

(3) 前提：如果他是理科生，则他数学好；
　　如果他不是文科生，则他是理科生；
　　他的数学不好。
　结论：他是文科生。

8. 写出满足以下条件的命题公式。

(1) 命题公式包含 P、Q、R 三个命题变元，并且在 P、Q 为真，R 为假时命题公式的真值为真，其他情况下均为假；

(2) 命题公式包含 P、Q、R 三个命题变元，并且在 P、Q、R 中有两个为真时命题公式的真值为真，其他情况下均为假。

部分习题参考答案

2.5　功能完备集及其他联结词

2.2 节定义了五个最常用的逻辑联结词，它们是¬、∧、∨、→、↔，通过它们可构造许许多多不同的命题公式。那么这些逻辑联结词所具有的(构造命题公式的)功能是否完备呢？也就是说，为了能构造任何意义的命题公式，是否还必须定义新的逻辑联结词呢？

从合适公式的构造看，显然只需对两个命题变元的情况加以分析，多个命题变元的运算可以逐次进行。因为对两个命题变元有四种不同的真值指派，而在每一种真值指派下，公式的真值可能是 T 和 F 两者之一，从而由两个命题变元恰可构成 $2^4=16$ 个不等价的命题公式，它们(用 A_i 表示，$i=0, 1, 2, \cdots, 15$)的真值表如表 2.5.1 所示。

表 2.5.1

P	Q	A_0	A_1	A_2	A_3	A_4	A_5	A_6	A_7	A_8	A_9	A_{10}	A_{11}	A_{12}	A_{13}	A_{14}	A_{15}
0	0	0	0	0	0	0	0	0	0	1	1	1	1	1	1	1	1
0	1	0	0	0	0	1	1	1	1	0	0	0	0	1	1	1	1
1	0	0	0	1	1	0	0	1	1	0	0	1	1	0	0	1	1
1	1	0	1	0	1	0	1	0	1	0	1	0	1	0	1	0	1

从表 2.5.1 可以看出，$A_i=\neg A_{15-i}$，其中 $i=8, 9, 10, \cdots, 15$。这表明只要能表示出 A_i，便能用 $\neg A_i$ 表示出 $A_{15-i}(i=0, 1, 2, \cdots, 7)$。而

$$A_0=\mathrm{F},\ A_1=P\wedge Q,\ A_2=P\wedge\neg Q,\ A_3=P$$

$$A_4=\neg P\wedge Q,\ A_5=Q,\ A_6=(P\wedge\neg Q)\vee(\neg P\wedge Q),\ A_7=P\vee Q$$

由上述分析可以看出，任意给定的命题公式都可以等价表示成一个仅含有逻辑联结词“¬”“∧”“∨”的命题公式。

定义 2.5.1　设 S 是一个由一些逻辑联结词组成的集合，若对于任意给定的命题公式，总可以找到一个仅含有 S 中的逻辑联结词的命题公式与之等价，则称 S 是一个联结词功能完备集。

由前面的分析和定义可知，{¬，∧，∨}是一个联结词功能完备集。这也就不难理解一般的程序设计语言、搜索工具等只提供“非”“与”“或”这三种运算。另外，由德·摩根律可知，{¬，∧}和{¬，∨}也是联结词功能完备集。但{¬}、{∧}和{∨}都不是联结词功能完备集。因为从合适公式的定义可以看出包含二元联结词的命题公式不能用仅包含一元联结词的命题公式等价表示，同时，若有

$$\neg P\Leftrightarrow(\cdots(P\wedge Q)\vee\cdots)$$

的形式，则对该等价式右边所出现的命题变元都指派真值 T，由于“$\wedge$”和“$\vee$”的各次运算结果的真值必为 T，因此该等价式右边的真值必为 T，而左边的真值必为 F，这显然是矛盾的。这说明“$\neg$”是不能由“$\wedge$”和“$\vee$”的组合所替代的。

定义 2.5.2　设 S 是一个联结词功能完备集，若 S 中的任一联结词都不能用 S 中的其他联结词等价表示，则称 S 是一个极小的联结词功能完备集。

也可以这样说，极小的联结词功能完备集是一个其任一真子集都不是功能完备集的联结词功能完备集。根据上面的讨论，$\{\neg, \wedge\}$和$\{\neg, \vee\}$都是极小的联结词功能完备集。

任一联结词功能完备集都具备了构造任何意义的命题公式的功能，这一思想在考虑开关电路及电子计算机等自动机的逻辑设计的经济效率时是很有用的。但在一般情况下，用联结词功能完备集中的联结词消去一个命题公式中的其他联结词后所得的公式很繁、很不方便，因此，在实际中，除了使用前面介绍的五个逻辑联结词外，还广泛使用其他联结词。在数字电路与计算机科学中，常用的联结词还有异或、与非、或非。

定义 2.5.3　设 P 和 Q 是两个命题，则它们的异或命题是一个复合命题，记作 $P\,\overline{\vee}\,Q$，读作“P 异或 Q”。当 P 和 Q 恰有一个具有真值 T 时，$P\,\overline{\vee}\,Q$ 的真值为 T；否则，$P\,\overline{\vee}\,Q$ 的真值为 F。

命题 P 和 Q 的真值与命题 $P\,\overline{\vee}\,Q$ 的真值之间的对应关系如表 2.5.2 所示。

表 2.5.2

P	Q	$P\,\overline{\vee}\,Q$
T	T	F
T	F	T
F	T	T
F	F	F

“不可兼或”“排斥或”等都是“异或”的同义语。由定义 2.5.3 知，联结词“$\overline{\vee}$”有以下性质。

定理 2.5.1　设 P、Q 和 R 是三个命题公式，则有

(1) $P\,\overline{\vee}\,Q \Leftrightarrow Q\,\overline{\vee}\,P$；

(2) $P\,\overline{\vee}\,P \Leftrightarrow \mathrm{F}$；

(3) $P\,\overline{\vee}\,\mathrm{T} \Leftrightarrow \neg P$；

(4) $P\,\overline{\vee}\,\mathrm{F} \Leftrightarrow P$；

(5) $(P\,\overline{\vee}\,Q)\,\overline{\vee}\,R \Leftrightarrow P\,\overline{\vee}\,(Q\,\overline{\vee}\,R)$；

(6) $P \wedge (Q\,\overline{\vee}\,R) \Leftrightarrow (P \wedge Q)\,\overline{\vee}\,(P \wedge R)$；

(7) $P\,\overline{\vee}\,Q \Leftrightarrow \neg(P \leftrightarrow Q) \Leftrightarrow \neg P \leftrightarrow Q$；

(8) $P\,\overline{\vee}\,Q \Leftrightarrow (P \wedge \neg Q) \vee (\neg P \wedge Q) \Leftrightarrow (P \vee Q) \wedge (\neg P \vee \neg Q)$。

定义 2.5.4　设 P 和 Q 是两个命题，则它们的与非命题是一个复合命题，记作 $P \uparrow Q$，读作“P 与非 Q”。当 P 和 Q 的真值都是 T 时，$P \uparrow Q$ 的真值为 F；否则，$P \uparrow Q$ 的真值为 T。

命题 P 和 Q 的真值与命题 $P \uparrow Q$ 的真值之间的对应关系如表 2.5.3 所示。

表 2.5.3

P	Q	$P\uparrow Q$
T	T	F
T	F	T
F	T	T
F	F	T

由定义 2.5.4 知，联结词“$\uparrow$”有以下性质。

定理 2.5.2　设 P、Q 是两个命题公式，则有

(1) $P\uparrow Q\Leftrightarrow\neg(P\wedge Q)$；

(2) $P\uparrow P\Leftrightarrow\neg P$；

(3) $(P\uparrow Q)\uparrow(P\uparrow Q)\Leftrightarrow P\wedge Q$；

(4) $(P\uparrow P)\uparrow(Q\uparrow Q)\Leftrightarrow P\vee Q$。

这说明{$\uparrow$}是极小的联结词功能完备集。

定义 2.5.5　设 P 和 Q 是两个命题，则它们的或非命题是一个复合命题，记作 $P\downarrow Q$，读作“P 或非 Q”。当 P 和 Q 的真值都是 F 时，$P\downarrow Q$ 的真值为 T；否则，$P\downarrow Q$ 的真值为 F。

命题 P 和 Q 的真值与命题 $P\downarrow Q$ 的真值之间的对应关系如表 2.5.4 所示。

表 2.5.4

P	Q	$P\downarrow Q$
T	T	F
T	F	F
F	T	F
F	F	T

由定义 2.5.5 知，联结词“$\downarrow$”有以下性质。

定理 2.5.3　设 P、Q 是两个命题公式，则有

(1) $P\downarrow Q\Leftrightarrow\neg(P\vee Q)$；

(2) $P\downarrow P\Leftrightarrow\neg P$；

(3) $(P\downarrow Q)\downarrow(P\downarrow Q)\Leftrightarrow P\vee Q$；

(4) $(P\downarrow P)\downarrow(Q\downarrow Q)\Leftrightarrow P\wedge Q$。

这说明{$\downarrow$}也是极小的联结词功能完备集。

对于含有联结词“$\overline{\vee}$”“$\uparrow$”“$\downarrow$”的复合命题，其合适公式定义类似于定义 2.3.1，这里不再赘述。

习　题　2.5

1. 证明：{$\neg$, $\rightarrow$}是极小的联结词功能完备集。

2. 条件否定联结词$\overset{c}{\rightarrow}$由表 2.5.5 定义，证明$\{\neg, \overset{c}{\rightarrow}\}$是极小的联结词功能完备集。

表 2.5.5

P	Q	$P\overset{c}{\rightarrow}Q$
T	T	F
T	F	T
F	T	F
F	F	F

3. 证明：$\{\neg, \leftrightarrow\}$和$\{\neg, \overline{\vee}\}$都不是联结词功能完备集。

4. 对于下列命题公式，找出与它们等价的只包含逻辑联结词“$\neg$”和“$\wedge$”的尽可能简单的合适公式。

(1) $P\rightarrow(Q\rightarrow P)$；

(2) $P\vee(\neg Q\wedge R\rightarrow P)$；

(3) $\neg P\vee Q\vee(\neg P\wedge Q\wedge\neg R)$。

5. 对于下列命题公式，找出与它们等价的只包含逻辑联结词“$\neg$”和“$\vee$”的尽可能简单的合适公式。

(1) $P\wedge Q\wedge\neg P$；

(2) $\neg P\wedge\neg Q\wedge(\neg R\rightarrow P)$；

(3) $(P\rightarrow Q\vee\neg R)\wedge\neg P\wedge Q$。

6. 设 P、Q 和 R 是三个命题公式，且 $P\overline{\vee}Q\Leftrightarrow R$。证明：$P\overline{\vee}R\Leftrightarrow Q$；$Q\overline{\vee}R\Leftrightarrow P$；$P\overline{\vee}Q\overline{\vee}R\Leftrightarrow \mathrm{F}$。

7. 证明：

(1) $\neg(P\uparrow Q)\Leftrightarrow\neg P\downarrow\neg Q$；

(2) $\neg(P\downarrow Q)\Leftrightarrow\neg P\uparrow\neg Q$。

8. 试说明联结词“$\uparrow$”和“$\downarrow$”不满足结合律。

9. 用仅包含“$\uparrow$”的命题公式等价表示 $P\rightarrow Q$。

10. 对命题公式 $P\rightarrow(\neg P\rightarrow Q)$作等价变换，使之只含有联结词“$\uparrow$”，再把它变换为只含有联结词“$\downarrow$”的合适公式。对命题公式 $P\wedge(Q\leftrightarrow R)$作同样的变换。

2.6　对偶与范式

2.5 节介绍了联结词功能完备集，同时还介绍了几个实用的逻辑联结词。但实际上比较多的情况是仅含有联结词“$\neg$”“$\wedge$”和“$\vee$”的命题公式。从表 2.4.2 的交换律、结合律、分配律、德·摩根律、幂等律、单位元律、零元律、否定律、吸收律中可以看到，常用的基本等价式都是成对出现的，所不同的只是“$\wedge$”和“$\vee$”互换，“T”和“F”互换。这样的现象称为具有对偶规律。

定义 2.6.1　设 A 是一个仅含有联结词“$\neg$”“$\wedge$”和“$\vee$”的命题公式。在 A 中，用“$\vee$”代替“$\wedge$”，用“$\wedge$”代替“$\vee$”，用“T”代替“F”，用“F”代替“T”，所得的命题公式称为 A 的

对偶式，记为 A^*。

显然，$(A^*)^*=A$。

例 2.6.1　由定义 2.6.1 知，$\neg(P\wedge \mathrm{F})$ 与 $\neg(P\vee \mathrm{T})$ 互为对偶式，$P\wedge Q\vee R$ 和 $(P\vee Q)\wedge R$ 互为对偶式，$P\wedge(Q\vee R)$ 和 $P\vee Q\wedge R$ 互为对偶式。

注意，一个公式与它的对偶式在应用定义 2.3.1 有关规则的形成过程是一致的，即运用优先级规则省略的括号在对偶式中不能再省略。

定理 2.6.1　设 A 是一个仅含有联结词"¬""∧"和"∨"的命题公式，$P_1, P_2, \cdots, P_n$ 是出现于其中的全部命题变元，则

$$\neg A(P_1, P_2, \cdots, P_n)\Leftrightarrow A^*(\neg P_1, \neg P_2, \cdots, \neg P_n)$$

$$A(\neg P_1, \neg P_2, \cdots, \neg P_n)\Leftrightarrow \neg A^*(P_1, P_2, \cdots, P_n)$$

证明　对公式 $\neg A(P_1, P_2, \cdots, P_n)$ 反复运用德·摩根律，直到每个"¬"移到命题变元或命题变元的否定之前为止，在此过程中，"∨"变成"∧"，"∧"变成"∨"，"T"变成"F"，"F"变成"T"，"P_i"变成"$\neg P_i$"$(i=1, 2, \cdots, n)$，最后得到 $A^*(\neg P_1, \neg P_2, \cdots, \neg P_n)$，故

$$\neg A(P_1, P_2, \cdots, P_n)\Leftrightarrow A^*(\neg P_1, \neg P_2, \cdots, \neg P_n)$$

由于 $(A^*)^*=A$，因此

$$A(\neg P_1, \neg P_2, \cdots, \neg P_n)\Leftrightarrow \neg A^*(P_1, P_2, \cdots, P_n)$$

例 2.6.2　考虑命题公式 $A(P, Q, R)=\neg P\wedge(\neg Q\vee R)$，根据德·摩根律有

$$\neg A(P, Q, R)=\neg\neg P\vee(\neg\neg Q\wedge\neg R)$$

而 $A^*(P, Q, R)=\neg P\vee(\neg Q\wedge R)$，故

$$A^*(\neg P, \neg Q, \neg R)=\neg\neg P\vee(\neg\neg Q\wedge\neg R)\Leftrightarrow\neg A(P, Q, R)$$

此外，$A(\neg P, \neg Q, \neg R)=\neg\neg P\wedge(\neg\neg Q\vee\neg R)$，故

$$\neg A^*(P, Q, R)=\neg\neg P\wedge(\neg\neg Q\vee\neg R)\Leftrightarrow A(\neg P, \neg Q, \neg R)$$

定理 2.6.2(对偶原理)　设 A 和 B 是两个仅含有联结词"¬""∧"和"∨"的命题公式，如果 $A\Leftrightarrow B$，则 $A^*\Leftrightarrow B^*$。

证明　设 $P_1, P_2, \cdots, P_n$ 是出现于 A 和 B 中的全部命题变元，因为 $A\Leftrightarrow B$，即

$$A(P_1, P_2, \cdots, P_n)\leftrightarrow B(P_1, P_2, \cdots, P_n)$$

是重言式，由代入定理知

$$A(\neg P_1, \neg P_2, \cdots, \neg P_n)\leftrightarrow B(\neg P_1, \neg P_2, \cdots, \neg P_n)$$

也是重言式，即

$$A(\neg P_1, \neg P_2, \cdots, \neg P_n)\Leftrightarrow B(\neg P_1, \neg P_2, \cdots, \neg P_n)$$

由定理 2.6.1 得

$$\neg A^*(P_1, P_2, \cdots, P_n)\Leftrightarrow\neg B^*(P_1, P_2, \cdots, P_n)$$

所以，$A^*\Leftrightarrow B^*$。

【注】　由定理 2.6.1 和定理 2.6.2 的证明过程可知，对偶原理的基础在于德·摩根律。这样，由

$$\neg(P\uparrow Q)\Leftrightarrow\neg P\downarrow\neg Q, \neg(P\downarrow Q)\Leftrightarrow\neg P\uparrow\neg Q$$

不难看出，对偶式的概念和对偶原理可以推广到含有逻辑联结词"↑"和"↓"的命题公式。

给定两个命题公式判断它们是否等价，以及给定一个命题公式判断它的类型，这都属于判定问题，前面已经给出了一些解决判定问题的方法。通常，经过有限多个步骤总能构

造出一个命题公式的真值表，因而命题演算的判定问题总是可解的。但当命题变元的数目较多时，这些方法相当麻烦或形式不标准，因此有必要给出各命题公式的标准化表示，这就是范式的概念。范式即逻辑等价的标准形式。范式可分为析取范式和合取范式，其中特殊的有主析取范式和主合取范式。命题变元或其否定称为文字。文字的合取式称为基本积。文字的析取式称为基本和。析取范式是基本积之和；合取范式则是基本和之积。

为了介绍主析取范式，需要先介绍极小项的概念。

定义 2.6.2　设 P_1，P_2，…，P_n是 n 个命题变元，则称 $\hat{P}_1 \wedge \hat{P}_2 \wedge \cdots \wedge \hat{P}_n$ 为关于 P_1，P_2，…，P_n的极小项(或布尔合取项)，其中 $\hat{P}_i$ 为 P_i或$\neg P_i$($i=1$，2，…，n)。

由定义 2.6.2 可知，在极小项中，每个命题变元与其否定这两者之中，恰有一个出现且仅出现一次，并且它们出现的次序与命题变元的次序相同(前面已经约定它们是按字母的字典顺序排列的)。

可以看出，在关于 P_1，P_2，…，P_n的极小项 $\hat{P}_1 \wedge \hat{P}_2 \wedge \cdots \wedge \hat{P}_n$ 中，每个 $\hat{P}_i$ 可有两种不同的选择，因此关于 P_1，P_2，…，P_n 的不同极小项共有 2^n 个。为方便起见，常用 m_k ($0 \leqslant k \leqslant 2^n-1$)来表示极小项 $\hat{P}_1 \wedge \hat{P}_2 \wedge \cdots \wedge \hat{P}_n$，其中下标 k 为二进制数 $t_1 t_2 \cdots t_n$对应的十进制值，而

$$t_i=\begin{cases} 0, & \text{若 } \hat{P}_i \text{ 为} \neg P_i \\ 1, & \text{若 } \hat{P}_i \text{ 为 } P_i \end{cases} \qquad (i=1,\ 2,\ \cdots,\ n)$$

例如，对于三个命题变元 P、Q 和 R 来说，关于它们的极小项共有八个，如表 2.6.1 所示。

表 2.6.1

极小项	下标的二进制数表示	对应的十进制数	m_k
$\neg P \wedge \neg Q \wedge \neg R$	000	0	m_0
$\neg P \wedge \neg Q \wedge R$	001	1	m_1
$\neg P \wedge Q \wedge \neg R$	010	2	m_2
$\neg P \wedge Q \wedge R$	011	3	m_3
$P \wedge \neg Q \wedge \neg R$	100	4	m_4
$P \wedge \neg Q \wedge R$	101	5	m_5
$P \wedge Q \wedge \neg R$	110	6	m_6
$P \wedge Q \wedge R$	111	7	m_7

极小项有以下性质：

(1) 每个极小项 m_k在与其下标相对应的真值指派下真值为真，而在其余 2^n-1 种真值指派下真值皆为假；

(2) 任意两个不同的极小项的合取式是一个矛盾式，即若 $i \neq j$，则 $m_i \wedge m_j \Leftrightarrow \mathrm{F}$；

(3) 全部 2^n 个极小项的析取式是一个重言式，即

$$\bigvee_{k=0}^{2^n-1} m_k \Leftrightarrow \mathrm{T}$$

从这些性质不难得到启示：对于任意一个命题公式，只要它不是矛盾式，它就必与某一由若干个极小项的析取组成的公式等价。

定义 2.6.3　设 P_1，P_2，…，P_n 是 n 个命题变元，称 $m_{k_1} \vee m_{k_2} \vee \cdots \vee m_{k_s}$ 为关于 P_1，P_2，…，P_n 的主析取范式（$0 \leqslant k_1 < k_2 < \cdots < k_s \leqslant 2^n - 1$），并简记为 $\sum k_1, k_2, \cdots, k_s$。

定理 2.6.3　假若命题公式 $A(P_1, P_2, \cdots, P_n)$ 不是矛盾式，则必存在且恰好存在一个关于 P_1，P_2，…，P_n 的主析取范式与之等价；且在公式 A 的真值表中，使 A 为 T 的指派所对应的诸极小项之析取，即为 A 的主析取范式。

本定理的证明比较简单，请读者自行完成。

例 2.6.3　由表 2.6.2 所示的命题公式 $(\neg P \wedge Q) \vee (P \wedge R)$ 的真值表可知，该命题公式关于 P、Q、R 的主析取范式为

$$(\neg P \wedge Q) \vee (P \wedge R) \Leftrightarrow \neg P \wedge Q \wedge \neg R \vee \neg P \wedge Q \wedge R \vee P \wedge \neg Q \wedge R \vee P \wedge Q \wedge R$$

$$\Leftrightarrow \sum 2, 3, 5, 7$$

表 2.6.2

P	Q	R	$(\neg P \wedge Q) \vee (P \wedge R)$
0	0	0	0
0	0	1	0
0	1	0	1
0	1	1	1
1	0	0	0
1	0	1	1
1	1	0	0
1	1	1	1

当命题公式 A 中的变元较多时，列出它的真值表是不方便的，这时可以通过对命题公式 A 作等价变换而求得 A 的主析取范式，下面是使用这种方法求 A 的主析取范式的基本步骤。

(1) 利用基本等价式将 A 等价变换为只包含逻辑联结词"¬""∧"和"∨"的形式；

(2) 利用德·摩根律将"¬"内移到原子之前，并利用 E_1 使每个原子之前至多含有一个"¬"；

(3) 利用分配律将上一步的结果等价变换为若干个合取式的析取（即析取范式），其中每个合取式皆是基子句的合取（若有相同的基子句，则利用 E_{10} 消去多余的基子句）；

(4) 如有必要，利用 E_{25} 消去永假的合取式，利用 E_{11} 消去相同的合取式；

(5) 对于上一步所得到的每一个合取式 B，若命题变元 P 及其否定$\neg P$ 均未在 B 中出现，则利用

$$B\Leftrightarrow(P\vee\neg P)\wedge B\Leftrightarrow(P\wedge B)\vee(\neg P\wedge B)$$

作等价变换，直到每个合取式皆为极小项为止；

(6) 消去重复出现的极小项，并将极小项按下标由小到大的次序排列。

例 2.6.4 设 $A\Leftrightarrow(\neg P\rightarrow Q)\wedge(P\leftrightarrow R)$，试求 A 的主析取范式。

解 $A\Leftrightarrow(\neg\neg P\vee Q)\wedge(P\leftrightarrow R)$

$\Leftrightarrow(P\vee Q)\wedge((P\wedge R)\vee(\neg P\wedge\neg R))$

$\Leftrightarrow P\wedge((P\wedge R)\vee(\neg P\wedge\neg R))\ \vee Q\wedge((P\wedge R)\vee(\neg P\wedge\neg R))$

$\Leftrightarrow(P\wedge R)\vee(P\wedge Q\wedge R)\vee(\neg P\wedge Q\wedge\neg R)$

$\Leftrightarrow(P\wedge\neg Q\wedge R)\vee(P\wedge Q\wedge R)\vee(\neg P\wedge Q\wedge\neg R)$

$\Leftrightarrow\sum 2,\ 5,\ 7$

与极小项和主析取范式相类似的是极大项和主合取范式。

定义 2.6.4 设 P_1，P_2，…，P_n是 n 个命题变元，则称 $\hat{P}_1\vee\hat{P}_2\vee\cdots\vee\hat{P}_n$ 为关于 P_1，P_2，…，P_n的极大项(或布尔析取项)，其中 $\hat{P}_i$ 为 P_i或$\neg P_i(i=1,\ 2,\ \cdots,\ n)$。

显然，关于 P_1，P_2，…，P_n 的不同极大项共有 2^n 个。为方便起见，常用 M_k $(0\leqslant k\leqslant 2^n-1)$表示极大项 $\hat{P}_1\vee\hat{P}_2\vee\cdots\vee\hat{P}_n$，其中下标 k 为二进制数 $t_1t_2\cdots t_n$对应的十进制值，而

$$t_i=\begin{cases}0, & \text{若 } \hat{P}_i \text{ 为 } P_i\\ 1, & \text{若 } \hat{P}_i \text{ 为} \neg P_i\end{cases}\qquad(i=1,\ 2,\ \cdots,\ n)$$

需要特别注意：这里的 t_i 取值与极小项的下标中 t_i 取值是不同的。事实上 $M_k\Leftrightarrow\neg m_k$，$\neg M_k\Leftrightarrow m_k$。

例如，对于三个命题变元 P、Q 和 R 来说，八个极大项为

$$\begin{aligned}M_7&=\neg P\vee\neg Q\vee\neg R, & M_3&=P\vee\neg Q\vee\neg R\\ M_6&=\neg P\vee\neg Q\vee R, & M_2&=P\vee\neg Q\vee R\\ M_5&=\neg P\vee Q\vee\neg R, & M_1&=P\vee Q\vee\neg R\\ M_4&=\neg P\vee Q\vee R, & M_0&=P\vee Q\vee R\end{aligned}$$

极大项有以下性质：

(1) 每个极大项 M_k在与其下标相对应的真值指派下真值为假，而在其余 2^n-1 种真值指派下真值为真；

(2) 任意两个不同的极大项的析取式是一个重言式，即若 $i\neq j$，则 $M_i\vee M_j\Leftrightarrow\mathrm{T}$；

(3) 全部 2^n个极大项的合取式是一个矛盾式，即

$$\bigwedge_{k=0}^{2^n-1}M_k\Leftrightarrow\mathrm{F}$$

定义 2.6.5 设 P_1，P_2，…，P_n是 n 个命题变元，则称 $M_{k_1}\wedge M_{k_2}\wedge\cdots\wedge M_{k_s}$ 为关于 P_1，P_2，…，P_n的主合取范式$(0\leqslant k_1<k_2<\cdots<k_s\leqslant 2^n-1)$，并简记为$\prod k_1,\ k_2,\ \cdots,\ k_s$。

定理 2.6.4 假若命题公式 $A(P_1,\ P_2,\ \cdots,\ P_n)$不是重言式，则必存在且恰好存在一

个关于 P_1，P_2，…，P_n 的主合取范式与之等价；且在公式 A 的真值表中，使 A 为 F 的指派所对应的诸极大项之合取，即为 A 的主合取范式。

例 2.6.5　由表 2.6.2 可知，$(\neg P\wedge Q)\vee(P\wedge R)\Leftrightarrow\prod 0, 1, 4, 6$。

也可以通过对命题公式 A 作等价变换而求得 A 的主合取范式(习题 2.6 第 6 题)。

从主范式的定义和定理 2.6.3、定理 2.6.4 不难发现，同一个命题公式的主析取范式简记式与主合取范式简记式的下标集是互补的，即有以下定理(这一点在例 2.6.3 和例 2.6.5中已经得到体现)。

定理 2.6.5　假若命题公式 $A(P_1, P_2, \cdots, P_n)$ 的主析取范式为 $\sum i_1, i_2, \cdots, i_s$，主合取范式为 $\prod j_1, j_2, \cdots, j_t$，则有 $\{i_1, i_2, \cdots, i_s\}\cap\{j_1, j_2, \cdots, j_t\}=\varnothing$ 且 $\{i_1, i_2, \cdots, i_s\}\cup\{j_1, j_2, \cdots, j_t\}=\{0, 1, 2, \cdots, 2^n-1\}$。

本定理的证明比较简单，请读者自行完成。

利用主范式的概念可通过规范化的演算过程(甚至可以机器完成)实现命题公式标准化表示(形式唯一)，从而有效解决判定问题。此外，范式和主范式的概念也可用于解决一些实际生活中的逻辑问题。

例 2.6.6　已知甲、乙、丙、丁四人中恰有两人代表单位参加了市里组织的象棋比赛，关于选择谁参加比赛，有如下四种正确的说法：

(1) 甲和乙两人中恰有一人参加；

(2) 若丙参加，则丁一定参加；

(3) 乙和丁两人中至多参加一人；

(4) 若丁不参加，则甲也不参加。

请推断哪两人参加了此次比赛。

解　用变元 P、Q、R、S 分别表示甲、乙、丙、丁参加了比赛，则四种正确的说法分别表示为

$$(1)\ P\ \overline{\vee}\ Q$$
$$(2)\ R\rightarrow S$$
$$(3)\ \neg(Q\wedge S)$$
$$(4)\ \neg S\rightarrow\neg P$$

将命题公式 $(P\ \overline{\vee}\ Q)\wedge(R\rightarrow S)\wedge\neg(Q\wedge S)\wedge(\neg S\rightarrow\neg P)$ 等价变换为主析取范式：

$$P\wedge\neg Q\wedge\neg R\wedge S\vee P\wedge\neg Q\wedge R\wedge S\vee\neg P\wedge Q\wedge\neg R\wedge\neg S$$

根据题意，有且仅有两人参加了比赛，故只能是极小项 $P\wedge\neg Q\wedge\neg R\wedge S$ 为 T，即甲和丁参加了此次比赛。

例 2.6.7　某校排课时每门课程都按大节课(2 学时)排课，每天的教学时段分为 4 大节课，规定班级课表每天排课不能少于 2 大节课，但也不能多于 3 大节课，并且任一课程在一天内至多安排 1 大节课。某班下学期有 A、B、C、D、E 五门课，课程 A 每周 6 学时，课程 B、C、D、E 每周 4 学时，另有约束条件：

(1) A 和 B 是主干课，不能安排在同一天；

(2) C 是 B 的实验课，C 应紧接在当天的 B 之后；

(3) D 和 E 由同一教师授课，不能排在同一天。

试给出该班合理的排课方案。

解　暂不考虑周一至周五如何排课，只考虑每天可以排哪些课，这个问题可用主析取范式来解决。若用变元 A、B、C、D、E 分别表示相应课程可以排课，则三个约束条件可符号化为

$$\neg(A\wedge B)\wedge(B\leftrightarrow C)\wedge\neg(D\wedge E)$$

通过等价变换得其主析取范式为

$$\neg A\wedge\neg B\wedge\neg C\wedge\neg D\wedge\neg E\vee\neg A\wedge\neg B\wedge\neg C\wedge\neg D\wedge E\vee\neg A\wedge\neg B\wedge\neg C\wedge D\wedge\neg E\vee$$
$$\neg A\wedge B\wedge C\wedge\neg D\wedge\neg E\vee\neg A\wedge B\wedge C\wedge\neg D\wedge E\vee\neg A\wedge B\wedge C\wedge D\wedge\neg E\vee$$
$$A\wedge\neg B\wedge\neg C\wedge\neg D\wedge\neg E\vee A\wedge\neg B\wedge\neg C\wedge\neg D\wedge E\vee A\wedge\neg B\wedge\neg C\wedge D\wedge\neg E$$

其中满足“每天排课不能少于2大节课，但也不能多于3大节课”的极小项有下面五个：

$$\neg A\wedge B\wedge C\wedge\neg D\wedge\neg E$$
$$\neg A\wedge B\wedge C\wedge\neg D\wedge E$$
$$\neg A\wedge B\wedge C\wedge D\wedge\neg E$$
$$A\wedge\neg B\wedge\neg C\wedge\neg D\wedge E$$
$$A\wedge\neg B\wedge\neg C\wedge D\wedge\neg E$$

因此，每天可以排课的方式一共有五种：(1) B、C；(2) B、C、E；(3) B、C、D；(4) A、E；(5) A、D。

现考虑周一至周五如何排课。按上面给出的方式在周一至周五的5天内排课有很多种方案。如果考虑各门课程的周学时要求，可选的方案就要少很多。如果条件允许，还可以满足一些其他要求，如同一门课程尽量不安排在连续的两天。下面是满足条件的一种方案：

星期一：A、E；

星期二：B、C；

星期三：A、D；

星期四：B、C、E；

星期五：A、D。

习　题　2.6

1. 给出下列命题公式的对偶式。

(1) $A(P,Q,R)=(P\vee(Q\wedge R))\wedge(Q\vee(\neg P\wedge R))$；

(2) $A(P,Q,R)=(\neg P\vee Q)\wedge R\vee P\wedge \mathrm{F}$；

(3) $A(P,Q,R)=Q\wedge R\vee P\wedge R\vee \mathrm{T}\wedge\neg P\wedge R$；

(4) $A(P,Q,R)=(P\wedge Q)\vee(\neg P\vee\neg R)\wedge(Q\vee \mathrm{F})$；

(5) $A(P,Q,R)=P\uparrow(Q\vee\neg(Q\downarrow R))$。

2. 根据习题2.4第3题中的(1)～(4)，由对偶原理得出新的等价式。

3. 如果 $A\Rightarrow B$，是否有 $A^*\Rightarrow B^*$？

4. 对于公式 $A(P,Q,R)=P\uparrow(Q\wedge\neg(R\downarrow P))$，验证对偶原理。

5. 是否有这样的命题公式，它既是主析取范式，又是主合取范式？说明理由。

6. 给出通过等价变换求命题公式的主合取范式的基本步骤。

7. 求下列命题公式的主析取范式和主合取范式。

(1) $A(P, Q)=\neg P \vee Q \rightarrow P \wedge Q$;

(2) $A(P, Q, R)=(P \wedge Q) \vee(\neg P \vee \neg R) \wedge(Q \vee \mathrm{F})$;

(3) $A(P, Q, R)=Q \wedge R \vee P \wedge R \vee \mathrm{T} \wedge \neg P \wedge R$;

(4) $A(P, Q, R)=(\neg P \vee Q) \wedge R \vee P \wedge \mathrm{F}$;

(5) $A(P, Q, R)=(P \vee(Q \wedge R)) \wedge(Q \vee(\neg P \wedge R))$;

(6) $A(P, Q, R)=(P \wedge Q) \vee(\neg P \vee R)$;

(7) $A(P, Q, R)=(P \vee R) \rightarrow \neg(P \vee R) \wedge(Q \vee R)$;

(8) $A(P, Q, R)=(((\neg P \rightarrow P \wedge \neg Q) \rightarrow R) \wedge Q) \vee \neg R$;

(9) $A(P, Q, R)=(P \vee Q \rightarrow Q \wedge R) \rightarrow P \wedge \neg R$;

(10) $A(P, Q, R, S)=(P \wedge \neg Q \wedge R) \vee(\neg P \wedge Q \wedge S)$。

8. 用主范式证明下列等价式。

(1) $(P \rightarrow Q) \rightarrow P \wedge Q \Leftrightarrow(\neg P \rightarrow Q) \wedge(Q \rightarrow P)$;

(2) $P \rightarrow Q \wedge R \Leftrightarrow(P \rightarrow Q) \wedge(P \rightarrow R)$;

(3) $P \vee(Q \wedge \neg R \wedge(P \vee Q)) \Leftrightarrow P \vee Q \wedge \neg R$;

(4) $(P \wedge Q \wedge \neg R) \vee(P \wedge \neg Q \wedge R) \Leftrightarrow P \wedge(Q \leftrightarrow \neg R)$。

9. 某工厂有 A、B、C、D 和 E 五位高级工程师，现在要派一些人出国考察，但由于工作及其他条件的限制，这次选派必须满足以下条件：

(1) 若 A 去，则 B 也去；

(2) B、C 两人中去且仅去一人；

(3) C、D 两人同去或都不去；

(4) D、E 两人至少去一人；

(5) 若 E 去，则 A 和 B 也同去。

试用主析取范式分析共有几种选派方案，并说明如何选派。

10. 某电路中的灯泡受三个开关 A、B 和 C 控制，在下列四种条件下灯亮，其他情况下灯灭。

(1) A、B 搬键向下，C 搬键向上；

(2) B、C 搬键向下，A 搬键向上；

(3) A 搬键向下，B、C 搬键向上；

(4) C 搬键向下，A、B 搬键向上。

设 Y 表示灯亮，P、Q、R 分别表示 A、B、C 搬键向下，试求 Y 的主合取范式。

11. 主范式在逻辑电路的设计中有很重要的意义，试利用主范式进行以下逻辑电路设计。

(1) 在举重比赛中，有两名副裁判，一名主裁判。两名以上裁判(必须包括主裁判在内)认为运动员举杠铃合格，按电钮，才裁决合格。设计该表决器的逻辑电路。

(2) 设计一个楼上、楼下开关的控制逻辑电路来控制楼梯上的电灯。要求：上楼前，用楼下开关打开电灯，上楼后，用楼上开关关灭电灯；或者下楼前，用楼上开关打开电灯，下楼后，用楼下开关关灭电灯。

部分习题参考答案

2.7　命题演算的推理理论

在数学和其他自然科学中，经常需要考虑从某些前提出发能够推导出什么结论。为此，一般要对前提中假设的内容作深入分析，并推究其间的关系，从而得到结论。但也有一些推理，只需分析假设中的真值和联结词，便可获得结论。

在实际应用的推理中，常常把本门学科的一些公理、定律、定理和条件作为假设前提，并使用一些公认的规则得到另外一些命题，形成结论，这种过程就是形式证明或演绎。但其他课程的教科书上出现的证明一般不是形式证明，因为经常省略了一些步骤或要凭借想象去理解。

在任何推理中，如果给出的前提都是真命题，从前提出发推出结论的过程是严格遵守推理规则的，那么将认为结论成立，这样的推理称为有根据的推理，得到的结论称为合法的结论。数学(或其他学科)中所证明的定理都是合法的结论。在任何其他推理中，人们总是需要重点关心推理的根据，但在数理逻辑中，情形有所不同，注意力集中在推理规则的研究上，任何一种通过下面提供的规则得到的结论都称为有效结论或真确结论，而相应的推理称为有效推理或真确推理，前提的实际真值在确定推理的真确性时不起任何作用。简单地说，在数理逻辑中，关心的只是推理过程的真确性，而不是推理的根据。

定义 2.7.1　称条件式 $H_1 \wedge H_2 \wedge \cdots \wedge H_k \rightarrow R$ 为推理的形式结构，H_1，H_2，…，H_k为推理的前提(组)，R 为推理的结论。若 $H_1 \wedge H_2 \wedge \cdots \wedge H_k \rightarrow R$ 为重言式(即 $H_1 \wedge H_2 \wedge \cdots \wedge H_k \Rightarrow R$)，则称从前提组 H_1，H_2，…，H_k推出结论 R 的推理正确(或有效)，R 是 H_1，H_2，…，H_k的有效结论或真确结论；否则，称推理不正确。

判别有效结论的过程就是证明。证明的方法很多，在 2.4 节已经作了一些介绍。但是，当命题变元较多时，这些证明方法都不太方便。下面介绍用称为形式推理标准格式的方法来证明某些推理的正确性。在数理逻辑中，证明也称为形式推理，它是一个描述推理过程的命题公式序列，其中的每个命题公式或者是给出的(实际上是假设的)前提，或者是由某些前提应用推理规则得到的结论。

在形式推理中常用的推理规则有两条：

P 规则：前提可以在推理过程的任何一步引入。

T 规则：在推理过程中，若公式 S 被已引入的一个或几个公式重言蕴涵，则公式 S 可以引入推理过程中。

其中，T 规则的引用是以基本等价式和基本蕴涵式为基础的。为此，将常用的基本等价式和基本蕴涵式分别列于表 2.7.1 和表 2.7.2 中。

表 2.7.1

代　号	基本等价式
E_1	$\neg\neg P \Leftrightarrow P$
E_2	$P \wedge Q \Leftrightarrow Q \wedge P$
E_3	$P \vee Q \Leftrightarrow Q \vee P$

续表

代　号	基本等价式
E_4	$(P\wedge Q)\wedge R\Leftrightarrow P\wedge(Q\wedge R)$
E_5	$(P\vee Q)\vee R\Leftrightarrow P\vee(Q\vee R)$
E_6	$P\wedge(Q\vee R)\Leftrightarrow(P\wedge Q)\vee(P\wedge R)$
E_7	$P\vee(Q\wedge R)\Leftrightarrow(P\vee Q)\wedge(P\vee R)$
E_8	$\neg(P\wedge Q)\Leftrightarrow\neg P\vee\neg Q$
E_9	$\neg(P\vee Q)\Leftrightarrow\neg P\wedge\neg Q$
E_{10}	$P\wedge P\Leftrightarrow P$
E_{11}	$P\vee P\Leftrightarrow P$
E_{12}	$P\wedge \mathrm{T}\Leftrightarrow P$
E_{13}	$P\vee \mathrm{F}\Leftrightarrow P$
E_{14}	$P\wedge \mathrm{F}\Leftrightarrow \mathrm{F}$
E_{15}	$P\vee \mathrm{T}\Leftrightarrow \mathrm{T}$
E_{16}	$P\rightarrow Q\Leftrightarrow\neg P\vee Q$
E_{17}	$\neg(P\rightarrow Q)\Leftrightarrow P\wedge\neg Q$
E_{18}	$P\rightarrow Q\Leftrightarrow\neg Q\rightarrow\neg P$
E_{19}	$P\rightarrow(Q\rightarrow R)\Leftrightarrow(P\wedge Q)\rightarrow R$
E_{20}	$(P\leftrightarrow Q)\Leftrightarrow(P\rightarrow Q)\wedge(Q\rightarrow P)$
E_{21}	$(P\leftrightarrow Q)\Leftrightarrow(P\wedge Q)\vee(\neg P\wedge\neg Q)$
E_{22}	$\neg(P\leftrightarrow Q)\Leftrightarrow P\leftrightarrow\neg Q$
E_{23}	$P\,\overline{\vee}\,Q\Leftrightarrow\neg(P\leftrightarrow Q)$
E_{24}	$P\vee\neg P\Leftrightarrow \mathrm{T}$
E_{25}	$P\wedge\neg P\Leftrightarrow \mathrm{F}$

表 2.7.2

代　号	基本蕴涵式
I_1	$P\wedge Q\Rightarrow P$
I_2	$P\wedge Q\Rightarrow Q$
I_3	$P\Rightarrow P\vee Q$
I_4	$Q\Rightarrow P\vee Q$
I_5	$\neg P\Rightarrow P\rightarrow Q$
I_6	$Q\Rightarrow P\rightarrow Q$
I_7	$\neg(P\rightarrow Q)\Rightarrow P$
I_8	$\neg(P\rightarrow Q)\Rightarrow\neg Q$
I_9	$P，Q\Rightarrow P\wedge Q$

续表

代　号	基本蕴涵式
I_{10}	$\neg P, P\vee Q \Rightarrow Q$
I_{11}	$P, P\rightarrow Q \Rightarrow Q$
I_{12}	$\neg Q, P\rightarrow Q \Rightarrow \neg P$
I_{13}	$P\rightarrow Q, Q\rightarrow R \Rightarrow P\rightarrow R$
I_{14}	$P\vee Q, P\rightarrow R, Q\rightarrow R \Rightarrow R$
I_{15}	$P\rightarrow Q \Rightarrow P\wedge R\rightarrow Q\wedge R$
I_{16}	$P\rightarrow Q \Rightarrow P\vee R\rightarrow Q\vee R$

例 2.7.1　用形式推理标准格式证明$(P\rightarrow Q)\wedge(Q\rightarrow R)\wedge P\Rightarrow R$的过程如下：

(1) $P\rightarrow Q$　　P
(2) $Q\rightarrow R$　　P
(3) $P\rightarrow R$　　T，(1)，(2)，I_{13}
(4) P　　P
(5) R　　T，(3)，(4)，I_{11}

在上述推理过程的表述中，第一列的数字表示推理的步骤号，第二列登记的是推理过程引入的公式，第三列及以后的内容说明了每一步运用了哪一条推理规则，依赖于前面已引入的哪些公式，是如何运用相应规则的。

一般说来，对同一个问题有多种证明方法，如例 2.7.1 又可证明如下：

(1) P　　P
(2) $P\rightarrow Q$　　P
(3) Q　　T，(1)，(2)，I_{11}
(4) $Q\rightarrow R$　　P
(5) R　　T，(3)，(4)，I_{11}

例 2.7.2　用形式推理的标准格式证明$(P\rightarrow R)\wedge(Q\rightarrow S)\wedge(P\vee Q)\Rightarrow R\vee S$的步骤如下：

(1) $P\rightarrow R$　　P
(2) $P\vee Q\rightarrow R\vee Q$　　T，(1)，I_{16}
(3) $P\vee Q$　　P
(4) $R\vee Q$　　T，(2)，(3)，I_{11}
(5) $Q\rightarrow S$　　P
(6) $R\vee Q\rightarrow R\vee S$　　T，(5)，I_{16}
(7) $R\vee S$　　T，(4)，(6)，I_{11}

在使用形式推理的方法进行推理时，常常需要采用一些技巧，它们会给形式推理带来很大的方便。下面介绍两种方法。

1. 附加前提证明法

当推理的形式结构为$H_1\wedge H_2\wedge\cdots\wedge H_k\rightarrow(S\rightarrow R)$的形式时，由 E_{19} 知

$$H_1\wedge H_2\wedge\cdots\wedge H_k\rightarrow(S\rightarrow R)\Leftrightarrow H_1\wedge H_2\wedge\cdots\wedge H_k\wedge S\rightarrow R$$

所以，可通过证明 $H_1 \wedge H_2 \wedge \cdots \wedge H_k \wedge S \Rightarrow R$ 而证明 $H_1 \wedge H_2 \wedge \cdots \wedge H_k \Rightarrow (S \rightarrow R)$，这就是 CP 规则。

在形式结构 $H_1 \wedge H_2 \wedge \cdots \wedge H_k \wedge S \rightarrow R$ 中，原来的结论(即条件式 $S \rightarrow R$)中的条件 S 已变成了推理的前提，同原来的前提 H_1，H_2，…，H_k 的地位相同。当按 $H_1 \wedge H_2 \wedge \cdots \wedge H_k \wedge S \rightarrow R$ 证明推理时，S 被称为附加前提，这种引入附加前提的证明方法称为附加前提证明法。

例 2.7.3 使用 CP 规则证明 $(P \rightarrow (Q \rightarrow R)) \wedge (\neg S \vee P) \wedge Q \Rightarrow S \rightarrow R$ 的步骤如下：

(1) S	$P_{附加}$
(2) $\neg S \vee P$	P
(3) P	T，(1)，(2)，I_{10}
(4) $P \rightarrow (Q \rightarrow R)$	P
(5) $Q \rightarrow R$	T，(3)，(4)，I_{11}
(6) Q	P
(7) R	T，(5)，(6)，I_{11}
(8) $S \rightarrow R$	CP

CP 规则表明，若由前提组连同附加前提 S 一起能得到有效结论 R，则单独由前提组能得到有效结论 $S \rightarrow R$。此外，因为 $S \vee R \Leftrightarrow \neg S \rightarrow R$，所以 CP 规则还适用于结论为析取式的推理。例如，例 2.7.2 可利用 CP 规则证明如下：

(1) $\neg R$	$P_{附加}$
(2) $P \rightarrow R$	P
(3) $\neg P$	T，(1)，(2)，I_{12}
(4) $P \vee Q$	P
(5) Q	T，(3)，(4)，I_{10}
(6) $Q \rightarrow S$	P
(7) S	T，(5)，(6)，I_{11}
(8) $\neg R \rightarrow S$	CP
(9) $R \vee S$	T，(8)，E_{16}

2. 反证法

反证法又称归谬法，或间接证明法，或矛盾法。为介绍反证法，需要引入若干个命题公式相容与不相容的概念。

定义 2.7.2 假设 H_1，H_2，…，H_k 是 k 个命题公式，若 $H_1 \wedge H_2 \wedge \cdots \wedge H_k$ 是矛盾式(即 $H_1 \wedge H_2 \wedge \cdots \wedge H_k \Rightarrow \mathrm{F}$)，则称 H_1，H_2，…，H_k 是不相容的(或不可满足)。若 $H_1 \wedge H_2 \wedge \cdots \wedge H_k$ 是可满足式，则称 H_1，H_2，…，H_k 是相容的。

例 2.7.4 因为 $\neg(P \rightarrow Q) \wedge Q \wedge (R \rightarrow S)$ 是矛盾式，所以 $\neg(P \rightarrow Q)$、Q、$(R \rightarrow S)$ 是不相容的；而 $\neg(P \rightarrow Q) \wedge R \wedge (R \rightarrow S)$ 是可满足式，故 $\neg(P \rightarrow Q)$、R、$(R \rightarrow S)$ 是相容的。

为了证明 $H_1 \wedge H_2 \wedge \cdots \wedge H_k \rightarrow R$ 为重言式，只需证明 $\neg(H_1 \wedge H_2 \wedge \cdots \wedge H_k \rightarrow R)$ 为矛盾式，而

$$\neg(H_1 \wedge H_2 \wedge \cdots \wedge H_k \rightarrow R) \Leftrightarrow H_1 \wedge H_2 \wedge \cdots \wedge H_k \wedge \neg R$$

因此，要证明 $H_1 \wedge H_2 \wedge \cdots \wedge H_k \Rightarrow R$，只需证明 H_1，H_2，…，H_k 及 $\neg R$ 是不相容的。这种

在推理过程中，将结论的否定式作为附加前提(习惯上称为假设前提)引入而推出矛盾式的证明方法称为反证法。

例如，若采用反证法，那么例 2.7.2 还可证明如下：

(1) $\neg(R \vee S)$	$P_{假设}$
(2) $\neg R \wedge \neg S$	T，(1)，E_9
(3) $\neg R$	T，(2)，I_1
(4) $\neg S$	T，(2)，I_2
(5) $P \to R$	P
(6) $\neg P$	T，(3)，(5)，I_{12}
(7) $P \vee Q$	P
(8) Q	T，(6)，(7)，I_{10}
(9) $Q \to S$	P
(10) S	T，(8)，(9)，I_{11}
(11) $\neg S \wedge S$	T，(4)，(10)，I_9

习　题　2.7

1. 用形式推理标准格式证明下列推理正确。

(1) $\neg P \vee Q, R \to \neg Q \Rightarrow P \to \neg R$；

(2) $P \wedge Q, (P \leftrightarrow Q) \to R \vee S \Rightarrow S \vee R$；

(3) $\neg(P \wedge \neg Q), \neg Q \vee R, \neg R \Rightarrow \neg P$；

(4) $J \to N, H \vee G \to J, G \wedge R \Rightarrow M \to N$；

(5) $A \vee B \to C \wedge D, D \vee E \to P \Rightarrow A \to P$；

(6) $S \to \neg Q, S \vee R, \neg R, \neg P \leftrightarrow Q \Rightarrow P$；

(7) $S \to \neg Q, S \vee R, \neg R, \neg R \leftrightarrow Q \Rightarrow P$；

(8) $P, R \vee Q, R \to S, Q \to \neg P \wedge \neg Q \Rightarrow S$；

(9) $(P \wedge \neg(R \wedge S)) \to \neg Q, P, \neg S \Rightarrow \neg Q$；

(10) $R \to \neg Q, R \vee S, S \to \neg Q, P \to Q \Rightarrow \neg P$；

(11) $P \vee Q, Q \to R, P \to M, \neg M \Rightarrow R \wedge (P \vee Q)$；

(12) $P \to Q, (\neg Q \vee R) \wedge \neg R, \neg(\neg P \wedge S) \Rightarrow \neg S$；

(13) $\neg(P \to Q) \to \neg(R \vee S), (Q \to P) \vee \neg R, R \Rightarrow P \leftrightarrow Q$；

(14) $A \to (B \to C), C \wedge D \to E, \neg P \to D \wedge \neg E \Rightarrow A \to (B \to P)$；

(15) $A \to B \wedge C, \neg B \vee D, (E \to \neg F) \to \neg D, B \to A \wedge \neg E \Rightarrow B \to E$；

(16) $(A \to B) \wedge (C \to D), (B \to E) \wedge (D \to F), \neg(E \wedge F), A \to C \Rightarrow \neg A$。

2. 构造下面推理的证明。

(1) 前提：或者天晴，或者下雨；

如果天晴，我便去看电影；

如果我去看电影，我就不看书。

结论：如果我在看书，则天在下雨。

(2) 前提：若公司拒绝增加工资，则罢工不会停止，除非罢工超过3个月；

公司拒绝增加工资；

罢工刚刚开始。

结论：罢工不会停止。

(3) 前提：甲或乙是盗窃犯；

若甲是盗窃犯，则作案时间不可能发生在午夜前；

若乙的证词成立，则午夜时室内灯光未灭；

若乙的证词不成立，则作案时间发生在午夜前；

午夜时室内灯光灭了。

结论：乙是盗窃犯。

3. 说明下列前提是不相容的。

(1) 若小李缺课，则他去看电影了；

(2) 若小李去看电影了，则他高兴；

(3) 若小李考试不及格，则他不高兴；

(4) 小李缺课，且他考试不及格。

部分习题参考答案

第三章 谓词逻辑

3.1 谓词的概念与表示

在命题逻辑中，通过把命题分解为原子命题的方法，揭示出了一些有效的推理过程。但因在命题逻辑中，将原子命题作为基本单位，即限定原子命题是不能再细分的整体，所以推证有很大的局限性。例如，下面著名的“苏格拉底论断”的推证过程就不能包括在命题逻辑中：

前提：所有的人都是要死的；

　　　苏格拉底是人。

结论：苏格拉底是要死的。

若用 P、Q、R 分别表示上述三个命题，则这一推理的形式结构为

$$P \wedge Q \rightarrow R$$

显然它不是命题逻辑中的有效推理。但是，凭着直觉可知这一推理是有效的。这反映了命题逻辑的局限性，所以，应对不同原子命题之间的内在联系进行深入的研究。

原子命题是一个简单陈述句，一般来说，它由主语和谓语两部分组成。其中：主语部分表示思维的对象，一般是个体(或称为客体)，个体可以独立存在，它可以是具体的，也可以是抽象的；谓语部分是用以刻画个体的性质或关系的。这说明，原子命题是可以进一步分解的，通过分解能揭示出不同的原子命题所具有的内在共同性。对原子命题加以分析，分离出它的主语和谓语，并考虑到一般和个别，全称和存在，总结出它的形式结构，然后研究这些形式结构的逻辑性质，以及形式结构间的逻辑联系，从而导出有关它们的逻辑形式和规律。这一部分逻辑形式和规律称为谓词逻辑，或谓词演算，它和命题逻辑一起构成了数理逻辑的基础。

考察下面两个命题：

P_1：小王是大学生。

P_2：小李是大学生。

这虽然是两个不同的原子命题，但它们有相同的组成结构，它们都是用谓语“是大学生”来刻画个体(主语)的性质的。又如：

Q_1：2 大于 3。

Q_2：6 大于 4。

这两个不同的原子命题也有相同的组成结构，它们都是用谓语“大于”来刻画两个个体(主语和宾语)的关系的。

定义 3.1.1　在原子命题中，用以刻画一个个体的性质或几个个体之间的关系的成分称为谓词。

约定用大写字母表示谓词，与研究命题的情形类似，称表示具体性质或关系的特定谓词为谓词常量(或谓词常项)，而称表示抽象或泛指的谓词为谓词变元；用小写字母表示个体词。用谓词表示命题时，命题必须包括谓词和个体词两个部分。一般来说，用$A(a)$表示“a具有性质A”(或“a属于A类”)这样的意义，并称A为一元(目)谓词；而用$B(a_1, a_2, \cdots, a_n)$表示“$a_1, a_2, \cdots, a_n$满足关系B”这样的意义(这时，个体词的出现次序与事先约定有关)，并称B为n元谓词。

单独一个谓词不是完整的命题，谓词字母后填以个体词所得的式子称为谓词填式(或谓词命名式)，这样谓词和谓词填式是两个不同的概念。

一般并不规定一个个体词表示的是哪个具体的个体，此时，常把这个个体词称为个体变元(或个体变量)。但有时也需要具体指定某个特定的个体，此时，称这个个体词为个体常量。约定用前面的小写字母(如a、b、c等)表示个体常量，而用后面的小写字母(如x、y、z等)表示个体变元。

通常总是在一定范围内讨论问题，而且任何科学理论也都有一个它所研究的对象的非空集合。谓词逻辑中，称思维对象的非空集合为论域，常用符号D表示。论域具有相对性：不同的问题有不同的论域，同一问题也可以有不同的论域。一般来说，论域取得小一些，问题的描述和处理会简单些。根据问题加以指定的论域称为个体域，而未特殊指定的论域(即宇宙间一切事物组成的集合)称为全总域。

3.2　命题函数与量词

第二章提到，命题公式不是命题(是以命题变元为自变量的离散函数)，这就不难理解谓词填式不是命题。但当其中的谓词是谓词常量时，便可通过个体指定(或称个体指派，指用个体常量代换谓词填式中的个体变元)使其成为命题。也就是说，谓词填式本质上是以论域D为定义域、{T, F}(或其真子集)为值域的离散函数，习惯上将它称为(D上的)简单命题函数。

定义 3.2.1　由一个谓词常量和若干个个体变元组成的表达式称为简单命题函数；用逻辑联结词将一个或若干个简单命题函数组合而成的表达式称为复合命题函数；简单命题函数和复合命题函数统称为命题函数。

例 3.2.1　若简单命题函数$L(x, y)$表示“$x<y$”，则$L(1, 2)$表示一个真命题：“$1<2$”；而$L(5, 1)$表示一个假命题：“$5<1$”。

例 3.2.2　设简单命题函数$S(x)$和$W(x)$分别表示“x学习很好”和“x工作很好”，则复合命题函数$\neg S(x)$表示“x学习不是很好”；复合命题函数$S(x) \wedge W(x)$表示“x学习和工作都很好”；复合命题函数$S(x) \rightarrow W(x)$表示“若x学习很好，则x工作很好”。

例 3.2.3　考察下面的命题：

张华的哥哥和我是同班同学。

此命题刻画了两个个体“张华的哥哥”和“我”的关系，它的谓语部分是“是同班同学”。

若令 a 表示“张华”，b 表示“我”，$f(x)$表示“x 的哥哥”，$P(x, y)$表示“x 和 y 是同班同学”，则该命题可表示为 $P(f(a), b)$。

在例 3.2.3 中，f 不是命题函数，它是一个以论域 D 为定义域和值域的函数(值域也可能是 D 的真子集)，称之为函词(functor)。函词常用 f、g、h 等符号表示。

仅用以上概念还不能很好地表达日常生活中的各种命题，如下面两个命题：

(1) 所有的人都要呼吸。

(2) 有的人只吃素食。

这两个命题除有个体词和谓词外，还有表示数量的词(所有的，有的)，为此，需要引入量词。谓词逻辑中常用的量词有两个：表示论域中全部个体的量词(全称量词)和表示论域中部分个体的量词(存在量词)。

定义 3.2.2 设 A 为论域 D 上的一个一元谓词，则

(1) 命题 $\forall xA(x)$的真值为 T，当且仅当对 D 上的每个个体 a，命题 $A(a)$的真值为 T；

(2) 命题 $\exists xA(x)$的真值为 T，当且仅当在 D 上存在个体 a，使得命题 $A(a)$的真值为 T。

定义中的“$\forall$”称为全称量词，对应汉语中的“一切”“所有的”“任一”“任意的”“全体”“凡”“每个”等，表示整体或全部的含义；“$\exists$”称为存在量词，对应汉语中的“存在”“有”“某些”“至少有一个”等，表示个别或一部分的含义。全称量词和存在量词统称为量词，量词后的变元称为相应量词的指导变元。在命题函数 $A(x)$前，加上 $\forall x$($\exists x$)亦称对 $A(x)$中的 x 全称(存在)量化。如果命题函数中的谓词都是谓词常量，那么当其中的变元被量化后，它便具有确定的真值。

例 3.2.4 如果指定论域是整数集合，那么 $\forall x(2|x)$、$\exists x(2|x)$、$\forall x(x<x+1)$、$\exists x(x<x+1)$的真值分别为 F、T、T、T。

有了量词的概念后，就可以对前面的两个命题符号化了。若设论域 D 为全总域，$M(x)$表示“x 是人”，$H(x)$表示“x 要呼吸”，$P(x)$表示“x 只吃素食”，则“所有的人都要呼吸”可符号化为 $\forall x(M(x)\rightarrow H(x))$，其中各概念之间的关系如图 3.2.1 所示；“有的人只吃素食”可符号化为 $\exists x(M(x)\land P(x))$，其中各概念之间的关系如图 3.2.2 所示。若设论域 D 为人类集合，则“所有的人都要呼吸”可符号化为 $\forall xH(x)$，“有的人只吃素食”可符号化为 $\exists xP(x)$。

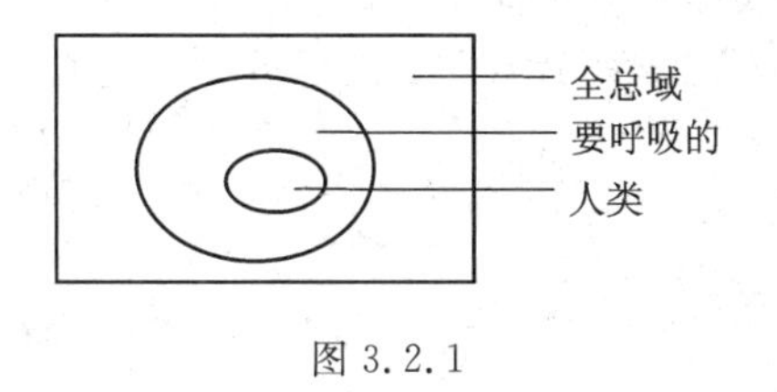

图 3.2.1

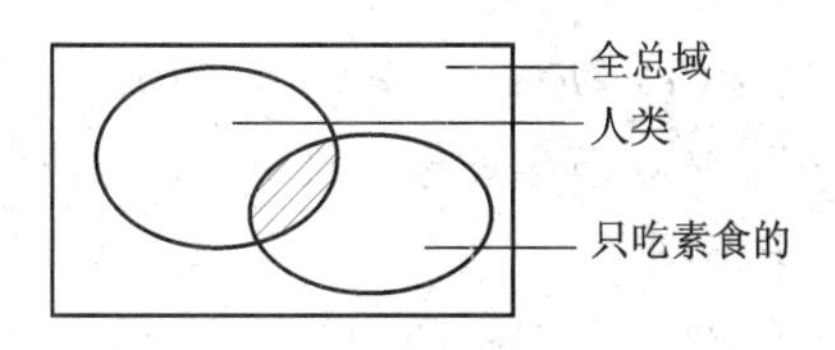

图 3.2.2

在上述有关量词的例子中可以看出，每个由量词确定的命题表达式的真值都与论域有关。例如：$\forall x(M(x)\rightarrow H(x))$表示“所有的人都要呼吸”，如果把个体域限制在“人类”这个范围内，那么亦可简单地表示为 $\forall xH(x)$。在这个例子中指定论域，不仅会使表达形式产生变化，而且指定的论域不同会使命题的真值不同。如设论域为“人类”，则这个命题的真

值为T；如指定论域为“自然数集”，则这个命题的真值为F。为此，在讨论带有量词的命题函数时，必须确定其个体域。为了方便，将所有命题函数的个体域全部统一，使用全总域(除非另外特别声明具体的个体域)。使用全总域后，需要定义一个谓词用以描述个体变元的变化范围，此谓词称为“特性谓词”。用特性谓词来限定个体变元的变化范围时，需要遵循两条准则：

(1) 对全称量词，此特性谓词作为条件式的前件；

(2) 对存在量词，此特性谓词作为合取式的合取项。

例如：在全总域中，命题“所有的人都要呼吸”应表示为$\forall x(M(x)\rightarrow H(x))$，命题“有些人是大学生”应表示为$\exists x(M(x)\wedge S(x))$，其中的特性谓词$M(x)$限定了$H(x)$和$S(x)$中变元的变化范围($M(x)$表示“$x$是人”，$H(x)$表示“$x$要呼吸”，$S(x)$表示“$x$是大学生”)。

习题 3.1、3.2

1. 使用谓词把以下命题符号化。

(1) 小张不是工人；

(2) 小莉是非常聪明和美丽的；

(3) 张明和李亮是表兄弟；

(4) 大灰狼偷吃了小羊羔；

(5) 若m和n都是奇数，则mn也是奇数；

(6) 直线A和直线B平行的充分必要条件是直线A与直线B不相交。

2. 设个体域为整数集合$\mathbf{Z}$，将下列命题符号化。

(1) 若$y=1$，则对于任意的x，皆有$xy=x$；

(2) 若$y=0$，则对于任意的x，皆有$xy=y$；

(3) 对于任意的x和y，如果$xy\neq 0$，则$x\neq 0$且$y\neq 0$；

(4) 对于任意的x和y，如果$xy=0$，则$x=0$或$y=0$；

(5) 对于任意的x和y，$x\leqslant y$且$y\leqslant x$是$x=y$的充分必要条件；

(6) 对于任意的x、y和z，若$x<y$且$z<0$，则$xz>yz$；

(7) $x=2$，当且仅当$3x=6$；

(8) 对于任意的x、y和z，$x<z$是$x<y$且$y<z$的必要条件。

3. 设$P(x)$、$E(x)$、$O(x)$和$D(x, y)$分别表示“x是素数”“x是偶数”“x是奇数”和“x能整除y”，把以下各式译成汉语。

(1) $P(5)$；

(2) $E(2)\wedge P(2)$；

(3) $\forall x(D(2, x)\rightarrow E(x))$；

(4) $\forall x(\neg E(x)\rightarrow \neg D(2, x))$；

(5) $\exists x(E(x)\wedge D(x, 6))$；

(6) $\forall x(E(x)\rightarrow \forall y(D(x, y)\rightarrow E(y)))$；

(7) $\forall x(P(x)\rightarrow \exists y(E(y)\wedge D(x, y)))$；

(8) $\forall x(O(x)\rightarrow\forall y(P(y)\rightarrow\neg D(x,y)))$。

4. 设个体域是所有算术命题的集合，$P(x)$、$T(x)$和$D(x,y,z)$分别表示“x是可证明的”“x是真的”和“$z=x\vee y$”，把以下各式译成汉语。

(1) $\forall x(P(x)\rightarrow T(x))$；

(2) $\exists x(T(x)\wedge\neg P(x))$；

(3) $\forall x\forall y\forall z(D(x,y,z)\wedge P(z)\rightarrow P(x)\vee P(y))$；

(4) $\forall x(T(x)\rightarrow\forall y\forall z(D(x,y,z)\rightarrow T(z)))$。

5. 量词“$\exists!$”表示“有且仅有”，$\exists!xP(x)$表示恰好有一个个体满足谓词P；量词“$\exists!!$”表示“顶多有一个”，$\exists!!xP(x)$表示顶多有一个个体满足谓词P。试仅用量词“$\forall$”和“$\exists$”以及等号“$=$”表示命题$\exists!xP(x)$与$\exists!!xP(x)$。

6. 设论域为集合$\{a,b,c\}$，试消去下面表达式中的量词。

(1) $\forall xP(x)\vee\forall xQ(x)$；

(2) $\forall x(P(x)\vee Q(x))$；

(3) $\forall xP(x)\rightarrow\forall xQ(x)$；

(4) $\forall x(P(x)\rightarrow Q(x))$；

(5) $\exists x(P(x)\wedge Q(x))$；

(6) $\exists xP(x)\wedge\exists xQ(x)$；

(7) $\forall x\exists y(P(x)\wedge Q(y))$；

(8) $\exists x\forall y(P(x)\wedge Q(y))$。

7. 若用量词$\exists_n$表示恰有n个，$\exists_n xP(x)$表示论域中恰有n个个体满足P，则若论域为实数集，请给出以下命题的真值。

(1) $\exists_0 x(x^2=-1)$；

(2) $\exists_1 x(|x|=0)$；

(3) $\exists_2 x(x^2=2)$；

(4) $\exists_3 x(x=|x|)$。

部分习题参考答案

3.3　谓词演算的合适公式

引入谓词和量词的概念后，便能更广泛、更深入地刻画日常生活和现实应用中的命题与推理。为了能用谓词逻辑的思想指导现实中的推理，需要将自然语言描述的判断用谓词逻辑中的目标语言(即由简单命题函数与逻辑联结词组合成的表示式)加以表达。为此，将命题演算中合适公式的概念推广到谓词逻辑中来，称为谓词演算的合适公式(简称为谓词公式)。

定义 3.3.1　项是按以下规则构成的有穷符号串：

(1) 每个个体常量是项；

(2) 每个个体变元是项；

(3) 如果f是一个n元$(n\geqslant 1)$函词，且t_1，t_2，…，t_n都是项，则$f(t_1,t_2,\cdots,t_n)$也是项。

定义 3.3.2 原子公式(简称为原子)是按以下规则构成的有穷符号串：

(1) 每个命题词是原子；

(2) 若 P 是一个 n 元($n\geqslant 1$)谓词，且 t_1，t_2，…，t_n都是项，则 $P(t_1, t_2, \cdots, t_n)$是原子。

定义 3.3.3 谓词公式是有限次应用以下规则得到的由原子公式、量词、联结词和括号组成的符号串：

(1) 每个原子是谓词公式；

(2) 如果 A 是一个谓词公式，则$(\neg A)$是谓词公式；

(3) 如果 A 和 B 都是谓词公式，则$(A\wedge B)$、$(A\vee B)$、$(A\rightarrow B)$和$(A\leftrightarrow B)$都是谓词公式；

(4) 如果 A 是谓词公式，x 是个体变元，则 $\forall xA$ 和 $\exists xA$ 都是谓词公式。

此外，称在逐次使用规则(1)、(2)、(3)和(4)的过程中所得到的谓词公式为最后所形成的谓词公式的子谓词公式(简称为子公式)。

例 3.3.1 由定义 3.3.3 知，符号串：

$$(E(f(a), b)\wedge\exists x(P(x)\rightarrow E(f(x), h(x, g(f(x))))))$$

是一个谓词公式。

对命题演算的合适公式，曾作了一些减少括号的约定。对谓词演算的合适公式，仍遵守这些约定，此外，还允许分别将$\forall x(\neg A)$和$\exists x(\neg A)$简写为$\forall x\neg A$ 和$\exists x\neg A$。

下面举例说明如何用谓词公式表达自然语言描述的命题。

例 3.3.2 符号化命题：这只小花猫逮住了那只大老鼠。

解 令 a 表示“这只”，b 表示“那只”，$A(x)$表示“x 是小的”，$B(x)$表示“x 是花的”，$C(x)$表示“x 是猫”，$D(x)$表示“x 是大的”，$E(x)$表示“x 是老鼠”，$P(x, y)$表示“x 逮住 y”，则该命题可以符号化为

$$A(a)\wedge B(a)\wedge C(a)\wedge D(b)\wedge E(b)\wedge P(a, b)$$

例 3.3.3 符号化命题：每个实数的平方都不小于 0。

解 令 $f(x)=x^2$(函词)，$R(x)$表示“x 是实数”，$L(x, y)$表示“$x<y$”，则该命题可以符号化为

$$\forall x(R(x)\rightarrow\neg L(f(x), 0))$$

例 3.3.4 符号化命题：尽管有人聪明，但并非人人聪明。

解 令 $M(x)$表示“x 是人”，$P(x)$表示“x 是聪明的”，则该命题可以符号化为

$$\exists x(M(x)\wedge P(x))\wedge\neg\forall x(M(x)\rightarrow P(x))$$

例 3.3.5 符号化命题：有子则有父。

解 若令 $S(x)$表示“x 是儿子”，$D(x)$表示“x 是父亲”，则该命题可以符号化为

$$\exists xS(x)\rightarrow\exists xD(x)$$

它已达到了对所给命题逐词符号化的程度，似乎是最彻底的符号化了。其实不然，还可以对“父亲”和“儿子”这两个概念进一步符号化。比如可以令 $M(x)$表示“x 是男人”，$P(x, y, z)$表示“x 和 y 是夫妻且有儿子 z”，则所给命题可符号化为

$$\exists x(M(x)\wedge\exists y\exists zP(y, z, x))\rightarrow\exists x(M(x)\wedge\exists y\exists zP(x, y, z))$$

显然，这也不是最彻底的符号化，还可以对“夫妻”和“儿子”等概念加以符号化，等等。

由此可见，对一个给定命题符号化的程度是无止境的。但是，符号化的程度越深，所得结果就越复杂，所以并不是符号化的程度越深就越好，而是在能满足推理需要的前提下，结果越简单越好。在没有给出具体的推理要求时，能达到“逐词”符号化就可以了。

【注】 谓词演算是以命题演算为基础的，谓词是对原子命题的进一步分解，所以符号化时应首先分离出原子命题，然后区分刻画“一个个体的性质”和“几个个体之间的关系”、一般和个别、全称和存在等情况。

习 题 3.3

1. 将下列命题符号化。

(1) 每个有理数都是实数；

(2) 某些实数是有理数；

(3) 并非每个实数都是有理数；

(4) 存在唯一的偶素数；

(5) 没有既是奇数又是偶数的数；

(6) 所有的火车都比某些汽车快；

(7) 某些汽车比所有火车都慢；

(8) 有些火车比所有汽车都快；

(9) 如果明天下雨，则某些人将被淋湿；

(10) 如果人都爱美，则漂亮衣服有销路。

2. 使用谓词和量词将下列命题符号化。

(1) 所有教练员都是运动员 ($J(x)$, $L(x)$)；

(2) 某些运动员是大学生 ($S(x)$)；

(3) 某些教练员是年老的，但是健壮的 ($O(x)$, $V(x)$)；

(4) 金教练虽不年老，但不健壮 (j)；

(5) 不是所有运动员都是教练员；

(6) 某些大学生运动员是国家选手 ($C(x)$)；

(7) 没有一个国家选手不是健壮的；

(8) 所有老的国家选手都是运动员；

(9) 没有一位女同志既是国家选手又是家庭妇女 ($W(x)$, $H(x)$)；

(10) 有些女同志既是教练员又是国家选手；

(11) 所有运动员都钦佩某些教练员 ($A(x, y)$)；

(12) 有些大学生不钦佩运动员。

3. 将下列命题翻译为谓词公式。

(1) 对于每个实数 x，存在一个更大的实数 y；

(2) 存在实数 x、y 和 z，使得 x 与 y 之和大于 x 与 z 之积；

(3) 凡实数，或大于零，或等于零，或小于零；

(4) 对于任意的实数 x 和 y，若 $x<y$，则必存在实数 z 使得 $x<z$ 且 $z<y$。

4. 令 $P(x)$、$L(x)$、$R(x, y, z)$ 和 $E(x, y)$ 分别表示“x 是一个点”“x 是一条直线”“z

通过 x 和 y"和"$x=y$"，符号化句子：对每两个点有且仅有一条直线通过这两点。

5. 用两个谓词符号化下述三条关于自然数的公理。

(1) 每个数都有一个唯一的直接后继；

(2) 没有一个数以 0 为直接后继；

(3) 每个不等于 0 的数都有一个唯一的直接前驱。

部分习题参考答案

3.4 变元的约束

对于一个给定的谓词公式 A，其中有一部分子公式具有 $\forall xP$ 或 $\exists xP$ 的形式。这里 P 叫作相应量词的作用域或辖域；个体变元 x 在作用域中的一切出现，称为 x 在 A 中的约束出现，或说 x 被相应量词的指导变元所约束。在 A 中除去约束出现以外所出现的变元称为自由变元。自由变元是不受约束的变元，虽然它有时也在量词的作用域中出现，但它不受相应量词的指导变元的约束，故可把自由变元看作是公式中的参数(即自变量)。

例 3.4.1　在谓词公式 $\forall x(P(x)\rightarrow R(x))$ 中，量词 $\forall x$ 的作用域是 $P(x)\rightarrow R(x)$，其中的 x 都是约束出现。在谓词公式 $\forall x(P(x)\rightarrow \exists yR(x, y))$ 中，量词 $\forall x$ 和量词 $\exists y$ 的作用域分别是 $P(x)\rightarrow \exists yR(x, y)$ 和 $R(x, y)$，其中的 x 和 y 都是约束出现，它们分别受 $\forall x$ 和 $\exists y$ 约束。在谓词公式 $\forall x\forall y(P(x, y)\rightarrow Q(x, z))\wedge \exists xP(x, y)$ 中，$\forall x$ 和 $\forall y$ 的作用域都是 $P(x, y)\rightarrow Q(x, z)$，其中的 x 和 y 是约束出现，z 是自由出现；$\exists x$ 的作用域是 $P(x, y)$，其中的 x 是约束出现，y 是自由出现；在整个公式中，x 是约束出现，y 既有约束出现又有自由出现，z 是自由出现。在谓词公式 $\forall x(P(x)\vee \exists xR(x, y)\rightarrow \exists yQ(x, y))\wedge S(x, y)$ 中，量词 $\forall x$ 的作用域是 $P(x)\vee \exists xR(x, y)\rightarrow \exists yQ(x, y)$，$\exists x$ 和 $\exists y$ 的作用域分别是 $R(x, y)$ 和 $Q(x, y)$；$P(x)$ 中的 x 受 $\forall x$ 约束，$R(x, y)$ 中的 x 受 $\exists x$ 约束，y 是自由出现，$Q(x, y)$ 中的 x 受 $\forall x$ 约束，y 受 $\exists y$ 约束，$S(x, y)$ 中的 x 和 y 都是自由出现。

从约束变元的概念可以看出，若 $P(x_1, x_2, \cdots, x_n)$ 是 n 元命题函数，它有 n 个相互独立的自由变元，当对其中的 k 个变元量化后，便成为 $n-k$ 元命题函数。因此，谓词公式中如果没有自由变元出现，则该公式就成为一个命题。例如，若 $P(x, y, z)$ 是一个三目谓词，则 $\forall xP(x, y, z)$ 是二元命题函数，$\exists y\forall xP(x, y, z)$ 是一元命题函数，而 $\exists z\exists y\forall xP(x, y, z)$ 是一个命题。

为了避免在一个公式中，同一个个体变元符号既作为自由变元出现，又作为约束变元出现，或者同时作为几个量词的指导变元的约束出现，从而引起概念上的混乱，可对约束变元进行换名，使得一个个体变元符号在一个公式中只以一种形式出现，即要么自由出现，要么约束出现。

不难理解，公式 $\forall xP(x)$ 与 $\forall yP(y)$ 具有相同的意义：论域中的一切个体皆满足谓词 P。公式 $\exists xP(x)$ 与 $\exists yP(y)$ 也具有相同的意义：论域中的某些个体满足谓词 P。也就是说，一个公式中的约束变元所使用的名称符号是无关紧要的。基于此，可对公式中的约束变元更改名称符号，这种更改称为对约束变元进行换名。约束变元换名应遵循以下规则：

(1) 换名的变元名称范围是量词中的指导变元，以及该量词作用域中该变元符号的一切约束出现，而在公式中其余部分的出现不变；

(2) 换名时一定要更改为未在该量词作用域中出现的变元符号。

例 3.4.2 在谓词公式 $\forall x(P(x)\to R(x, y))\land Q(x, y)$ 中，$\forall x$ 的作用域为 $P(x)\to R(x, y)$，其中的 x 是约束出现，故公式 $\forall z(P(z)\to R(z, y))\land Q(x, y)$、$\forall t(P(t)\to R(t, y))\land Q(x, y)$ 等都是该公式经约束变元换名后得到的；但公式 $\forall y(P(y)\to R(y, y))\land Q(x, y)$、$\forall t(P(t)\to R(x, y))\land Q(x, y)$ 和 $\forall t(P(t)\to R(t, y))\land Q(t, y)$ 等都不是对该公式的约束变元进行换名后所得的。

对公式中的自由变元，也允许更改，这种更改叫作代换(或代入)。自由变元的代换亦需要遵循一定的规则：

(1) 换名的变元名称范围是谓词公式中该自由变元的一切自由出现；

(2) 并不要求用以代换的是变元符号，而可以是任何形式的项(只要其中的变元不受量词约束)。

由此可见，个体指定是特殊的代换。需要指出，自由变元的代换与约束变元的换名不同，经自由变元换名后得到的公式不一定与原来的公式等价。

例 3.4.3 在谓词公式 $\forall x(P(y)\to R(x, y))\land Q(x, y)$ 中，y 是自由出现，x 既有约束出现又有自由出现，即该公式是关于 x 和 y 的二元命题函数，可表示为

$$A(x, y)=\forall x(P(y)\to R(x, y))\land Q(x, y)$$

经自由变元代换后，可能得到

$$A(z, y)=\forall x(P(y)\to R(x, y))\land Q(z, y)$$

也可能得到

$$A(z, t)=\forall x(P(t)\to R(x, t))\land Q(z, t)$$

等，但公式 $\forall x(P(x)\to R(x, x))\land Q(x, x)$ 和 $\forall x(P(y)\to R(x, y))\land Q(x, t)$ 等都不是对该公式的自由变元进行代换得到的。

需要注意的是，当多个量词具有相同的作用域时，量化的次序往往是不能颠倒的，否则将与原命题的意义不符。如设论域为整数集合 $\mathbf{Z}$，谓词 $L(x, y)$ 表示"x 小于 y"，则谓词公式"$\forall x\exists yL(x, y)$"的含义是"对于任意的整数 x 都存在一个更大的整数 y"，而"$\exists y\forall xL(x, y)$"的含义是"存在整数 y 比一切整数 x 都大"。对于含有多个量词的谓词公式，规定量词以从左到右的次序读出。

习 题 3.4

1. 指出下列谓词公式中变元的约束出现和自由出现，并指出各量词的作用域。

(1) $\forall zR(z)\to S(t)$；

(2) $\exists x(P(x)\land Q(x)\land\forall xR(x))$；

(3) $\forall x\forall y(P(x)\land Q(y))\to\forall xR(x)$；

(4) $\exists x\exists y(P(x, y)\land Q(z))$。

2. 对下列谓词公式中的约束变元进行换名。

(1) $\forall x\forall y(P(x, y)\land Q(z))\to R(x, y)$；

(2) $\exists x(P(x)\land Q(x)\land\forall xR(x))\to S(x)$；

(3) $\forall x\forall y(P(x, y)\land Q(z))\to\forall xR(x)$；

(4) $\exists x((P(x)\land\forall xQ(x))\land\forall xR(x))\to\exists xS(x, z)$。

3. 对下列谓词公式中的自由变元进行代换。

(1) $\exists x \forall y P(x, y) \rightarrow Q(x, z)$；

(2) $(\forall y P(x, y) \land \forall z Q(x, z)) \lor \forall x R(x, y)$；

(3) $(\exists y A(x, y) \rightarrow \forall x B(x, z)) \land \exists x \forall z C(x, y, z)$。

4. 设个体域为整数集合 **Z**，确定下列命题的真值。

(1) $\forall x \exists y (xy=0)$；

(2) $\forall x \exists y (xy=1)$；

(3) $\exists y \forall x (xy=1)$；

(4) $\exists y \forall x (xy=x)$；

(5) $\exists x \forall y (x+y=2y)$；

(6) $\forall x \forall y \exists z (x-y=z)$。

5. 令 $P(m, n)$表示"m 整除 n"，设个体域为所有正整数集合，确定下列命题的真值。

(1) $P(4, 5)$；

(2) $P(2, 4)$；

(3) $\forall m \forall n P(m, n)$；

(4) $\exists m \forall n P(m, n)$；

(5) $\exists n \forall m P(m, n)$；

(6) $\forall n P(1, n)$。

3.5 谓词公式的解释

在命题逻辑中，所谓对合适公式 A 的解释，就是对出现于 A 中的所有命题变元指派一组真值，从而使 A 有确定的真值。在谓词逻辑中，由于出现了谓词、函词和个体词，情况就复杂多了。

定义 3.5.1 对谓词公式 A 的解释 I 包括以下几点：

(1) 指定一个论域 D，有时为了强调这个论域，称 I 为 D 上的解释；

(2) 对 A 中出现的每个 n 元函词，指定一个 D 上的 n 元个体函数常量；

(3) 对 A 中出现的每个 n 元谓词，指定一个 D 上的 n 元谓词常量；

(4) 对 A 中出现的每个个体常量及自由变元，指定 D 中的一个个体常量；

(5) 对 A 中出现的每个命题变元 P，指派一个真值 T 或 F。

这样就可以得到一个命题 A_I，称 A_I的真值为合适公式 A 在解释 I 下的真值。

例 3.5.1 取解释 I 如下：

(1) $D=\{1, 2\}$；

(2) 定义 D 上的二元谓词 P 为

$P(1, 1)$	$P(1, 2)$	$P(2, 1)$	$P(2, 2)$
T	F	F	T

那么，由表 3.5.1 和表 3.5.2 可知，谓词公式 $\forall x \exists y P(x, y)$和 $\exists y \forall x P(x, y)$在解释 I 下的真值分别为 T 和 F。

表 3.5.1

x	y	$P(x, y)$	$\exists yP(x, y)$	$\forall x\exists yP(x, y)$
1	1	T	T	T
	2	F		
2	1	F	T	
	2	T		

表 3.5.2

y	x	$P(x, y)$	$\forall xP(x, y)$	$\exists y\forall xP(x, y)$
1	1	T	F	F
	2	F		
2	1	F	F	
	2	T		

例 3.5.2　取解释 I 如下：

(1) $D=\{1, 2\}$；

(2) 令

a	$f(1)$	$f(2)$
1	2	1

(3) 定义 D 上的谓词 P 和 Q 分别为

$P(1)$	$P(2)$
F	T

$Q(1, 1)$	$Q(1, 2)$	$Q(2, 1)$	$Q(2, 2)$
T	T	F	T

则

$P(1)\to Q(f(1), 1)$	$P(2)\to Q(f(2), 1)$
T	T

因此，谓词公式 $\forall x(P(x)\to Q(f(x), a))$ 在解释 I 下的真值为 T。

为确定某谓词公式在指定解释下的真值，特别要注意全称(存在)量化与个体指定之间有以下关系：

(1) $\forall xA(x)$ 为真，当且仅当论域上的每个个体皆使谓词 A 为真；

(2) $\forall xA(x)$ 为假，当且仅当论域上至少存在一个个体使谓词 A 为假；

(3) $\exists xA(x)$ 为真，当且仅当论域上至少存在一个个体使谓词 A 为真；

(4) $\exists xA(x)$ 为假，当且仅当论域上的每个个体皆使谓词 A 为假。

其中 $A(x)$ 是论域上的关于 x 的一元命题函数。

习　题　3.5

1. 确定下列谓词公式在相应解释下的真值。

(1) $\exists x(P(x)\to Q(x))\vee F$

$D=\{1\}$，　$P(x)$：$x>2$，　$Q(x)$：$x=0$；

(2) $\forall x(P(x)\vee Q(x))$

$D=\{1, 2\}$， $P(x)$：$x=1$， $Q(x)$：$x=2$；

(3) $\forall x(P\rightarrow Q(x))\lor R(a)$

$D=\{-2, 3, 6\}$， a：3， P：$2>1$， $Q(x)$：$x\leqslant 3$， $R(x)$：$x>5$。

2. 给定解释 I 如下：

① $D=\{1, 2\}$；

② 令

c	$P(1, 1)$	$P(1, 2)$	$P(2, 1)$	$P(2, 2)$
1	T	F	F	T

确定下列谓词公式在解释 I 下的真值。

(1) $\forall x\exists yP(y, x)$；

(2) $\exists y\forall xP(y, x)$；

(3) $\forall x\forall yP(x, y)$；

(4) $\exists x\neg P(c, x)$；

(5) $\forall x\forall y(P(x, y)\rightarrow P(y, x))$；

(6) $\forall xP(x, x)$。

3. 给定解释 I 如下：

① $D=\{1, 2\}$；

② 令

a	b	$f(1)$	$f(2)$	$P(1, 1)$	$P(1, 2)$	$P(2, 1)$	$P(2, 2)$
1	2	2	1	T	T	F	F

确定下列谓词公式在解释 I 下的真值。

(1) $P(a, f(a))\land P(b, f(b))$；

(2) $\forall x\exists yP(y, x)$；

(3) $\forall x\forall y(P(x, y)\rightarrow P(f(x), f(y)))$。

部分习题参考答案

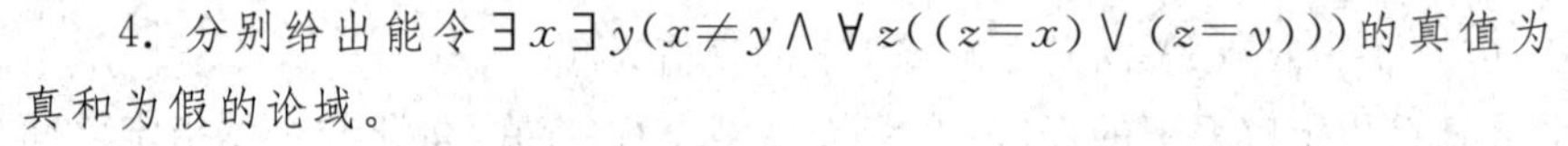

4. 分别给出能令 $\exists x\exists y(x\neq y\land\forall z((z=x)\lor(z=y)))$ 的真值为真和为假的论域。

3.6 谓词演算的永真式

有了谓词公式的解释的概念后，就很容易将命题逻辑中的永真式、永假式、可满足式、等价和蕴涵等概念推广到谓词逻辑中，它们的定义形式与命题逻辑中的完全一样，这里不再重复。

命题逻辑中的真值表技术在谓词逻辑中不再适用，因为这里讨论的永真式要在任意论域上的任何解释下真值都为真，这样的表是列不出来的，但可用 3.5 节的方法说明公式在某种解释下为假，从而说明该公式不是永真式。当然，用于证明永真式的其他方法在这里都适用。

例 3.6.1 试说明：谓词公式 $\forall x(A(x)\lor B(x))\rightarrow\forall xA(x)\lor\forall xB(x)$ 不是永真式。

解 取解释 I 如下：

(1) $D=\{1, 2\}$；

(2) 令

$$\frac{A(1)\quad A(2)\quad B(1)\quad B(2)}{\mathrm{T}\qquad \mathrm{F}\qquad \mathrm{F}\qquad \mathrm{T}}$$

因为$\forall x(A(x)\vee B(x))\rightarrow\forall xA(x)\vee\forall xB(x)$在解释I下为假，故该公式不是永真式。

例 3.6.2　证明：谓词公式$\forall xA(x)\rightarrow\exists xA(x)$是永真式。

证明　可用多种方法来证明这一结论。

证法一：给定公式$\forall xA(x)\rightarrow\exists xA(x)$在论域$D$上的解释I，若在I下$\forall xA(x)$为真，即$D$上的每个个体$a$皆使$A(a)$为真，则$\exists xA(x)$亦为真，故$\forall xA(x)\rightarrow\exists xA(x)$是永真式。

证法二：给定公式$\forall xA(x)\rightarrow\exists xA(x)$在论域$D$上的解释I，若在I下$\exists xA(x)$为假，即$D$上的每个个体$a$皆使$A(a)$为假，则$\forall xA(x)$亦为假，故$\forall xA(x)\rightarrow\exists xA(x)$是永真式。

下面介绍谓词逻辑中一些常用的永真式(基本等价式和基本蕴涵式)。首先可将命题逻辑中的一些永真式推广到谓词逻辑中，然后讨论一些带量词的永真式。

1. 命题演算的推广

定理 3.6.1(代入定理)　设A是命题逻辑中的永真式，则用谓词逻辑中的合适公式代替A中的某些命题变元得到的代换实例也是永真式；如果A是永假式，则上述代换实例也是永假式。

这一定理说明命题演算中的置换定理、基本等价式和基本蕴涵式都可推广到谓词演算中。

例 3.6.3　谓词公式$\forall xA(x)\rightarrow(\forall x\exists yB(x, y)\rightarrow\forall xA(x))$是永真式，因为它是命题公式$Q\rightarrow(P\rightarrow Q)$的代换实例，而根据基本蕴涵式$\mathrm{I}_6$，该命题公式是永真式。谓词公式$\neg(A(x, y)\rightarrow B(x, y))\wedge B(x, y)$是矛盾式，因为它是矛盾式$\neg(P\rightarrow Q)\wedge Q$的代换实例。又例如，根据基本等价式$\mathrm{E}_{16}$，有$\forall x(A(x)\rightarrow B(x))\Leftrightarrow\forall x(\neg A(x)\vee B(x))$。

2. 量词与联结词"¬"的关系

定理 3.6.2　设$A(x)$为含有自由变元x的谓词公式，则

(1) $\neg\exists xA(x)\Leftrightarrow\forall x\neg A(x)$；

(2) $\neg\forall xA(x)\Leftrightarrow\exists x\neg A(x)$。

证明　(1) 给定公式$\neg\exists xA(x)\leftrightarrow\forall x\neg A(x)$在论域$D$上的解释I。若在I下$\neg\exists xA(x)$的真值为真，即$\exists xA(x)$的真值为假，则$D$中的每个个体$a$皆使$A(a)$为假，即$\neg A(a)$为真，所以$\forall x\neg A(x)$的真值为真。另一方面，若在I下$\neg\exists xA(x)$的真值为假，即$\exists xA(x)$的真值为真，则$D$中存在特定的个体$a$使$A(a)$为真，即$\neg A(a)$为假，所以$\forall x\neg A(x)$的真值为假。这表明$\neg\exists xA(x)\leftrightarrow\forall x\neg A(x)$是永真式，从而$\neg\exists xA(x)\Leftrightarrow\forall x\neg A(x)$。

(2) 利用(1)的结论，有

$$\neg\forall xA(x)\Leftrightarrow\neg\forall x\neg\neg A(x)\Leftrightarrow\neg\neg\exists x\neg A(x)\Leftrightarrow\exists x\neg A(x)$$

【注】　这一定理表明全称量词和存在量词之间有类似于"∧"和"∨"之间的关系，由2.6节内容可知，对偶式的概念和对偶原理可以推广到含有这两个量词的谓词公式。

3. 量词作用域的收缩与扩张

定理 3.6.3　若$A(x)$、B皆为谓词公式，且B中无x的自由出现，则

(1) $\forall x(A(x)\land B)\Leftrightarrow\forall xA(x)\land B$；

(2) $\forall x(A(x)\lor B)\Leftrightarrow\forall xA(x)\lor B$；

(3) $\exists x(A(x)\land B)\Leftrightarrow\exists xA(x)\land B$；

(4) $\exists x(A(x)\lor B)\Leftrightarrow\exists xA(x)\lor B$；

(5) $\forall x(A(x)\to B)\Leftrightarrow\exists xA(x)\to B$；

(6) $\exists x(A(x)\to B)\Leftrightarrow\forall xA(x)\to B$；

(7) $\forall x(B\to A(x))\Leftrightarrow B\to\forall xA(x)$；

(8) $\exists x(B\to A(x))\Leftrightarrow B\to\exists xA(x)$。

证明 这八个等价式中的后四个可由前四个得到，前四个的证明方法类似，这里仅证明(1)，其余的留作习题(习题3.6第2题)。

考虑论域 D 上的任意解释 I：

一方面，若在 I 下 B 的真值为 F，则 $\forall x(A(x)\land B)\Leftrightarrow\forall x(A(x)\land \mathrm{F})\Leftrightarrow\mathrm{F}$，而 $\forall xA(x)\land B\Leftrightarrow\mathrm{F}$，故 $\forall x(A(x)\land B)\Leftrightarrow\forall xA(x)\land B$。

另一方面，若在 I 下 B 的真值为 T，则 $\forall x(A(x)\land B)\Leftrightarrow\forall x(A(x)\land \mathrm{T})\Leftrightarrow\forall xA(x)$，$\forall xA(x)\land B\Leftrightarrow\forall xA(x)\land \mathrm{T}\Leftrightarrow\forall xA(x)$，故 $\forall x(A(x)\land B)\Leftrightarrow\forall xA(x)\land B$。

总之，在任意解释下，$\forall x(A(x)\land B)$ 和 $\forall xA(x)\land B$ 恒有相同的真值，即

$$\forall x(A(x)\land B)\Leftrightarrow\forall xA(x)\land B$$

【注】 (1) 这一定理中的式(1)与式(4)呈现对偶规律，式(2)与式(3)呈现对偶规律。

(2) 定理中的 B 可以是任意的谓词公式，例如

$$\forall x(A(x)\land B(y))\Leftrightarrow\forall xA(x)\land B(y)$$

$$\forall x(A(x)\to B(y))\Leftrightarrow\exists xA(x)\to B(y)$$

但不允许量词的指导变元在其中自由出现(这时应引用定理3.6.4)。

4. 量词与“∧”和“∨”等联结词的关系

定理 3.6.4 设 $A(x)$、$B(x)$ 皆为含有自由变元 x 的谓词公式，则

(1) $\exists x(A(x)\lor B(x))\Leftrightarrow\exists xA(x)\lor\exists xB(x)$；

(2) $\forall x(A(x)\land B(x))\Leftrightarrow\forall xA(x)\land\forall xB(x)$；

(3) $\forall xA(x)\lor\forall xB(x)\Rightarrow\forall x(A(x)\lor B(x))$；

(4) $\exists x(A(x)\land B(x))\Rightarrow\exists xA(x)\land\exists xB(x)$；

(5) $\forall x(A(x)\to B(x))\Rightarrow\forall xA(x)\to\forall xB(x)$；

(6) $\forall x(A(x)\leftrightarrow B(x))\Rightarrow\forall xA(x)\leftrightarrow\forall xB(x)$。

证明 (1) 给定公式 $\exists x(A(x)\lor B(x))\leftrightarrow\exists xA(x)\lor\exists xB(x)$ 在论域 D 上的解释 I。

若在 I 下 $\exists x(A(x)\lor B(x))$ 的真值为真，即存在特定的个体 $a\in D$ 使得 $A(a)\lor B(a)$ 为真，则 $A(a)$ 的真值为真或者 $B(a)$ 的真值为真，故 $\exists xA(x)$ 的真值为真或者 $\exists xB(x)$ 的真值为真，所以 $\exists xA(x)\lor\exists xB(x)$ 的真值为真。

另一方面，若在 I 下 $\exists xA(x)\lor\exists xB(x)$ 的真值为真，则 $\exists xA(x)$ 的真值为真或者 $\exists xB(x)$ 的真值为真。如果 $\exists xA(x)$ 的真值为真，则存在特定的个体 $a\in D$ 使得 $A(a)$ 的真值为真，从而 $A(a)\lor B(a)$ 的真值为真，故 $\exists x(A(x)\lor B(x))$ 的真值为真；如果 $\exists xB(x)$ 的真值为真，则同样可推出 $\exists x(A(x)\lor B(x))$ 的真值为真。

综上可知，$\exists x(A(x)\lor B(x))\Leftrightarrow\exists xA(x)\lor\exists xB(x)$。

本定理其余几式的证明请读者自行完成(习题3.6第2题)。

【注】 这一定理中的式(1)与式(2)呈现对偶规律，式(3)与式(4)呈现对偶规律。

5. 多个量词的量化次序

为了方便，只考虑两个量词的情况，更多量词的情况和它们类似(多个量词的量化过程是逐次进行的)。对于二元谓词 $P(x, y)$，如果不考虑自由变元，可以有以下八种形式：

$$\forall x\forall yP(x, y),\qquad \forall y\forall xP(x, y)$$
$$\forall x\exists yP(x, y),\qquad \forall y\exists xP(x, y)$$
$$\exists x\forall yP(x, y),\qquad \exists y\forall xP(x, y)$$
$$\exists x\exists yP(x, y),\qquad \exists y\exists xP(x, y)$$

对于不同的量词，量词量化的次序是不能颠倒的。关于两个量词量化次序的一些基本等价式和基本蕴涵式，编号后列于表3.6.1，以便引用。

表3.6.1

代号	关于两个量词量化次序的基本等价式和基本蕴涵式
B_1	$\forall x\forall yP(x, y)\Leftrightarrow\forall y\forall xP(x, y)$
B_2	$\forall x\forall yP(x, y)\Rightarrow\exists y\forall xP(x, y)$
B_3	$\forall y\forall xP(x, y)\Rightarrow\exists x\forall yP(x, y)$
B_4	$\exists y\forall xP(x, y)\Rightarrow\forall x\exists yP(x, y)$
B_5	$\exists x\forall yP(x, y)\Rightarrow\forall y\exists xP(x, y)$
B_6	$\forall x\exists yP(x, y)\Rightarrow\exists y\exists xP(x, y)$
B_7	$\forall y\exists xP(x, y)\Rightarrow\exists x\exists yP(x, y)$
B_8	$\exists x\exists yP(x, y)\Leftrightarrow\exists y\exists xP(x, y)$

为了引用方便起见，将关于量词与联结词之间关系的一些常用的基本等价式和基本蕴涵式加以编号(分别续表2.7.1和表2.7.2的序号)，如表3.6.2所示。

表3.6.2

代号	关于量词与联结词之间关系的基本等价式和基本蕴涵式
E_{26}	$\exists x(A(x)\vee B(x))\Leftrightarrow\exists xA(x)\vee\exists xB(x)$
E_{27}	$\forall x(A(x)\wedge B(x))\Leftrightarrow\forall xA(x)\wedge\forall xB(x)$
E_{28}	$\neg\exists xA(x)\Leftrightarrow\forall x\neg A(x)$
E_{29}	$\neg\forall xA(x)\Leftrightarrow\exists x\neg A(x)$
E_{30}	$\forall x(A(x)\wedge B)\Leftrightarrow\forall xA(x)\wedge B$
E_{31}	$\forall x(A(x)\vee B)\Leftrightarrow\forall xA(x)\vee B$
E_{32}	$\exists x(A(x)\wedge B)\Leftrightarrow\exists xA(x)\wedge B$
E_{33}	$\exists x(A(x)\vee B)\Leftrightarrow\exists xA(x)\vee B$

续表

代号	关于量词与联结词之间关系的基本等价式和基本蕴涵式
E_{34}	$\forall x(A(x)\to B)\Leftrightarrow \exists xA(x)\to B$
E_{35}	$\exists x(A(x)\to B)\Leftrightarrow \forall xA(x)\to B$
E_{36}	$\forall x(B\to A(x))\Leftrightarrow B\to \forall xA(x)$
E_{37}	$\exists x(B\to A(x))\Leftrightarrow B\to \exists xA(x)$
E_{38}	$\exists x(A(x)\to B(x))\Leftrightarrow \forall xA(x)\to \exists xB(x)$
I_{17}	$\forall xA(x)\vee \forall xB(x)\Rightarrow \forall x(A(x)\vee B(x))$
I_{18}	$\exists x(A(x)\wedge B(x))\Rightarrow \exists xA(x)\wedge \exists xB(x)$
I_{19}	$\exists xA(x)\to \forall xB(x)\Rightarrow \forall x(A(x)\to B(x))$
I_{20}	$\forall xA(x)\Rightarrow \exists xA(x)$

习　题　3.6

1. 判断下列公式是否是永真式，并加以说明。

(1) $(\exists xP(x)\wedge \exists xQ(x))\leftrightarrow \exists x(P(x)\wedge Q(x))$；

(2) $\forall x(P(x)\vee Q(x))\leftrightarrow(\forall xP(x)\vee \exists xQ(x))$；

(3) $(\forall xP(x)\to \forall xQ(x))\leftrightarrow \forall x(P(x)\to Q(x))$；

(4) $\exists x(P(x)\to Q(x))\leftrightarrow(\forall xP(x)\to \exists xQ(x))$；

(5) $(\exists xP(x)\to \forall xQ(x))\leftrightarrow \forall x(P(x)\to Q(x))$；

(6) $\forall x(P(x)\to Q(x))\leftrightarrow(\exists xP(x)\to \exists xQ(x))$。

2. 完成定理 3.6.3 和定理 3.6.4 的证明。

3. 证明下列蕴涵式和等价式。

(1) $\exists x\exists y(P(x)\wedge Q(y))\Rightarrow \exists xP(x)$；

(2) $\forall x\exists y(P(x)\vee Q(y))\Leftrightarrow \forall xP(x)\vee \exists yQ(y)$；

(3) $\exists x\forall y(P(x)\wedge Q(y))\Leftrightarrow \exists xP(x)\wedge \forall yQ(y)$；

(4) $\exists x\exists y(P(x)\to Q(y))\Leftrightarrow \forall xP(x)\to \exists yQ(y)$；

(5) $\forall x\forall y(P(x)\to Q(y))\Leftrightarrow \exists xP(x)\to \forall yQ(y)$。

4. 判断下列推证是否正确，并说明理由。

(1)
$$\begin{aligned}\forall x(A(x)\to B(x)) &\Leftrightarrow \forall x(\neg A(x)\vee B(x))\\ &\Leftrightarrow \forall x\neg(A(x)\wedge \neg B(x))\\ &\Leftrightarrow \neg\exists x(A(x)\wedge \neg B(x))\\ &\Rightarrow \neg(\exists xA(x)\wedge \exists x\neg B(x))\\ &\Leftrightarrow \neg\exists xA(x)\vee \neg\exists x\neg B(x)\\ &\Leftrightarrow \neg\exists xA(x)\vee \forall xB(x)\\ &\Leftrightarrow \exists xA(x)\to \forall xB(x)\end{aligned}$$

(2) $\forall x(A(x) \vee B(x)) \Leftrightarrow \neg \exists x \neg(A(x) \vee B(x))$

$\Leftrightarrow \neg \exists x(\neg A(x) \wedge \neg B(x))$

$\Rightarrow \neg(\exists x \neg A(x) \wedge \exists x \neg B(x))$

$\Leftrightarrow \neg \exists x \neg A(x) \vee \neg \exists x \neg B(x)$

$\Leftrightarrow \forall x A(x) \vee \forall x B(x)$

部分习题参考答案

3.7　谓词演算的推理理论

谓词演算的推理方法可以看作是命题演算推理方法的推广。因为谓词演算的很多等价式和蕴涵式是命题演算有关公式的推广，所以命题演算中的推理规则(如 P、T 和 CP 规则等)以及推理方法(包括直接证明法和间接证明法)都可在谓词演算的推理理论中应用。但在谓词演算的推理中，某些前提与结论可能是受量词量化的，为了使用相关的等价式和蕴涵式，必须在推理过程中引用消去和添加量词的规则，以便谓词演算的推理过程可类似于命题演算中推理的标准格式那样进行。

用于消去和添加量词的规则共有四条。与命题演算中介绍的推理规则不同，使用这四条规则是有条件的。在下面描述规则时采用 $A \Rightarrow B$ 的形式，但在这里 $A \Rightarrow B$ 并不表示 $A \rightarrow B$ 是永真式，而只是表明“若在推理过程中已引入了公式 A，那么在一定条件下，公式 B 也可以引入推理过程之中”这样的一种形式推理关系。在使用这四条规则时均要注意条件，否则会推出错误的结论，或犯其他错误。下面分别介绍这四条规则及相应条件。

1. 全称示例规则(或称全称量词消去规则，用 US 表示)

全称示例规则有以下两种形式：

$$\forall x A(x) \Rightarrow A(y)$$
$$\forall x A(x) \Rightarrow A(c)$$

这两式成立的条件是：

(1) 在第一式中，y 是任意的不在 $A(x)$ 中约束出现的个体变元；

(2) 在第二式中，c 为任意的个体常量。

在使用 US 规则时，若不注意条件是会犯错误的。考虑实数集上的二元谓词 $L(x, y)$：$x<y$，命题 $\forall x \exists y L(x, y)$ 是真命题。若设 $A(x)=\exists y L(x, y)$，此时 y 在 $A(x)$ 中是约束出现，故不能使用 US 规则推出 $\exists y L(y, y)$。

2. 全称推广规则(或称全称量词引入规则，用 UG 表示)

全称推广规则的形式如下：

$$A(y) \Rightarrow \forall x A(x)$$

该式成立的条件是：

(1) y 在 $A(y)$ 中是自由出现，且 y 取任何值时，$A(y)$ 均为真(通常指这个 y 在推理过程中是由 US 规则的第一式引入的)；

(2) 取代 y 的 x 不能在 $A(y)$ 中约束出现。

仍以上面提到的 $L(x, y)$：$x<y$ 为例。取 $A(y)=\exists x L(x, y)$，此时 $A(y)$ 满足条件(1)，使用 UG 规则可得 $\forall t \exists x L(x, t)$，但根据条件(2)，不能得到 $\forall x \exists x L(x, x)$。

3. 存在推广规则(或称存在量词引入规则，用 EG 表示)

存在推广规则的形式如下：

$$A(c) \Rightarrow \exists x A(x)$$

该式成立的条件是：

(1) c 为一个特定的个体；

(2) 取代 c 的 x 不能在 $A(c)$中约束出现。

还是考虑 $L(x, y)$：$x<y$。取 $A(3)=\exists x L(x, 3)$，使用 EG 规则可得 $\exists y \exists x L(x, y)$，但根据条件(2)，不能得到 $\exists x \exists x L(x, x)$。

4. 存在示例规则(或称存在量词消去规则，用 ES 表示)

存在示例规则的形式如下：

$$\exists x A(x) \Rightarrow A(c)$$

该式成立的条件是：

(1) c 为(使 A 为真)特定的个体常量；

(2) c 不在 $A(x)$中出现；

(3) $A(x)$中除 x 外没有其他自由出现的个体变元。

例如，在下面的推理过程中：

(1) $\exists x P(x)$	P
(2) $P(c)$	ES，(1)
(3) $\exists x Q(x)$	P
(4) $Q(c)$	ES，(3)
(5) $P(c) \wedge Q(c)$	T，(2)，(4)，I_9
(6) $\exists x(P(x) \wedge Q(x))$	EG，(5)

由于第(4)步违背了条件(1)(第(2)步中引入的 c 是满足谓词 P 的特定的个体常量，这个个体不一定满足谓词 Q)，因此这个推理不是有效推理，即不能因此而得出 $\exists x P(x) \wedge \exists x Q(x) \Rightarrow \exists x(P(x) \wedge Q(x))$的结论(事实上，这一蕴涵关系不成立)。

又如，考虑下面的推理过程：

(1) $\forall x \exists y(x<y)$	P
(2) $\exists y(z<y)$	US，(1)
(3) $z<c$	ES，(2)
(4) $\forall x(x<c)$	UG，(3)
(5) $\exists y \forall x(x<y)$	EG，(4)

由于第(3)步违背了条件(3)，因此这个推理也不是有效推理。事实上，蕴涵关系 $\forall x \exists y(x<y) \Rightarrow \exists y \forall x(x<y)$不成立。

另外还要注意，只有当量词的作用域为(除量词外的)整个公式时(即公式形成过程的最后一步是引入量词)才能使用这四条规则，而不能针对出现在公式中间的量词使用这些规则。下面举例说明这些规则应该如何使用。

例 3.7.1 由前提组"$\forall x(M(x) \rightarrow D(x))$，$M(s)$"推出结论"$D(s)$"的过程如下：

(1) $\forall x(M(x) \rightarrow D(x))$	P
(2) $M(s)$	P

(3) $M(s) \to D(s)$ US，(1)

(4) $D(s)$ T，(2)，(3)，I_{11}

例 3.7.2 由前提组“$\forall x(P(x) \to Q(x))$，$\exists x P(x)$”推出结论“$\exists x Q(x)$”的过程如下：

(1) $\forall x(P(x) \to Q(x))$ P

(2) $\exists x P(x)$ P

(3) $P(c)$ ES，(2)

(4) $P(c) \to Q(c)$ US，(1)

(5) $Q(c)$ T，(3)，(4)，I_{11}

(6) $\exists x Q(x)$ EG

注意，在本例中，步骤(3)和(4)是不能颠倒的(存在示例规则的条件(1)要求)。

例 3.7.3 由前提组“$\neg \exists x(P(x) \wedge \neg Q(x))$，$\forall x(R(x) \to \neg Q(x))$”推出结论“$\forall x(R(x) \to \neg P(x))$”的过程如下：

(1) $\neg \exists x(P(x) \wedge \neg Q(x))$ P

(2) $\forall x \neg(P(x) \wedge \neg Q(x))$ T，(1)，E_{28}

(3) $\neg(P(y) \wedge \neg Q(y))$ US，(2)

(4) $P(y) \to Q(y)$ T，(3)，E_{17}

(5) $\forall x(R(x) \to \neg Q(x))$ P

(6) $R(y) \to \neg Q(y)$ US，(5)

(7) $\neg Q(y) \to \neg P(y)$ T，(4)，E_{18}

(8) $R(y) \to \neg P(y)$ T，(6)，(7)，I_{13}

(9) $\forall x(R(x) \to \neg P(x))$ UG，(8)

在本例中，有两点需要注意：

(1) 不能对公式$\neg \exists x(P(x) \wedge \neg Q(x))$使用 ES 规则(因为这个公式的最后一次运算是否定而不是量化)，而应先将它等价变换成$\forall x \neg(P(x) \wedge \neg Q(x))$，然后使用 US 规则；

(2) 因为结论中的量词是全称量词，所以在使用 US 规则时，用 y 取代 x(US 规则第一式)。

命题演算中的 CP 规则和间接证明法在谓词演算中仍可使用。

例 3.7.4 证明：$\forall x(P(x) \to Q(x)) \Rightarrow \forall x P(x) \to \forall x Q(x)$。

证明 可采用多种方法。

证法一：

(1) $\forall x P(x)$ $P_{附加}$

(2) $\forall x(P(x) \to Q(x))$ P

(3) $P(y)$ US，(1)

(4) $P(y) \to Q(y)$ US，(2)

(5) $Q(y)$ T，(3)，(4)，I_{11}

(6) $\forall x Q(x)$ UG，(5)

(7) $\forall x P(x) \to \forall x Q(x)$ CP

证法二：

(1) $\neg(\forall x P(x) \to \forall x Q(x))$ $P_{假设}$

(2) $\forall x P(x) \wedge \neg \forall x Q(x)$	T, (1), E_{17}
(3) $\forall x P(x)$	T, (2), I_1
(4) $\neg \forall x Q(x)$	T, (2), I_2
(5) $\exists x \neg Q(x)$	T, (4), E_{29}
(6) $\neg Q(c)$	ES, (5)
(7) $\forall x(P(x) \rightarrow Q(x))$	P
(8) $P(c)$	US, (3)
(9) $P(c) \rightarrow Q(c)$	US, (7)
(10) $Q(c)$	T, (8), (9), I_{11}
(11) $Q(c) \wedge \neg Q(c)$	T, (6), (10), I_9

习 题 3.7

1. 用形式推理的标准格式证明下列各式。

(1) $\exists x(A(x) \wedge B(x)) \Rightarrow \exists x A(x) \wedge \exists x B(x)$；

(2) $\forall x(P(x) \rightarrow Q(x))$，$\forall x(Q(x) \rightarrow R(x)) \Rightarrow \forall x(P(x) \rightarrow R(x))$；

(3) $P \vee Q$，$P \rightarrow \forall x(R(x) \rightarrow S(x))$，$\neg Q$，$\neg \exists x S(x) \Rightarrow \neg \exists x R(x)$；

(4) $\exists x P(x) \rightarrow \forall y(P(y) \vee S(y) \rightarrow Q(y))$，$\exists x P(x) \Rightarrow \exists x Q(x)$；

(5) $\forall x(P(x) \rightarrow \exists y S(y) \wedge Q(x))$，$\exists x P(x) \Rightarrow \exists x(P(x) \wedge Q(x))$；

(6) $\exists x(R(x) \wedge \neg S(x))$，$\exists x P(x)$，$\forall z(P(z) \wedge \forall x \exists y Q(x, y) \rightarrow \forall y(R(y) \rightarrow S(y))) \Rightarrow \forall y \exists x \neg Q(x, y)$。

2. 用 CP 规则证明下列各式。

(1) $\forall x(A(x) \rightarrow B(x)) \Rightarrow \exists x A(x) \rightarrow \exists x B(x)$；

(2) $\forall x(A(x) \vee B(x)) \Rightarrow \forall x A(x) \vee \exists x B(x)$。

3. 用间接证明法证明下列各式。

(1) $\exists x P(x) \rightarrow \forall x Q(x) \Rightarrow \forall x(P(x) \rightarrow Q(x))$；

(2) $\forall x P(x) \vee \forall x Q(x) \Rightarrow \forall x(P(x) \vee Q(x))$。

4. 符号化下列命题，然后用形式推理的标准格式验证下列推理的有效性。

(1) 前提：所有有理数都是实数；
某些有理数是整数。
结论：某些实数是整数。

(2) 前提：任何人如果他喜欢步行，他就不喜欢乘汽车；
每个人或者喜欢乘汽车，或者喜欢骑自行车。
结论：有的人不爱骑自行车，因而有的人不爱步行。

(3) 前提：如果有的医生是数学家，那么对于任何人来说，若他是法官，他便是军官；
有的法官不是军官。
结论：对于每个人来说，如果他是医生，他便不是数学家。

(4) 前提：有些病人相信所有的医生；
所有的病人都不相信骗子。

结论：医生都不是骗子。

(5) 前提：每个大学生不是文科生就是理科生；

有的大学生是优等生；

小王不是理科生，但他是优等生。

结论：如果小王是大学生，他定是文科生。

(6) 前提：每个非文科的一年级生都有辅导员；

小王是一年级生；

小王是理科生；

凡小王的辅导员都是理科生；

所有的理科生都不是文科生。

结论：至少有一个不是文科生的辅导员。

部分习题参考答案

3.8 自动定理证明

自动定理证明又称为机器定理证明或自动演绎，是一种把人证明数学定理和日常生活中的演绎推理变成一系列能在计算机上自动实现的符号演算的过程和技术。自动定理证明是人工智能的一个重要研究领域，这不仅是由于许多数学问题需要通过定理得以解决，而且很多非数学问题(如医疗诊断、机器人行动规划及难题求解等)也都可以归结为某个定理证明问题。

数学定理证明的过程尽管每一步都很严格有据，但决定采取什么样的证明步骤，却依赖于经验、直觉、想象力和洞察力，需要人的智能。因此，数学定理的机器证明和其他类型的问题求解就成为人工智能研究的起点。早在 17 世纪中叶，Leibniz 就提出过用机器实现定理证明的思想。19 世纪后期 G. Frege 的“思想语言”的形式系统，即后来的谓词演算，奠定了符号逻辑的基础，为自动演绎推理提供了必要的理论工具。20 世纪 50 年代，由于数理逻辑的发展，特别是电子计算机的产生和应用，自动定理证明才变为现实。A. Newell 和 H. A. Simon 首先用探试法实现了用以证明命题逻辑中重言式的逻辑理论家系统 LT。后来，开始探讨通用的自动定理证明方法，归结原理是其中突出的例子。

归结原理也称消解原理，1965 年由美国数学家 Robinson 提出，它的提出使定理的证明机械化变为现实，是对机械化推理的重大突破。定理证明的实质是对前提 P 和结论 Q 证明 $P\rightarrow Q$ 的永真性。但是，有时候要证明一个谓词公式的永真性是相当困难的，甚至在某些情况下是不可能的。在此情况下，不得不换一个角度来考虑解决这个问题的办法。前面已经讨论过反证法，应用反证法的思想可把关于永真性的证明转化为不可满足性的证明，即如欲证明 $P\rightarrow Q$ 永真，只要证明 $P\wedge\neg Q$ 是不可满足的就可以了。Robinson 的归结原理就是利用逻辑公式的不可满足性，以子句集为背景开展研究，将繁复的推理规则简化为一条，从而使自动证明成为可能。

定义 3.8.1 原子公式及其否定统称为文字(或基子句)，任何文字的析取式称为子句。

例 3.8.1 $R\vee\neg S$，$P(x)\vee Q(x)$，$\neg A(x, f(x))\vee B(x, g(x))$都是子句。

定义 3.8.2 不包含任何文字的子句称为空子句，用 NIL 表示。

由于空子句不含有文字，它不能被任何解释满足，因此空子句是永假的，不可满足的。

由子句构成的集合称为子句集。在谓词逻辑中，任何一个谓词公式都可以通过应用等价变换及推理规则化成相应的子句集。下面给出把谓词公式化成子句集的步骤。

(1) 消去谓词公式中的“→”和“↔”，利用基本等价式将公式等价变换为只包含逻辑联结词“¬”“∧”和“∨”的形式。

(2) 利用基本等价式 E_1、E_8、E_9、E_{28}、E_{29}，将联结词“¬”移到紧靠谓词的位置上。

(3) 给约束变元换名，使受不同量词约束的变元有不同的变元名称符号。

(4) 消去存在量词。这里分两种情况：一种情况是存在量词不出现在全称量词的辖域内，此时只要用一个新的个体常量替换受该存在量词约束的变元就可以消去存在量词(因为若原公式为真，则总能找到一个个体常量，替换后仍使公式为真；相当于 ES 规则)；另一种情况是存在量词位于一个或多个全称量词的辖域内，例如

$$\forall x_1 \forall x_2 \cdots \forall x_n \exists y P(x_1, x_2, \cdots, x_n, y)$$

此时需要用 Skolem 函数 $f(x_1, x_2, \cdots, x_n)$ 替换受该存在量词约束的变元，然后才能消去存在量词。如公式 $\forall x(\exists y \neg P(x, y) \lor \exists z(Q(x, z) \land \neg R(x, z)))$，存在量词 $\exists y$ 及 $\exists z$ 都位于 $\forall x$ 的辖域内，所以都需要用 Skolem 函数替换，设替换 y 和 z 的 Skolem 函数分别是 $f(x)$ 和 $g(x)$，则替换后得到 $\forall x(\neg P(x, f(x)) \lor (Q(x, g(x)) \land \neg R(x, g(x))))$。

(5) 把全称量词全部移到公式的左边，将公式化为前束形。

(6) 把公式化为合取范式。

(7) 消去全称量词。

(8) 对变元更名，使不同子句的变元不同名。

(9) 消去合取词，写成子句集的形式。

例 3.8.2　将公式 $\forall x(\forall y P(x, y) \to \neg \forall y(Q(x, y) \to R(x, y)))$ 化为子句集。

解　(1) 消去谓词公式中的“→”，经等价变换后变成

$$\forall x(\neg \forall y P(x, y) \lor \neg \forall y(\neg Q(x, y) \lor R(x, y)))$$

(2) 把“¬”移到紧靠谓词的位置上，得

$$\forall x(\exists y \neg P(x, y) \lor \exists y(Q(x, y) \land \neg R(x, y)))$$

(3) 约束变元换名，得

$$\forall x(\exists y \neg P(x, y) \lor \exists z(Q(x, z) \land \neg R(x, z)))$$

(4) 消去存在量词，得

$$\forall x(\neg P(x, f(x)) \lor (Q(x, g(x)) \land \neg R(x, g(x))))$$

(5) 化为前束形。在上式中由于只有一个全称量词，而且它已位于公式的最左边，因此这里不需要做任何工作。如果在公式内部有全称量词，则需要把它们都移到公式的左边。

(6) 把公式化为合取范式，即

$$\forall x((\neg P(x, f(x)) \lor Q(x, g(x))) \land (\neg P(x, f(x)) \lor \neg R(x, g(x))))$$

(7) 消去全称量词。由于上式中只有一个全称量词，因此可直接把它消去，得到

$$(\neg P(x, f(x)) \lor Q(x, g(x))) \land (\neg P(x, f(x)) \lor \neg R(x, g(x)))$$

(8) 对变元更名，使不同子句的变元不同名。上式经更名后得到

$$(\neg P(x, f(x)) \lor Q(x, g(x))) \land (\neg P(y, f(y)) \lor \neg R(y, g(y)))$$

(9) 消去合取词。消去合取词后，上式就变为下述子句集：

$$\{\neg P(x, f(x)) \vee Q(x, g(x)), \neg P(y, f(y)) \vee \neg R(y, g(y))\}$$

上面把谓词公式化成了相应的子句集。由谓词公式转化子句集的过程可以看出，在子句集中子句之间是合取关系，其中只要有一个字句不可满足，则子句集就不可满足。而如果谓词公式是不可满足的，则其子句集也一定是不可满足的，反之亦然。因此，在不可满足的意义上，两者是等价的。

另外，前面已经指出空子句集是不可满足的。因此，若一个子句集包含空子句集，则它一定是不可满足的。Robinson 归结原理就是基于这一认识提出来的。其基本思想是：检查子句集 S 中是否包含空子句，若包含，则 S 是不可满足的；若不包含，就在子句集中选择合适的子句进行归结，一旦通过归结能推出空子句，就说明子句集 S 是不可满足的。

什么是归结？下面针对命题逻辑给出它的定义。因为谓词逻辑中涉及变量的置换问题，超出了本书的叙述范围。在此先说明互补文字的概念。

定义 3.8.3 若 P 是原子谓词公式，则称 P 与 $\neg P$ 为互补文字。

定义 3.8.4 设 C_1 与 C_2 是子句集中的任意两个子句，如果 C_1 中的文字 L_1 与 C_2 中的文字 L_2 互补，那么从 C_1 和 C_2 中分别消去 L_1 和 L_2，并将两个子句中余下的部分析取，构成一个新子句 C_{12}，称这一过程为归结，并称 C_{12} 为 C_1 和 C_2 的归结式，称 C_1 和 C_2 为 C_{12} 的亲本子句。

例 3.8.3 设

$$C_1 = \neg P \vee R \vee Q, \quad C_2 = \neg Q \vee S$$

这里，$L_1 = Q$，$L_2 = \neg Q$，通过归结可得

$$C_{12} = \neg P \vee R \vee S$$

显然，归结式是亲本子句的逻辑结论。

应用归结原理证明定理的过程称为归结反演。设 P 为已知前提的公式集，Q 为目标公式(结论)，用归结反演证明 Q 为真的步骤如下：

(1) 否定 Q，得到 $\neg Q$。

(2) 把 $\neg Q$ 并入公式集 P 中，得到 $\{P, \neg Q\}$。

(3) 把公式集 $\{P, \neg Q\}$ 化为子句集 S。

(4) 应用归结原理对子句集 S 中的子句进行归结，并把每次归结得到的归结式都并入 S 中。如此反复进行，若出现空子句，则停止归结，此时就证明了 Q 为真。

例 3.8.4 设已知前提公式集为 Fact：$(A \vee B) \wedge (A \rightarrow C \wedge D) \wedge (B \rightarrow E \wedge G)$，目标公式为 Goal：$C \vee G$。

求证：Goal 是 Fact 的逻辑结论。

证明 首先把 Fact 和 $\neg$ Goal 化为子句集：

(1) $A \vee B$

(2) $\neg A \vee C$

(3) $\neg A \vee D$

(4) $\neg B \vee E$

(5) $\neg B \vee G$

(6) $\neg C$

(7) $\neg G$

其中(1)～(5)来自 Fact，(6) 和(7) 来自¬Goal，下面进行归结：

(8) $B \vee C$	(1)与(2)归结
(9) $C \vee G$	(5)与(8)归结
(10) G	(6)与(9)归结
(11) NIL(空子句)	(7)与(10)归结

所以，Goal 是 Fact 的逻辑结论。

第三篇　集　合　论

集合是近代数学最重要最基本的概念，许多数学家认为所有的数学问题都可用集合论的语言来表达。集合论是现代数学各个分支的基础，它的起源可以追溯到16世纪末期。为了追寻微积分的坚实的基础，人们进行了有关数集的研究。1876—1883年，Cantor对任意元素的集合进行了深入的探讨，并发表了一系列有关集合论的文章，提出了关于基数、序数和良序集等理论，为集合论的研究奠定了基础。Cantor创立的集合论即“朴素集合论”。这里的“朴素”是指一定非形式化的理论，也就是用自然语言来描述集合以及集合的运算。随着集合论的发展，以及它与数学哲学密切联系所作的讨论，在1900年前后出现了各种悖论，使集合论的发展一度陷入僵滞的局面。1904—1908年，Zermelo列出了第一个集合论的公理系统，这使得数学哲学中产生的一些矛盾基本上得到了统一。在此基础上，逐步形成了公理化集合论和抽象集合论。现在集合论的观点已渗透到古典分析、泛函、概率、函数论以及信息论、排队论等现代数学的各个领域。

本篇介绍集合论的基础知识，包括集合的运算、自然数集、序偶、关系、函数、基数等，重点是关系的概念、性质、运算与应用。

第四章 集 合

4.1 集合的概念与表示

“集合”是数学中少数几个不能严格定义的原始概念之一。在 Cantor 的朴素集合论中，集合被描述为一些可以互相区分的任意对象(统称为元素)聚集在一起形成的整体，而这些对象就是这个集合的元素(或称成员)。在集合的概念中，有两点是重要的：一是一个集合内的元素是不计次序的；二是集合中的元素是不计重度的。即针对某一集合，只考虑它有哪些成员，而不考虑这些元素的出现次序与出现次数。

下面列出的数学集合是经常用到的：

N：全体非负整数(自然数)组成的集合；

$\mathbf{N}_+$：全体正整数组成的集合；

Z：全体整数组成的集合；

Q：全体有理数组成的集合；

R：全体实数组成的集合；

$\mathbf{R}_+$：全体正实数组成的集合；

$\mathbf{Z}_m$：区间$[0, m-1]$中全体整数组成的集合，即关于模 m 的最小非负完全剩余系；

$\mathbf{Z}_p^*$：区间$[1, p-1]$中全体整数组成的集合(p 一般为素数，此时该集合是关于模 p 的最小非负缩剩余系)。

这些例子是大家比较熟悉的，而且经常用到。但是，用来构成集合的元素可以是任意的，甚至可以是抽象的对象，或者本身也是一个集合，所以数学集合只是一种特殊情况，读者同样可以列出大量非数学集合的例子。

约定一般用大写字母表示集合，而用小写字母表示集合中的成员。若 a 是集合 A 的成员，则称 a 属于 A(或称 A 含有 a)，记作 $a\in A$，否则用 $a\notin A$ 表示 a 不是集合 A 的成员。并且常将 $a_1\in A$, $a_2\in A$, …, $a_n\in A$ 简记为 $a_1, a_2, \cdots, a_n\in A$。

定义 4.1.1 设 A 是一个集合。

(1) 用 $\#A$ 或 $|A|$ 表示 A 含有的元素的个数，称为 A 的基数，或阶。

(2) 若 $\#A=0$，则称 A 为空集；否则称 A 为非空集。

(3) 若 $\#A$ 为一非负整数，则称 A 为有限集；否则称 A 为无限集。

显然，空集是不含有任何元素的有限集，常用符号$\varnothing$表示；另外，习惯上称基数为正整数 n 的非空有限集为 n 元(或 n 阶)集合。

通常，在讨论某类问题时，总需要限定元素的取值范围，这一范围在谓词逻辑中被称为“论域”，在这里，这一范围被称为“全集”。

定义 4.1.2 全集，恒用 E 表示，是指包含了讨论中涉及的全体元素的特殊集合。

全集也是有相对性的，不同的问题有不同的全集，即使是同一个问题也可以有不同的全集。例如，在研究整数的性质时，可以取整数集合 **Z** 为全集，也可以取实数集合 **R** 为全集。

对集合的概念有了基本认识后，很自然地会去研究集合之间的关系，即集合的比较运算。

定义 4.1.3 设 A 和 B 是两个集合，A 和 B 相等，用 $A=B$ 表示，是指 A 和 B 有完全相同的成员，即

$$A=B \Leftrightarrow \forall x(x\in A \leftrightarrow x\in B)$$

用 $A\neq B$ 表示集合 A 和集合 B 不相等，即

$$A\neq B \Leftrightarrow \exists x(x\in A \wedge x\notin B) \vee \exists x(x\notin A \wedge x\in B)$$

定义 4.1.4 设 A 和 B 是两个集合，若 A 中的每个元素都是 B 的成员，则称 A 是 B 的子集，也称 B 是 A 的母集(或称扩集)，记作 $A\subseteq B$，读作 A 包含于 B，或记作 $B\supseteq A$，读作 B 包含 A，即

$$A\subseteq B \Leftrightarrow \forall x(x\in A \rightarrow x\in B)$$

定理 4.1.1 设 A 和 B 是两个集合，则 $A=B$ 的充分必要条件是 $A\subseteq B$ 且 $B\subseteq A$。

证明

$$\begin{aligned}A=B &\Leftrightarrow \forall x(x\in A \leftrightarrow x\in B)\\ &\Leftrightarrow \forall x((x\in A \rightarrow x\in B) \wedge (x\in B \rightarrow x\in A))\\ &\Leftrightarrow \forall x(x\in A \rightarrow x\in B) \wedge \forall x(x\in B \rightarrow x\in A)\\ &\Leftrightarrow (A\subseteq B) \wedge (B\subseteq A)\end{aligned}$$

定义 4.1.5 设 A 和 B 是两个集合，若 $A\subseteq B$，但 $A\neq B$，则称 A 是 B 的真子集，也称 B 是 A 的真母集，记作 $A\subset B$，读作 A 真包含于 B，或记作 $B\supset A$，读作 B 真包含 A，即

$$\begin{aligned}A\subset B &\Leftrightarrow (A\subseteq B) \wedge (A\neq B)\\ &\Leftrightarrow \forall x(x\in A \rightarrow x\in B) \wedge \exists x(x\in B \wedge x\notin A)\end{aligned}$$

在定义集合时，必须明确地说明：全集中的哪些元素属于这个集合，哪些元素不属于这个集合，即讨论的集合必须是充分定义的，而不允许出现似是而非的描述。至于这些元素用什么方法来描述或指定，是无关紧要的。因此，可以用各种不同的方法来描述一个集合。常用的方法有列举法、谓词描述法、递归定义法等。

1. 列举法

为了表示一个集合，直观的方法是依照人为规定的某种次序(一般遵循表示元素的符号的字典顺序)不重复地将其元素一一列举出来，习惯上用一对大括号将这些元素括起来。例如：

$$A=\{2, 3, 5, 7\}$$

显然，这种完全列举的方法仅适用于元素个数较少的有限集。对于无限集以及元素个数较多的有限集来说，要列出其全部元素是不可能的，这时可以采用部分列举的方法，只列出集合的部分元素，但是，这部分元素要能充分体现出该集合的元素在人为规定次序下的构造规律，从而能够很容易地获得该集合中的任何一个未列举出的元素，未列举出的元素用“…”代替。例如：

$$B=\{2, 3, 5, 7, 11, 13, \cdots, 89, 97\}$$

$$\mathbf{Z}_m=\{0, 1, 2, \cdots, m-1\}$$

$$\mathbf{Z}_p^* = \{1, 2, \cdots, p-1\}$$

$$\mathbf{N} = \{0, 1, 2, 3, \cdots\}$$

2. 谓词描述法

用谓词描述法定义一个集合 A 时，需要给出一个谓词 $P(x)$，以决定全集 E 中的元素 x 是否属于集合 A，记为

$$A = \{x \mid P(x)\}$$

特别要注意，这一表示的意义是：满足性质 P 的元素皆在 A 中，而不满足性质 P 的元素皆不在 A 中(即 A 是一切具有性质 P 的元素组成的集合)，也就是说

$$\forall x \in E,\ x \in A \Leftrightarrow P(x)$$

例如前面用列举法表示的集合 A、B、$\mathbf{Z}_m$ 可以定义如下：

$$A = \{x \mid x \text{ 是小于 10 的素数}\}$$

$$B = \{x \mid x \text{ 是小于 100 的素数}\}$$

$$\mathbf{Z}_m = \{n \mid (n \in \mathbf{N}) \wedge (n < m)\}$$

又如：

$$\{x \mid x \in \mathbf{R} \text{ 且 } x^2 - 3x + 2 = 0\} = \{1, 2\}$$

采用这种表示法时，可如下定义空集和全集：

$$\varnothing = \{x \mid P(x) \wedge \neg P(x)\}$$

$$E = \{x \mid P(x) \vee \neg P(x)\}$$

其中 P 为任一谓词。

用谓词来定义集合的方法称为指定原理。指定原理使每一谓词与全集中一个子集对应起来，被某一谓词指定的子集称为该谓词在全集中的一个广延(若 $A = \{x \mid P(x)\}$，则称 A 为 $P(x)$ 的广延)。很明显，如果两个谓词是等价的，那么它们有相同的广延，即由等价谓词指定的集合是相等的。换句话说，若 $P(x) \Leftrightarrow Q(x)$，则 $A = B$，其中 A 和 B 分别是 $P(x)$ 和 $Q(x)$ 的广延。这说明谓词的等价与集合的相等之间有相似性。同样，在谓词的蕴涵与集合的包含之间也有相似性，即若 $P(x) \Rightarrow Q(x)$，则 $A \subseteq B$，其中 A 和 B 的意义同上。

3. 递归定义法

用递归定义法定义一个非空集合 A 时，一般应包括以下三个部分条款(用以指定哪些元素属于 A，同时说明哪些元素不属于 A)：

(1) 基本项：已知某些元素(常用 S_0 表示由这些元素组成的非空集合)属于 A，即 $S_0 \subseteq A$。这是构造 A 的基础，并保证 A 非空。

(2) 递归项：给出一组规则，从 A 中(已获得的)元素出发，依照这些规则所获得的元素仍然是 A 中的元素。这是构造 A 的关键部分。

(3) 极小化：如果集合 $S \subseteq A$ 也满足条款(1)和条款(2)，则 $S = A$。这说明，A 中的每个元素都可以通过有限次使用条款(1)和条款(2)来获得(或说 A 是满足条款(1)和条款(2)的最小集合)，它保证所构造出的集合 A 是唯一的。

在对命题公式和谓词公式的定义(定义 2.3.1 和定义 3.3.3)中，曾用过这种方法。另外，用递归定义法定义自然数集 $\mathbf{N}$，乃是数学归纳法的理论基础(前面曾用列举法表示过 $\mathbf{N}$)，这一内容将在 4.5 节详细描述。由于“极小化”部分在每次使用时都一样，因此常常省略不写(这并不是说没有这一部分)。下面再举两个例子。

例 4.1.1　设正整数 $k\geqslant 2$，则集合

$$C_k=\{x\mid(x\in\mathbf{N})\wedge(k\mid x)\}=\{0,\ k,\ 2k,\ 3k,\ \cdots\}$$

可以用递归定义法定义如下：

(1) $0\in C_k$；

(2) 若 $n\in C_k$，则 $(n+k)\in C_k$。

字符串是计算机科学中一个非常重要的概念，可用集合的递归定义法对其进行定义。

例 4.1.2　设 Σ 是一个字母表，即一个由符号(称为字母)组成的非空有限集。称由 Σ 中的有限多个字母(可能重复出现)并置在一起所组成的序列为 Σ 上的字符串(串、字等是它的别名)，不含任何字母的空序列称为空串，用 ε 表示。

常用 Σ^* 表示 Σ 上的全体字符串组成的集合。Σ^* 可以用递归定义法定义如下：

(1) $\varepsilon\in\Sigma^*$；

(2) 若 $a\in\Sigma^*$，则对于任意 $\alpha\in\Sigma$ 皆有 $a\alpha\in\Sigma^*$。

另常用 Σ^+ 表示 Σ 上的全体非空串组成的集合。Σ^+ 可以用递归定义法定义如下：

(1) $\Sigma\subseteq\Sigma^+$；

(2) 若 $\alpha,\ \beta\in\Sigma^+$，则 $\alpha\beta\in\Sigma^+$。

下面再来研究集合的比较运算。关于集合的比较运算，有以下性质：

定理 4.1.2　设 A、B 和 C 是任意三个集合，则有

(1) $\varnothing\subseteq A$；

(2) $A\subseteq E$；

(3) $A\subseteq A$；

(4) 若 $A\subseteq B$ 且 $B\subseteq C$，则 $A\subseteq C$；

(5) 若 $A\subset B$ 且 $B\subset C$，则 $A\subset C$；

(6) 若 $A=B$，则 $B=A$；

(7) 若 $A=B$ 且 $B=C$，则 $A=C$。

证明　只证(1)、(2)、(3)和(4)，其余请读者补证。

(1) 对于 $\forall x$，因为 $x\in\varnothing$ 为永假式，所以 $x\in\varnothing\rightarrow x\in A$ 为永真式，从而 $\varnothing\subseteq A$。

(2) 对于 $\forall x$，因为 $x\in E$ 为永真式，所以 $x\in A\rightarrow x\in E$ 为永真式，从而 $A\subseteq E$。

(3) 对于 $\forall x$，因为 $x\in A\rightarrow x\in A$ 为永真式，所以 $A\subseteq A$。

(4) 若 $A\subseteq B$ 且 $B\subseteq C$，则对于 $\forall x\in E$，有

$$\begin{aligned}x\in A&\Rightarrow x\in B\\&\Rightarrow x\in C\end{aligned}$$

即 $A\subseteq C$。

由定理 4.1.2 可知，每个非空集合 A 至少有两个不同的子集：空集 $\varnothing$ 和 A 本身，常称这两个集合是 A 的平凡子集。

前面已经指出，允许一个集合是另外一个集合的成员。譬如，对于集合

$$A=\{0,\ 1,\ 2,\ \{0,\ 1\},\ \{3\}\}$$

有 $\#A=5$，且 $\{0,1\}\subset A$，$\{0,1\}\in A$，$\{2\}\subset A$，$\{3\}\in A$ 等关系式成立，但关系式 $\{2\}\in A$，$\{3\}\subseteq A$ 不成立。

定义 4.1.6　设 A 是一个集合，则由 A 的全部子集组成的集合称为 A 的幂集，常用

2^A或$P(A)$表示，即

$$2^A=\{S\mid S\subseteq A\}$$

定理 4.1.3　设A是有限集，则

$$\#2^A=2^{\#A}$$

证明　不妨设$\#A=n$且$A=\{a_1, a_2, \cdots, a_n\}$。考虑全体$n$位二进制串组成的集合$B$：

$$B=\{i_1 i_2\cdots i_n \mid i_k=0\text{ 或 }1, k=1, 2, \cdots, n\}$$

显然，$\#B=2^n$。另外，可在B与2^A间建立一一对应：

$$i_1 i_2\cdots i_n \leftrightarrow \{a_k \mid 1\leqslant k\leqslant n, \text{ 且 } i_k=1\}$$

可得

$$\#B=\#2^A$$

所以

$$\#2^A=2^{\#A}$$

本定理的证明过程给出了对2^A中的全体元素(即A的全体子集)排序(编号)的一种方法，这对于集合在计算机内表示并用计算机求解集合相关的问题是有帮助的。以集合$A=\{a, b, c\}$为例，有表 4.1.1 所示的编号方式。

表 4.1.1

A的子集	对应的二进制串 abc	对应的十进制数	编号表示
$\varnothing$	000	0	S_0
$\{c\}$	001	1	S_1
$\{b\}$	010	2	S_2
$\{b, c\}$	011	3	S_3
$\{a\}$	100	4	S_4
$\{a, c\}$	101	5	S_5
$\{a, b\}$	110	6	S_6
$\{a, b, c\}$	111	7	S_7

最后，必须指出，前面给予集合的直观描述不能当作集合的严格定义，因为它不能避免逻辑上的矛盾。这可由下面著名的 Russell 悖论来说明。Russell 悖论是 1903 年由英国数学家 Russell 提出的，它使集合论产生了危机。

例 4.1.3　不存在集合

$$A=\{S\mid S\text{ 是一个集合，且 }S\notin S\}$$

证明　反证法。

假定A是一个集合，则以下两种情况有且仅有一种出现：

(1) $A\in A$，这时，由A的定义知$A\notin A$；

(2) $A\notin A$，这时，由A的定义知$A\in A$。

总之，恒有

$$A\in A\text{ 当且仅当 }A\notin A$$

这显然矛盾，所以 A 不可能是一个集合。

事实上，不存在包含一切集合的集合。Russell 悖论非常浅显易懂，所涉及的是集合论中最基本的东西，意味着朴素集合论中对集合的描述是有漏洞的。

虽然 Russell 悖论中直观描述的 A 不是集合，但本书和计算机科学中涉及的集合都不会引出悖论。也就是说，前面介绍的对集合直观描述的方法是足够实际使用的，是有意义的。

为了解决集合论中的悖论，人们从 20 世纪初开始进行公理化集合论的研究，并提出了集合论的各种公理系统，这超出了本书的讨论范围，有兴趣的读者可参看有关文献。

习　题　4.1

1. 用列举法给出下列集合。

(1) 小于 5 的非负整数之集；

(2) 不超过 65 的能被 12 整除的正整数之集；

(3) 方程 $x^n-1=0$ 的全体复根之集；

(4) 字母表 $\{0,1\}$ 上的全体字符串之集：$\{0, 1\}^*$。

2. 用谓词描述法给出下列集合。

(1) 不超过 100 的自然数之集；

(2) 全体偶自然数之集 E_v；

(3) 全体奇自然数之集 O_d；

(4) 能被 12 整除的整数之集。

3. 用递归定义法给出下列集合。

(1) E_v 和 O_d；

(2) 允许有前导 0 的十进制无符号整数的集合；

(3) 不允许有前导 0 的十进制无符号整数的集合；

(4) 不允许有前导 0 的二进制无符号偶整数的集合。

4. 确定下列关系中哪些为真，并简单说明理由。

(1) $\varnothing \subseteq \varnothing$；

(2) $\varnothing \in \varnothing$；

(3) $\varnothing \subseteq \{\varnothing\}$；

(4) $\varnothing \in \{\varnothing\}$；

(5) $\varnothing \subseteq \{\varnothing, \{\varnothing\}\}$；

(6) $\varnothing \in \{\varnothing, \{\varnothing\}\}$；

(7) $\{a\} \in \{a, \{a\}\}$；

(8) $\{a\} \subseteq \{a, \{a\}\}$；

(9) $\{a, b\} \in \{a, b, \{a, b\}\}$；

(10) $\{a, b\} \subseteq \{a, b, \{a, b\}\}$；

(11) $\{a, b\} \in \{a, b, c, \{a, b, c\}\}$；

(12) $\{a, b\} \subseteq \{a, b, c, \{a, b, c\}\}$。

5. 设 A、B 和 C 是集合，证明或用反例否定以下命题。

(1) 如果 $A \in B$，$B \in C$，则 $A \in C$；

(2) 如果 $A \in B$，$B \notin C$，则 $A \notin C$；

(3) 如果 $A \in B$，$B \subseteq C$，则 $A \in C$；

(4) 如果 $A \in B$，$B \subseteq C$，则 $A \subseteq C$；

(5) 如果 $A \notin B$，$B \notin C$，则 $A \notin C$；

(6) 如果 $A \subseteq B$，$B \in C$，则 $A \in C$；

(7) 如果 $A \subseteq B$，$B \in C$，则 $A \subseteq C$；

(8) 如果 $A \subseteq B$，$B \notin C$，则 $A \notin C$。

6. 设 A 和 B 是集合，$A \subseteq B$ 与 $A \in B$ 能同时成立吗？予以说明。

7. 确定下列集合的幂集：

$\{1, 2, 3\}$，$\{1, \{2, 3\}\}$，$\{\{1, \{2, 3\}\}\}$，$\{\varnothing, a, \{a\}\}$，$P(\varnothing)$，$P(P(\varnothing))$。

8. 设 $A = P(P(P(\varnothing)))$，确定下列关系中哪些为真。

(1) $\varnothing \in A$；

(2) $\varnothing \subseteq A$；

(3) $\{\varnothing\} \in A$；

(4) $\{\varnothing\} \subseteq A$；

(5) $\{\{\varnothing\}\} \in A$；

(6) $\{\{\varnothing\}\} \subseteq A$。

9. 证明：$A \subseteq B$ 当且仅当 $P(A) \subseteq P(B)$。

S10. 设 $A = \{a_1, a_2, \cdots, a_8\}$，由 S_{17} 和 S_{30} 所表达的子集是什么？应如何规定子集 $\{a_1, a_2, a_8\}$ 和 $\{a_1, a_6\}$。

11. 设集合 A 有 101 个元素，问：

(1) 集合 A 有多少个子集？

(2) 其中有多少个子集是奇数阶的？

部分习题参考答案

4.2 集合的运算

除需要对集合进行比较运算外，还常常需要按照确定的规则通过给定的集合构造出一个新的集合，即进行以集合为对象的运算。集合运算与这些运算的性质形成了集合代数的主要内容。

定义 4.2.1　设 A 和 B 是两个集合，定义

$$A \cup B = \{x \mid x \in A \lor x \in B\}$$

$$A \cap B = \{x \mid x \in A \land x \in B\}$$

$$A - B = \{x \mid x \in A \land x \notin B\}$$

$$A \oplus B = \{x \mid x \in A \overline{\lor} x \in B\}$$

分别称它们为 A 和 B 的并、交、差和对称差(或布尔和)，并称集合 $E - A$ 为 A 的补集(或称为绝对补)，用 $\overline{A}$ 表示。

仿照数理逻辑中的合适公式的定义，同样可定义集合运算的合适公式，但这里不准备这样做了。简单地说，集合公式或称集合函数，是由表示集合的大写字母(集合常量或集合

变量)、集合运算符和圆括号适当组合而成的用以表示集合的串。

例 4.2.1　若取 $E=\{0, 1, 2, 3, 4, 5\}$，$A=\{1, 2, 4\}$及 $B=\{2, 5\}$，则有

$A\cup B=\{1, 2, 4, 5\}$，　　$A\cap B=\{2\}$，　　$A-B=\{1, 4\}$

$A\oplus B=\{1, 4, 5\}$，　　$\overline{A}=\{0, 3, 5\}$，　　$\overline{B}=\{0, 1, 3, 4\}$

例 4.2.2　设 Σ 是一个字母表，用 Σ^n 表示 Σ 上全体长度为 n 的字符串组成的集合($n\in\mathbf{N}$)，则

$$\Sigma^* = \Sigma^0 \cup \Sigma^1 \cup \Sigma^2 \cup \cdots = \bigcup_{i=0}^{\infty}\Sigma^i$$

$$\Sigma^+ = \Sigma^* - \{\varepsilon\} = \Sigma^1 \cup \Sigma^2 \cup \cdots = \bigcup_{i=1}^{\infty}\Sigma^i$$

定义 4.2.2　若两个集合 A 和 B 满足 $A\cap B=\varnothing$，则称 A 和 B 是不相交的。

例如，四个集合：$\{1, 2, 3\}$、$\{4\}$、$\{5, 6\}$和$\{7, 8, 9, 10\}$是两两互不相交的。

定理 4.2.1　设 A、B 和 C 是三个集合，则有

(1) $A\subseteq A\cup B$，$B\subseteq A\cup B$；

(2) $A\cap B\subseteq A$，$A\cap B\subseteq B$；

(3) $A-B\subseteq A$；

(4) 若 $A\subseteq B$，则 $\overline{B}\subseteq\overline{A}$；

(5) 若 $A\subseteq C$ 且 $B\subseteq C$，则 $A\cup B\subseteq C$；

(6) 若 $A\subseteq B$ 且 $A\subseteq C$，则 $A\subseteq B\cap C$。

这个定理的证明很简单，将它们留作思考题。

定理 4.2.1 中的结论(5)和(6)在本书以后的证明中会多次被引用，它们还可表述成以下的定理。

定理 4.2.2　设 A、B、C 和 D 是四个集合，且 $A\subseteq B$，$C\subseteq D$，则

(1) $A\cup C\subseteq B\cup D$；

(2) $A\cap C\subseteq B\cap D$。

由上面两个定理可直接得到如下定理。

定理 4.2.3　设 A 和 B 是两个集合，则下面三个关系式互相等价。

(1) $A\subseteq B$；

(2) $A\cup B=B$；

(3) $A\cap B=A$。

关于集合运算的基本性质，其内容非常丰富。下面列举一些集合运算的基本恒等式(或称集合运算的基本律)，其中 A、B、C 是全集 E 的子集。从它们出发，可构造出更为复杂的集合等式。

(1) 结合律：

$$(A\cup B)\cup C=A\cup(B\cup C)$$

$$(A\cap B)\cap C=A\cap(B\cap C)$$

$$(A\oplus B)\oplus C=A\oplus(B\oplus C)$$

(2) 交换律：

$$A\cup B=B\cup A,\quad A\cap B=B\cap A,\quad A\oplus B=B\oplus A$$

(3) 单位元律：

$$A\cup\varnothing=A,\quad A\cap E=A,\quad A\oplus\varnothing=A$$

(4) 零元律：

$$A\cup E=E,\quad A\cap\varnothing=\varnothing$$

(5) 逆元律：

$$A\oplus A=\varnothing$$

(6) 幂等律：

$$A\cup A=A,\quad A\cap A=A$$

(7) 互补律：

$$A\cup\overline{A}=E,\quad A\cap\overline{A}=\varnothing,\quad A\oplus\overline{A}=E$$

(8) 吸收律：

$$A\cup(A\cap B)=A,\quad A\cap(A\cup B)=A$$

(9) 德·摩根律：

$$\overline{A\cap B}=\overline{A}\cup\overline{B},\quad \overline{A\cup B}=\overline{A}\cap\overline{B}$$

(10) 分配律：

$$A\cup(B\cap C)=(A\cup B)\cap(A\cup C)$$
$$A\cap(B\cup C)=(A\cap B)\cup(A\cap C)$$
$$A\cap(B\oplus C)=(A\cap B)\oplus(A\cap C)$$

(11) 对合律：

$$\overline{\overline{A}}=A$$

(12) 其他：

$$\overline{\varnothing}=E,\quad \overline{E}=\varnothing$$
$$A-A=\varnothing,\quad A-\varnothing=A,\quad E-A=\overline{A}$$
$$A\oplus E=\overline{A}$$
$$A-B=A-(A\cap B)=A\cap\overline{B}$$
$$A\oplus B=(A\cup B)-(A\cap B)=(A-B)\cup(B-A)$$
$$A\cap(B-A)=\varnothing,\quad A\cup(B-A)=A\cup B$$
$$A-(A-B)=A\cap B$$
$$A-(B-C)=(A-B)\cup(A\cap C)$$
$$A-(B\cup C)=(A-B)\cap(A-C)$$
$$A-(B\cap C)=(A-B)\cup(A-C)$$
$$A\cap(B-C)=(A\cap B)-(A\cap C)$$

以上集合运算的基本恒等式的证明并不难(主要要用到指定原理)，下面通过几个例子简单说明证明集合等式的一些基本方法。

例 4.2.3 证明：$A\cup(A\cap B)=A$。

证明 显然，$A\subseteq A\cup(A\cap B)$。

另一方面，$A\subseteq A$ 且 $A\cap B\subseteq A$，故 $A\cup(A\cap B)\subseteq A$。

总之，$A\cup(A\cap B)=A$。

例 4.2.4 证明：$\overline{A\cap B}=\overline{A}\cup\overline{B}$。

证明 (1) 先证 $\overline{A\cap B}\subseteq\overline{A}\cup\overline{B}$。

对于任意的 $x\in E$，若 $x\in\overline{A\cap B}$，即 $x\notin A\cap B$，则当 $x\notin\overline{A}$，即 $x\in A$ 时，必有 $x\notin B$，即 $x\in\overline{B}$，也就是说，恒有 $x\in\overline{A}\cup\overline{B}$，这表明 $\overline{A\cap B}\subseteq\overline{A}\cup\overline{B}$。

(2) 再证 $\overline{A}\cup\overline{B}\subseteq\overline{A\cap B}$。

对于任意的 $x\in E$，若 $x\in\overline{A}$，即 $x\notin A$，则有 $x\notin A\cap B$，即 $x\in\overline{A\cap B}$。

若 $x\in\overline{B}$，即 $x\notin B$，则也有 $x\notin A\cap B$，即 $x\in\overline{A\cap B}$。

所以，$\overline{A}\cup\overline{B}\subseteq\overline{A\cap B}$。

例 4.2.5 证明：$A\cap(B-C)=(A\cap B)-(A\cap C)$。

证明 因为对于任意的 $x\in E$，有

$$
\begin{aligned}
x\in(A\cap B)-(A\cap C) &\Leftrightarrow x\in(A\cap B)\wedge x\notin(A\cap C)\\
&\Leftrightarrow x\in A\wedge x\in B\wedge\neg(x\in A\wedge x\in C)\\
&\Leftrightarrow x\in B\wedge x\in A\wedge(x\notin A\vee x\notin C)\\
&\Leftrightarrow x\in B\wedge(x\in A\wedge x\notin A\vee x\in A\wedge x\notin C)\\
&\Leftrightarrow x\in B\wedge x\in A\wedge x\notin C\\
&\Leftrightarrow x\in A\wedge x\in B\wedge x\notin C\\
&\Leftrightarrow x\in A\wedge x\in(B-C)\\
&\Leftrightarrow x\in A\cap(B-C)
\end{aligned}
$$

所以，$A\cap(B-C)=(A\cap B)-(A\cap C)$。

习 题 4.2

1. 给定自然数集 **N** 的下列子集：

$$A=\{1, 2, 7, 8\}$$
$$B=\{i\mid i^2<50\}$$
$$C=\{i\mid i\leqslant 30 \text{ 且 } 3\mid i\}$$
$$D=\{i\mid \text{存在自然数 } k: 1\leqslant k\leqslant 6, \text{使得 } i=2^k\}$$

求下列集合：

$A\cup B\cup C\cup D$，$A\cap B\cap C\cap D$，$B-(A\cup C)$，$(B-A)\cup D$。

2. 设 $E=\{1, 2, 3, 4, 5\}$，$A=\{1, 4\}$，$B=\{1, 2, 5\}$，$C=\{2, 4\}$，试确定下列集合：

(1) $A\cap\overline{B}$；

(2) $(A\cap B)\cup\overline{C}$；

(3) $\overline{A\cap B}$；

(4) $\overline{A}\cup\overline{B}$；

(5) $A-(B-C)$；

(6) $(A-B)-C$；

(7) $A\oplus(B\oplus C)$；

(8) $(A\oplus B)\oplus(B\oplus C)$；

(9) $P(A)\cap P(C)$；

(10) $P(A)-P(C)$。

3. 确定以下各式：

$\varnothing\cap\{\varnothing\}$，$\{\varnothing\}\cap\{\varnothing\}$，$\{\varnothing,\{\varnothing\}\}-\varnothing$，$\{\varnothing,\{\varnothing\}\}-\{\varnothing\}$，$\{\varnothing,\{\varnothing\}\}-\{\{\varnothing\}\}$。

4. 证明对任意集合 A、B 和 C，有

(1) $(A-B)-C=A-(B\cup C)$；

(2) $(A-B)-C=(A-C)-B$；

(3) $(A-B)-C=(A-C)-(B-C)$。

5. 设 E 是全集，A 和 B 是两个集合，证明以下各式中每个关系式彼此等价。

(1) $A\subseteq B$, $\overline{B}\subseteq\overline{A}$；

(2) $A\cap B=\varnothing$, $A\subseteq\overline{B}$, $B\subseteq\overline{A}$；

(3) $A\cup B=E$, $\overline{A}\subseteq B$, $\overline{B}\subseteq A$；

(4) $A=B$, $A\oplus B=\varnothing$。

6. 设 E 是全集，A 和 B 是两个集合，证明绝对补的唯一性，即

$$B=\overline{A}\text{ 当且仅当 }A\cup B=E\text{ 且 }A\cap B=\varnothing$$

7. 证明对任意集合 A、B 和 C，有

$$(A\cap B)\cup C=A\cap(B\cup C)\text{ 当且仅当 }C\subseteq A$$

8. 设 A 和 B 是两个集合，$C=A-B$，$D=B-A$，证明：

$$A=(B-D)\cup C$$

9. 设 A、B 和 C 是三个集合，证明：

(1) 若 $A\cap B\subseteq A\cap C$ 且 $\overline{A}\cap B\subseteq\overline{A}\cap C$，则 $B\subseteq C$；

(2) 若 $A\cap B=A\cap C$ 且 $\overline{A}\cap B=\overline{A}\cap C$，则 $B=C$。

10. 设 A 和 B 是集合，证明：

(1) $P(A)\cup P(B)\subseteq P(A\cup B)$；

(2) $P(A)\cap P(B)=P(A\cap B)$。

并举出一组 A 和 B 的例子，说明(1)中真包含可以出现。

部分习题参考答案

4.3 Venn 氏图及容斥原理

在集合的个数不多时，许多集合运算的结果能用一种特殊的几何图形加以表示，下面要介绍的 Venn 氏图就是这样一种图形。首先来看图 4.3.1 所示的几个图例(一般用矩形表示全集，阴影部分表示运算的结果)。

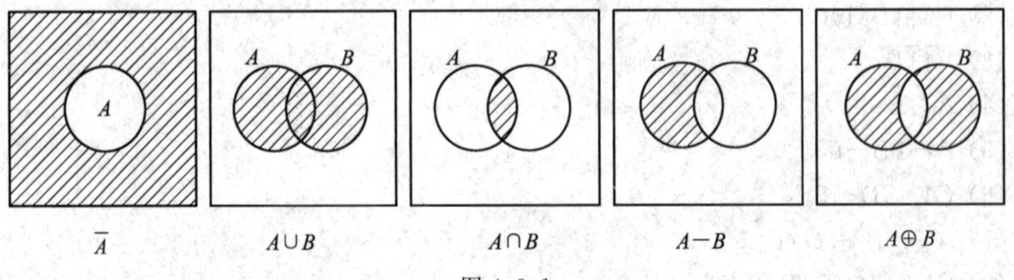

图 4.3.1

容易看出，用圆表示集合并非本质的要求，例如用椭圆，甚至用任意封闭的 Jordan 曲线都可以，只要它将平面分为内部与外部两部分即可。

从 Venn 氏图中很容易看出几个集合之间的关系与某些集合等式的正确性，如图

4.3.2所示。

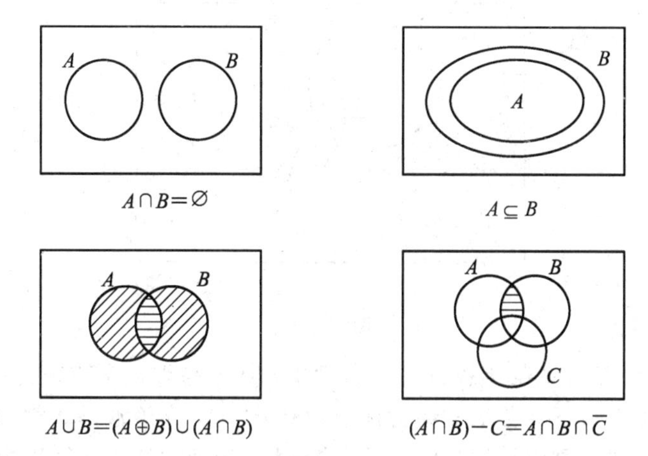

图 4.3.2

利用 Venn 氏图除可以直观地说明某些集合等式的正确性之外，还可以确定一个用集合公式表示的有限集的基数公式。如在图 4.3.3 中，全集 E 被分割成四个不相交的子集：$\overline{A}\cap\overline{B}$、$\overline{A}\cap B$、$A\cap\overline{B}$ 和 $A\cap B$(称它们为由 A 和 B 生成的最小集合，与命题逻辑中表示布尔合取项时引入下标的方法类似，分别将它们记为 M_0、M_1、M_2 和 M_3，读者可将这一概念推广到 n 个集合的情形)。所以若一个有限集 S 能表示成几个最小集合之并，则 S 的基数可以通过这些最小集合的基数表示。

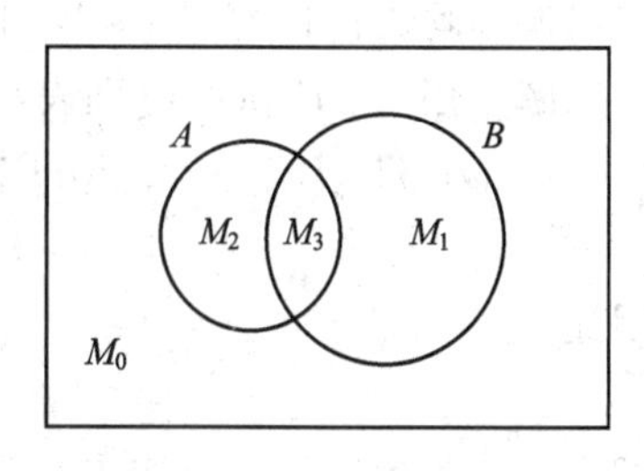

图 4.3.3

例如，由于

$$A\cup B=M_1\cup M_2\cup M_3$$

因此

$$|A\cup B|=|M_1|+|M_2|+|M_3|$$

或表述为如下定理。

定理 4.3.1(容斥原理) 设 A 和 B 是两个有限集，则

$$|A\cup B|=|A|+|B|-|A\cap B|$$

例 4.3.1 假设在 20 名青年中有 7 名是工人，10 名是学生，其中有 3 人兼有工人与学生的双重身份。问既不是工人又不是学生的青年有几名。

解 设工人的集合为 W，学生的集合为 S，则根据题设有

$$|W|=7,\ |S|=10,\ |W\cap S|=3$$

所以

$$\begin{aligned}|\overline{W\cup S}|&=20-|W\cup S|\\&=20-(|W|+|S|-|W\cap S|)\\&=20-(7+10-3)=6\end{aligned}$$

即既不是工人又不是学生的青年有 6 名。

对于任意三个集合 A、B 和 C，定理 4.3.1 的结论可推广为(见图 4.3.4)

$$|A\cup B\cup C|=|A|+|B|+|C|-|A\cap B|-|A\cap C|-|B\cap C|+|A\cap B\cap C|$$

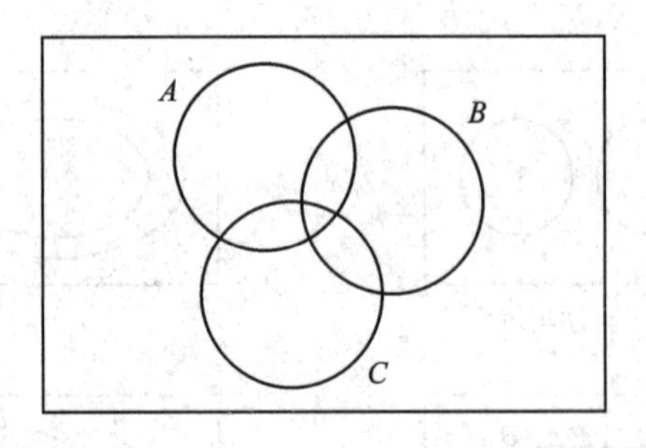

图 4.3.4

例 4.3.2 设计算机系某年级有 170 名学生，其中高等数学成绩为优良的有 120 人，物理成绩为优良的有 80 人，英语成绩为优良的有 60 人，高等数学和物理成绩均为优良的有 50 人，高等数学和英语成绩均为优良的有 25 人，物理和英语成绩均为优良的有 30 人，三门课程均为优良的有 10 人。问有几名学生三门课程均未达到优良。

解 用 A、B 和 C 分别表示高等数学、物理和英语成绩为优良的学生之集，则

$$|A\cup B\cup C|=|A|+|B|+|C|-|A\cap B|-|A\cap C|-|B\cap C|+|A\cap B\cap C|$$
$$=(120+80+60)-(50+25+30)+10=165$$

因此

$$|\overline{A\cup B\cup C}|=170-165=5$$

即有 5 名学生三门课程均未达到优良。

容斥原理又称包含排斥原理，它可以推广到多个有限集的情况。

定理 4.3.2 设 A_1，A_2，…，A_n是 n 个有限集($n\geqslant 4$)，则

$$|A_1\cup A_2\cup\cdots\cup A_n|=\sum_{1\leqslant i\leqslant n}|A_i|-\sum_{1\leqslant i<j\leqslant n}|A_i\cap A_j|+\sum_{1\leqslant i<j<k\leqslant n}|A_i\cap A_j\cap A_k|$$
$$+\cdots+(-1)^{n-1}|A_1\cap A_2\cap\cdots\cap A_n|$$

例 4.3.3 求 1 到 1000 之间至少能被 2、3、5 和 7 之一整除的整数个数。

解 设 A_1表示 1 到 1000 之间能被 2 整除的整数集合，A_2表示 1 到 1000 之间能被 3 整除的整数集合，A_3表示 1 到 1000 之间能被 5 整除的整数集合，A_4表示 1 到 1000 之间能被 7 整除的整数集合，则

$$|A_1|=500,\ |A_2|=333,\ |A_3|=200,\ |A_4|=142$$
$$|A_1\cap A_2|=166,\ |A_1\cap A_3|=100,\ |A_1\cap A_4|=71$$
$$|A_2\cap A_3|=66,\ |A_2\cap A_4|=47,\ |A_3\cap A_4|=28$$
$$|A_1\cap A_2\cap A_3|=33,\ |A_1\cap A_2\cap A_4|=23$$
$$|A_1\cap A_3\cap A_4|=14,\ |A_2\cap A_3\cap A_4|=9$$
$$|A_1\cap A_2\cap A_3\cap A_4|=4$$

所以

$$|A_1\cup A_2\cup A_3\cup A_4|=(500+333+200+142)-(166+100+71+66+47+28)$$
$$+(33+23+14+9)-4$$
$$=772$$

即 1 到 1000 之间至少能被 2、3、5 和 7 之一整除的整数有 772 个。

习 题 4.3

1. 设 E 是全集，A、B 和 C 是三个集合，借助于 Venn 氏图考察以下命题的正确性。

(1) 若 $A\cup B=A\cup C$，则 $B=C$；

(2) 若 $A\cap B=A\cap C$，则 $B=C$；

(3) 若 $A\oplus B=A\oplus C$，则 $B=C$；

(4) 若 $A\subseteq B\cup C$，则 $A\subseteq B$ 或 $A\subseteq C$；

(5) 若 $B\cap C\subseteq A$，则 $B\subseteq A$ 或 $C\subseteq A$；

(6) 若 $A\cap B\subseteq\overline{C}$ 且 $A\cup C\subseteq B$，则 $A\cap C=\varnothing$；

(7) 若 $A\subseteq\overline{B\cup C}$且 $B\subseteq\overline{A\cup C}$，则 $B=\varnothing$。

2. 设 A、B 和 C 是三个集合，借助于 Venn 氏图考察下列命题在什么条件下是真的。

(1) $(A-B)\cup(A-C)=A$；

(2) $(A-B)\cup(A-C)=\varnothing$；

(3) $(A-B)\cap(A-C)=A$；

(4) $(A-B)\cap(A-C)=\varnothing$；

(5) $(A-B)\oplus(A-C)=A$；

(6) $(A-B)\oplus(A-C)=\varnothing$；

(7) $A\cup B=A\cap B$；

(8) $A-B=B$；

(9) $A-B=B-A$；

(10) $A\cup(B\oplus C)=(A\cup B)\oplus(A\cup C)$。

3. 设某校有足球队员 38 人，篮球队员 15 人，棒球队员 20 人，其中有三人同时参加三队，且三队队员共 58 人。问同时参加两队的共有多少人。

4. 设有某项调查发现 80 名学生阅读杂志的情况如下：27 人阅读甲类杂志，35 人阅读乙类杂志，29 人阅读丙类杂志，10 人阅读甲类杂志与乙类杂志，9 人阅读甲类杂志与丙类杂志，7 人阅读乙类杂志与丙类杂志，还有 12 人不阅读这三类杂志。求：

(1) 阅读全部三类杂志的人数；

(2) 只阅读一类杂志(甲、乙、丙)的人数。

5. 某班有 25 名学生，其中 14 人会打篮球，12 人会打排球，6 人会打篮球和排球，5 人会打篮球和网球，还有 2 人会打这三种球，且 6 个会打网球的人都会打篮球或排球。求不会打球的人数。

6. 设集合 A、B 和 C 都是全集 E 的子集，且集合 E、A、B、C、$A\cap B$、$A\cap C$、$B\cap C$ 和 $\overline{A}\cap\overline{B}\cap\overline{C}$ 的基数分别为 200、67、47、95、26、28、27、50。试确定由 A、B 和 C 生成的八个最小集合 $M_i(0\leqslant i\leqslant 7)$ 的基数。

7. 求在 1 到 1000 之间不能被 5、6 和 8 三个数中的任何一个整除的整数个数。

8. 对 24 名会外语的科技人员进行外语情况掌握的调查。其统计结果如下：会英语、日语、德语和法语的人数分别为 13、5、10 和 9。其中同时会英语和日语的有 2 人，会英语、德语和法语中任两种语言的都是4人。已知会日语的人既不懂法语，也不懂德语，分别求只会一种语言(英语、日语、德语、法语)的人数和会三种语言的人数。

部分习题参考答案

4.4 集合的划分

在对集合的研究中，除了要对集合进行比较、并、交、差、对称差、补等运算外，还常常要把一个集合分成若干个子集加以讨论。如在4.3节中，利用全集 E 在Venn氏图上被“最小集合”分割成一些不相交的子集这一事实得到了“容斥原理”。又如，第一篇中曾将全体正整数分成三类：数1、素数和合数。

定义 4.4.1 设 A 是一非空集合，π 是 A 的非空子集组成之集，即 $\pi\subseteq 2^A-\{\varnothing\}$，若

(1) $\forall S_1, S_2\in\pi$，要么 $S_1\cap S_2=\varnothing$，要么 $S_1=S_2$；

(2) $\bigcup\limits_{S\in\pi} S=A$，

则称 π 是集合 A 的划分，或分割。有时亦将“$\{A_1, A_2, \cdots, A_r\}$ 为集合 A 的划分”简记为 $A=A_1\dot{\cup}A_2\dot{\cup}\cdots\dot{\cup}A_r$。

划分中的元素被称为块(Block)。如果 π 是有限集，那么称 $\#\pi$ 为划分 π 的秩；如果 π 是无限集，那么称 π 的秩为无限。通常将秩为某个正整数 k 的划分，简称为 k-划分。

划分本是一个生活词汇，这里借用它作为一个具有特殊意义的专用名词。考虑划分时必须注意三点：

(1) 划分中的每个块是非空的；

(2) 划分中的每个块与其他块没有公共元素；

(3) A 的一个划分耗尽了 A 的所有元素。

也就是说，将一个集合划分成若干块时，集合中的每个元素“恰好”属于划分中的某个块。

定义 4.4.2 设 A 是一非空集合，π 是 A 的非空子集组成之集，若 $\bigcup\limits_{S\in\pi} S=A$，则称 π 是集合 A 的覆盖。

显然，划分是特殊的覆盖。

例 4.4.1 设 $A=\{a, b, c\}$，考虑下列由 A 的非空子集组成的集合：

$$\pi_1=\{\{a, b\}, \{b, c\}\}, \quad \pi_2=\{\{a\}, \{a, b\}, \{a, b, c\}\}$$

$$\pi_3=\{\{a\}, \{b, c\}\}, \quad \pi_4=\{\{a, b, c\}\}$$

$$\pi_5=\{\{a\}, \{b\}, \{c\}\}, \quad \pi_6=\{\{a\}, \{a, b\}\}$$

除 π_6 外，其他集合都是 A 的覆盖，但其中只有 π_3、π_4 和 π_5 是 A 的划分，其中划分 π_4 的秩为1，故称该划分为 A 的最粗(小)划分，而划分 π_5 的每个块皆是一元集合，故称该划分为 A 的最细(大)划分。

例 4.4.2 图4.4.1形象地表示了集合 A 的一个4-划分。

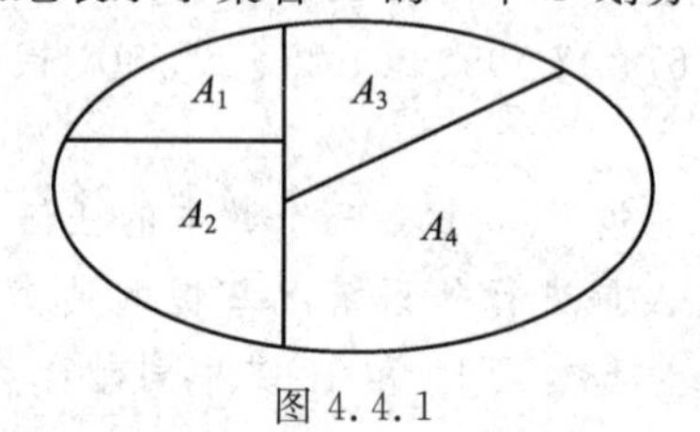

图 4.4.1

定义 4.4.3　若 $\pi_1=\{A_1, A_2, \cdots, A_r\}$ 和 $\pi_2=\{B_1, B_2, \cdots, B_t\}$ 是集合 A 的两个不同划分，则称所有使 $A_i\cap B_j\neq\varnothing$ 者($i=1, 2, \cdots, r$; $j=1, 2, \cdots, t$)组成之集 π：

$$\pi=\{S\mid S\subseteq A\wedge S\neq\varnothing\wedge\exists i\exists j(A_i\in\pi_1\wedge B_j\in\pi_2\wedge S=A_i\cap B_j)\}$$

为 π_1 和 π_2 的交叉划分。

例 4.4.3　设集合 A 表示某个单位全体具有高级职称的职工之集，若对这些职工按性别进行划分，便可得划分 $\pi_1=\{A_1, A_2\}$，其中 A_1 和 A_2 分别表示集合 A 中的男、女职工之集；另一方面，若对这些职工按年龄段进行划分，又可得划分 $\pi_2=\{B_1, B_2, B_3\}$，其中 B_1、B_2 和 B_3 分别表示集合 A 中的老年、中年和青年职工之集。假设每个 $A_i\cap B_j$ 都非空($i=1, 2$; $j=1, 2, 3$)，则根据定义，集合

$$\pi=\{A_1\cap B_1, A_1\cap B_2, A_1\cap B_3, A_2\cap B_1, A_2\cap B_2, A_2\cap B_3\}$$

是 π_1 和 π_2 的交叉划分。图 4.4.2 形象地描述了这一意义。

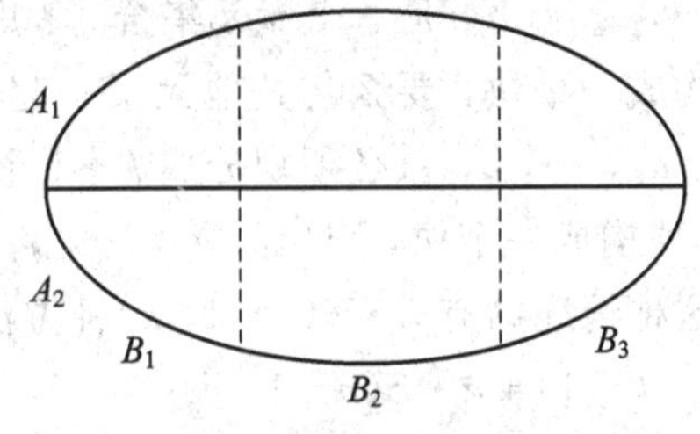

图 4.4.2

定理 4.4.1　集合 A 的划分 π_1 和 π_2 的交叉划分是集合 A 的划分。

本定理的证明比较简单，将它留作习题(习题 4.4 第 6 题)。

定义 4.4.4　设 $\pi_1=\{A_1, A_2, \cdots, A_r\}$ 和 $\pi_2=\{B_1, B_2, \cdots, B_t\}$ 是集合 A 的两个划分，若对于每个 $A_i\in\pi_1$ 都存在 $B_j\in\pi_2$ 使得 $A_i\subseteq B_j$，则称 π_1 精分 π_2，或称 π_1 是 π_2 的加细。若 π_1 精分 π_2 且 $\pi_1\neq\pi_2$(即存在 $A_i\in\pi_1$ 和 $B_j\in\pi_2$ 使得 $A_i\subset B_j$)，则称 π_1 真精分 π_2。

例 4.4.4　在例 4.4.3 中，π_1 和 π_2 的交叉划分 π 精分 π_1 和 π_2。另外，对于图 4.4.3 所示的同一集合的两个划分，显然，图(b)所示的 7-划分精分图(a)所示的 4-划分。

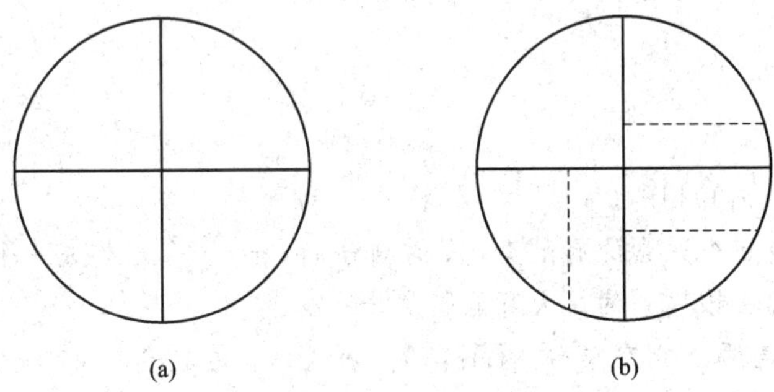

图 4.4.3

定理 4.4.2　集合 A 的划分 π_1 和 π_2 的交叉划分精分 π_1 和 π_2。

证明　设 $\pi_1=\{A_1, A_2, \cdots, A_r\}$，$\pi_2=\{B_1, B_2, \cdots, B_t\}$，并设 π_1 和 π_2 的交叉划分为 π，则对于任意的 $S\in\pi$，必有 $A_i\in\pi_1$ 和 $B_j\in\pi_2$ 使得 $S=A_i\cap B_j$，显然 $S\subseteq A_i$，$S\subseteq B_j$，即 π 精分 π_1 和 π_2。

不难想象，给定集合的划分并不是唯一的，下面来讨论有多少种不同的方法将一个 n 元集合划分成若干块，这是一种有广泛应用的组合计数。

定义 4.4.5　将一个 n 元集合划分成 k 块的方法数称为第二类 Stirling 数，用 $S(n, k)$ 表示(n, k 为正整数)。

显然，对于任意的正整数 n 和 k，当 $k>n$ 时，有 $S(n, k)=0$，且 $S(n, 1)=1$，$S(n, n)=1$。

定理 4.4.3　$S(n, 2)=2^{n-1}-1$，其中 $n\geqslant 2$。

证明　设 A 是一个 n 元集合，下面计算 A 的不同的 2-划分的数目。

一方面，A 有 2^n 个子集，其中 $\varnothing$ 和 A 不能作为 A 的 2-划分的块。另一方面，若 $B\subseteq A$(其中 $B\neq\varnothing, A$)，则 $\{B, A-B\}$ 是 A 的一个 2-划分，且 A 的任何 2-划分皆有此种形式。这说明，B 有 2^n-2 种取法，但有一半重复，故

$$S(n, 2)=\frac{2^n-2}{2}=2^{n-1}-1$$

定理 4.4.4　$S(n, k)=S(n-1, k-1)+k\cdot S(n-1, k)$，其中 $2<k<n$。

证明　设 $A=\{a_1, a_2, \cdots, a_{n-1}, a_n\}$ 是一个 n 元集合。考虑 A 中元素 a_n 在 A 的 k-划分中的情况，显然它要么单独构成一个块，要么与其他元素一起构成一个块。若 a_n 单独构成一个块(方法数为 1)，则 $\{a_1, a_2, \cdots, a_{n-1}\}$ 必须划分成 $k-1$ 个块，故这种情况的方法数为 $S(n-1, k-1)$；若 a_n 不是单独构成一个块，则 $\{a_1, a_2, \cdots, a_{n-1}\}$ 必须划分成 k 个块，而 a_n 可加入其中的任何一个块，这种情况共有 $k\cdot S(n-1, k)$ 种方法。

总之，$S(n, k)=S(n-1, k-1)+k\cdot S(n-1, k)$。

事实上，定理 4.4.3 只是定理 4.4.4 的特例，即定理 4.4.4 中可取 $2\leqslant k<n$。

习　题　4.4

1. 对一个四元集合共可作多少种不同的划分？

2. 安排 9 人入住 5 间房，要求每间房均有人住，共有多少种不同的方法？

3. 设 π_1 和 π_2 都是非空集合 A 的划分，判断下列集合哪些必定是 A 的划分，哪些可能是 A 的划分，哪些不可能是 A 的划分，并说明理由。

(1) $\pi_1\cup\pi_2$；

(2) $\pi_1\cap\pi_2$；

(3) $\pi_1-\pi_2$；

(4) $(\pi_1\cap(\pi_2-\pi_1))\cup\pi_2$。

4. 设 A 是一有 n 个元素的有限集，A 的划分 $\pi_1, \pi_2, \cdots, \pi_k$ 构成一个序列，π_{i+1} 真精分 $\pi_i(1\leqslant i\leqslant k-1)$，那么该序列的最大可能长度是多少？

5. 设 A 和 B 是两个非空集合，$\{A_1, A_2, \cdots, A_r\}$ 是集合 A 的划分，且 $A_i\cap B\neq\varnothing$ $(i=1, 2, \cdots, r)$。证明：$\{A_1\cap B, A_2\cap B, \cdots, A_r\cap B\}$ 是 $A\cap B$ 的划分。

6. 试证明定理 4.4.1。

7. 试将 4.3 节介绍的“最小集合”的概念推广到 n 个集合的情况，并证明：由 $A_1, A_2, \cdots, A_n$ 生成的所有最小集合组成之集形成全集 E 的划分。

8. 定义 4.4.5 中的第二类 Stirling 数可通过递归和递推两种算法求得。递归算法直接参照定理 4.4.4 的递归公式，递推算法则是利用一个三角矩阵来求解。请分别设计这两种求第二类 Stirling 数的算法。

4.5　自然数集与数学归纳法

自然数系统是最古老而又最基本的数学系统，引入自然数的方法有公理化方法和构造化方法两种。用公理化方法引入自然数，就是把“自然数”看作不能定义的原始概念，并提供一张说明“自然数”这一原始概念的公理表。最著名的自然数公理系统是由意大利数学家 Peano 提出的，通常称为 Peano 公理。自然数的各种性质，包括自然数的运算、大小次序及有关的基本定理，都可从 Peano 公理一一推导出来。本节不采用公理化方法，而是借助于集合论，把“自然数”一个一个地具体构造出来，然后说明构造出来的“自然数”满足 Peano 公理，因此具有普通自然数的一切性质。

为了构造自然数，需要引入集合的“后继”这一概念。

定义 4.5.1　给定集合 A 的后继仍是一个集合，用 A^+ 表示，且定义为

$$A^+=A\cup\{A\}$$

称 A^+ 为 A 的后继的同时，也常说 A 是 A^+ 的前驱。由定义可知，每个集合都有唯一的一个后继。从定义还可直接得到如下结论。

定理 4.5.1　设 A 是一个集合，则

(1) $\varnothing^+=\{\varnothing\}$；

(2) $\{\varnothing\}^+=\{\varnothing,\{\varnothing\}\}$；

(3) $A\in A^+$；

(4) $A\subseteq A^+$；

(5) $A^+\neq\varnothing$。

构造自然数的方法有多种，Zermelo 于 1908 年建议采用

$$\varnothing,\{\varnothing\},\{\{\varnothing\}\},\{\{\{\varnothing\}\}\},\cdots$$

作为自然数。后来，Von Neumann 建议了另一个方案，就是至今大家仍然采用的方案：

$$0=\varnothing$$

$$1=0^+=\{\varnothing\}$$

$$2=1^+=\{\varnothing,\{\varnothing\}\}$$

$$3=2^+=\{\varnothing,\{\varnothing\},\{\varnothing,\{\varnothing\}\}\}$$

$$\vdots$$

定义 4.5.2　自然数的集合 $\mathbf{N}$ 可递归定义如下：

(1) $0\in\mathbf{N}$，这里 $0=\varnothing$。

(2) 若 $n\in\mathbf{N}$，则 $n^+\in\mathbf{N}$。

(3) 若 $A\subseteq\mathbf{N}$ 满足：

① $0\in A$；

② 如果 $n\in A$，那么 $n^+\in A$，

则 $A=\mathbf{N}$。

【注】　关于自然数集是否含有 0，国内外数学界一直存在两种观点。目前，国际上大多数国家把 0 纳入自然数集中。为了国际交流的方便，国家技术监督局于 1993 年 12 月 27

日发布的《中华人民共和国国家标准 量和单位》(GB 3100～3102 — 93)中规定自然数集 $\mathbf{N}=\{0, 1, 2, 3, \cdots\}$。在《现代汉语词典》2005 年 6 月第 5 版中也把自然数定义成了：零和大于零的整数，即 0，1，2，3，4，5，…。

从上述定义可以看到，任意一个自然数都是通过对 0 不断"加 1"而构造出来的；另一方面，任意一个自然数的本质实际上是一个集合名。这与实际生活中人们认识自然数的过程是一致的。例如，对自然数 3 的认识来自两个方面：一方面是比 2 多一(个)，即 3 是 2 的后继；另一方面是从观察许多恰含三个元素的集合的共同特点加以抽象概括后得到的，这个共同特点体现于这些被观察的任意一个集合的元素都可与集合 $\{\varnothing, \{\varnothing\}, \{\varnothing, \{\varnothing\}\}\}$ 中的元素建立一一对应，也即 3 是一切三元集合的共性。

构造化方法引入的自然数系统与公理化方法引入的自然数系统本质上是一致的，这一点体现在以上构造化方法引入的自然数系统满足以下 Peano 公理。

P_1 $0\in\mathbf{N}$。

P_2 若 $n\in\mathbf{N}$，那么 $n^+\in\mathbf{N}$。

P_3 不存在 $n\in\mathbf{N}$，使得 $n^+=0$。

P_4 若 $m, n\in\mathbf{N}$ 且 $m^+=n^+$，则 $m=n$。

P_5 若 $A\subseteq\mathbf{N}$ 满足：

(1) $0\in A$；

(2) 如果 $n\in A$，那么 $n^+\in A$，

则 $A=\mathbf{N}$。

其中：P_1、P_2 和 P_5 对应于定义 4.5.2 中的(1)、(2)和(3)；P_3 可以从定理 4.5.1 的(5)直接得到。为了证明构造化方法引入的自然数系统满足 P_4，需要先得到如下结论。

定理 4.5.2 若 $n\in\mathbf{N}$，则 $\bigcup n^+=n$。其中，$\bigcup n^+$ 为集合 n^+ 的"广义并"：

$$\bigcup n^+=\bigcup_{S\in n^+} S=\{x \mid 存在 S\in n^+ 使得 x\in S\} \quad (即 n^+ 中全体成员之并)$$

由定理 4.5.2 知，如果 $m, n\in\mathbf{N}$ 且 $m^+=n^+$，则 $m=\bigcup m^+=\bigcup n^+=n$。

定理 4.5.2 的证明需要用到广义并的性质，这里不作深入讨论，读者可参看有关文献。

Peano 公理第五条 P_5 指出了自然数系统的最小性(它是满足条件 P_1 和 P_2 的最小集合)，通常称之为归纳原理，因为它是数学归纳法的基础。数学归纳法是一个很重要的数学证明工具，在数学的各分支中有着重要的应用，它有两种基本形式。下面对数学归纳法的本质给以严格的描述，并简单讨论数学归纳法的两种形式及其具体使用方法。

定理 4.5.3(第一数学归纳法原理) 设 $P(n)$ 是定义于整数集合 $\mathbf{Z}$ 上的一项谓词(性质、等式、不等式等)，n_0 为一给定整数，为了证明 $\forall n\geqslant n_0$，$P(n)$ 皆为真，只需证明：

(1) $P(n_0)$ 为真；

(2) $\forall k\geqslant n_0$，若 $P(k)$ 为真，则 $P(k^+)$ 也为真。

证明 令 $A=\{n \mid n\in\mathbf{N} 且 P(n+n_0) 为真\}$，往证在题设(1)和(2)成立时，$A=\mathbf{N}$。显然，$A\subseteq\mathbf{N}$，且

(1) 由题设(1)知：$0\in A$。

(2) 由题设(2)知：如果 $n\in A$，那么 $n^+\in A$。

由归纳原理知 $A=\mathbf{N}$。

定理中的变量 n 有时被称为归纳变量，用“归纳法证明”也称对归纳变量行归纳法。根据定理 4.5.3，利用第一数学归纳法进行证明时，一般分两步：

(1) 直接验证当 $n=n_0$ 时，命题(谓词)为真(这一步称为“归纳基础”)；

(2) 对任意的整数 $k\geqslant n_0$，设 $n=k$ 时命题为真(称为“归纳假设”)，证明当 $n=k+1$ 时命题也为真(这一步称为“归纳步骤”)。

例 4.5.1　设 i_0 为整数，令 $S=\{i|i\in\mathbf{Z}$ 且 $i\geqslant i_0\}$，证明：对于 S 的任一非空子集 J，皆存在 $j_0\in J$ 使得对于任意的 $j\in J$ 有 $j_0\leqslant j$(称 j_0 为 J 的最小元或最小整数)。

证明　由于 J 可能是一无限集，因此不能直接对 $\# J$ 行归纳法。为此，任取 $m\in J$，令 $A=\{j|j\in J$ 且 $j\leqslant m\}$，则 $A\subseteq J$，$\# A\leqslant m-i_0+1$。又由 $m\in A$ 知 $A\neq\varnothing$，即 A 是 J 的非空有限子集。另外，若 A 有最小元 a，则显然 a 必是 J 的最小元，故只需证明 A 有最小元。对 $\# A$ 行数学归纳法。

(1) 当 $\# A=1$ 时，A 中仅有一个元素 m，它即为 A 的最小元，所以这时命题成立。

(2) 假设当 $\# A=k(k\geqslant 1)$ 时，命题成立，即当 A 是 k 元集合时 A 必存在最小元。考虑 A 是 $k+1$ 元集合的情况，设 $A=\{j_1, j_2, \cdots, j_k, j_{k+1}\}$，由于 $\{j_1, j_2, \cdots, j_k\}$ 是一个 k 元集合，因此根据归纳假设，它有最小元，设为 j'。那么当 $j'<j_{k+1}$ 时，j' 是 A 的最小元，否则，$j_{k+1}<j'$，j_{k+1} 是 A 的最小元。总之，A 存在最小元。由第一数学归纳法原理知，命题成立。

由于在以前的课程中曾多次使用第一数学归纳法证明问题，故在这里不再举更多的例子。下面给出两个例子，在这两个例子中，结论是错误的，故“证明”肯定也是错误的，请读者考虑证明过程错误之处。

例 4.5.2　证明：若 n 为自然数，则 $n+1=n$。

“证明”　对任意的 $k\in\mathbf{N}$，假定当 $n=k$ 时命题为真，即 $k+1=k$，从而得到 $(k+1)+1=k+1$，即当 $n=k+1$ 时命题也为真。因此，由第一数学归纳法原理知，若 n 为自然数，则 $n+1=n$。

例 4.5.3　证明：世界上所有的人都同岁。

“证明”　设世界上有 n 个人。

(1) 当 $n=1$ 时，因为只有一个人，他和他自己当然同岁，所以这时命题为真。

(2) 因为 $n=1$ 的情况已经证明过了，所以现假定对任意的自然数 $k>1$，当 $n=k$ 时命题为真，即任意 k 个人都同岁。现在考虑任意 $k+1$ 个人，不妨设为

$$a_1, a_2, \cdots, a_k, a_{k+1}$$

根据假定，$a_1, a_2, \cdots, a_k$ 同岁，而且 $a_2, \cdots, a_k, a_{k+1}$ 也同岁，所以 $a_1, a_2, \cdots, a_k, a_{k+1}$ 都与 a_2 同岁。因此，他们必同岁。这表明当 $n=k+1$ 时命题也为真。因此，由第一数学归纳法原理知，世界上所有的人都同岁。

定理 4.5.4(第二数学归纳法原理)　设 $P(n)$ 是定义于整数集合 $\mathbf{Z}$ 上的一项谓词(性质、等式、不等式等)，n_0 为一给定整数，为了证明 $\forall n\geqslant n_0$，$P(n)$ 皆为真，只需证明：

(1) $P(n_0)$ 为真；

(2) $\forall n\geqslant n_0$，若 $k=n_0, n_0+1, \cdots, n$ 时 $P(k)$ 皆为真，则 $P(n^+)$ 也为真。

证明　令 $J=\{n|n\in\mathbf{Z}, n\geqslant n_0$，且 $P(n)$ 为假$\}$，往证在题设(1)和(2)成立时，$J=\varnothing$。

假若不然，即 $J\neq\varnothing$，则由例 4.5.1 知 J 必有最小元 j_0。

由题设(1)知 $n_0\notin J$，故 $j_0>n_0$，从而当 $k=n_0$，n_0+1，…，j_0-1 时 $P(k)$ 皆为真，由题设(2)知 $P(j_0)$ 为真，这与 $j_0\in J$ 相矛盾。

根据定理 4.5.4，利用第二数学归纳法进行证明时，一般分两步：

(1) 直接验证当 $n=n_0$ 时，命题(谓词)为真；

(2) 对任意的整数 $m>n_0$，假设对任意的整数 $k(n_0\leqslant k<m)$，当 $n=k$ 时命题皆真，证明当 $n=m$ 时命题也为真。

第二数学归纳法以前也多次使用过，如定理 1.2.6、定理 1.4.1、定理 2.6.1 等的证明过程都隐含地用到了第二数学归纳法的原理。下面再来看几个例子。

例 4.5.4 设有两个口袋，一个口袋中装有 m 个球，另一个口袋中装有 n 个球，并且 $m>n\geqslant 0$。今有两人进行取球比赛，其比赛规则如下：

(1) 两人轮流从口袋中取球，每次只准一个人取球；

(2) 每人每次只能从一个口袋中取球，每次至少取出一个球，多取不限；

(3) 最后取完口袋中的球者为获胜方。

试证明：先取者有必赢策略。

证明 对 n 行第二数学归纳法。

(1) 当 $n=0$ 时，仅一个口袋中有球，先取者全部取出即胜，所以这时命题为真。

(2) 对任意的自然数 $t>0$，假设对任意的自然数 $k<t$，当 $n=k$ 时命题皆真。现考虑 $n=t$时的情况。

因为 $m>t$，所以先取者可以从装有 m 个球的口袋中取出 $m-t$ 个球。这样两个口袋中都剩有 t 个球，且后取者还必须从一个口袋中取出至少一个球。所以，先取者再取时，一个口袋中有 t 个球，另一个口袋中不足 t 个球，根据归纳假设，先取者有必赢策略。

由第二数学归纳法原理知，命题成立。

例 4.5.5 设 n 为正整数，a_1，a_2，…，$a_n\in\mathbf{R}_+$。证明：

$$\sqrt[n]{a_1a_2\cdots a_n}\leqslant\frac{a_1+a_2+\cdots+a_n}{n}$$

且等号仅在 $n=1$ 或 $a_1=a_2=\cdots=a_n$时成立。

证明 用第二数学归纳法进行证明。

(1) 当 $n=1$ 或 2 时，命题显然为真。

(2) 对任意的正整数 $m>2$，假设对任意的正整数 $k(2\leqslant k<m)$，当 $n=k$ 时命题皆真。现考虑 $n=m$ 时的情况。下面根据 m 的奇偶性分两种情况讨论。

情况①：当 m 是偶数时，不妨令 $m=2t$。显然 $2\leqslant t<m$，根据归纳假设知

$$\begin{aligned}\sqrt[m]{a_1a_2\cdots a_m}&=(\sqrt[t]{a_1a_2\cdots a_t}\cdot\sqrt[t]{a_{t+1}a_{t+2}\cdots a_{2t}})^{\frac{1}{2}}\\&\leqslant\frac{\sqrt[t]{a_1a_2\cdots a_t}+\sqrt[t]{a_{t+1}a_{t+2}\cdots a_{2t}}}{2}\\&\leqslant\frac{\dfrac{a_1+a_2+\cdots+a_t}{t}+\dfrac{a_{t+1}+a_{t+2}+\cdots+a_{2t}}{t}}{2}\\&=\frac{a_1+a_2+\cdots+a_{2t}}{2t}=\frac{a_1+a_2+\cdots+a_m}{m}\end{aligned}$$

且等号仅在 $a_1=a_2=\cdots=a_m$ 时成立。

情况②：当 m 是奇数时，$m+1$ 是偶数，且 $2\leqslant\frac{m+1}{2}<m$。由情况①之证明过程可知，当 $n=m+1$ 时，命题为真。这样，若令 $\lambda=\frac{a_1+a_2+\cdots+a_m}{m}$，便有

$$\sqrt[m+1]{a_1a_2\cdots a_m\lambda}\leqslant\frac{a_1+a_2+\cdots+a_m+\lambda}{m+1}=\lambda$$

所以

$$\sqrt[m+1]{a_1a_2\cdots a_m}\leqslant\lambda^{\frac{m}{m+1}}$$

即

$$\sqrt[m]{a_1a_2\cdots a_m}\leqslant\lambda=\frac{a_1+a_2+\cdots+a_m}{m}$$

且等号仅在 $a_1=a_2=\cdots=a_m$ 时成立。

根据第二数学归纳法原理知，命题为真。

习　题　4.5

1. 用数学归纳法证明：

(1) $\frac{1}{1\cdot2}+\frac{1}{2\cdot3}+\cdots+\frac{1}{n\cdot(n+1)}=\frac{n}{n+1}$；

(2) $2+2^2+2^3+\cdots+2^n=2^{n+1}-2$；

(3) $1\cdot2\cdot3+2\cdot3\cdot4+\cdots+n(n+1)(n+2)=\frac{n(n+1)(n+2)(n+3)}{4}$；

(4) $\frac{1}{\sqrt{1}}+\frac{1}{\sqrt{2}}+\cdots+\frac{1}{\sqrt{n}}\geqslant\sqrt{n}$；

(5) $2^n\geqslant2n$；

(6) 当 $n\geqslant4$ 时，有 $2^n<n!$；

(7) $2^{n+1}>n(n+1)$；

(8) $3\mid(n^3+2n)$；

(9) $9\mid(4^{n+1}-3n-4)$；

(10) $133\mid(11^{n+2}+12^{2n+1})$；

(11) 任意三个相邻整数的立方和能被 9 整除。

2. 证明：对于任意 $n\geqslant8$，必存在 s、$t\in\mathbf{N}$ 使得 $n=3s+5t$。

3. 设 m、n 为正整数且 $m<n$，假定有 n 个直立的大头针，甲、乙两人轮流把这些直立的大头针扳倒，规定每人每次可扳倒 1 至 m 个，且扳倒最后一个直立的大头针者为获胜者。试证明：如果甲先扳且 $(m+1)\nmid n$，则甲总能获胜。

4. 设 $A_i(1\leqslant i\leqslant n$，$n$ 为正整数$)$和 B 都是集合，证明：

(1) $\overline{A_1\cup A_2\cup\cdots\cup A_n}=\overline{A_1}\cap\overline{A_2}\cap\cdots\cap\overline{A_n}$；

(2) $\overline{A_1\cap A_2\cap\cdots\cap A_n}=\overline{A_1}\cup\overline{A_2}\cup\cdots\cup\overline{A_n}$；

(3) $B\cap(A_1\cup A_2\cup\cdots\cup A_n)=(B\cap A_1)\cup(B\cap A_2)\cup\cdots\cup(B\cap A_n)$；

(4) $B\cup(A_1\cap A_2\cap\cdots\cap A_n)=(B\cup A_1)\cap(B\cup A_2)\cap\cdots\cap(B\cup A_n)$。

5. 证明定理 4.3.2。

6. Fibonacci 数列定义为

$$F_0=0,\ F_1=1,\ F_{n+2}=F_{n+1}+F_n\quad(n\in\mathbf{N})$$

证明：若 $n\geqslant1$，则 $\left(\frac{1+\sqrt{5}}{2}\right)^{n-2}\leqslant F_n\leqslant\left(\frac{1+\sqrt{5}}{2}\right)^{n-1}$。

4.6 集合的计算机表示

使用计算机表示集合有多种方法。一种方法是以无序的方式存储集合中的元素。然而这种方法会导致计算两个集合的并、交或差的操作非常耗时，因为所有操作都需要大量的元素搜索和比较工作。

以下介绍一种集合的计算机存储方法。

假设全集 U 是有限的。首先，任意指定 U 中元素的顺序，例如 a_1，a_2，…，a_n。可用一个长度为 n 的位串表示 U 的一个子集 A。若 a_i 属于 A，则该位串的第 i 位为 1；若 a_i 不属于 A，则该位串的第 i 位为 0。

例 4.6.1 令 $U=\{1,2,3,4,5,6,7,8,9,10\}$，且 U 中元素按升序排列，即 $a_i=i$。求 U 中的所有奇数构成的子集、U 中的所有偶数构成的子集以及 U 中不超过 5 的整数构成的子集的位串表示。

解 令 A、B、C 分别表示 U 中的所有奇数构成的子集、U 中的所有偶数构成的子集以及 U 中不超过 5 的整数构成的子集，则

$$A=\{1,3,5,7,9\}$$

位串表示：1010101010；

$$B=\{2,4,6,8,10\}$$

位串表示：0101010101；

$$C=\{1,2,3,4,5\}$$

位串表示：1111100000。

使用位串来表示集合，很容易计算集合的补集、并集、交集和集合的差。

例 4.6.2 在例 4.6.1 中已经求出了集合 $A=\{1,3,5,7,9\}$ 的位串表示，那么其补集的位串表示是怎样的？

解 A 的位串表示为 1010101010，$\overline{A}$ 的位串表示就是将 A 的位串表示中 0 变成 1，1 变成 0，即 0101010101，对应集合为 $\{2,4,6,8,10\}$。

为了获得两个集合的并集和交集的位串，可对表示这两个集合的位串执行按位布尔运算。如果两个位串中第 i 位的任何一位是 1(或者都是 1)，那么并集位串的第 i 位为 1，当两位都为 0 时，则为 0。因此，并集的位串是两个集合的位串的按位或。当两个位串中的对应位都为 1 时，交集位串的第 i 位为 1，当其中一位为 0(或都为 0)时，交集位串的第 i 位为 0。因此，交集的位串是两个集合的位串的按位与。

例 4.6.3 求例 4.6.1 中 A、C 两个集合的并集和交集的位串表示。

解　$A \cup C$ 的位串表示为

$$1010101010 \vee 1111100000 = 1111101010$$

对应集合为{1，2，3，4，5，7，9}。

$A \cap C$ 的位串表示为

$$1010101010 \wedge 1111100000 = 1010100000$$

对应集合为{1，3，5 }。

第五章 二元关系

5.1 Cartesian 积

集合的一个显著特点是其中的对象是不计次序地聚集在一起的，即并不关心集合中元素的出现次序，但在许多实际应用中，常常要考虑各元素的出现次序，这就是 n 元组，可定义如下(关于 n 元组和 Cartesian(笛卡儿)积还有另一种常用的定义形式，读者可参看有关文献)：

定义 5.1.1 设 n(一般大于 1)为正整数，n 个对象 $a_1, a_2, \cdots, a_n$(它们中可能有相同的)的有序排列(用 $\langle a_1, a_2, \cdots, a_n\rangle$ 表示)称为有序 n 元组，或简称为 n 元组。其中的 $a_i(i=1, 2, \cdots, n)$称为它的第 i 个分量。两个 n 元组相等的充分必要条件是对应的各个分量皆相等。

根据定义，一个长度为 n 的字符串可以看成是一个 n 元组的简写。本书主要讨论二元组，它也常常被称为序偶或偶对。显然，二元组有下列性质：

(1) 当 $a\neq b$ 时，$\langle a, b\rangle\neq\langle b, a\rangle$；

(2) $\langle a, b\rangle=\langle c, d\rangle$的充分必要条件是 $a=c$ 且 $b=d$。

这两项性质是二元集合所不具备的。

定义 5.1.2 设 n(一般大于 1)为正整数，$A_1, A_2, \cdots, A_n$ 是 n 个集合，它们的 Cartesian积被记作 $A_1\times A_2\times\cdots\times A_n$，定义为

$$A_1\times A_2\times\cdots\times A_n=\{\langle a_1, a_2, \cdots, a_n\rangle \mid a_i\in A_i(i=1, 2, \cdots, n)\}$$

在 $A_1=A_2=\cdots=A_n=A$ 时，习惯上用 A^n 表示 $A_1\times A_2\times\cdots\times A_n$。

显然，若 $A_1, A_2, \cdots, A_n$都是有限集，则 $\#(A_1\times A_2\times\cdots\times A_n)=\#A_1\times\#A_2\times\cdots\times\#A_n$。若存在某个 $A_i(1\leqslant i\leqslant n)$为空集，则 $A_1\times A_2\times\cdots\times A_n=\varnothing$，反之亦然。

例 5.1.1 设 $A=\{a, b, c\}$，$B=\{0, 1\}$，则

$$A^2=A\times A=\{\langle a, a\rangle, \langle a, b\rangle, \langle a, c\rangle, \langle b, a\rangle, \langle b, b\rangle, \langle b, c\rangle, \langle c, a\rangle, \langle c, b\rangle, \langle c, c\rangle\}$$

$$A\times B=\{\langle a, 0\rangle, \langle a, 1\rangle, \langle b, 0\rangle, \langle b, 1\rangle, \langle c, 0\rangle, \langle c, 1\rangle\}$$

$$B\times A=\{\langle 0, a\rangle, \langle 0, b\rangle, \langle 0, c\rangle, \langle 1, a\rangle, \langle 1, b\rangle, \langle 1, c\rangle\}$$

$$B^2=B\times B=\{\langle 0, 0\rangle, \langle 0, 1\rangle, \langle 1, 0\rangle, \langle 1, 1\rangle\}$$

注意，一般而言，$A\times B\neq B\times A$。并且由上述定义知：

$$A\times(B\times C)=\{\langle a, \langle b, c\rangle\rangle \mid a\in A, b\in B, c\in C\}$$

$$(A\times B)\times C=\{\langle\langle a, b\rangle, c\rangle \mid a\in A, b\in B, c\in C\}$$

$$A\times B\times C=\{\langle a, b, c\rangle \mid a\in A, b\in B, c\in C\}$$

是三个完全不同的集合。

【注】 有的文献定义 $A\times B\times C=(A\times B)\times C$。

定理 5.1.1 设 A、B 和 C 是三个集合，其中 $C\neq\varnothing$，则

$$A\subseteq B\Leftrightarrow A\times C\subseteq B\times C\Leftrightarrow C\times A\subseteq C\times B$$

证明 若$A\subseteq B$，则对于任意的$\langle x, y\rangle\in A\times C$，皆有$x\in A$且$y\in C$，从而$x\in B$且$y\in C$，即$\langle x, y\rangle\in B\times C$。这说明$A\times C\subseteq B\times C$。

反之，若$A\times C\subseteq B\times C$，由于$C$非空，可取$y_0\in C$，这样，对于任意的$x\in A$，皆有$\langle x, y_0\rangle\in A\times C$，从而$\langle x, y_0\rangle\in B\times C$，所以$x\in B$。因此$A\subseteq B$。

综上可知，$A\subseteq B\Leftrightarrow A\times C\subseteq B\times C$。

同理可证$A\subseteq B\Leftrightarrow C\times A\subseteq C\times B$。

定理 5.1.2 设A、B、C和D是任意四个非空集合，则

$$A\times B\subseteq C\times D\Leftrightarrow A\subseteq C \text{ 且 } B\subseteq D$$

证明 若$A\subseteq C$且$B\subseteq D$，则由定理5.1.1，有$A\times B\subseteq C\times B$，且$C\times B\subseteq C\times D$，从而$A\times B\subseteq C\times D$。

反之，若$A\times B\subseteq C\times D$，则任取$y_0\in B$，这样，对于任意的$x\in A$，皆有$\langle x, y_0\rangle\in A\times B$，从而$\langle x, y_0\rangle\in C\times D$，所以$x\in C$。因此$A\subseteq C$。同理可证$B\subseteq D$。

定理 5.1.3 设A、B和C是任意三个集合，则

(1) $A\times(B\cup C)=(A\times B)\cup(A\times C)$；

(2) $(B\cup C)\times A=(B\times A)\cup(C\times A)$；

(3) $A\times(B\cap C)=(A\times B)\cap(A\times C)$；

(4) $(B\cap C)\times A=(B\times A)\cap(C\times A)$；

(5) $A\times(B-C)=(A\times B)-(A\times C)$；

(6) $(B-C)\times A=(B\times A)-(C\times A)$；

(7) $A\times(B\oplus C)=(A\times B)\oplus(A\times C)$；

(8) $(B\oplus C)\times A=(B\times A)\oplus(C\times A)$。

证明 只证明(1)和(5)，其余的请读者自行完成(习题5.1第2题)。

(1) 因为对于$\forall\langle x, y\rangle$，有

$$\begin{aligned}\langle x, y\rangle\in A\times(B\cup C)&\Leftrightarrow x\in A\land y\in(B\cup C)\\&\Leftrightarrow x\in A\land(y\in B\lor y\in C)\\&\Leftrightarrow(x\in A\land y\in B)\lor(x\in A\land y\in C)\\&\Leftrightarrow(\langle x, y\rangle\in A\times B)\lor(\langle x, y\rangle\in A\times C)\\&\Leftrightarrow\langle x, y\rangle\in(A\times B)\cup(A\times C)\end{aligned}$$

所以$A\times(B\cup C)=(A\times B)\cup(A\times C)$。

(5) 因为对于$\forall\langle x, y\rangle$，有

$$\begin{aligned}\langle x, y\rangle\in(A\times B)-(A\times C)&\Leftrightarrow\langle x, y\rangle\in(A\times B)\land\langle x, y\rangle\notin(A\times C)\\&\Leftrightarrow x\in A\land y\in B\land\neg(x\in A\land y\in C)\\&\Leftrightarrow x\in A\land y\in B\land(x\notin A\lor y\notin C)\\&\Leftrightarrow y\in B\land x\in A\land(x\notin A\lor y\notin C)\\&\Leftrightarrow y\in B\land(x\in A\land x\notin A\lor x\in A\land y\notin C)\\&\Leftrightarrow y\in B\land x\in A\land y\notin C\\&\Leftrightarrow x\in A\land y\in B\land y\notin C\\&\Leftrightarrow x\in A\land y\in(B-C)\\&\Leftrightarrow\langle x, y\rangle\in A\times(B-C)\end{aligned}$$

所以 $A\times(B-C)=(A\times B)-(A\times C)$。

习 题 5.1

1. 设 $A=\{0, 1\}$，$B=\{a, b\}$，试确定下列集合：

$A\times\{1\}\times B$，$A\times A\times B$，$A^2\times B$，$(A\times B)^2$，$A\times P(A)$，$P(A)\times P(A)$。

2. 完成定理 5.1.3 的证明。

3. 下列各式中哪些成立？哪些不成立？为什么？

(1) $(A\cup B)\times(C\cup D)=(A\times C)\cup(B\times D)$；

(2) $(A\cap B)\times(C\cap D)=(A\times C)\cap(B\times D)$；

(3) $(A-B)\times(C-D)=(A\times C)-(B\times D)$；

(4) $(A\oplus B)\times(C\oplus D)=(A\times C)\oplus(B\times D)$。

4. 如果 $B\cup C\subseteq A$，则

$$(A\times A)-(B\times C)=(A-B)\times(A-C)$$

这个命题真吗？如果真，则给予证明；否则，请举出反例。

5. 证明：若 $A^2=B^2$，则 $A=B$。

6. 证明：若 $A\times B=A\times C$ 且 $A\neq\varnothing$，则 $B=C$。

部分习题参考答案

5.2 关系的概念与表示

定义 5.2.1 设 n(一般大于 1)为正整数，A_1，A_2，…，A_n 是 n 个集合，若 $R\subseteq A_1\times A_2\times\cdots\times A_n$，则称 R 是定义在 $A_1\times A_2\times\cdots\times A_n$ 上的 n 元关系。特殊地，若 $R=\varnothing$，则称 R 为 $A_1\times A_2\times\cdots\times A_n$ 上的空关系；若 $R=A_1\times A_2\times\cdots\times A_n$，则称 R 为 $A_1\times A_2\times\cdots\times A_n$ 上的全(域)关系。

关系是一个基本概念，在日常生活中大家都熟悉“关系”这个词的含义，例如数的大小关系、整除关系；人类社会中的兄弟关系、上下级关系；命题公式中的蕴涵关系、等价关系；集合的包含关系；直线的平行关系、垂直关系；等等。关系反映了对象即元素之间的联系和性质，不仅是重要的数学概念，而且在计算机科学中有重要的实际意义。本书仅研究二元关系，为方便起见，常常把“二元”两个字省去，即把“二元关系”简称为“关系”。

定义 5.2.2 设 A 和 B 是两个集合，若 $R\subseteq A\times B$，则称 R 为 A 到 B 的关系，记作 R：$A\rightarrow B$ 关系；特殊地，当 $A=B$ 时，称 R 为 A 上的关系。

例 5.2.1 通常熟知的自然数(或整数、实数)的相等(或大于、小于、整除)等关系实质上是 $\mathbf{N}\times\mathbf{N}$($\mathbf{Z}\times\mathbf{Z}$、$\mathbf{R}\times\mathbf{R}$)的子集。譬如整数之间的整除关系“|”可记为

$$|=\{\langle a, b\rangle | a, b\in\mathbf{Z}\text{，且存在一个整数 } d \text{ 使得 } b=ad\}$$

例 5.2.2 设 A 是一个集合，则 $A\times A$ 的子集

$$I_A=\{\langle a, a\rangle | a\in A\}$$

是 A 上的关系，习惯上称它为 A 上的恒等关系。它是关系理论中非常重要的一个关系常量，也可这样定义：$I_A=\{\langle a, b\rangle | a, b\in A, a=b\}$。

例 5.2.3 设 $A=\{c_1, c_2, c_3, c_4\}$是四门课程的集合，$B=\{t_1, t_2, t_3, t_4\}$是四位教师的集合，则

$R=\{\langle c_1, t_2\rangle, \langle c_1, t_3\rangle, \langle c_2, t_1\rangle, \langle c_2, t_3\rangle, \langle c_3, t_1\rangle, \langle c_3, t_3\rangle, \langle c_3, t_4\rangle, \langle c_4, t_2\rangle\}$
是一个 A 到 B 的关系。

按照习惯，常将 $\langle a, b\rangle \in R$ 写作 aRb，而将 $\langle a, b\rangle \notin R$ 写作 $a \not R b$。

由关系的定义可知，关系是 Cartesian 积的子集。这样，关系有两重特性：一方面，它是一个集合，它有集合的共性，比如可用表示集合的方法表示关系，关系可以进行比较、并、交、差、对称差等集合运算(仍用相应的集合运算符号表示)等；另一方面，它是一个特殊的集合，故在表示关系、对关系进行运算时，会有区别于普通集合的特殊之处。比如，在表示一个关系时，除说明它有哪些元组外，还必须明确它定义在什么 Cartesian 积上；关系在进行比较、并、交、差、对称差等集合运算时，要求两个关系同是 A 到 B 的关系(或 A 上的关系)。又如，A 到 B 的关系 R 的补关系 $\bar{R}$ 是指 $(A\times B)-R$；当然，也会有专门针对关系的特殊的概念和运算。

定义 5.2.3 设 $R:A\to B$ 关系，令

$$\text{dom}R=\{a \mid a\in A \land \exists b(b\in B \land aRb)\}$$
$$\text{ran}R=\{b \mid b\in B \land \exists a(a\in A \land aRb)\}$$

分别称 dom$R$ 和 ran$R$ 为 R 的定义域(domain)和值域(range)。

由定义 5.2.3 可知，dom$R$ 是 R 中所有二元组的第一个分量构成的集合，ran$R$ 是 R 中所有二元组的第二个分量构成的集合。

例 5.2.4 设 $<$ 是集合 $\{1, 2, 3, 4\}$ 上的小于关系，即

$$<=\{\langle 1, 2\rangle, \langle 1, 3\rangle, \langle 1, 4\rangle, \langle 2, 3\rangle, \langle 2, 4\rangle, \langle 3, 4\rangle\}$$

则 $\text{dom}(<)=\{1, 2, 3\}$，$\text{ran}(<)=\{2, 3, 4\}$。在例 5.2.3 中，dom$R=A$，ran$R=B$。

由于关系本质上是一个集合，因此可采用表示集合的列举法和谓词描述法(一般不采用递归定义法)来表示一个关系，前面的几个例子就是这样的。用列举法和谓词描述法等数学描述的方法表示关系虽然很精确，但不够形象直观，也不适合于用计算机来处理。对于非空有限集之间(或非空有限集上)的关系，还常采用关系矩阵和关系图这两种有力的工具来表示。

若 $A=\{a_1, a_2, \cdots, a_n\}$ 和 $B=\{b_1, b_2, \cdots, b_m\}$ 是两个非空有限集，则对于任意 A 到 B 的关系 R 都对应于一个 $n\times m$ 的 0/1 矩阵(即其中的元素要么是 0，要么是 1 的矩阵)$\boldsymbol{M}_R=(\mu_{ij})_{n\times m}$，其中：

$$\mu_{ij}=\begin{cases}1, & 若\ a_iRb_j \\ 0, & 若\ a_i\not R b_j\end{cases} \quad (i=1, 2, \cdots, n;\ j=1, 2, \cdots, m)$$

称 $\boldsymbol{M}_R$ 为 R 的关系矩阵。

例 5.2.5 集合 $A=\{1, 2, 3, 4\}$ 上的关系 $R=\{\langle 1, 1\rangle, \langle 1, 2\rangle, \langle 2, 3\rangle, \langle 3, 1\rangle, \langle 3, 2\rangle\}$ 的关系矩阵 $\boldsymbol{M}_R$ 是一个四阶方阵：

$$\boldsymbol{M}_R:\ \begin{array}{c} \\ 1 \\ 2 \\ 3 \\ 4 \end{array}\begin{array}{c} \begin{array}{cccc} 1 & 2 & 3 & 4 \end{array} \\ \begin{bmatrix} 1 & 1 & 0 & 0 \\ 0 & 0 & 1 & 0 \\ 1 & 1 & 0 & 0 \\ 0 & 0 & 0 & 0 \end{bmatrix} \end{array}$$

例 5.2.6　集合 $A=\{1, 2, 3, 4\}$ 到集合 $B=\{a, b, c\}$ 的关系 $S=\{\langle 1, a\rangle, \langle 1, c\rangle, \langle 2, b\rangle, \langle 4, a\rangle, \langle 4, b\rangle\}$ 的关系矩阵 $\boldsymbol{M}_S$ 是一个 4×3 的矩阵：

$$\boldsymbol{M}_S: \begin{array}{c} \\ 1 \\ 2 \\ 3 \\ 4 \end{array}\begin{array}{c} \begin{array}{ccc} a & b & c \end{array} \\ \begin{bmatrix} 1 & 0 & 1 \\ 0 & 1 & 0 \\ 0 & 0 & 0 \\ 1 & 1 & 0 \end{bmatrix} \end{array}$$

用关系图来表示关系时，必须区分 A 到 B 的关系和 A 上的关系这两种情况。作非空有限集 $A=\{a_1, a_2, \cdots, a_n\}$ 上的关系 R 的关系图 G_R 时，首先用 n 个小圆圈(或小圆点)表示 A 中的 n 个元素(并在旁边标上所代表的元素名称)，它们被称为关系图的顶点。如果 a_iRa_j，那么画一条从代表 a_i 的顶点到代表 a_j 的顶点的弧线(称为有向边)，并标上由 a_i 指向 a_j 的箭头($1\leqslant i, j\leqslant n$)。当 R 中的所有二元组都以这种方式连接完毕后，就得到了 R 的关系图 G_R。

例 5.2.7　例 5.2.5 中的关系 R 的关系图 G_R 如图 5.2.1 所示。

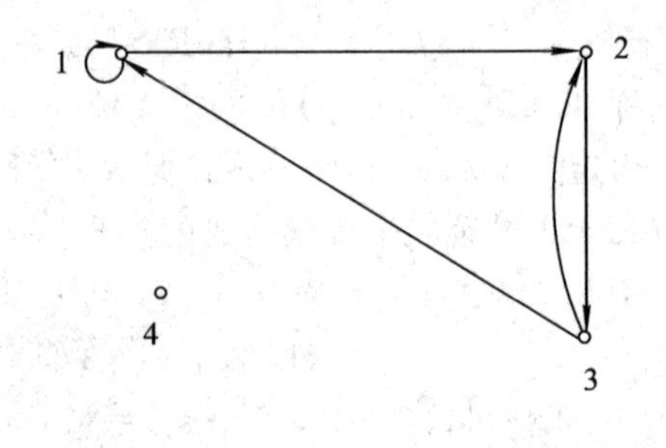

图 5.2.1

如果 a_iRa_i，那么将得到一条从 a_i 出发又回到 a_i 的圆弧，这样的弧叫自环线(自圈)。如果 a_iRa_j 且 a_jRa_i ($i\neq j$)，则需要在 a_i 和 a_j 之间连上两条方向相反的有向边(其中的任一条被称为是另一条的反向边)，为了简便起见，也可以用一条弧来代替，并在两个方向都标上箭头。

非空有限集 $A=\{a_1, a_2, \cdots, a_n\}$ 到非空有限集 $B=\{b_1, b_2, \cdots, b_m\}$ 的关系 R 的关系图 G_R 是一个有向双图。为作这样的 G_R，需要在同一列(或行)上作出 n 个顶点表示 $a_1, a_2, \cdots, a_n$，然后在它们的右侧(下方)作出 m 个顶点表示 $b_1, b_2, \cdots, b_m$。如果 a_iRb_j，那么画一条从 a_i 到 b_j 的有向边，其箭头由 a_i 指向 b_j ($i=1, 2, \cdots, n$; $j=1, 2, \cdots, m$)。

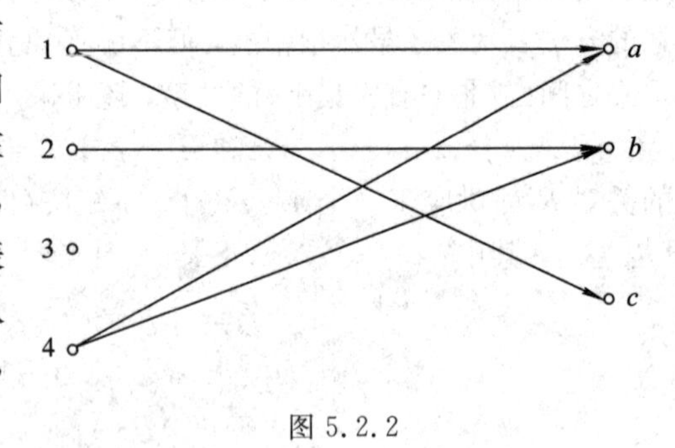

图 5.2.2

例 5.2.8　例 5.2.6 中的关系 S 的关系图 G_S 如图 5.2.2 所示。

习　题　5.2

1. 设 A 和 B 分别是 n 元和 m 元有限集，则共有多少个不相同的 A 到 B 的关系？

2. 设 $A=\{6:00, 6:30, 7:00, \cdots, 9:30, 10:00\}$ 表示在晚上每隔半小时的九个时刻的集合，$B=\{1, 2, 3, \cdots, 31, 32\}$ 表示某地可接收的 32 个电视频道的集合，那么 A 到 B 的关系可作什么解释？又设 R 和 S 是两个 A 到 B 的关系，则 $R\cup S$、$R\cap S$、$R-S$ 和 $R\oplus S$

分别可作什么解释？

3. 设 $R=\{\langle 1, 2\rangle, \langle 2, 4\rangle, \langle 3, 3\rangle\}$ 和 $S=\{\langle 1, 3\rangle, \langle 2, 4\rangle, \langle 4, 2\rangle\}$ 均是集合 $A=\{1, 2, 3, 4\}$ 上的关系，求 $R\cup S$、$R\cap S$、$R-S$、$R\oplus S$ 和 $\overline{R}$，并指出它们的定义域和值域。

4. 设 R_1 和 R_2 是同一 Cartesian 积上的二元关系，证明或用反例否定下列结论：

(1) $\mathrm{dom}R_1\cup\mathrm{dom}R_2=\mathrm{dom}(R_1\cup R_2)$；

(2) $\mathrm{dom}R_1\cap\mathrm{dom}R_2=\mathrm{dom}(R_1\cap R_2)$；

(3) $\mathrm{ran}R_1\cup\mathrm{ran}R_2=\mathrm{ran}(R_1\cup R_2)$；

(4) $\mathrm{ran}R_1\cap\mathrm{ran}R_2=\mathrm{ran}(R_1\cap R_2)$。

5. 设 A(和 B)是非空有限集，试描述 A 上的(A 到 B 的)空关系、A 上的恒等关系和 A 上的(A 到 B 的)全关系的关系图(关系矩阵)的特点。

6. 试简述如何通过关系 R 的关系图(矩阵)求出 $\mathrm{dom}R$ 和 $\mathrm{ran}R$。

7. 设 L 和 D 皆是集合$\{1, 2, 3, 6\}$上的关系，它们分别表示“小于或等于”和“整除”，试用列举法、关系图和关系矩阵表示 L、D、$L\cup D$ 和 $L\cap D$。

8. 对于下面所列出的集合 A 上的关系 R，试给出相应的关系图 G_R 和关系矩阵 $\boldsymbol{M}_R$。

(1) $R=\{\langle 0, 0\rangle, \langle 0, 3\rangle, \langle 2, 0\rangle, \langle 2, 1\rangle, \langle 2, 3\rangle, \langle 3, 2\rangle\}$，$A=\{0, 1, 2, 3\}$；

(2) $R=\{\langle x, y\rangle \mid (x\geqslant 0)\wedge(y\leqslant 3)\}$，$A=\{0, 1, 2, 3, 4\}$；

(3) $R=\{\langle x, y\rangle \mid 0\leqslant x-y\leqslant 2\}$，$A=\{0, 1, 2, 3, 4\}$；

(4) $R=\{\langle x, y\rangle \mid (x, y)=1\}$，$A=\{2, 3, 4, 5, 6\}$；

(5) $R=\{\langle x, y\rangle \mid xy<10\}$，$A=\{1, 2, 3, 4, 5, 6\}$；

(6) $R=\{\langle x, y\rangle \mid (x-y)^2\in A\}$，$A=\{1, 2, 3, 4, 5, 6\}$；

(7) $R=\{\langle x, y\rangle \mid x\div y$ 是素数$\}$，$A=\{1, 2, 3, 4, 5, 6\}$；

(8) $R=\{\langle x, y\rangle \mid 2\leqslant x, y\leqslant 7$；且 $x\mid y\}$，$A=\{1, 2, 3, \cdots, 10\}$。

9. 对于下面所列的集合 A 到集合 B 的关系 R，试给出相应的关系图 G_R 和关系矩阵 $\boldsymbol{M}_R$。

(1) $R=\{\langle a, 1\rangle, \langle b, 1\rangle, \langle c, 0\rangle, \langle d, 1\rangle, \langle e, 0\rangle\}$，$A=\{a, b, c, d, e\}$，$B=\{0, 1\}$；

(2) $R=\{\langle x, y\rangle \mid xy\in A\cap B\}$，$A=\{0, 1, 2\}$，$B=\{0, 2, 4\}$；

(3) $R=\{\langle x, y\rangle \mid x=y^2\}$，$A=\{1, 2, 3, 4, 5\}$，$B=\{1, 2, 3\}$；

(4) $R=\{\langle x, y\rangle \mid x\mid y\}$，$A=\{1, 2, 3\}$，$B=\{1, 2, 3, 4, 5, 6\}$。

部分习题参考答案

5.3 关系的性质

前两篇提到，整数集合上的关系“$\equiv_m$”、命题公式之间的关系“$\Leftrightarrow$”是自反、对称且传递的，正整数集合上的关系“$\mid$”、命题公式之间的关系“$\Rightarrow$”是自反、反对称且传递的，这就是关系的性质，这一节将详细讨论关系的性质。

定义 5.3.1　设 R 是集合 A 上的关系，若对于每个 $x\in A$，皆有 xRx，则称 R 具有自反性，即

$$R\text{ 是 }A\text{ 上的自反关系}\Leftrightarrow \forall x(x\in A\rightarrow xRx)$$

例 5.3.1　实数集合上的“小于或等于”关系、“相等”关系，整数集合上的“整除”关系、“关于模 m 同余”关系，命题(谓词)公式中的“等价”关系、“蕴涵”关系，集合之间的“相等”

关系、“包含”关系，平面上几何图形之间的“相似”关系等都是自反关系。

定理 5.3.1　设 R 是集合 A 上的关系，则 R 具有自反性，当且仅当 $I_A \subseteq R$。

证明　(1) 必要性。

对于 $\forall x \in A$，由 R 的自反性知 $\langle x, x\rangle \in R$，故 $I_A \subseteq R$。

(2) 充分性。

对于 $\forall x \in A$，由 I_A 的定义知 $\langle x, x\rangle \in I_A$，故 $\langle x, x\rangle \in R$，即 R 自反。

极易发现，在自反关系的关系图中，每个结点上皆有自环线。在自反关系的关系矩阵中，主对角线上的值皆为 1。

定义 5.3.2　设 R 是集合 A 上的关系，若对于每个 $x \in A$，皆有 $x \not R x$，则称 R 具有反自反性，即

$$R \text{ 是 } A \text{ 上的反自反关系} \Leftrightarrow \forall x(x \in A \rightarrow x \not R x)$$

例 5.3.2　实数集合上的“小于”关系、集合之间的“真包含”关系、平面上直线之间的“垂直”关系、日常生活中的“父子”关系等都是反自反的。

定理 5.3.2　设 R 是集合 A 上的关系，则 R 具有反自反性，当且仅当 $I_A \cap R = \varnothing$。

证明　(1) 必要性(反证法)。

假若 $I_A \cap R \neq \varnothing$，则存在 $\langle x, y\rangle \in I_A \cap R$，即 $x = y$ 且 xRy，这与 R 反自反矛盾。

(2) 充分性。

由 $I_A \cap R = \varnothing$ 知，I_A 中的二元组均不可能在 R 中出现，故 $\forall x \in A$，皆有 $x \not R x$。这表明 R 反自反。

显然，在反自反关系的关系图中，每个结点上皆没有自环线。在反自反关系的关系矩阵中，主对角线上的值皆为 0。

定义 5.3.3　设 R 是集合 A 上的关系，若对所有 $x, y \in A$，只要 xRy，就有 yRx，则称 R 具有对称性，即

$$R \text{ 是 } A \text{ 上的对称关系} \Leftrightarrow \forall x \forall y(x \in A \land y \in A \land xRy \rightarrow yRx)$$

例 5.3.3　实数集合上的“相等”关系、整数集合上的“关于模 m 同余”关系、命题(谓词)公式中的“等价”关系、集合之间的“不相交”关系、平面上直线之间的“平行”关系、图形之间的“相似”关系、日常生活中的“同班同学”关系等都是对称关系。

容易理解，在对称关系的关系图中，每条非自环线皆与其反向边一起成对出现。对称关系的关系矩阵是关于主对角线对称的。

定义 5.3.4　设 R 是集合 A 上的关系，若对所有 $x, y \in A$，只要 xRy 且 yRx，就有 $x = y$，则称 R 具有反对称性，即

$$\begin{aligned} R \text{ 是 } A \text{ 上的反对称关系} &\Leftrightarrow \forall x \forall y(x \in A \land y \in A \land xRy \land yRx \rightarrow x = y) \\ &\Leftrightarrow \forall x \forall y(x \in A \land y \in A \land xRy \land x \neq y \rightarrow y \not R x) \end{aligned}$$

例 5.3.4　实数集合上的“小于”关系、“小于或等于”关系，集合之间的“包含”关系、“真包含”关系，同一集合所有划分之间的“精分”关系等都是反对称关系。正整数集合上的“整除”关系也是反对称的，但整数集合上的整除关系则不是反对称的(因为一个整数与其相反数可互相整除)。

很明显，在反对称关系的关系图中，每条非自环线皆不与其反向边一起成对出现。在反对称关系的关系矩阵中，关于主对角线对称位置的元素不能同时为 1(这种矩阵称为反对

称矩阵）。

定义 5.3.5　设 R 是集合 A 上的关系，若对所有 x，y，$z\in A$，只要 xRy 且 yRz，就有 xRz，则称 R 具有传递性，即

$$R\text{ 是 }A\text{ 上的传递关系}\Leftrightarrow\forall x\forall y\forall z(x\in A\wedge y\in A\wedge z\in A\wedge xRy\wedge yRz\rightarrow xRz)$$

例 5.3.5　实数集合上的"小于"关系、"相等"关系，整数集合上的"整除"关系、"关于模 m 同余"关系，命题(谓词)公式中的"等价"关系、"蕴涵"关系，集合之间的"包含"关系、"相等"关系，平面上几何图形之间的"相似"关系，同一集合所有划分之间的"精分"关系等都是传递关系。

定义 5.3.6　设 R 是集合 A 上的关系，若对所有 x，y，$z\in A$，只要 xRy 且 yRz，就有 $x\not Rz$，则称 R 具有反传递性，即

$$R\text{ 是 }A\text{ 上的反传递关系}\Leftrightarrow\forall x\forall y\forall z(x\in A\wedge y\in A\wedge z\in A\wedge xRy\wedge yRz\rightarrow x\not Rz)$$

例 5.3.6　整数集合上的"相差为 1"关系、平面上直线的"垂直"关系、日常生活中的"父子"关系等都是反传递的。

关系的传递性和反传递性较难直接从关系矩阵中看出，在关系图中的体现也不明显，需要读者在学习图论的有关知识后加以总结。

习　题　5.3

1. 判断集合 A 上的空关系、恒等关系和全关系各具有什么性质。

2. 对于下面所列的集合 A 上的关系 R，确定它具有什么性质。

(1) $A=\{1, 2, 3\}$，$R=\{\langle 1, 1\rangle, \langle 1, 2\rangle, \langle 1, 3\rangle, \langle 3, 3\rangle\}$；

(2) $A=\{1, 2, 3\}$，$R=\{\langle 1, 1\rangle, \langle 1, 2\rangle, \langle 2, 1\rangle, \langle 2, 2\rangle, \langle 3, 3\rangle\}$；

(3) $A=\{1, 2, 3\}$，$R=\{\langle 1, 1\rangle, \langle 1, 2\rangle, \langle 2, 2\rangle, \langle 2, 3\rangle\}$；

(4) $A=\{1, 2, 3, 4\}$，$R=\{\langle 1, 3\rangle, \langle 1, 4\rangle, \langle 2, 3\rangle, \langle 2, 4\rangle, \langle 3, 4\rangle\}$；

(5) $A=\{1, 2, 3, 4\}$，$R=\{\langle 1, 2\rangle, \langle 1, 3\rangle, \langle 2, 4\rangle\}$；

(6) $A=\{1, 2, 3, 4, 5\}$，$R=\{\langle 1, 1\rangle, \langle 1, 3\rangle, \langle 2, 3\rangle\}$；

(7) $A=\mathbf{N}_+$，$R=\{\langle x, y\rangle \mid (x, y)=1\}$；

(8) $A=2^{\{1, 2, 3\}}-\{\varnothing\}$，$R=\{\langle S_1, S_2\rangle \mid S_1\cap S_2\neq\varnothing\}$；

(9) $A=\{1, 2, 3\}^2$，$R=\{\langle\langle x, y\rangle, \langle u, v\rangle\rangle \mid x+y=u+v\}$；

(10) $A=\{a, b\}^*$，$R=\{\langle x, y\rangle \mid \exists u\in\{a, b\}^*$ 使得 $xu=uy\}$。

3. 对于下面所列的整数集合 $\mathbf{Z}$ 上的关系 R，确定它具有什么性质。

(1) $R=\{\langle a, b\rangle \mid |a-b|\leqslant 10\}$；

(2) $R=\{\langle a, b\rangle \mid a-b=1\}$；

(3) $R=\{\langle a, b\rangle \mid a+b=1\}$；

(4) $R=\{\langle a, b\rangle \mid a+b=10\}$；

(5) $R=\{\langle a, b\rangle \mid ab\geqslant 0\}$；

(6) $R=\{\langle a, b\rangle \mid ab>0\}$；

(7) $R=\{\langle a, b\rangle \mid ab>0\}\cup\{\langle 0, 0\rangle\}$；

(8) $R=\{\langle a, b\rangle \mid 0\leqslant a-b\leqslant 10\}$；

(9) $R=\{\langle a, b\rangle \mid ab\neq 0\}$；

(10) $R=\{\langle a, b\rangle \mid ab=0\}$。

4. 如果满足某种性质的关系经过某种关系运算后的结果仍具有这种性质，则称该性质对这种运算满足封闭性(保持)。试讨论关系的六种性质对关系的交、并、差、对称差、补运算的封闭性，对满足的给予证明，对不满足的举反例加以说明。

5. 给出满足下列要求的关系的实例。

(1) 既是自反的，又是反自反的；

(2) 既不是自反的，又不是反自反的；

(3) 既是对称的，又是反对称的；

(4) 既不是对称的，又不是反对称的；

(5) 既是传递的，又是反传递的；

(6) 既不是传递的，又不是反传递的。

6. 设 A 是一个 n 元有限集，则

(1) 共有多少个 A 上的不相同的自反关系？

(2) 共有多少个 A 上的不相同的反自反关系？

(3) 共有多少个 A 上的不相同的对称关系？

(4) 共有多少个 A 上的不相同的反对称关系？

(5) 共有多少个 A 上的不相同的既对称又反对称的关系？

7. 有人说“若集合 A 上的关系 R 是对称的和传递的，则 R 必是自反的”，并给出了如下的证明：对于任意的 x，$y\in A$，如果 xRy，则由 R 的对称性可知 yRx，从而由 R 的传递性得到 xRx 和 yRy，因此 R 是自反的。他的看法对吗？为什么？

8. 设 R 是集合 A 上的一个自反关系，证明：R 是对称且传递的，当且仅当对于任意的 a，b，$c\in A$，只要 aRb 且 aRc，就有 bRc。

9. 请说明图 5.3.1 所示的关系图表示的关系具有什么性质。

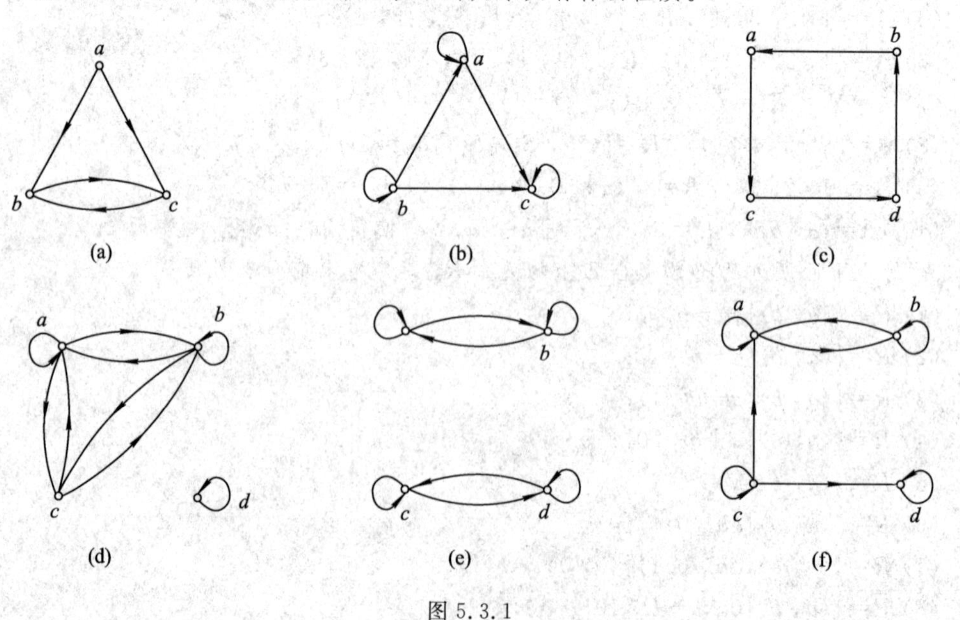

图 5.3.1

10. 设关系 R 和 S 均为集合 A 上的关系，对应的关系矩阵如下：

部分习题参考答案

$$\boldsymbol{M}_R=\begin{bmatrix}0&1&0\\1&1&1\\1&0&0\end{bmatrix},\quad \boldsymbol{M}_S=\begin{bmatrix}0&1&0\\0&1&1\\1&1&1\end{bmatrix}$$

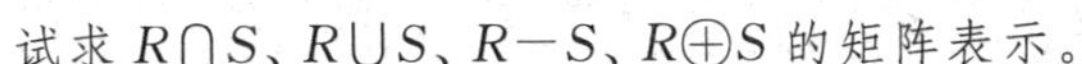

试求 $R\cap S$、$R\cup S$、$R-S$、$R\oplus S$ 的矩阵表示。

5.4　逆关系和复合关系

关系是一个特殊的集合，所以除了进行普通集合的比较、并、交、差、对称差等运算外，有它自己特有的运算，这一节要介绍的逆运算和复合运算就是这样的运算。

定义 5.4.1　设 R 是 A 到 B 的关系，则 R 的逆关系是 B 到 A 的关系，用 R^{-1}(或 R^c)表示，定义为

$$R^{-1}=\{\langle b,a\rangle \mid b\in B\wedge a\in A\wedge\langle a,b\rangle\in R\}$$

也就是说，R^{-1} 是将 R 中的全部二元组颠倒次序后得到的。体现在关系图中，R^{-1} 的关系图 $G_{R^{-1}}$ 是可以通过将 R 的关系图 G_R 中的每条有向边(自环线可不管)改变方向后得到的。体现在关系矩阵中，R^{-1} 的关系矩阵 $\boldsymbol{M}_{R^{-1}}$ 是可以通过转置 R 的关系矩阵 $\boldsymbol{M}_R$ 得到的。显然，对于三个关系常量，有

$$\varnothing^{-1}=\varnothing,\ I_A^{-1}=I_A,\ (A\times B)^{-1}=B\times A$$

关系的逆运算与关系的比较、并、交、差、对称差、补等运算之间有以下定理。

定理 5.4.1　设 R 和 S 都是 A 到 B 的关系，则

(1) $(R^{-1})^{-1}=R$；

(2) $R\subseteq S$ 当且仅当 $R^{-1}\subseteq S^{-1}$；

(3) $R=S$ 当且仅当 $R^{-1}=S^{-1}$；

(4) $(R\cup S)^{-1}=R^{-1}\cup S^{-1}$；

(5) $(R\cap S)^{-1}=R^{-1}\cap S^{-1}$；

(6) $(R-S)^{-1}=R^{-1}-S^{-1}$；

(7) $(R\oplus S)^{-1}=R^{-1}\oplus S^{-1}$；

(8) $(\overline{R})^{-1}=\overline{(R^{-1})}$。

本定理的证明比较简单，请读者自行完成。

定理 5.4.2　设 R 是集合 A 上的关系，则

(1) R 具有对称性，当且仅当 $R=R^{-1}$；

(2) R 具有反对称性，当且仅当 $R\cap R^{-1}\subseteq I_A$。

证明　(1) 先证明必要性。因为对于 $\forall\langle x,y\rangle$，有

$$\begin{aligned}\langle x,y\rangle\in R&\Rightarrow\langle y,x\rangle\in R\\&\Leftrightarrow\langle x,y\rangle\in R^{-1}\end{aligned}$$

所以 $R\subseteq R^{-1}$，这样 $R^{-1}\subseteq(R^{-1})^{-1}$，即 $R^{-1}\subseteq R$。总之，$R=R^{-1}$。

再证明充分性。因为对于 $\forall x,y$，有

$$\begin{aligned}xRy&\Leftrightarrow xR^{-1}y\\&\Leftrightarrow yRx\end{aligned}$$

所以 R 具有对称性。

(2) 先证明必要性。因为对于 $\forall\langle x, y\rangle$，有

$$\begin{aligned}\langle x, y\rangle\in R\cap R^{-1} &\Leftrightarrow\langle x, y\rangle\in R\wedge\langle x, y\rangle\in R^{-1}\\ &\Leftrightarrow xRy\wedge yRx\\ &\Rightarrow x=y\\ &\Leftrightarrow\langle x, y\rangle\in I_A\end{aligned}$$

所以 $R\cap R^{-1}\subseteq I_A$。

再证明充分性。因为对于 $\forall x, y$，有

$$\begin{aligned}xRy\wedge yRx &\Leftrightarrow\langle x, y\rangle\in R\wedge\langle x, y\rangle\in R^{-1}\\ &\Leftrightarrow\langle x, y\rangle\in R\cap R^{-1}\\ &\Rightarrow\langle x, y\rangle\in I_A\\ &\Leftrightarrow x=y\end{aligned}$$

所以 R 具有反对称性。

定义 5.4.2　设 R 是 A 到 B 的关系，S 是 B 到 C 的关系，则 R 和 S 的复合关系(或称合成关系)用 $R\circ S$ 表示，它是 A 到 C 的关系，定义为

$$R\circ S=\{\langle a, c\rangle\mid a\in A\wedge c\in C\wedge\exists b(b\in B\wedge\langle a, b\rangle\in R\wedge\langle b, c\rangle\in S)\}$$

复合关系 $R\circ S$ 同原来的关系 R 和 S 之间的联系如图 5.4.1 所示。

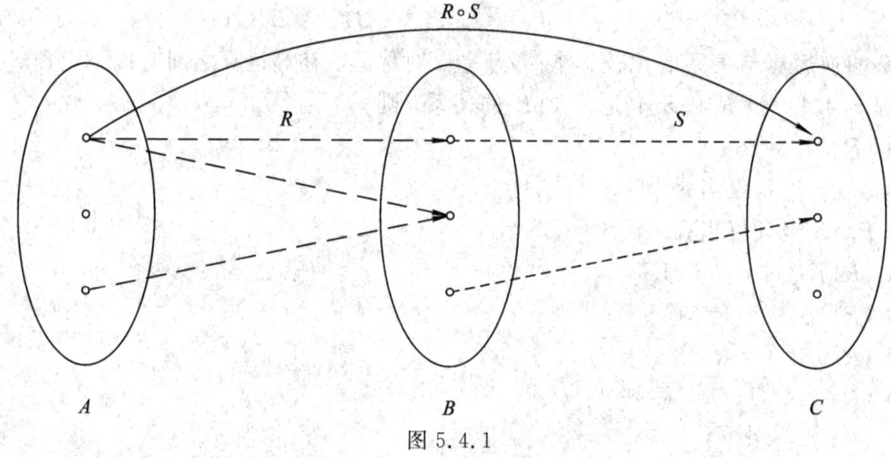

图 5.4.1

例 5.4.1　设 R 和 S 都是集合 $\{a, b, c, d\}$ 上的关系，且

$$R=\{\langle a, a\rangle, \langle a, b\rangle, \langle b, d\rangle\}$$
$$S=\{\langle a, d\rangle, \langle b, c\rangle, \langle b, d\rangle, \langle c, b\rangle\}$$

则

$$R\circ R=\{\langle a, a\rangle, \langle a, b\rangle, \langle a, d\rangle\}$$
$$S\circ S=\{\langle b, b\rangle, \langle c, c\rangle, \langle c, d\rangle\}$$
$$R\circ S=\{\langle a, d\rangle, \langle a, c\rangle\}$$
$$S\circ R=\{\langle c, d\rangle\}$$

因为关系可用矩阵表示，所以复合关系亦可用矩阵表示。为了讨论复合关系的关系矩阵，先引入 0/1 矩阵的复合运算⊛。

定义 5.4.3　设 $\boldsymbol{M}_1=(\gamma_{ij})$ 和 $\boldsymbol{M}_2=(\lambda_{ij})$ 分别是 $n\times m$ 和 $m\times p$ 的 0/1 矩阵，那么 $\boldsymbol{M}_1$ 和

M_2 复合运算的结果用 $M_1 \circledast M_2$ 表示，它是一个 $n\times p$ 的 0/1 矩阵(μ_{ij})，其中：

$$\mu_{ij}=\begin{cases}1, & 若 \bigvee\limits_{1\leqslant k\leqslant m}(\gamma_{ik}=1\wedge\lambda_{kj}=1)为真\\ 0, & 若 \bigvee\limits_{1\leqslant k\leqslant m}(\gamma_{ik}=1\wedge\lambda_{kj}=1)为假\end{cases}\qquad (i=1, 2, \cdots, n;\ j=1, 2, \cdots, p)$$

简单地说，$M_1 \circledast M_2$ 就是先对 M_1 和 M_2 作普通的矩阵乘法运算，然后对每个元素取符号函数值。

例 5.4.2　若 M_1 和 M_2 分别如下：

$$M_1=\begin{bmatrix}0&1&1&0&0\\0&0&0&1&0\\0&0&0&1&0\\0&0&0&0&1\\1&0&0&0&0\end{bmatrix},\quad M_2=\begin{bmatrix}1&0&0&1&0\\0&0&1&1&0\\0&1&0&0&0\\0&1&0&0&1\\1&0&0&0&0\end{bmatrix}$$

则

$$M_1 \circledast M_2=\begin{bmatrix}0&1&1&1&0\\0&1&0&0&1\\0&1&0&0&1\\1&0&0&0&0\\1&0&0&1&0\end{bmatrix}$$

定理 5.4.3　设 $A=\{a_1, a_2, \cdots, a_n\}$，$B=\{b_1, b_2, \cdots, b_m\}$，$C=\{c_1, c_2, \cdots, c_p\}$，$R$ 是 A 到 B 的关系，S 是 B 到 C 的关系，则

$$M_{R\circ S}=M_R \circledast M_S$$

证明　令 $M_R=(\gamma_{ij})_{n\times m}$，$M_S=(\lambda_{ij})_{m\times p}$，$M_{R\circ S}=(\mu_{ij})_{n\times p}$，则

$$\begin{aligned}\mu_{ij}=1&\Leftrightarrow a_i R\circ S c_j\Leftrightarrow \exists b_k(b_k\in B\wedge a_i R b_k\wedge b_k S c_j)\\&\Leftrightarrow \exists k(1\leqslant k\leqslant m\wedge\gamma_{ik}=1\wedge\lambda_{kj}=1)\\&\Leftrightarrow \bigvee_{1\leqslant k\leqslant m}(\gamma_{ik}=1\wedge\lambda_{kj}=1)\qquad (i=1, 2, \cdots, n;\ j=1, 2, \cdots, p)\end{aligned}$$

所以，$M_{R\circ S}=M_R \circledast M_S$。

例 5.4.3　例 5.4.2 中，$M_1 \circledast M_2$ 实际上是集合$\{1,2,3,4,5\}$上的关系 $R_1=\{\langle 1, 2\rangle, \langle 1, 3\rangle, \langle 2, 4\rangle, \langle 3, 4\rangle, \langle 4, 5\rangle, \langle 5, 1\rangle\}$和 $R_2=\{\langle 1, 1\rangle, \langle 1, 4\rangle, \langle 2, 3\rangle, \langle 2, 4\rangle, \langle 3, 2\rangle, \langle 4, 2\rangle, \langle 4, 5\rangle, \langle 5, 1\rangle\}$的复合关系 $R_1\circ R_2=\{\langle 1, 2\rangle, \langle 1, 3\rangle, \langle 1, 4\rangle, \langle 2, 2\rangle, \langle 2, 5\rangle, \langle 3, 2\rangle, \langle 3, 5\rangle, \langle 4, 1\rangle, \langle 5, 1\rangle, \langle 5, 4\rangle\}$的关系矩阵。

下面讨论关系复合运算的性质。显然，只要运算有意义，就有 $\varnothing\circ R=\varnothing$，$R\circ\varnothing=\varnothing$，且还有以下定理。

定理 5.4.4　设 R 是 A 到 B 的关系，则 $I_A\circ R=R$ 且 $R\circ I_B=R$。

证明　只考虑 A、B 非空的情形，先证明 $I_A\circ R=R$。

显然，$I_A\circ R$ 是 A 到 B 的关系，且对于 $\forall\langle a, b\rangle\in A\times B$，有

$$\begin{aligned}\langle a, b\rangle\in I_A\circ R&\Leftrightarrow\exists t(t\in A\wedge aI_At\wedge tRb)\\&\Leftrightarrow\exists t(t\in A\wedge a=t\wedge tRb)\\&\Leftrightarrow\exists t(t\in A\wedge a=t\wedge aRb)\\&\Leftrightarrow\exists t(t\in A\wedge a=t)\wedge aRb\end{aligned}$$

$$\Leftrightarrow \mathrm{T} \wedge \langle a, b\rangle \in R$$
$$\Leftrightarrow \langle a, b\rangle \in R$$

所以 $I_A \circ R = R$。同理，$R \circ I_B = R$。

关系的复合运算与关系的比较、并、交、逆等运算之间有以下定理。

定理 5.4.5　设 R_1 是 A 到 B 的关系，R_2 和 R_3 都是 B 到 C 的关系，R_4 是 C 到 D 的关系，则

(1) 如果 $R_2 \subseteq R_3$，那么 $R_1 \circ R_2 \subseteq R_1 \circ R_3$ 且 $R_2 \circ R_4 \subseteq R_3 \circ R_4$；

(2) $R_1 \circ (R_2 \cup R_3) = (R_1 \circ R_2) \cup (R_1 \circ R_3)$；

(3) $(R_2 \cup R_3) \circ R_4 = (R_2 \circ R_4) \cup (R_3 \circ R_4)$；

(4) $R_1 \circ (R_2 \cap R_3) \subseteq (R_1 \circ R_2) \cap (R_1 \circ R_3)$；

(5) $(R_2 \cap R_3) \circ R_4 \subseteq (R_2 \circ R_4) \cap (R_3 \circ R_4)$；

(6) $(R_1 \circ R_2)^{-1} = R_2^{-1} \circ R_1^{-1}$。

证明　只证明(1)、(4) 和(6)，其余的请读者自行完成(习题 5.4 第 8 题)。

(1) 因为对于 $\forall \langle a, c\rangle \in A \times C$，有

$$\begin{aligned}\langle a, c\rangle \in R_1 \circ R_2 &\Leftrightarrow \exists b(b \in B \wedge aR_1 b \wedge bR_2 c)\\ &\Rightarrow \exists b(b \in B \wedge aR_1 b \wedge bR_3 c)\\ &\Leftrightarrow \langle a, c\rangle \in R_1 \circ R_3\end{aligned}$$

所以 $R_1 \circ R_2 \subseteq R_1 \circ R_3$。同理，$R_2 \circ R_4 \subseteq R_3 \circ R_4$。

(4) 因为对于 $\forall \langle a, c\rangle \in A \times C$，有

$$\begin{aligned}\langle a, c\rangle \in R_1 \circ (R_2 \cap R_3) &\Leftrightarrow \exists b(b \in B \wedge aR_1 b \wedge b(R_2 \cap R_3)c)\\ &\Leftrightarrow \exists b(b \in B \wedge aR_1 b \wedge bR_2 c \wedge bR_3 c)\\ &\Leftrightarrow \exists b(b \in B \wedge aR_1 b \wedge bR_2 c \wedge b \in B \wedge aR_1 b \wedge bR_3 c)\\ &\Rightarrow \exists b(b \in B \wedge aR_1 b \wedge bR_2 c) \wedge \exists b(b \in B \wedge aR_1 b \wedge bR_3 c)\\ &\Leftrightarrow a(R_1 \circ R_2)c \wedge a(R_1 \circ R_3)c\\ &\Leftrightarrow \langle a, c\rangle \in (R_1 \circ R_2) \cap (R_1 \circ R_3)\end{aligned}$$

所以 $R_1 \circ (R_2 \cap R_3) \subseteq (R_1 \circ R_2) \cap (R_1 \circ R_3)$。

另外，图 5.4.2 说明了不能用“=”代替该式中的“$\subseteq$”。

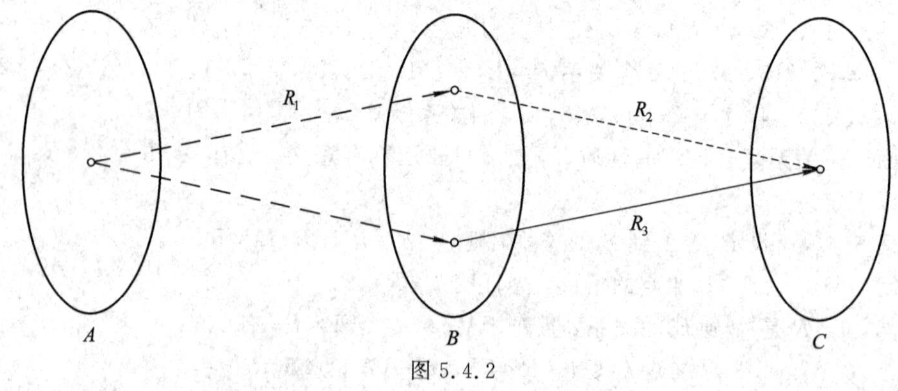

图 5.4.2

(6) 因为对于 $\forall \langle c, a\rangle \in C \times A$，有

$$\begin{aligned}\langle c, a\rangle \in (R_1 \circ R_2)^{-1} &\Leftrightarrow \langle a, c\rangle \in (R_1 \circ R_2)\\ &\Leftrightarrow \exists b(b \in B \wedge aR_1 b \wedge bR_2 c)\end{aligned}$$

$$\Leftrightarrow \exists b(b \in B \wedge bR_1^{-1}a \wedge cR_2^{-1}b)$$
$$\Leftrightarrow \langle c, a\rangle \in R_2^{-1} \circ R_1^{-1}$$

所以 $(R_1 \circ R_2)^{-1} = R_2^{-1} \circ R_1^{-1}$。

定理 5.4.5 中的结论在后面会经常用到，其中的结论(1)还可以表述为以下定理。

定理 5.4.6　设 R_1 和 R_2 是 A 到 B 的关系，S_1 和 S_2 是 B 到 C 的关系，且 $R_1 \subseteq R_2$，$S_1 \subseteq S_2$，则 $R_1 \circ S_1 \subseteq R_2 \circ S_2$。

定理 5.4.7　设 R_1 是 A 到 B 的关系，R_2 是 B 到 C 的关系，R_3 是 C 到 D 的关系，则

$$R_1 \circ (R_2 \circ R_3) = (R_1 \circ R_2) \circ R_3$$

证明　显然 $R_1 \circ (R_2 \circ R_3)$ 和 $(R_1 \circ R_2) \circ R_3$ 都是 A 到 D 的关系，且对于 $\forall \langle a, d\rangle \in A \times D$，有

$$\begin{aligned}\langle a, d\rangle \in R_1 \circ (R_2 \circ R_3) &\Leftrightarrow \exists b(b \in B \wedge aR_1 b \wedge bR_2 \circ R_3 d)\\
&\Leftrightarrow \exists b(b \in B \wedge aR_1 b \wedge \exists c(c \in C \wedge bR_2 c \wedge cR_3 d))\\
&\Leftrightarrow \exists b \exists c(b \in B \wedge c \in C \wedge aR_1 b \wedge bR_2 c \wedge cR_3 d)\\
&\Leftrightarrow \exists c \exists b(b \in B \wedge c \in C \wedge aR_1 b \wedge bR_2 c \wedge cR_3 d)\\
&\Leftrightarrow \exists c(c \in C \wedge \exists b(b \in B \wedge aR_1 b \wedge bR_2 c) \wedge cR_3 d)\\
&\Leftrightarrow \exists c(c \in C \wedge aR_1 \circ R_2 c \wedge cR_3 d)\\
&\Leftrightarrow \langle a, d\rangle \in (R_1 \circ R_2) \circ R_3\end{aligned}$$

所以 $R_1 \circ (R_2 \circ R_3) = (R_1 \circ R_2) \circ R_3$。

定义 5.4.4　设 R 是 A 上的关系，并设 n 为非负整数，定义 R(关于复合运算)的 n 次方幂 R^n 如下：

(1) $R^0 = I_A$；

(2) 对任意正整数 n，$R^n = R^{n-1} \circ R$。

定理 5.4.8　设 R 是 A 上的关系，n、m 为非负整数，则

(1) $(R^n)^{-1} = (R^{-1})^n$；

(2) $R^n \circ R^m = R^{n+m}$；

(3) $(R^n)^m = R^{nm}$。

证明　结论(1) 可由定理 5.4.5 的结论(6) 直接得到；对 m 行数学归纳法可得结论(2) 和结论(3)。

① 归纳基础：当 $m=0$ 时，有

$$R^n \circ R^m = R^n \circ R^0 = R^n \circ I_A = R^n = R^{n+m}$$
$$(R^n)^m = (R^n)^0 = I_A = R^0 = R^{nm}$$

② 归纳步骤：对任意的非负整数 k，假定 $m=k$ 时命题成立，即 $R^n \circ R^k = R^{n+k}$，$(R^n)^k = R^{nk}$，于是，有

$$R^n \circ R^{k+1} = R^n \circ (R^k \circ R) = (R^n \circ R^k) \circ R = R^{n+k} \circ R = R^{n+k+1}$$
$$(R^n)^{k+1} = (R^n)^k \circ R^n = R^{nk} \circ R^n = R^{nk+n} = R^{n(k+1)}$$

所以当 $m=k+1$ 时命题成立。

定理 5.4.9　设 R 是 n 元有限集 A 上的关系，则存在非负整数 s、t：$0 \leqslant s < t \leqslant 2^{n^2}$，使得 $R^s = R^t$。

证明　为简便起见，记 $2^{n^2} = m$。

因为总共只有 m 个定义在 n 元有限集 A 上的不同的关系，所以在以下 $m+1$ 个 R 的方幂

$$R^0, R^1, R^2, \cdots, R^m$$

之中，必有相同者。因此，存在 s、t：$0 \leqslant s < t \leqslant 2^{n^2}$ 使得 $R^s = R^t$。

注意，本定理的结论在 A 是无限集时不一定成立。如考虑自然数集合 $\mathbf{N}$ 上的关系

$$R = \{\langle x, y\rangle \mid x, y \in \mathbf{N}, \text{且 } y = x+1\}$$

则

$$R^k = \{\langle x, y\rangle \mid x, y \in \mathbf{N}, \text{且 } y = x+k\} \qquad (k \in \mathbf{N})$$

从而 $R^s = R^t$ 当且仅当 $s=t$。但以下定理的结论不论 A 是有限集还是无限集均成立。

定理 5.4.10 设 R 是集合 A 上的关系，且存在非负整数 s、t：$s<t$，使得 $R^s = R^t$，则

(1) 对任意 $i \in \mathbf{N}$ 皆有 $R^{s+i} = R^{t+i}$；

(2) 对任意 k，$i \in \mathbf{N}$ 皆有 $R^{s+kp+i} = R^{s+i}$，其中 $p = t-s$；

(3) 对任意 $q \in \mathbf{N}$ 皆有 $R^q \in \{R^0, R^1, R^2, \cdots, R^{t-1}\}$。

本定理的证明留作习题(习题 5.4 第 9 题)。

定理 5.4.11 设 R 是集合 A 上的关系，则

(1) R 是传递的，当且仅当 $R^2 \subseteq R$；

(2) R 是反传递的，当且仅当 $R \cap R^2 = \varnothing$。

证明 (1) 先证明必要性。因为对于 $\forall \langle x, y\rangle$，有

$$\begin{aligned}\langle x, y\rangle \in R^2 &\Leftrightarrow \exists z(\langle x, z\rangle \in R \wedge \langle z, y\rangle \in R)\\ &\Rightarrow \exists z(\langle x, y\rangle \in R)\\ &\Leftrightarrow \langle x, y\rangle \in R\end{aligned}$$

所以 $R^2 \subseteq R$。

再证明充分性。因为对于 $\forall x, y, z$，有

$$\begin{aligned}xRy \wedge yRz &\Rightarrow xR^2z\\ &\Rightarrow xRz\end{aligned}$$

所以 R 是传递的。

(2) 先证明必要性。因为对于 $\forall \langle x, y\rangle$，有

$$\begin{aligned}\langle x, y\rangle \in R \cap R^2 &\Leftrightarrow \langle x, y\rangle \in R \wedge \langle x, y\rangle \in R^2\\ &\Leftrightarrow \langle x, y\rangle \in R \wedge \exists z(\langle x, z\rangle \in R \wedge \langle z, y\rangle \in R)\\ &\Leftrightarrow \langle x, y\rangle \in R \wedge \langle x, y\rangle \notin R\end{aligned}$$

由空集的定义得，$R \cap R^2 = \varnothing$。

再用反证法证明充分性。假若存在 $x, y, z \in A$ 使得 xRy，yRz 且 xRz，则由 R^2 的定义知 $\langle x, z\rangle \in R^2$，从而 $\langle x, z\rangle \in R \cap R^2$，这与条件相矛盾。因此 R 是反传递的。

习 题 5.4

1. 设 R 和 S 都是集合 $\{0, 1, 2, 3, 4\}$ 上的关系，且

$$R = \{\langle x, y\rangle \mid x+y=4\}, \quad S = \{\langle x, y\rangle \mid y-x=1\}$$

试求 $R \circ S$、$S \circ R$、R^2、S^2、R^{-1} 和 S^{-1}。

2. 试讨论关系的六种性质对关系的逆运算和复合运算的封闭性，对满足的给予证明，对不满足的举反例加以说明。

3. 设 R 和 S 是集合 A 上的对称关系，证明：$R\circ S$ 具有对称性，当且仅当 $R\circ S=S\circ R$。

4. 设 R 是一个关系，证明：若 R 是自反且传递的，则 $R^2=R$。该命题的逆为真吗？

5. 设关系 R 的关系图如图 5.4.3 所示，试求出使 $R^s=R^t$ 成立的最小正整数 s、$t(s<t)$。

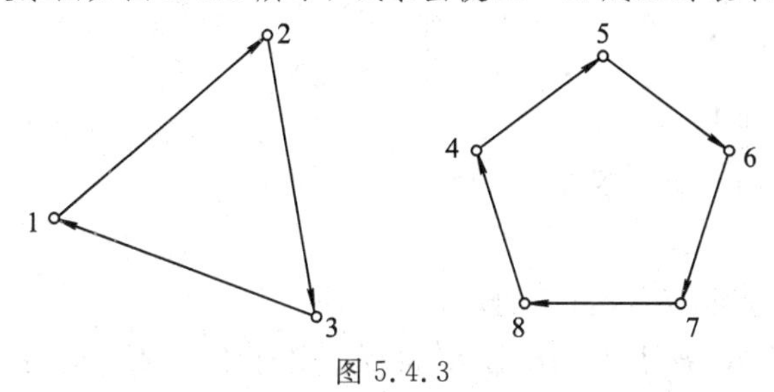

图 5.4.3

6. 设 R 是一个关系，证明：

(1) $\mathrm{dom}R^{-1}=\mathrm{ran}R$；

(2) $\mathrm{ran}R^{-1}=\mathrm{dom}R$。

7. 设 R 是 A 到 B 的关系，S 是 B 到 C 的关系，试求 $\mathrm{dom}(R\circ S)$和 $\mathrm{ran}(R\circ S)$。

8. 完成定理 5.4.5 的证明。

9. 完成定理 5.4.10 的证明。

10. 设 R 是自反关系，试证明对任意正整数 n，R^n 是自反的。

11. 设 R 是对称关系，试证明对任意正整数 n，R^n 是对称的。

12. 设关系 R 的关系矩阵为

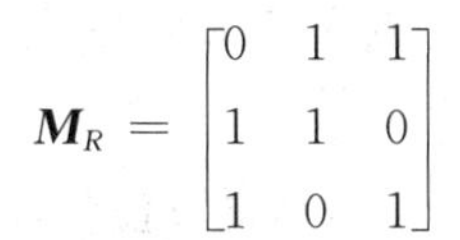

$$\boldsymbol{M}_R=\begin{bmatrix}0&1&1\\1&1&0\\1&0&1\end{bmatrix}$$

试给出R^{-1}、$\bar{R}$、R^2的矩阵表示。

部分习题参考答案

5.5 关系的闭包

对于不满足自反性(或对称性、传递性)的关系，可以通过添加一些二元组的办法得到满足自反性(对称性、传递性)的新关系，本节就来讨论这个问题。这里规定添加的原则是被添加的二元组是必需的，这就是关系的闭包运算。

定义 5.5.1 设 R 是集合 A 上的关系，如果 A 上的关系 R'满足：

(1) $R\subseteq R'$；

(2) R'是自反的(对称的、传递的)；

(3) 若 A 上的关系 R''也满足(1)和(2)，则 $R'\subseteq R''$，

那么称 R'是 R 的自反(对称、传递)闭包，记为 $r(R)$($s(R)$、$t(R)$)。

简单地说，R 的自反(对称、传递)闭包是包含 R 的、最小的、自反(对称、传递)关系。由定义 5.5.1 直接可得以下定理。

定理 5.5.1 设 R 是集合 A 上的关系，则

(1) R 是自反的，当且仅当 $r(R)=R$；

(2) R 是对称的，当且仅当 $s(R)=R$；

(3) R 是传递的，当且仅当 $t(R)=R$。

定理 5.5.2　设 R 是集合 A 上的关系，则

(1) $r(R)=R\cup I_A$；

(2) $s(R)=R\cup R^{-1}$；

(3) $t(R)=R^+$，其中，$R^+=\bigcup\limits_{i=1}^{\infty}R^i$。

证明　(1) 为方便起见，令 $R'=R\cup I_A$。

① 显然 $R\subseteq R'$；

② 因为 $I_A\subseteq R'$，所以 R' 是自反的；

③ 若 A 上的关系 R'' 满足 $R''\supseteq R$ 且 R'' 自反，则有 $I_A\subseteq R''$，从而由定理 4.2.1 的结论 (5) 可知 $R'\subseteq R''$。

综合①、②和③，由 $r(R)$ 的定义可知 $r(R)=R\cup I_A$。

(2) 与(1)类似。

(3) 可用与(1)类似的方法证明，也可证明如下。

① 证明 $t(R)\subseteq R^+$。

一方面，$R\subseteq R^+$；另一方面，对于任意的 x，y，$z\in A$，若 xR^+y 且 yR^+z，即存在正整数 i、j 使得 xR^iy 且 yR^jz，则 $xR^{i+j}z$，从而 xR^+z，这说明 R^+ 是传递的。

由 $t(R)$ 的定义可知 $t(R)\subseteq R^+$。

② 由 $R\subseteq t(R)$ 出发，利用定理 5.4.6 和定理 5.4.11 的结论(1) 可以得到：对任意正整数 i 皆有 $R^i\subseteq t(R)$，所以 $R^+\subseteq t(R)$。

综合①和②知，$t(R)=R^+$。

利用定理 5.5.2 的计算公式来求 $r(R)$ 和 $s(R)$ 是很方便的，但 $t(R)$ 的计算公式不够理想，有待改进。这在一般情况下不容易办到，但当 A 是有限集时，有以下定理。

定理 5.5.3　设 R 是 n 元非空有限集 A 上的关系，则存在正整数 $k\leqslant n$，使得

$$t(R)=\bigcup_{i=1}^{k}R^i$$

证明　由于 $t(R)=R^+$，因此只需证明在定理条件下有 $R^+\subseteq\bigcup\limits_{i=1}^{n}R^i$。

设 a，$b\in A$，且 $\langle a, b\rangle\in R^+$，则存在正整数 p 使得 $\langle a, b\rangle\in R^p$，即存在序列 x_1，x_2，…，x_{p-1} 满足

$$x_0Rx_1,\ x_1Rx_2,\ \cdots,\ x_{p-1}Rx_p\qquad (x_0=a,\ x_p=b)$$

假若满足上述条件的最小 p 值大于 n，则由 x_1，x_2，…，x_p 皆属于 A 知，必有 s、t，使得

$$x_s=x_t\qquad (1\leqslant s<t\leqslant p)$$

因此

$$x_0Rx_1,\ x_1Rx_2,\ \cdots,\ x_{s-1}Rx_t,\ \cdots,\ x_{p-1}Rx_p$$

这表明 $\langle a, b\rangle\in R^{p-(t-s)}$，这与 p 是最小的这一假设矛盾。

例 5.5.1　设集合 $A=\{1, 2, 3, 4, 5\}$，给定 A 上的关系 $R=\{\langle 1, 2\rangle, \langle 2, 1\rangle, \langle 2, 4\rangle, \langle 4, 5\rangle\}$，由于

$$R^2=\{\langle 1, 1\rangle, \langle 2, 2\rangle, \langle 1, 4\rangle, \langle 2, 5\rangle\}$$
$$R^3=\{\langle 1, 2\rangle, \langle 1, 5\rangle, \langle 2, 1\rangle, \langle 2, 4\rangle\}$$
$$R^4=\{\langle 1, 1\rangle, \langle 2, 2\rangle, \langle 1, 4\rangle, \langle 2, 5\rangle\}=R^2$$

因此 $t(R)=R\cup R^2\cup R^3=\{\langle 1, 1\rangle, \langle 1, 2\rangle, \langle 1, 4\rangle, \langle 1, 5\rangle, \langle 2, 1\rangle, \langle 2, 2\rangle, \langle 2, 4\rangle, \langle 2, 5\rangle, \langle 4, 5\rangle\}$。

定理 5.5.4　设 R 和 S 都是集合 A 上的关系且 $R\subseteq S$，则

(1) $r(R)\subseteq r(S)$；

(2) $s(R)\subseteq s(S)$；

(3) $t(R)\subseteq t(S)$。

证明　只证明结论(1)，其余的留作习题(习题 5.5 第 6 题)。

由定义 5.5.1 的(1)和(2)两条可知，$r(S)$是自反的，并且 $S\subseteq r(S)$。因为 $R\subseteq S$，所以 $R\subseteq r(S)$。根据定义 5.5.1 的(3)，立即得到$r(R)\subseteq r(S)$。

定理 5.5.5　设 R 是集合 A 上的关系。

(1) 若 R 是自反的，则 $s(R)$和 $t(R)$也是自反的；

(2) 若 R 是对称的，则 $r(R)$和 $t(R)$也是对称的；

(3) 若 R 是传递的，则 $r(R)$是传递的。

证明　与定理 5.5.4 相同，只证明结论(1)，其余的留作习题(习题 5.5 第 6 题)。

因为 R 是自反的，故 $I_A\subseteq R$，从而 $I_A\subseteq s(R)$，且 $I_A\subseteq t(R)$，所以 $s(R)$和 $t(R)$都是自反的。

定理 5.5.4 揭示了三种闭包运算对比较运算的性质。定理 5.5.5 揭示了关系的自反性、对称性、传递性对相关闭包运算的封闭性，该定理也表明传递性对对称闭包运算并不封闭，这可由下面的例子清楚地看到。

例 5.5.2　设集合 $A=\{1, 2, 3, 4\}$，并取

$$R=\{\langle 1, 2\rangle, \langle 1, 3\rangle, \langle 1, 4\rangle, \langle 2, 3\rangle\}$$

虽然 R 是传递的，但

$$s(R)=\{\langle 1, 2\rangle, \langle 1, 3\rangle, \langle 1, 4\rangle, \langle 2, 3\rangle, \langle 2, 1\rangle, \langle 3, 1\rangle, \langle 4, 1\rangle, \langle 3, 2\rangle\}$$

不是传递的。

定理 5.5.6　设 R 是集合 A 上的关系，则

(1) $rs(R)=sr(R)$；

(2) $rt(R)=tr(R)$；

(3) $st(R)\subseteq ts(R)$。

其中 $rs(R)=r(s(R))$，$sr(R)=s(r(R))$，其余类推。

证明　只证明结论(1)，其余的留作习题(习题 5.5 第 6 题)。

由定义 5.5.1 知 $R\subseteq s(R)$，从而由定理 5.5.4 知 $r(R)\subseteq rs(R)$，$sr(R)\subseteq srs(R)$。而由定理 5.5.5 知 $rs(R)$是对称的，即 $srs(R)=rs(R)$，所以 $sr(R)\subseteq rs(R)$。同理，有$rs(R)\subseteq sr(R)$。

用关系矩阵来表示关系非常适合计算机进行存储和处理。在用计算机求解关系的闭包时，自反闭包和对称闭包的求解比较简单，传递闭包有两种求解方法，显然若 n 元有限集上的关系 R 的关系矩阵为 $\boldsymbol{M}_R$，则 R 的传递闭包 R^+ 的关系矩阵可通过下式计算：

$$M_{R^*}=M_R \vee M_R^2 \vee M_R^3 \vee \cdots \vee M_R^n$$

根据这个等式可以设计一种计算传递闭包的算法：

设关系 R 的关系矩阵为 $\boldsymbol{M}$，则有

```
A=M
B=A
for i=2 to n
    A=A·M
    B=B∨A
```

其中"·"为关系矩阵的复合运算，"∨"为逻辑或。

另一种计算传递闭包的方法是通过 Warshall 算法来求解：

设关系 R 的关系矩阵为 $\boldsymbol{M}$，则有

```
A=M
for k=1 to n
    for i=1 to n
      for j=1 to n
        A[i, j]=A[i, j]∨(A[i, k]∧A[k, j])
```

其中"∨"为逻辑或，"∧"为逻辑与。

习　题　5.5

1. 对于下面所列的集合 A 上的关系 R，求出 $r(R)$、$s(R)$和 $t(R)$。

(1) $A=\{a, b, c, d\}$，$R=\{\langle a, d\rangle, \langle b, c\rangle, \langle b, d\rangle, \langle c, b\rangle\}$；

(2) $A=\{a, b, c, d\}$，$R=\{\langle a, b\rangle, \langle b, c\rangle, \langle c, b\rangle, \langle c, d\rangle\}$；

(3) $A=\{1, 2, 3, 4\}$，$R=\{\langle 1, 3\rangle, \langle 2, 3\rangle, \langle 3, 4\rangle, \langle 4, 2\rangle\}$；

(4) $A=\{1, 2, 3, 4\}$，$R=\{\langle 1, 1\rangle, \langle 1, 2\rangle, \langle 2, 4\rangle, \langle 3, 3\rangle, \langle 4, 2\rangle\}$；

(5) $A=\{1, 2, 3, 4\}$，$R=\{\langle 1, 1\rangle, \langle 2, 3\rangle, \langle 3, 2\rangle, \langle 3, 4\rangle, \langle 4, 1\rangle\}$；

(6) $A=\{1, 2, 3, 4, 5\}$，$R=\{\langle 1, 2\rangle, \langle 2, 3\rangle, \langle 1, 4\rangle, \langle 3, 5\rangle\}$；

(7) $A=\{1, 2, 3, 4, 5\}$，$R=\{\langle 2, 4\rangle, \langle 4, 1\rangle, \langle 3, 5\rangle, \langle 5, 3\rangle\}$；

(8) $A=\{1, 2, 3, 4, 5\}$，$R=\{\langle 1, 4\rangle, \langle 2, 3\rangle, \langle 3, 2\rangle, \langle 4, 3\rangle, \langle 5, 2\rangle\}$；

(9) $A=\{1, 2, 3, 4, 5\}$，$R=\{\langle 1, 5\rangle, \langle 3, 3\rangle, \langle 3, 4\rangle, \langle 5, 2\rangle\}$；

(10) $A=\{1, 2, 3, 4, 5, 6\}$，$R=\{\langle 1, 3\rangle, \langle 1, 5\rangle, \langle 2, 5\rangle, \langle 4, 5\rangle, \langle 5, 4\rangle, \langle 6, 3\rangle, \langle 6, 6\rangle\}$。

2. 设 R 和 S 都是集合 A 上的关系，证明：

(1) $r(R\cup S)=r(R)\cup r(S)$；

(2) $s(R\cup S)=s(R)\cup s(S)$；

(3) $t(R\cup S)\supseteq t(R)\cup t(S)$。

3. 设 R 和 S 都是集合 A 上的关系，证明：

(1) $r(R\cap S)=r(R)\cap r(S)$；

(2) $s(R\cap S)\subseteq s(R)\cap s(S)$；

(3) $t(R\cap S)\subseteq t(R)\cap t(S)$。

4. 设 R 是集合 A 上的关系，证明：

(1) $rt(R)=tr(R)=R^*$；

(2) $(R^+)^+=R^+$；

(3) $(R^*)^*=R^*$；

(4) $R\circ R^*=R^+=R^*\circ R$。

其中，$R^*=\bigcup\limits_{i=0}^{\infty}R^i$。

5. 给出一个 n 元集上的关系 R 的例子，使得 $\bigcup\limits_{i=1}^{n-1}R^i\subset t(R)$，从而说明定理 5.5.3 中的上界 n 是可能达到的。

6. 完成定理 5.5.4、定理 5.5.5 和定理 5.5.6 的证明，并举例说明定理 5.5.6 的结论(3)中，真包含可以出现。

7. 设有用图 5.5.1 表示的关系 R，试画出 $r(R)$、$s(R)$、$rs(R)$ 的关系图。

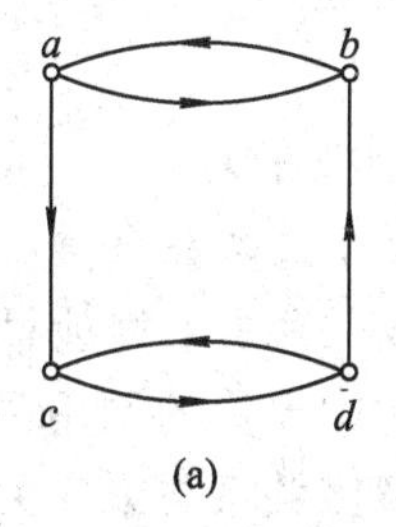

(a)

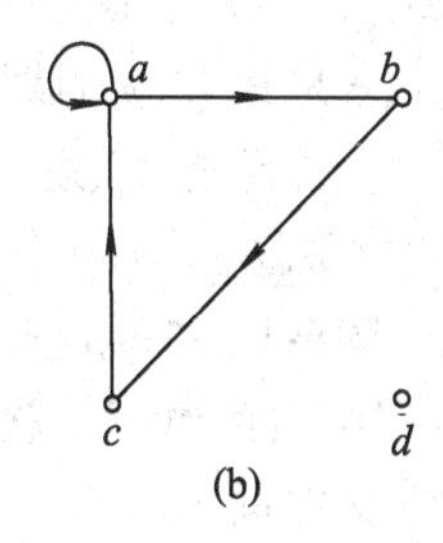

(b)

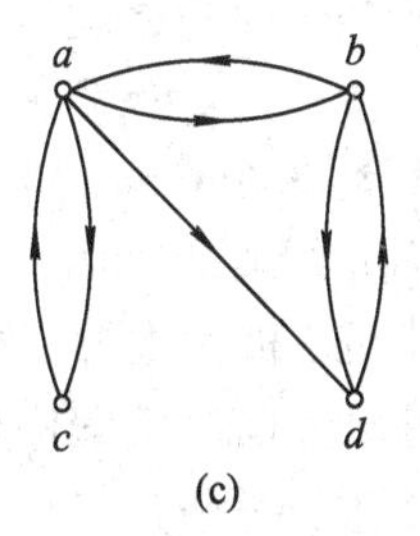

(c)

图 5.5.1

8. 设集合 $A=\{1, 2, 3, 4\}$，分别使用两种算法求 A 上关系 R 的传递闭包。

(1) $R=\{\langle 1, 2\rangle, \langle 2, 1\rangle, \langle 2, 3\rangle, \langle 3, 4\rangle, \langle 4, 1\rangle\}$；

(2) $R=\{\langle 2, 1\rangle, \langle 2, 3\rangle, \langle 3, 1\rangle, \langle 3, 4\rangle, \langle 4, 1\rangle, \langle 4, 3\rangle\}$；

(3) $R=\{\langle 1, 2\rangle, \langle 1, 3\rangle, \langle 1, 4\rangle, \langle 2, 3\rangle, \langle 2, 4\rangle, \langle 3, 4\rangle\}$；

(4) $R=\{\langle 1, 1\rangle, \langle 1, 4\rangle, \langle 2, 1\rangle, \langle 2, 3\rangle, \langle 3, 1\rangle, \langle 3, 2\rangle, \langle 3, 4\rangle, \langle 4, 2\rangle\}$。

部分习题参考答案

5.6 有序关系

数学的基础很大程度上基于数的大小与相等关系，数论的基础很大程度上基于整除和同余这两个关系，数理逻辑的基础很大程度上基于公式的等价与蕴涵关系，集合论的基础很大程度上基于集合的包含与相等关系……因此，对这些关系的共性作深入研究是非常必要的。这就是本节与下节要研究的几类重要的特殊关系，它们是有序关系、相容关系和等价关系。本节先研究有序关系。

定义 5.6.1 设 R 是集合 A 上的关系，若 R 是自反、反对称且传递的，则称 R 是 A 上的偏序(或称半序，部分序)关系，并称有序偶 $\langle A;R\rangle$ 为偏序集(或偏序结构)。此时，对于 a，$b\in A$，若 aRb，则称 a 先于 b，或称 a 是 b 的前辈；相应地，也常说 b 后于 a，或 b 是 a 的后裔。

定义 5.6.2 设 R 是集合 A 上的关系，若 R 是反自反且传递的，则称 R 是 A 上的拟序关系，并称有序偶 $\langle A;R\rangle$ 为拟序集。

定理 5.6.1 拟序关系必是反对称的。

证明 反证法。

假若不然，设集合 A 上的拟序关系 R 不是反对称的，则存在 x，$y\in A$，$x\neq y$ 使得 xRy 且 yRx，由于 R 是传递的，因此 xRx，这与 R 反自反矛盾。

例 5.6.1 “小于或等于”关系是 $\mathbf{N}$($\mathbf{Z}$、$\mathbf{N}_+$、$\mathbf{R}$)上的一个偏序关系，“小于”关系是 $\mathbf{N}$($\mathbf{Z}$、$\mathbf{N}_+$、$\mathbf{R}$)上的一个拟序关系。

例 5.6.2 “整除”关系是 $\mathbf{N}$(或 $\mathbf{N}_+$，或其子集)上的一个偏序关系，但不是 $\mathbf{Z}$ 上的偏序关系。

例 5.6.3 若 A 是一个集合，则集合的“包含”关系是 2^A(或其子集)上的一个偏序关系，“真包含”关系是其上的一个拟序关系。

例 5.6.4 若 A 是一个集合，Ω 是 A 的所有不同的划分组成之集：

$$\Omega=\{\pi\mid\pi \text{ 是集合 } A \text{ 的划分}\}$$

则 Ω 上的“精分”关系是一个偏序关系，而“真精分”关系是一个拟序关系。

虽然上面介绍的四个例子都来自数学范畴，但要注意，有序关系在日常生活和计算机科学中极为常见、极为重要。如学生修读课程之间的先修后续关系、工程项目管理中各工序的先后顺序、面向对象程序设计语言中类的继承、软件结构中模块的调用关系等都可抽象为有序关系进行分析研究。另外，定义在同一集合 A 上的拟序关系与偏序关系仅相差恒等关系 I_A，即有以下定理。

定理 5.6.2 设 R 是集合 A 上的关系。

(1) 如果 R 是一个拟序关系，那么 $r(R)=R\cup I_A$ 是一个偏序关系；

(2) 如果 R 是一个偏序关系，那么 $R-I_A$ 是一个拟序关系。

本定理的证明留作习题(习题 5.6 第 2 题)。

当关系未被指明时，常用符号“$\leqslant$”和“$<$”表示抽象的偏序关系和拟序关系。当然，这时它们就失去了原来的含义，不再表示通常的数的大小次序关系了。

定义 5.6.3 设 $\langle A;\leqslant\rangle$ 是一个偏序集，a，$b\in A$，如果两个关系式 $a\leqslant b$ 和 $b\leqslant a$ 有一式成立，则称 a 和 b 是可比较的；否则，称 a 和 b 是不可比较的。

例如，在 $\langle\{1,2,3\};\mid\rangle$ 中，1 和 1、1 和 2、1 和 3、2 和 2、3 和 3 都是可比较的，而 2 和 3 则是不可比较的。对于任何偏序集而言，每个元素皆与自己可比较。

定义 5.6.4 设 $\langle A;\leqslant\rangle$ 是一个偏序集，如果对于任意的 a，$b\in A$，a 和 b 都是可比较的，则称 $\leqslant$ 是 A 上的一个全序关系，称 $\langle A;\leqslant\rangle$ 是一个全序集。全序又称为线性序(或线序)、简单序，全序集又称为线序集、链。

例 5.6.5 对于例 5.6.1～例 5.6.4 这四个例子中提及的偏序关系而言，一般只有“小于或等于”关系是全序关系，其他几个关系是否是全序关系取决于它们定义在什么集合上。

对于非空有限集上的偏序关系，由于它是反对称且传递的，因此它的关系图可以简化。偏序关系的简化关系图称为“Hasse 图”。为了介绍 Hasse 图的作法，先引入直接前辈和直接后裔的概念。

定义 5.6.5　设$\langle A;\leqslant\rangle$是一个偏序集，$a, b\in A(a\neq b)$，若$a\leqslant b$，并且不存在$c\in A(c\neq a, b)$，使得

$$a\leqslant c \text{ 和 } c\leqslant b$$

同时成立，则称a是b的直接前辈(元素)，或称b是a的直接后裔(元素)。也就是说：

$$a\text{ 是 }b\text{ 的直接前辈}\Leftrightarrow a\leqslant b\wedge a\neq b\wedge \forall c(a\leqslant c\wedge c\leqslant b\rightarrow c=a\vee c=b)$$

有的文献中把"a是b的直接前辈"称为"b覆盖a"。考虑到这一说法一方面很不形象，另一方面，对初学者来说，容易与集合的覆盖产生混淆，因此这里一律采用前一种说法。

例 5.6.6　对于偏序集$\langle \mathbf{R};\leqslant\rangle$而言，任何实数没有直接前辈(后裔)，因为在任意两个不同的实数之间都存在另外的实数，比如它们的平均值。对于偏序集$\langle \mathbf{N};\leqslant\rangle$而言，每个正整数都有唯一的直接前辈(后裔)，即它的前驱(后继)。在后面的例子中还将看到，一个元素可能有多个不同的直接前辈(后裔)。

直接前辈(后裔)这一概念很好地反映了偏序集中元素间的层次关系，利用这一点就可较简便地作出偏序关系的 Hasse 图。偏序集$\langle A;\leqslant\rangle$的 Hasse 图的作法如下：

(1) 用小圆圈(或小圆点)表示集合A中的元素；

(2) 如果$a\leqslant b$，且$a\neq b$，则将代表a的小圆圈画在代表b的小圆圈的下方；

(3) 只有当a是b的直接前辈(后裔)时，才将代表a的小圆圈和代表b的小圆圈用直线连接。

例 5.6.7　图 5.6.1 的(a)、(b)、(c)和(d)给出了当A分别为$\varnothing$、$\{a\}$、$\{a, b\}$和$\{a, b, c\}$等不同集合时，偏序集$\langle 2^A;\subseteq\rangle$的 Hasse 图。而图 5.6.2 的(a)、(b)和(c)则分别给出了偏序集$\langle\{1, 2, 3, 4\};\leqslant\rangle$、$\langle\{1, 2, 3, 6\};|\rangle$和$\langle\{1, 2, 4, 8\};|\rangle$的 Hasse 图。

对于一个全序集而言，它的 Hasse 图中的顶点是上下一一排列着的，很像一条链子，这就是全序集也称为线序集和链的原因。

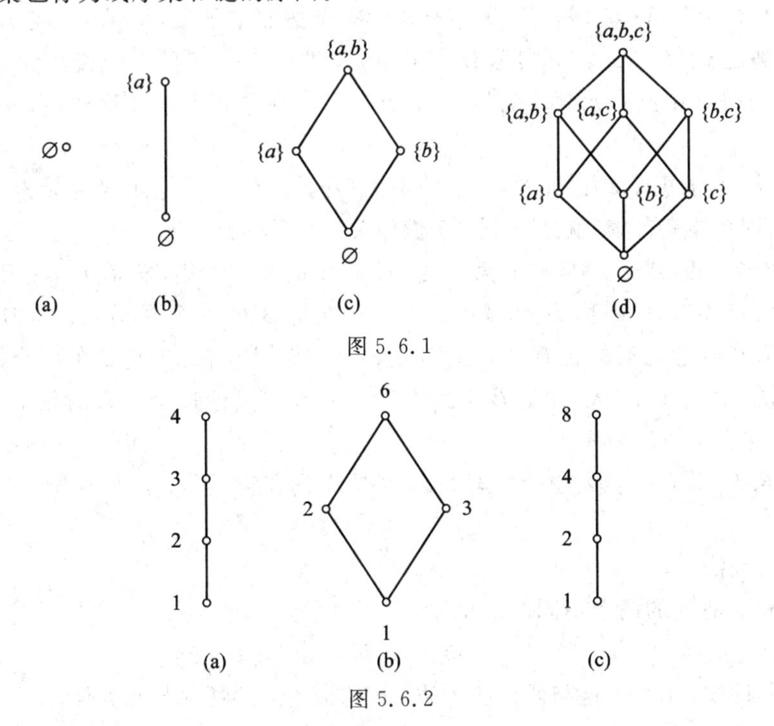

图 5.6.1

图 5.6.2

更直观地说，为了作出偏序集$\langle A;\ \leqslant\rangle$的Hasse图，可首先将$A$中所有没有直接前辈(后裔)的元素画在最低(高)层，然后将它们各自的所有直接后裔(前辈)画在次低(高)层，同时在对应元素之间用直线连接，如此进行到A中的全体元素全部被画上为止。

例5.6.8　设集合$A=\{1,2,3,4,\cdots,12\}$，则偏序集$\langle A;\ |\rangle$的Hasse图可如下作出：

(1) 将元素1画在最低层(不妨称之为第零层)；

(2) 将元素1的直接后裔(为素数)：2、3、5、7、11画在第一层，并将它们与1用直线连接；

(3) 在第二层上画上4、6、9、10这些有两个素因子(幂次累计在内)的元素，并将4和2，6和2、3，9和3，10和2、5用直线连接；

(4) 在第三层上画上8、12这些有三个素因子的元素，并将8和4，12和4、6用直线连接。

这样所得的Hasse图如图5.6.3所示。

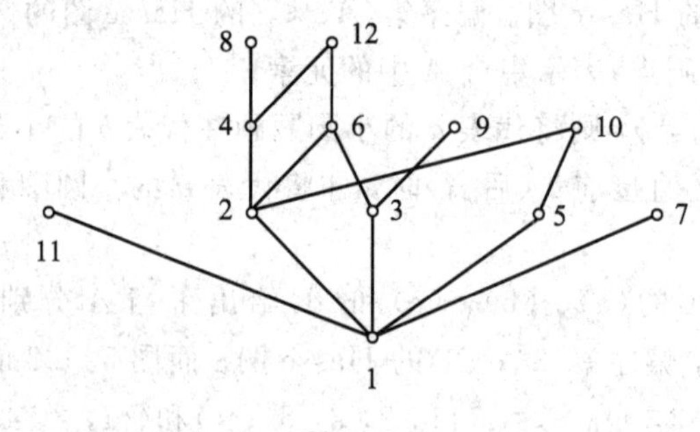

图5.6.3

对于偏序集$\langle A;\ \leqslant\rangle$而言，$A$中没有直接前辈(后裔)的元素就是$A$的极小(大)元。

定义5.6.6　设$\langle A;\ \leqslant\rangle$是一个偏序集，$B$是$A$的非空子集，若存在$b\in B$，使得$B$中没有元素$x$满足$x\neq b$且$x\leqslant b$，则称$B$有极小元，并称$b$是$B$的一个极小元；类似地，若存在$b\in B$，使得$B$中没有元素$x$满足$x\neq b$且$b\leqslant x$，则称$B$有极大元，并称$b$是$B$的一个极大元。

通俗地说，B的极小(大)元是B中的不大(小)于B中其他元素的元素。根据定义，“极小的联结词功能完备集”就是一个关于偏序关系“$\subseteq$”的极小元。

定义5.6.7　设$\langle A;\ \leqslant\rangle$是一个偏序集，$B$是$A$的非空子集，若存在$b\in B$，对于$B$中任意元素$x$皆有$b\leqslant x$，则称$B$有最小元，并称$b$是$B$的一个最小元；类似地，若存在$b\in B$，对于$B$中任意元素$x$皆有$x\leqslant b$，则称$B$有最大元，并称$b$是$B$的一个最大元。

通俗地说，B的最小(大)元是B中的小(大)于B中其他每个元素的元素。“关系的闭包”就是有特殊含义的最小元。

定理5.6.3　设$\langle A;\ \leqslant\rangle$是一个偏序集，$B$是$A$的非空子集，若$B$有最小(大)元，则必是唯一的。

证明　反证法。

假定a和b是B的两个不同的最小元，则

$$a\leqslant b \text{ 且 } b\leqslant a$$

由$\leqslant$的反对称性知，$a=b$，这与假设相矛盾。B的最大元的情况与此类似。

例 5.6.9　若偏序集$\langle A;\leqslant\rangle$的 Hasse 图如图 5.6.4 所示，则当 B 取相应集合时，有表 5.6.1 所示的结论。

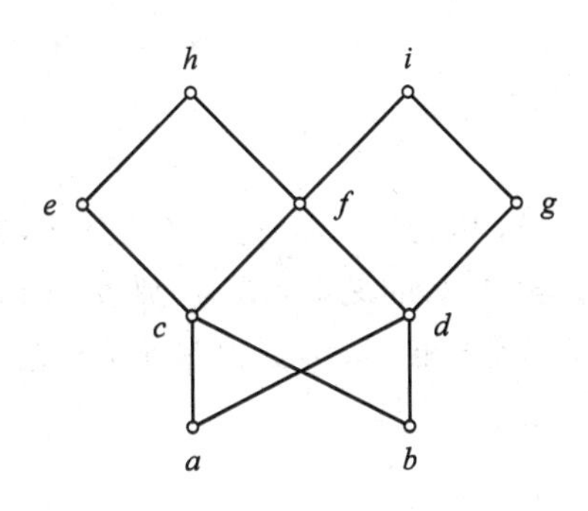

图 5.6.4

表 5.6.1

B	极小元	极大元	最小元	最大元
$\{a, b\}$	a, b	a, b	无	无
$\{a, b, c\}$	a, b	c	无	c
$\{a, b, c, d\}$	a, b	c, d	无	无
$\{b, c, d, f\}$	b	f	b	f
$\{a, c, f, i\}$	a	i	a	i

定义 5.6.8　设$\langle A;\leqslant\rangle$是一个偏序集，$B$ 是 A 的非空子集。

(1) 若存在 $a\in A$，使得对每个 $x\in B$ 皆有 $x\leqslant a$，则称 B 有上界，并称 a 为 B 的一个上界；类似地，若存在 $a\in A$，使得对每个 $x\in B$ 皆有 $a\leqslant x$，则称 B 有下界，并称 a 为 B 的一个下界。

(2) 若存在 B 的上界 a，使得对 B 的每个上界 a' 皆有 $a\leqslant a'$，则称 a 是 B 的上确界；类似地，若存在 B 的下界 a，使得对 B 的每个下界 a' 皆有 $a'\leqslant a$，则称 a 是 B 的下确界。

通俗地说，B 的上(下)界是 A 中大(小)于或等于 B 中的每个元素的元素，B 的上(下)确界是 B 的全体上(下)界中的最小(大)者。

例 5.6.10　对于例 5.6.9 所给出的偏序集$\langle A;\leqslant\rangle$及集合 B 的不同取值，有表 5.6.2 所示的结论。

表 5.6.2

B	上界	下界	上确界	下确界
$\{a, b\}$	c, d, e, f, g, h, i	无	无	无
$\{a, b, c\}$	c, e, f, h, i	无	c	无
$\{a, b, c, d\}$	f, h, i	无	f	无
$\{b, c, d, f\}$	f, h, i	b	f	b
$\{a, c, f, i\}$	i	a	i	a

定义 5.6.9　设$\langle A;\leqslant\rangle$是一个偏序集，若 A 的每个非空子集 B 皆有最小元，则称$\langle A;\leqslant\rangle$是一个良序集。

例 5.6.11　由定义 5.6.9 知，$\langle \mathbf{Z};\leqslant\rangle$和$\langle \mathbf{R};\leqslant\rangle$都不是良序集。另外，由例 4.5.1 的

结论知，$\langle \mathbf{N};\ \leqslant\rangle$是良序集。

定理 5.6.4　设$\langle A;\ \leqslant\rangle$是一个偏序集，则$\langle A;\ \leqslant\rangle$是一个良序集的充分必要条件为：

(1) $\leqslant$是 A 上的全序关系；

(2) A 的每个非空子集都有极小元。

证明　(1) 必要性。

一方面，对于任意的 a，$b\in A$，因为$\langle A;\ \leqslant\rangle$是一个良序集，所以集合$\{a, b\}$有最小元。若$\{a, b\}$的最小元是 a，则 $a\leqslant b$；若$\{a, b\}$的最小元是 b，则 $b\leqslant a$。因此，$\leqslant$是 A 上的全序关系。

另一方面，对于 A 的任意非空子集 B，B 必有最小元，这个最小元显然是 B 的极小元(习题 5.6 第 8 题)。

(2) 充分性。

考虑 A 的任一非空子集 B，由条件知 B 有极小元。设 b 是 B 的一个极小元，任取 $x\in B$，因为$\leqslant$是 A 上的全序关系，所以必有 $b\leqslant x$ 或 $x\leqslant b$。若 $x\leqslant b$，则由 b 是 B 的极小元知$x=b$，这说明恒有 $b\leqslant x$，即 b 是 B 的最小元。因此，$\langle A;\ \leqslant\rangle$是一个良序集。

定理 5.6.4 表明，每个良序集必然是全序集，但反之不然。

【注】　有限集上的全序集必为良序集。

有序关系形式化了排序、顺序或排列这个集合的元素的直觉概念，在不考虑自环线的前提下，有序关系的关系图可对应一个有向无环图(directed acyclic graph，DAG)。在图论中，DAG 的顶点组成的序列，当且仅当满足下列条件时，称为该图的一个拓扑排序(topological sorting)：

(1) 每个顶点出现且只出现一次；

(2) 若 A 在序列中排在 B 的前面，则在图中不存在从 B 到 A 的路径。

拓扑排序是对 DAG 的顶点的一种排序，若将每个顶点对应一个事件，则 DAG 可用于说明事件发生的先后次序。

例 5.6.12　早晨穿衣过程中的事件先后关系见图 5.6.5，则事件执行的顺序可以为穿袜子→穿内衣→穿裤子→穿鞋子→戴手表→穿衬衣→系皮带→系领带→穿外套，也可以为戴手表→穿内衣→穿袜子→穿裤子→穿鞋子→穿衬衣→系领带→系皮带→穿外套。这样的序列称为拓扑排序。

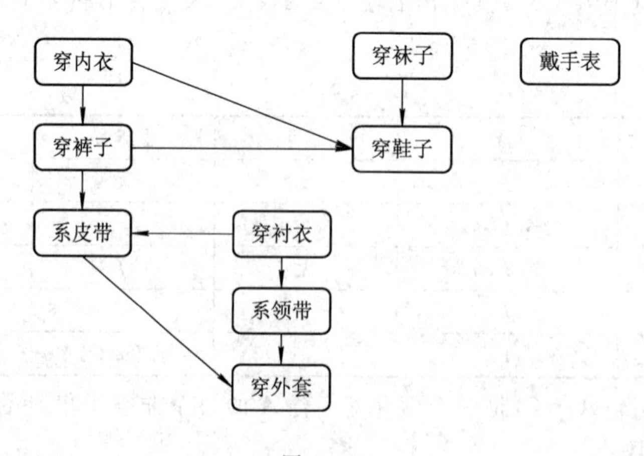

图 5.6.5

从例 5.6.12 中可以看出拓扑排序不是唯一的。

要找到一个 DAG 的拓扑排序，可以通过拓扑排序算法来求解，算法步骤如下：

(1) 置图 $G_1=G$，q 为空序列；

(2) 如果图 G_1 是空图，则拓扑排序完成，算法结束，得到的序列 q 就是图 G 的一个拓扑排序；

(3) 在图 G_1 中找到一个没有入边(即入度为 0)的顶点 v，将 v 放到序列 q 的最后(这样的顶点 v 必定存在，否则图 G_1 必定有圈)；

(4) 从图 G_1 中删去顶点 v 以及所有与顶点 v 相连的边 e(通过将与 v 邻接的所有顶点的入度减 1 来实现)，得到新的图 G_1，转(2)。

从这个算法中可以看到，拓扑排序算法可以用来检验一个图中是否有圈，如果得到的拓扑序列不能包含图中所有的点，则该图中必有圈。

习　题　5.6

1. 试画出集合 $\mathbf{Z}_{25}^*$、A_{24}、A_{30} 和 A_{72} 上的整除关系的 Hasse 图。其中 A_m 表示 m 的全体正因子之集，即

$$A_m=\{x\,|\,x\in\mathbf{N}_+ \text{ 且 } x\,|\,m\}$$

2. 证明定理 5.6.2。

3. 设 R 是集合 A 上的关系，证明：

(1) R 是偏序关系，当且仅当 $R^{-1}\cap R=I_A$ 且 $R=R^*$；

(2) R 是拟序关系，当且仅当 $R^{-1}\cap R=\varnothing$ 且 $R=R^+$。

4. 找出在集合 $\{1, 2, 3, 4\}$ 上包含二元组 $\langle 1, 4\rangle$ 和 $\langle 3, 2\rangle$ 的全序关系。

5. 构造下述集合的例子。

(1) 非空有限偏序集，但它不是全序集；

(2) 非空有限偏序集，它不是全序集，其中某些非空子集没有最小元；

(3) 非空全序集，其中某些非空子集没有极小元；

(4) 非空偏序集，其中某些非空子集有下确界但没有最小元；

(5) 非空偏序集，其中某些非空子集有上界但没有上确界。

6. 设 $\langle A; \leqslant\rangle$ 是一个偏序集，证明：A 的每个非空有限子集皆有极小(大)元。

7. 设 $\langle A; \leqslant\rangle$ 是一个全序集，证明：A 的每个非空有限子集皆有最小(大)元。

8. 设 $\langle A; \leqslant\rangle$ 是一个偏序集，B 是 A 的非空子集，证明下列断言。

(1) B 的最小(大)元必是 B 的极小(大)元；

(2) B 的最小(大)元必是 B 的下(上)确界；

(3) 若 b 是 B 的上(下)界，且 $b\in B$，则 b 是 B 的最大(小)元。

9. 证明或用反例否定下列断言。

(1) 每一个偏序关系的逆都是偏序关系；

(2) 每一个拟序关系的逆都是拟序关系；

(3) 每一个全序关系的逆都是全序关系；

(4) 每一个良序关系的逆都是良序关系。

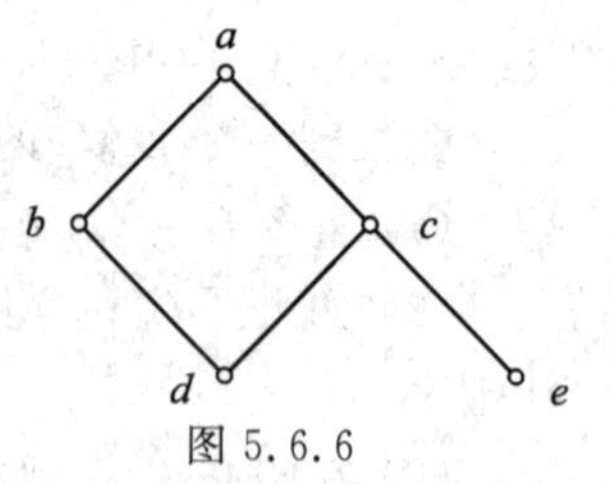

图 5.6.6

10. 设集合 $A=\{a, b, c, d, e\}$ 上的偏序关系 R 的 Hasse 图如图 5.6.6 所示。

(1) 下列式子中哪些成立？

aRa，aRb，aRe，bRc，bRe，dRa，dRe，eRa，eRb，eRd

(2) 求 A 的最小(大)元和极小(大)元；

(3) 求 $\{a, b, c\}$、$\{b, c, d\}$ 和 $\{c, d, e\}$ 的上(下)界和上(下)确界。

11. 图 5.6.7 给出了集合 $\{1, 2, 3, 4\}$ 上的四个偏序关系，画出它们的 Hasse 图，并说明哪一个是全序关系，哪一个是良序关系。

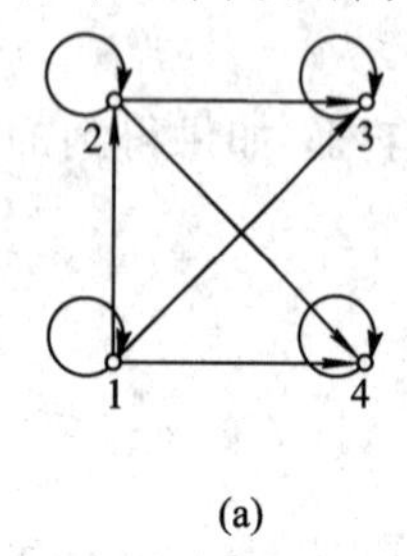

(a)

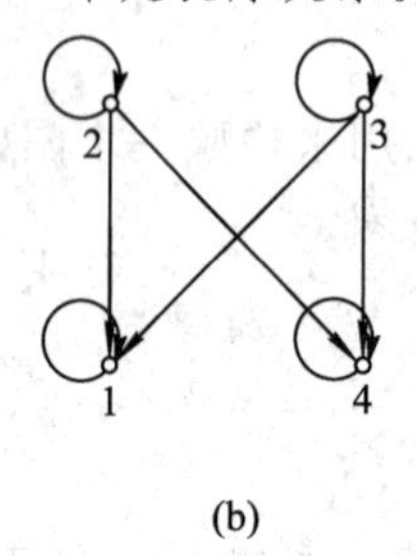

(b)

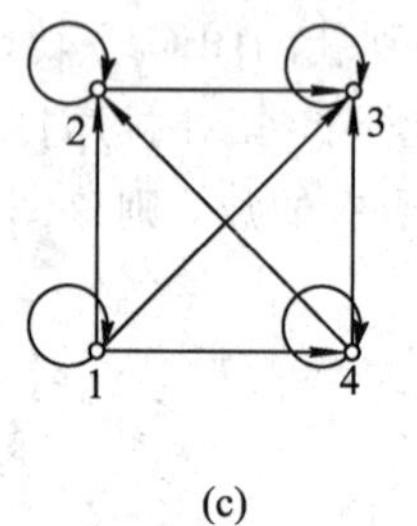

(c)

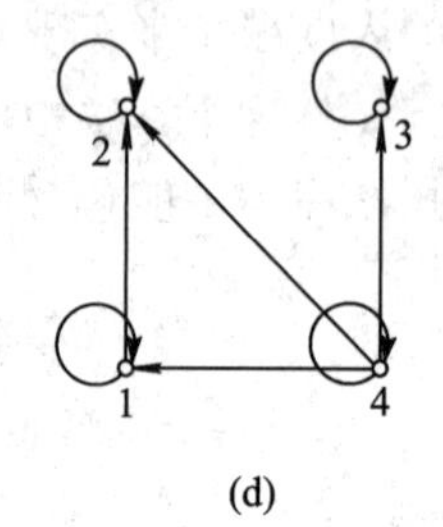

(d)

图 5.6.7

12. 试判断以下用关系矩阵表示的关系哪些是偏序关系。

(1) $\begin{bmatrix}1 & 0 & 1\\1 & 1 & 0\\0 & 0 & 1\end{bmatrix}$；　(2) $\begin{bmatrix}1 & 0 & 0\\0 & 1 & 0\\1 & 0 & 1\end{bmatrix}$；　(3) $\begin{bmatrix}1 & 0 & 1 & 0\\0 & 1 & 1 & 0\\0 & 0 & 1 & 1\\1 & 1 & 0 & 1\end{bmatrix}$。

13. 图 5.6.8 所示的 Hasse 图显示了一个软件项目开发任务中各项工作的关系，其中 A 为需求分析，B 为编写功能需求，C 为开发系统需求，D 为设置测试点，E 为写文档，F 为开发模块 A，G 为开发模块 B，H 为开发模块 C，I 为整合模块，J 为 α 测试，K 为 β 测试，L 为完成。请为各项工作安排一个合适的执行顺序。

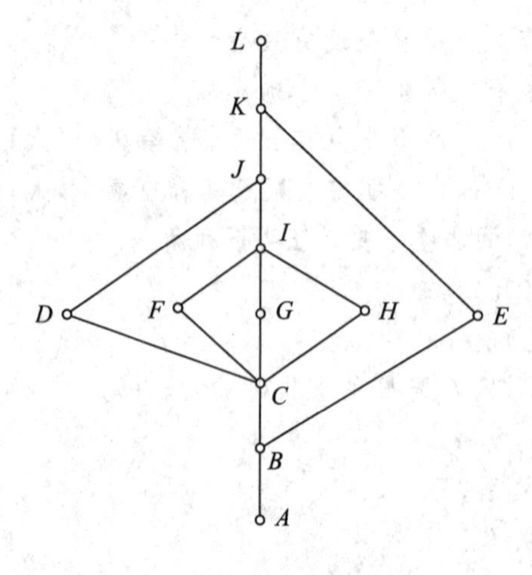

图 5.6.8

部分习题参考答案

5.7　相容关系与等价关系

5.6 节讨论了有序关系，本节研究相容关系和等价关系。

定义 5.7.1　设 R 是集合 A 上的关系，若 R 是自反且对称的，则称 R 是 A 上的相容关系。此时对于 a，$b\in A$，若 aRb，则称 a 和 b 相容；否则，称 a 和 b 不相容。

例 5.7.1　设 A 是由五个英文单词组成的集合：$A=\{\text{cat}, \text{cow}, \text{dog}, \text{let}, \text{net}\}$，定义 A 上的关系 R 为

$$xRy \text{ 当且仅当 } x \text{ 和 } y \text{ 中含有相同的字母}$$

则 R 是 A 上的相容关系。此外，非空集合之间的“相交不为空”关系、日常生活中的“同班同学”关系等都是相容关系。

由于相容关系是自反且对称的，因此其关系矩阵的主对角线元素都是 1，且矩阵是对称的。为此，可将矩阵用梯形(三角矩阵)表示：

$$\begin{array}{c|cccc}
a_2 & \mu_{21} & & & \\
a_3 & \mu_{31} & \mu_{32} & & \\
\vdots & \vdots & \vdots & \ddots & \\
a_n & \mu_{n1} & \mu_{n2} & \cdots & \mu_{n,n-1} \\
\hline
 & a_1 & a_2 & \cdots & a_{n-1}
\end{array}$$

并称之为相容关系的简化关系矩阵。

另一方面，在相容关系的关系图上，每个结点处都有自环线且任意两个相容的元素对应的结点之间的连线都是成对出现的。为了简化关系图，今后画相容关系的关系图时，一律不画自环线，并且把每对有向线改为一条无向边。称这样得到的无向图为相容关系的简化关系图。

例 5.7.2　例 5.7.1 所给出的相容关系 R 的简化关系矩阵为

$$\begin{array}{c|cccc}
\text{cow} & 1 & & & \\
\text{dog} & 0 & 1 & & \\
\text{let} & 1 & 0 & 0 & \\
\text{net} & 1 & 0 & 0 & 1 \\
\hline
 & \text{cat} & \text{cow} & \text{dog} & \text{let}
\end{array}$$

其简化关系图如图 5.7.1 所示。

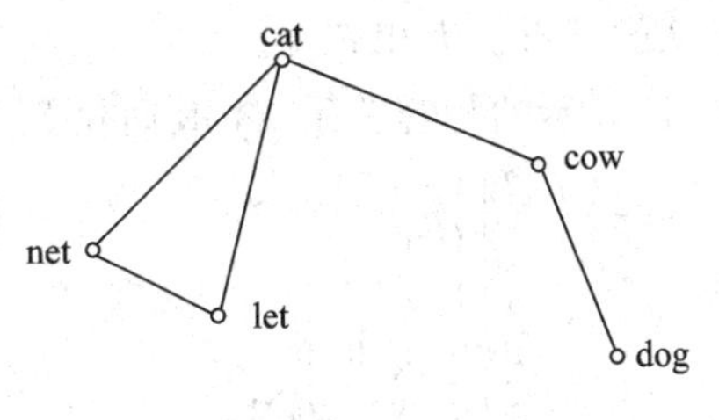

图 5.7.1

定义 5.7.2　设 R 是非空集合 A 上的相容关系，$S\subseteq A$，如果对于 S 中的任意元素 a 和 b 皆有 aRb，则称 S 为一个关于 R 的相容类。

定义 5.7.3　设 R 是非空集合 A 上的相容关系，S 是一个关于 R 的相容类，若 S 不真包含在任何其他的相容类中，则称 S 是一个关于 R 的极大相容类。

【注】　这里的“极大”本质上是定义 5.6.6 的特例。

例 5.7.3　对于例 5.7.1 所给出的相容关系 R，共有三个极大相容类：{cat，cow}、{cow，dog}和{cat，let，net}。

设 R 是非空集合 A 上的相容关系，在实际中常遇到的问题之一就是求 R 的所有极大相容类。如果利用简化关系图来求，就是要找出给定无向图的所有的“团”——极大的完全子图(将在第七章中介绍)。如对于图 5.7.2 所示的 $A=\{1, 2, 3, 4, 5, 6, 7\}$上的相容关系 R，容易看出

$$\{1, 2, 3, 4\}, \{2, 5\}, \{3, 6\}, \{5, 6, 7\}$$

是它的所有极大相容类。

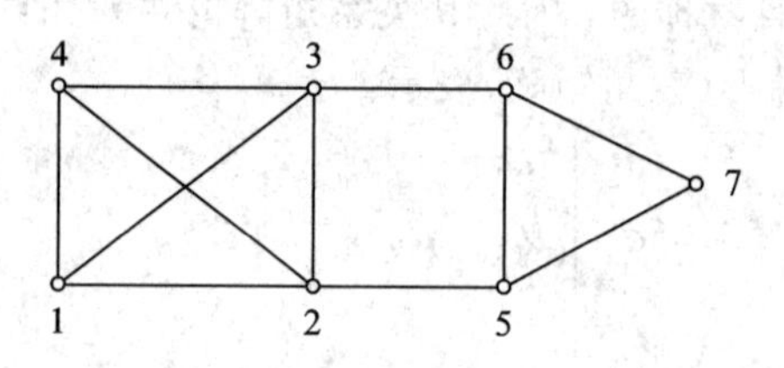

图 5.7.2

这种方法简单、直观，很实用，但要求具有一定的图论知识，且不宜用计算机来处理。下面介绍利用简化关系矩阵求极大相容类的方法。这种方法的具体步骤如下(设 R 是$\{a_1, a_2, \cdots, a_n\}$上的相容关系)：

(1) 列出 R 的简化关系矩阵，令其中的元素为 μ_{ij} ($i=2, 3, \cdots, n$; $j=1, 2, \cdots, i-1$)；

(2) R 的 n 级相容类为$\{a_1\}$，$\{a_2\}$，…，$\{a_n\}$；

(3) 若 $n=1$，则终止；

(4) 若 $n>1$，则 $i=n-1$；

(5) 取 $A=\{a_j \mid i<j\leqslant n$ 且 $\mu_{ji}=1\}$；

(6) 对每个 $i+1$ 级相容类 S，若 $S\cap A\neq\varnothing$，则添加一个新的相容类$\{a_i\}\cup(S\cap A)$；

(7) 对已得到的任意两个相容类 S 和 S'，若 $S'\subseteq S$，则删去 S'，这样合并后的相容类称为 i 级相容类；

(8) 若 $i>1$，则 $i=i-1$，并转到(5)；

(9) 若 $i=1$，则终止全过程。

最后得到的 1 级相容类即为 R 的所有极大相容类。

例 5.7.4　对于图 5.7.2 所表示的相容关系 R，其简化关系矩阵为

2	1					
3	1	1				
4	1	1	1			
5	0	1	0	0		
6	0	0	1	0	1	
7	0	0	0	0	1	1
	1	2	3	4	5	6

因为 $n=7$，所以先列出 R 的 7 级相容类：

$$\{1\},\ \{2\},\ \{3\},\ \{4\},\ \{5\},\ \{6\},\ \{7\}$$

从第 6 列开始扫描，可知 $A=\{7\}$，因此应添加$\{6, 7\}$，并删去$\{6\}$和$\{7\}$，得到 6 级相容类：

$$\{1\},\ \{2\},\ \{3\},\ \{4\},\ \{5\},\ \{6, 7\}$$

对第 5 列，$A=\{6, 7\}$，因此应添加$\{5, 6, 7\}$，并删去$\{5\}$和$\{6, 7\}$，得到 5 级相容类：

$$\{1\},\ \{2\},\ \{3\},\ \{4\},\ \{5, 6, 7\}$$

对第 4 列，$A=\varnothing$，因此 4 级相容类与 5 级相容类相同。

对第 3 列，$A=\{4, 6\}$，因此应添加$\{3, 4\}$及$\{3, 6\}$，并删去$\{3\}$和$\{4\}$，得到 3 级相容类：

$$\{1\},\ \{2\},\ \{3, 4\},\ \{3, 6\},\ \{5, 6, 7\}$$

对第 2 列，$A=\{3, 4, 5\}$，因此应添加$\{2, 3, 4\}$、$\{2, 3\}$及$\{2, 5\}$，但要删去其中的$\{2, 3\}$和$\{2\}$、$\{3, 4\}$，得到 2 级相容类：

$$\{1\},\ \{2, 3, 4\},\ \{2, 5\},\ \{3, 6\},\ \{5, 6, 7\}$$

对第 1 列，$A=\{2, 3, 4\}$，因此应添加$\{1, 2, 3, 4\}$、$\{1, 2\}$及$\{1, 3\}$，但要删去其中的$\{1, 2\}$、$\{1, 3\}$和$\{1\}$、$\{2, 3, 4\}$，得到 1 级相容类，即关于 R 的所有极大相容类：

$$\{1, 2, 3, 4\},\ \{2, 5\},\ \{3, 6\},\ \{5, 6, 7\}$$

从相容类的定义可以看出，A 中的任一元素 a 可以形成相容类$\{a\}$，因此必包含在一个极大相容类中。所以，由非空集合 A 的所有极大相容类组成的集合是 A 的一个覆盖。一般说来，这个覆盖不一定是划分，但当该相容关系进一步满足传递性时，这个覆盖中的各个块不会有公共元素，即它是一个划分，称这种相容关系为等价关系，它是一类非常重要的特殊关系。

定义 5.7.4　设 R 是集合 A 上的关系，若 R 是自反、对称且传递的，则称 R 是 A 上的等价关系。

例 5.7.5　设 $m>1$ 为正整数，则$\equiv_m$是整数集合上的等价关系。此外，集合 A 上的恒等关系、全关系等都是等价关系。

例 5.7.6　设集合 $A=\{1, 2, 3, 4, 5, 6, 7, 8, 9, 10\}$，$A$ 上的相容关系 R 的简化关系图如图 5.7.3 所示，不难验证 R 是一个等价关系。

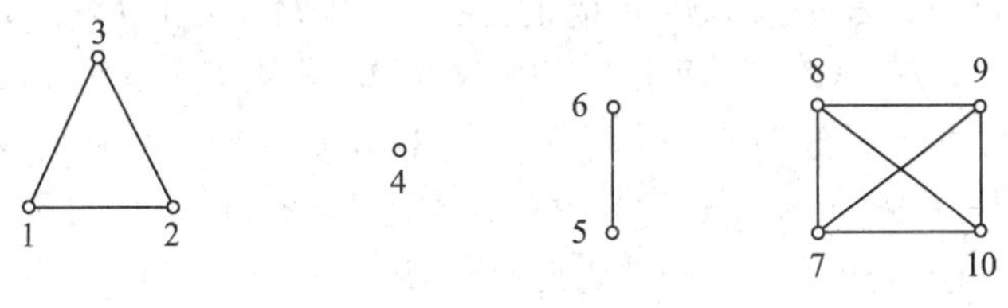

图 5.7.3

定义 5.7.5　设 R 是非空集合 A 上的等价关系，对于任意的 $a\in A$，令

$$[a]_R=\{x \mid x\in A\wedge aRx\}=\{x \mid x\in A\wedge xRa\}$$

称之为以 a 为代表的关于 R 的等价类。当不强调 R 时，常将$[a]_R$ 简记为$[a]$。

由 R 的自反性可知，对于任意的 $a\in A$，皆有 $a\in[a]$。

定理 5.7.1　设 R 是非空集合 A 上的等价关系，对于任意的 $a, b\in A$，有

$$aRb \text{ 当且仅当} [a]=[b]$$

证明 充分性显然，现证必要性。

对于任意的 $x\in[b]$，有 bRx，由 R 的传递性知 aRx，即 $x\in[a]$，所以 $[b]\subseteq[a]$。

同理，$[a]\subseteq[b]$。

故 $[a]=[b]$。

定理 5.7.2 设 R 是非空集合 A 上的等价关系，则 $\pi_R=\{[a]\mid a\in A\}$ 是集合 A 的划分。

证明 因为对于任意的 $a\in A$，皆有 $a\in[a]$，所以 $[a]$ 非空且 $\bigcup\limits_{a\in A}[a]=A$。下面证明：对于任意的 a，$b\in A$，当 $[a]\cap[b]\neq\varnothing$ 时，必有 $[a]=[b]$。

因为 $[a]\cap[b]\neq\varnothing$，所以存在 $c\in A$ 使得 $c\in[a]\cap[b]$，即 aRc 且 cRb，从而 aRb，由定理 5.7.1 可知 $[a]=[b]$。

定理 5.7.2 说明，等价关系 R 将所有（"从 R 的角度来看"）没有差别的成员聚集在一起形成等价类。例如，$\equiv_2$ 将全体整数分成两类：奇数和偶数。一般将这个由等价关系 R 诱导（导致、决定）的 A 的划分称为 A 关于 R 的商集。

定义 5.7.6 设 R 是非空集合 A 上的等价关系，关于 R 的诸等价类构成之集称为 A 关于 R 的商集，记作 A/R，即 $A/R=\{[a]\mid a\in A\}$。

例 5.7.7 若 A 是非空集合，则 A/I_A 是 A 的最细划分，而 $A/A\times A$ 是 A 的最粗划分。另外，对于例 5.7.6 所描述的 A 上的等价关系 R 来说，$A/R=\{\{1,2,3\},\{4\},\{5,6\},\{7,8,9,10\}\}$。

定理 5.7.3 设 R_1 和 R_2 是非空集合 A 上的等价关系，则

$$A/R_1=A/R_2 \text{ 当且仅当 } R_1=R_2$$

证明 当 $R_1=R_2$ 时，显然对于任意的 $a\in A$，皆有 $[a]_{R_1}=[a]_{R_2}$，从而 $A/R_1=A/R_2$。

另一方面，当 $A/R_1=A/R_2$ 时，因为对于任意的 $[a]_{R_1}\in A/R_1$，皆存在 $[c]_{R_2}\in A/R_2$，使得 $[a]_{R_1}=[c]_{R_2}$，这样对于任意的 $\langle a,b\rangle\in R_1$，因为 a，$b\in[a]_{R_1}$，所以 a，$b\in[c]_{R_2}$，从而 $\langle a,b\rangle\in R_2$。这表明 $R_1\subseteq R_2$。同理，$R_2\subseteq R_1$。

定理 5.7.4 设 π 是非空集合 A 的划分，定义 A 上的关系 R_π 如下：

$$\forall a, b\in A, aR_\pi b \text{ 当且仅当 } a \text{ 和 } b \text{ 属于 } \pi \text{ 中的同一个块中}$$

则 R_π 是 A 上的等价关系，且 $A/R_\pi=\pi$。

证明 R_π 是 A 上的等价关系这一点是显然的，下面证明 $A/R_\pi=\pi$。

任取 $S\in\pi$ 及 $a\in S$。若 $b\in S$，则由 R_π 的定义可知 $aR_\pi b$，所以 $b\in[a]$，从而 $S\subseteq[a]$。另一方面，若 $b\in[a]$，则 $aR_\pi b$，从而由 R_π 的定义可知，必有 $S'\in\pi$ 使 a，$b\in S'$，因为 $a\in S$，所以 $S\cap S'\neq\varnothing$。而 π 是 A 的划分，因此 $S=S'$。这表明 $S=[a]$，从而得到 $\pi\subseteq A/R_\pi$。

此外，任取 $[a]\in A/R_\pi$。因为 π 是 A 的划分，所以必有 $S\in\pi$ 使得 $a\in S$。通过与前面相类似的讨论可知 $S=[a]$，从而 $[a]\in\pi$，因此有 $A/R_\pi\subseteq\pi$。

综上可知，$A/R_\pi=\pi$。

定理 5.7.2 和定理 5.7.3 表明，非空集合 A 上的每个等价关系 R，都可唯一地确定 A 的一个划分 A/R。另一方面，定理 5.7.4 表明，对集合 A 的每个划分 π，当把 π 的每个块作为一个等价类时，就可给出 A 上的一个等价关系 R_π，并且 π 即为由 R_π 确定的 A 的划分 A/R_π。

总之，非空集合 A 上的等价关系与 A 的划分之间存在一一对应关系。A 上的等价关系 R 诱导了 A 的划分，且从 R 的角度来说划分中同一个块内的成员是没有差别的，这便使 A

中的一个元素可代表一个等价类，这种等价划分在本书的后续部分会经常提及，在日常生活和计算机科学、软件工程中也有重要应用。例如，软件测试中就有等价类划分的方法：把程序的输入域划分为若干个数据类，据此选择少量具有代表性的输入数据作为测试用例，以期用较小的代价暴露出较多的程序错误。

习　题　5.7

1. 设集合 $A=\{1, 2, 3, 4, 5, 6\}$ 上的相容关系 R_1 和 R_2 的简化关系矩阵分别为

$$\begin{array}{c|ccccc} 2 & 1 & & & & \\ 3 & 1 & 1 & & & \\ 4 & 0 & 0 & 1 & & \\ 5 & 0 & 0 & 1 & 1 & \\ 6 & 1 & 0 & 1 & 0 & 1 \\ \hline & 1 & 2 & 3 & 4 & 5 \end{array} \qquad \begin{array}{c|ccccc} 2 & 1 & & & & \\ 3 & 0 & 0 & & & \\ 4 & 1 & 1 & 0 & & \\ 5 & 0 & 0 & 0 & 1 & \\ 6 & 0 & 1 & 0 & 1 & 1 \\ \hline & 1 & 2 & 3 & 4 & 5 \end{array}$$

试用两种方法求出 R_1 和 R_2 的所有极大相容类。

2. 设 R 是集合 A 上的关系，证明：

(1) $sr(R)$是包含 R 的最小的相容关系；

(2) $tsr(R)$是包含 R 的最小的等价关系。

3. 设集合 $A=\{1, 2, 3, 4, 5, 6\}$，$R=\{\langle 1, 2\rangle, \langle 1, 3\rangle, \langle 2, 3\rangle, \langle 2, 4\rangle, \langle 2, 5\rangle, \langle 3, 4\rangle, \langle 3, 6\rangle, \langle 4, 5\rangle, \langle 4, 6\rangle\}$，试画出 $sr(R)$的简化关系图；并求出 A 的两个不同的覆盖，它们都可以给出相容关系 $sr(R)$。

4. 设集合 $A=\{1, 2, 3, 4, 5\}$。

(1) 试求出商集 A/R，其中 A 上的等价关系 $R=\{\langle 1, 1\rangle, \langle 2, 2\rangle, \langle 3, 3\rangle, \langle 4, 4\rangle, \langle 5, 5\rangle, \langle 1, 2\rangle, \langle 2, 1\rangle, \langle 3, 4\rangle, \langle 4, 3\rangle\}$；

(2) 试确定 A 上的等价关系 R，使得 $A/R=\{\{1, 2\}, \{3\}, \{4, 5\}\}$。

5. 对于下面所列的整数集合上的关系 R，说明它是否是等价关系。对于每一个等价关系，确定由它诱导的划分。

(1) $R=\{\langle a, b\rangle \mid a\leqslant 0\}$；

(2) $R=\{\langle a, b\rangle \mid a \mid b\}$；

(3) $R=\{\langle a, b\rangle \mid 10 \mid (a-b)\}$；

(4) $R=\{\langle a, b\rangle \mid |a-b|\leqslant 10\}$；

(5) $R=\{\langle a, b\rangle \mid ab\neq 0\}$；

(6) $R=\{\langle a, b\rangle \mid ab\geqslant 0\}$；

(7) $R=\{\langle a, b\rangle \mid ab>0\}$；

(8) $R=\{\langle a, b\rangle \mid ab>0\}\cup\{\langle 0, 0\rangle\}$；

(9) $R=\{\langle a, b\rangle \mid (a\leqslant 0\wedge b>0)\vee(a>0\wedge b\leqslant 0)\}$；

(10) $R=\{\langle a, b\rangle \mid (a\leqslant 0\wedge b\geqslant 0)\vee(a\geqslant 0\wedge b\leqslant 0)\}$。

6. 设 R_1 和 R_2 是非空集合 A 上的等价关系(相容关系)，下列关系中哪些一定是等价

关系(相容关系)?证明或用反例说明你的结论。

(1) $R_1 \cap R_2$;

(2) $R_1 - R_2$;

(3) R_1^{-1};

(4) $R_1 \circ R_2$;

(5) R_1^2;

(6) $A^2 - R_1$;

(7) $t(R_1 \cup R_2)$;

(8) $r(R_1 - R_2)$;

(9) $r(A^2 - R_1)$;

(10) $rt(R_1 - R_2)$。

7. 设 A 是一个 n 元非空有限集,则

(1) 共有多少个 A 上的不相同的相容关系?

(2) 共有多少个 A 上的不相同的等价关系?

8. 设 R_1 和 R_2 是非空集合 A 上的等价关系,证明:A/R_1 精分 A/R_2,当且仅当$R_1 \subseteq R_2$。

9. 试判断以图 5.7.4 表示的关系是否为等价关系。

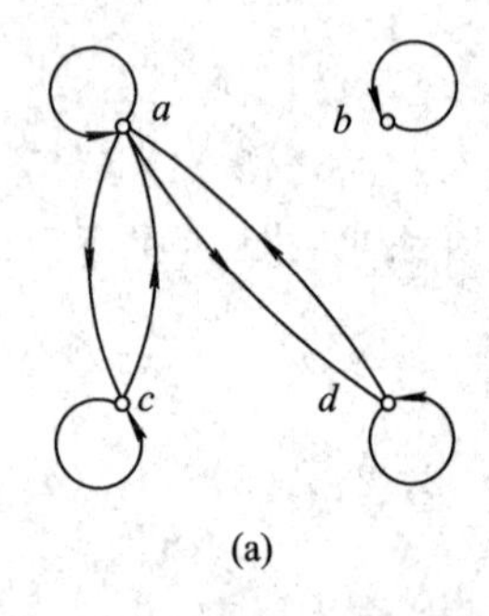

(a)

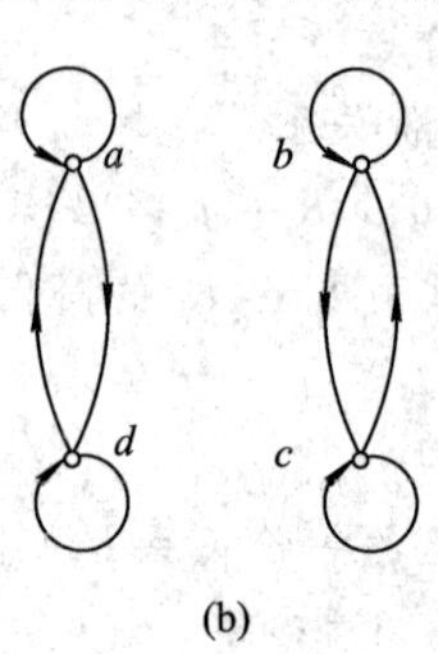

(b)

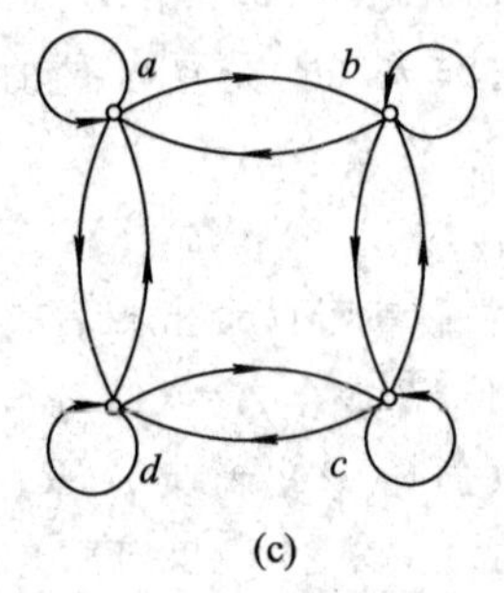

(c)

图 5.7.4

10. 试判断下列以关系矩阵表示的关系是否为等价关系。

(1) $\begin{bmatrix} 1 & 1 & 1 \\ 0 & 1 & 1 \\ 1 & 1 & 1 \end{bmatrix}$; (2) $\begin{bmatrix} 1 & 0 & 1 & 0 \\ 0 & 1 & 0 & 1 \\ 1 & 0 & 1 & 0 \\ 0 & 1 & 0 & 1 \end{bmatrix}$; (3) $\begin{bmatrix} 1 & 1 & 1 & 0 \\ 1 & 1 & 1 & 0 \\ 1 & 1 & 1 & 0 \\ 0 & 0 & 0 & 1 \end{bmatrix}$。

11. 称 n 元集合上不同等价关系的数目 $B(n)$ 为 Bell 数,它是以美国数学家 E. T. Bell 的名字命名的。证明:

(1)

$$B(n) = \sum_{k=1}^{n} S(n, k)$$

其中 $S(n, k)$ 为第二类 Stirling 数;

(2) $B(n)$ 满足递归关系:

$$B(n+1)=\sum_{j=0}^{n} C_n^j B(n-j)$$
$$B(0)=1$$

部分习题参考答案

5.8　n元关系与关系数据库

关系数据库是建立在关系数据模型基础上的数据库。关系数据模型是1970年E. F.科德提出的。随后，他对关系代数、关系演算和关系规范化理论等方面的发展做出了重要贡献，并为关系数据库系统的理论和实践奠定了基础。

关系数据模型是以集合论中的关系概念为基础发展起来的。关系数据模型中无论是实体还是实体间的联系，均由单一的结构类型——关系来表示。给定一组域(域是值的集合) D_1，D_2，…，D_n(这组域中可以有相同域)，则其Cartesian积 $D_1\times D_2\times\cdots\times D_n$的子集可以构成一张二维表，称之为一个$n$元关系。$n$为关系的目或度。表的每一行称为一个元组；表的每一列是同类型的数据。表的列必须具有唯一性的名字，即属性名。一个元组中的某一属性值称为一个分量。关系数据模型中关系的每个分量必须是不可分的数据项。例如：定义雇员关系为(姓名，雇员号，部门)，不同的雇员其各项属性的值是不一样的。从用户角度看，关系数据模型中数据的逻辑结构是一张二维表，例如表5.8.1就是一个含有四元组的关系。因此，实际关系数据库中的关系也称为表。一个关系数据库就是由若干个表组成的。

表 5.8.1

姓名	雇员号	部门
Harry	3415	财务
Sally	2241	销售
George	3401	财务
Harriet	2202	销售

关系模式是对关系的描述。关系实际上就是关系模式在某一时刻的状态或内容。也就是说，关系模式是型，关系是它的值。关系模式是静态的、稳定的，而关系是动态的、随时间不断变化的，因为关系操作在不断地更新着数据库中的数据。关系模式可用一个五元组$\langle R, U, D, \mathrm{DOM}, F\rangle$来表示。其中：$R$为关系名；$U$为属性集合；$D$为域；DOM为属性到域的映射；$F$为属性间的数据依赖关系集合。例如：导师和研究生出自同一个域——人，取不同的属性名，并在模式中定义属性到域的映射，即说明它们分别出自哪个域：

DOM(supervisor-person)＝DOM(postgraduate-person)＝PERSON

关系模式通常可以简记为

$$R(U)\quad 或\quad R(A_1, A_2, \cdots, A_n)$$

其中：R为关系名；A_1，A_2，…，A_n为属性名；域名及属性到域的映射常常直接说明为属性的类型、长度。例如上例中的雇员关系，其关系模式为雇员(姓名，雇员号，部门)。

常用的关系操作包括查询操作和插入、删除、修改操作两大部分。其中查询操作的表达能力最重要，包括选择、投影、笛卡儿积(也叫连接、联结)、并、交、差等操作。

选择操作：根据一个关系的属性的值从该关系中提取(或剔除)一组元组。例如，在雇员表中选择财务部门的雇员。

投影操作：提取(或剔除)一个关系中的一组特定的列。例如，列出所有雇员的姓名。

并操作：把两个关系组合成一个更大的新关系。

交操作：提取两个关系中共有的元组建立一个新关系。

差操作：把两个关系中非共同的元组组成一个新关系。

笛卡儿积操作：创建新的关系，用来在关系 A 中的每个元组和关系 B 中的每个元组之间进行拼接。笛卡儿积操作是连接操作的一个示例。连接操作根据所连接的列中的相同值，组合两个或多个关系，派生出一个新的关系。如果包括了两个关系中的全部元组，那么新的关系可能是一个笛卡儿积，但是，通常只需要这个笛卡儿积中的一部分。一个自然连接(natural join)操作是通过组合 A 和 B 中所有相同属性的相同值的所有行，把 A 和 B 两个关系的元组组合起来。而连接(theta-join)操作则是根据任意条件将两个关系中的元组进行配对。

例 5.8.1 表 5.8.2 为部门表，它和表 5.8.1 的自然连接的结果如表 5.8.3 所示。

表 5.8.2

部门	负责人
财务	George
销售	Harriet
生产	Charles

表 5.8.3

姓名	雇员号	部门	负责人
Harry	3415	财务	George
Sally	2241	销售	Harriet
George	3401	财务	George
Harriet	2202	销售	Harriet

关系数据模型中的关系操作能力早期通常是用代数方法或逻辑方法来表示的，分别称为关系代数和关系演算。关系代数是用对关系的代数运算来表达查询要求的方式；关系演算是用谓词来表达查询要求的方式。另外，还有一种介于关系代数和关系演算之间的语言，称为结构化查询语言，简称 SQL(Structured Query Language)。

基于集合论原理的关系代数似乎足够用于在关系数据库中进行信息检索，因为关系数据库也是基于集合论的。而关系代数带来的问题是，虽然它基于正确的数学原理，但是依赖于数学化的过程式语言。因此，如果想要用关系代数做些事情而不用最简单的数据库查询，则可能陷入相当杂乱的数学操作中。只有非常熟练的专业程序员才能使用这样的数据库。为了避免关系代数的复杂性并把注意力集中在查询上而不是过程化技术上，就要使用关系演算。

关系演算不涉及关系代数的数学复杂性，它只看重数据库将被查询的内容，而不是怎样处理查询。换句话说，它是一种声明性语言。我们可以将注意力集中在所期望的结果集以及处理过程中所满足的条件上，而不必考虑关系代数概念的先后次序。关系演算的基础是一阶谓词演算。关系演算在逻辑表达式中使用 AND 和 OR 这样的运算符来进行关系运算。

关系演算使用起来比关系代数容易得多，但它仍然是基于逻辑学原理的，不容易被大多数人所掌握。因此，需要一个易于使用的关系演算工具，结构化查询语言 SQL 就是其中的一个，它巨大的成功使其成为了关系数据库模型领域影响力极大的优越语言。SQL 能够表达由关系演算支持的任何查询，因此，在这个意义上它被认为是一种“关系完整”的语言。

SEQUEL(结构化英语查询语言)是 SQL 的前身，由 IBM 开发，目的是使用科德的关系数据库模型。Oracle 在 1979 年引入了 SQL 的第一个商用工具(当时 Oracle 被称为关系软件)，从此 SQL 成了 RDBMS(关系数据库系统)的标准语言。SQL 是一种可用于操纵数据库数据的类似英语的语言。使用 SQL 可以派生出任一使用关系演算派生的关系，可以用易于格式化的结构方式将查询公式化，然后通过精密的数据库服务程序处理成获取查询数据的复杂格式。直观的表述、便利的使用以及功能的强大和精密，使得 SQL 成为运行任何关系数据库的首选语言。

第六章　函　　数

6.1　函数的概念

函数是一个基本的数学概念，在通常的函数定义中，$y=f(x)$是在实数集合上讨论的。本书所讨论的函数都是离散的函数，它是定义在离散集合上的特殊的(“单值”)关系，它把一个离散对象变换成另一个离散对象。从这个意义上讲，计算机的输出就可以看作输入的一个函数，编译程序可看作把算法语言变成机器语言的函数。在开关理论、自动机理论和可计算性理论等领域中，函数的概念有着极其广泛的应用。

定义 6.1.1　若 A 和 B 是两个非空集合，f 是 A 到 B 的关系，且对于每个 $a\in A$，恰好存在一个 $b\in B$，使得$\langle a, b\rangle\in f$，则称 f 是 A 到 B 的函数(它有映射、变换等别名)，记为 $f: A\to B$。

也就是说，A 到 B 的函数是定义域为 A 的 A 到 B 的“单值”二元关系。当$\langle a, b\rangle\in f$ 时，称 a 为自变量，b 为 f 在 a 的值(像)，或称 a 为 b 的原像，记为 $b=f(a)$，也将这种情况称为 a 在 f 作用下的像为 b。

与讨论关系时一样，当 $A=B$ 时，称 f 是 A 上的函数。

【注】　有的文献中，为了强调定义域是 A 而不是 A 的子集，将以上定义的函数明确地称为“全函数”，而将允许定义域是 A 的子集的“单值”二元关系称为“部分函数”。

例 6.1.1　$\mathbf{N}$ 上的关系 $f=\{\langle n, n+1\rangle | n\in\mathbf{N}\}$是 $\mathbf{N}$ 上的函数，它可表示为

$$\forall n\in\mathbf{N},\ f(n)=n+1$$

例 6.1.2　由定义 6.1.1 知，集合 $f=\{\langle$小王$,23\rangle,\langle$小赵$,30\rangle,\langle$大李$,41\rangle,\langle$老孙$,58\rangle\}$是集合 $A=\{$小王，小赵，大李，老孙$\}$到 $\mathbf{N}$ 的函数，它表示

$$f(\text{小王})=23,\ f(\text{小赵})=30,\ f(\text{大李})=41,\ f(\text{老孙})=58$$

例 6.1.3　设 E 是全集，$A\subseteq E$，则 A 的特征函数χ_A：

$$\forall a\in E,\ \chi_A(a)=\begin{cases}0, & a\notin A\\ 1, & a\in A\end{cases}$$

是 E 到$\{0, 1\}$的函数。

从上述三个例子可以看出，这里所讨论的函数的定义域和值域是任意的，可以是一个任意的集合。

对于两个 A 到 B 的关系而言，它们相等是指它们有完全相同的二元组。而由定义6.1.1知，函数是特殊的关系，故可将这一概念应用到函数中。

定义 6.1.2　设 f 和 g 都是 A 到 B 的函数，f 和 g 相等记作 $f=g$，定义为

$$f=g\Leftrightarrow\forall a(a\in A\to f(a)=g(a))$$

如果 A 和 B 分别是 n 元和 m 元非空有限集，那么对 A 中的任何一个元素来说，它的

函数值可能是 B 中 m 个元素中的某一个；另一方面，只要 A 中某个元素的函数值不同，它们就是不同的函数。故共有 m^n 个不同的 A 到 B 的函数，所以常用 B^A 表示全体 A 到 B 的函数组成之集(甚至当 A 和 B 为无限集时，也采用这一记号)，即 $B^A=\{f|f: A\to B\}$。

例 6.1.4　设 $A=\{a, b, c\}$，$B=\{0, 1\}$，则共有 8 个 A 到 B 的函数(分别是 A 的 8 个子集的特征函数)，它们是

$$f_1=\{\langle a, 0\rangle, \langle b, 0\rangle, \langle c, 0\rangle\},\ f_2=\{\langle a, 0\rangle, \langle b, 0\rangle, \langle c, 1\rangle\}$$
$$f_3=\{\langle a, 0\rangle, \langle b, 1\rangle, \langle c, 0\rangle\},\ f_4=\{\langle a, 0\rangle, \langle b, 1\rangle, \langle c, 1\rangle\}$$
$$f_5=\{\langle a, 1\rangle, \langle b, 0\rangle, \langle c, 0\rangle\},\ f_6=\{\langle a, 1\rangle, \langle b, 0\rangle, \langle c, 1\rangle\}$$
$$f_7=\{\langle a, 1\rangle, \langle b, 1\rangle, \langle c, 0\rangle\},\ f_8=\{\langle a, 1\rangle, \langle b, 1\rangle, \langle c, 1\rangle\}$$

即

$$B^A=\{f_1, f_2, f_3, f_4, f_5, f_6, f_7, f_8\}$$

在讨论关系时，曾引入关系图和关系矩阵表示关系。因为函数是特殊的关系，所以也可用关系图或关系矩阵来表示函数。

例 6.1.5　集合 $A=\{1, 2, 3, 4\}$ 上的函数 $f=\{\langle 1, 2\rangle, \langle 2, 3\rangle, \langle 3, 4\rangle, \langle 4, 1\rangle\}$ 可用图 6.1.1 表示，也可用矩阵

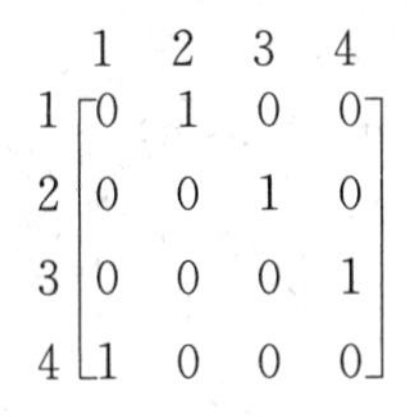

$$\begin{array}{c} \\ 1 \\ 2 \\ 3 \\ 4 \end{array}\begin{array}{c} \begin{array}{cccc} 1 & 2 & 3 & 4 \end{array} \\ \begin{bmatrix} 0 & 1 & 0 & 0 \\ 0 & 0 & 1 & 0 \\ 0 & 0 & 0 & 1 \\ 1 & 0 & 0 & 0 \end{bmatrix} \end{array}$$

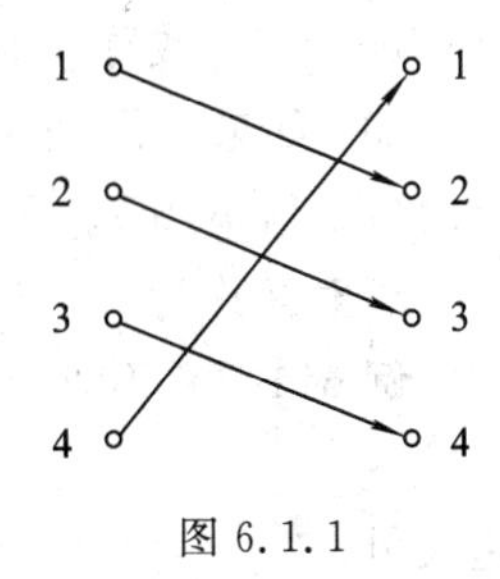

图 6.1.1

表示。

由函数的定义知，它的关系矩阵的每行只有一个元素为 1，而其余元素都为 0。根据这一特点，常采用如下简化形式表示函数：

$$\begin{bmatrix} \text{自变量 } 1 & \text{自变量 } 2 & \cdots & \text{自变量 } n \\ \text{函数值} & \text{函数值} & \cdots & \text{函数值} \end{bmatrix}$$

如例 6.1.5 中的 f 可表示为

$$f: \begin{bmatrix} 1 & 2 & 3 & 4 \\ 2 & 3 & 4 & 1 \end{bmatrix}$$

若把 A 到 B 的函数 f 看作一个关系，则它的定义域 $\mathrm{dom}f$ 是 A 本身，但它的值域 $\mathrm{ran}f$ 一般只是 B 的子集，习惯上也常用 $f(A)$ 表示，即

$$\mathrm{ran}f=f(A)=\{b|b\in B\land\exists a(a\in A\land b=f(a))\}$$

相应地，对于 A 的子集 S，用 $f(S)$ 表示 S 中的元素的像组成的集合(称为 S 在 f 作用下的像集合)，即

$$f(S)=\{b|b\in B\land\exists a(a\in S\land b=f(a))\}$$

根据像集合的概念，对于任何一个 A 到 B 的函数 f，实际上非明显地定义了另一个函数 F：

$$\forall S\in 2^A,\ F(S)=f(S)$$

此处，$F: 2^A\to 2^B$。注意，f 和 F 不是同一个函数(它们有不同的定义域和值域)。但按照惯例在用 F 的地方皆用 f 代替，这种表示方法通常不会引起混淆，因为可以从自变量的形式

看出表达式的真实意义。

例 6.1.6 设 f：$\{0, 1, 2, 3\}\to\{a, b, c\}$由图 6.1.2 定义，则 $f(\{0, 1, 2, 3\})=\{a, b, c\}$，$f(\{2, 3\})=\{b, c\}$，$f(\{0, 3\})=\{b\}$，$f(\{0\})=\{b\}$，$f(\varnothing)=\varnothing$。

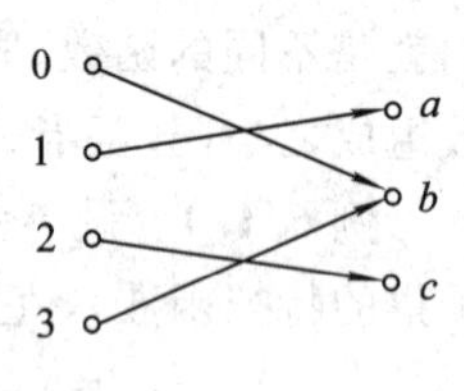

图 6.1.2

下面讨论函数的几类特殊情况。

定义 6.1.3 设 f：$A\to B$。

(1) 如果 A 中不同元素的函数值都是不同的，即对任意的 a_1，$a_2\in A$，有

$$a_1\neq a_2\Rightarrow f(a_1)\neq f(a_2)$$

或者

$$f(a_1)=f(a_2)\Rightarrow a_1=a_2$$

则称 f 是一个入射(也有称“内射”的，injection)，或称 f 是一对一的(one to one 或1-1)；

(2) 如果 $\mathrm{ran}f=B$，即对任意的 $b\in B$ 都存在 $a\in A$，使得 $f(a)=b$，则称 f 是一个满射(surjection)，或称 f 是映上的(onto)；

(3) 如果 f 既是入射，又是满射，则称 f 是一个双射(bijection)，或称 f 是一对一映上的(1-1，onto)。

双射常称为一一对应，又称集合同构(set isomorphism)。

例 6.1.7 不难验证，整数集合 $\mathbf{Z}$ 上的函数 f：

$$\forall n\in\mathbf{Z},\ f(n)=2n$$

是入射。

例 6.1.8 设 A 是一个集合，则 A 上的恒等关系 I_A：

$$\forall a\in A,\ I_A(a)=a$$

是双射(习惯上称它为 A 上的恒等函数，在本书的后续部分将经常用到)。

例 6.1.9 设 A 和 B 是两个集合，若存在 $b\in B$，使得对任意的 $a\in A$ 皆有 $f(a)=b$，则称 f 是常函数。一般说来，常函数不是入射，也不是满射(除非 B 是一个一元集合)。

例 6.1.10 设 R 是集合 A 上的等价关系，则函数 g_R：$A\to A/R$ 是一个满射，其中 g_R 定义如下(称为 A 关于 R 的规范映射)：

$$\forall a\in A,\ g_R(a)=[a]_R$$

例 6.1.11 设 E 是全集，则

$$\forall A\in 2^E,\ f(A)=\chi_A$$

是 2^E 到 $\{0, 1\}^E$ 的双射。

定理 6.1.1 若 f 是 A 到 B 的函数，其中 A 和 B 都是非空有限集，且 $\# A=\# B$，则 f 是一个入射，当且仅当 f 是一个满射。

证明 (1) 必要性。

若 f 是一个入射，则 $\# A=\# f(A)$，于是 $\# f(A)=\# B$，又 $f(A)\subseteq B$ 且 B 是有限集，从而 $f(A)=B$，故 f 是一个满射。

(2) 充分性。

若 f 是一个满射，则 $f(A)=B$，于是 $\# A=\# B=\# f(A)$，因为 A 是有限集，所以 f 是一个入射。

必须特别说明，定理 6.1.1 的结论只在有限集的情况下才有效，对无限集之间的函数不一定成立。如 f：$\mathbf{Z}\to\mathbf{Z}$，其中 $f(n)=2n$，f 是入射但不是满射。又如 g：$\mathbf{Z}\to\mathbf{Z}$，其中 $g(x)=\left[\dfrac{x}{2}\right]$，$g$ 是满射但不是入射(此处方括号的意义与定理 1.1.1 的相同)。

例 6.1.12　函数 f：$\mathbf{R}\to\mathbf{Z}$，若 $f(x)$的值为小于或等于 x 的最大整数，则称 f 为向下取整函数(floor function)，记为$\lfloor x \rfloor$；若 $f(x)$的值为大于或等于 x 的最小整数，则称 f 为向上取整函数(celling function)，记为$\lceil x \rceil$。由于计算机处理的数据都是离散数据，这两个函数可将连续的实数映射为离散的整数，因此在计算机科学中有着非常广泛的应用，尤其是在数据存储和传输方面。

习　题　6.1

1. 判断下列关系中哪些能构成函数。

(1) 从集合$\{1, 2, 3\}$到集合$\{2, 3, 4, 5\}$的关系$\{\langle 1, 2\rangle, \langle 2, 4\rangle, \langle 3, 5\rangle\}$；

(2) 从集合$\{1, 2, 3, 4\}$到集合$\{0, 1\}$的关系$\{\langle 1, 0\rangle, \langle 2, 1\rangle, \langle 3, 1\rangle, \langle 4, 0\rangle\}$；

(3) 集合$\{1, 2, 3, 4\}$上的关系$\{\langle 1, 1\rangle, \langle 2, 2\rangle, \langle 2, 3\rangle, \langle 3, 4\rangle, \langle 4, 1\rangle\}$；

(4) 正整数集合 $\mathbf{N}_+$ 上的关系$\{\langle x, y\rangle \mid x, y\in\mathbf{N}_+ \text{且} x+y<10\}$；

(5) 实数集合 $\mathbf{R}$ 上的关系$\{\langle x, y\rangle \mid x, y\in\mathbf{R} \text{且} y=x^2\}$；

(6) 实数集合 $\mathbf{R}$ 上的关系$\{\langle x, y\rangle \mid x, y\in\mathbf{R} \text{且} y^2=x\}$。

2. 试说明下面的函数 f 是否是入射(满射、双射)，并求出其值域。

(1) f：$\mathbf{N}\to\mathbf{N}$，$f(n)=2n+1$；

(2) f：$\mathbf{Z}\to\mathbf{N}$，$f(n)=|n|$；

(3) f：$\mathbf{N}\to\mathbf{N}\times\mathbf{N}$，$f(n)=\langle n, n+1\rangle$；

(4) f：$\mathbf{N}\times\mathbf{N}\to\mathbf{N}$，$f(\langle a, b\rangle)=a+b$；

(5) f：$[0, 1]\to[0, 1]$，$f(x)=\dfrac{x}{2}+\dfrac{1}{4}$；

(6) f：$\mathbf{R}_+\to\mathbf{R}$，$f(x)=\dfrac{1}{x+1}$；

(7) f：$\mathbf{R}_+\to\mathbf{R}_+$，$f(x)=\dfrac{1}{x}$；

(8) f：$\mathbf{R}\to\mathbf{R}$，$f(x)=2^x$；

(9) f：$2^A\to 2^A$，$f(S)=A-S$；

(10) f：$\{a, b\}^*\to\{a, b\}^*$，$f(x)=ax$。

3. 设 $A=\{-1, 0, 1\}$，定义 f：$A^2\to\mathbf{Z}$ 如下：

$$f(\langle x, y\rangle)=\begin{cases}0, & \text{若 } xy>0\\ x-y, & \text{若 } xy\leqslant 0\end{cases}$$

试写出 f 的全部序偶，并求出 $\mathrm{ran}f$。

4. 设 A 和 B 分别是 n 元和 m 元有限集，则

(1) 有多少个 A 到 B 的入射？

(2) 有多少个 A 到 B 的满射？

(3) 有多少个 A 到 B 的双射？

5. 试求出集合{1, 2, 3}上的所有双射。

6. 设 f 是 X 到 Y 的函数，A 和 B 是 X 的子集，证明：

(1) 若 $A\subseteq B$，则 $f(A)\subseteq f(B)$；

(2) $f(A\cup B)=f(A)\cup f(B)$；

(3) $f(A\cap B)\subseteq f(A)\cap f(B)$；

(4) $f(A-B)\supseteq f(A)-f(B)$。

对于(3)和(4)，试用图示的形式给出一个使真包含成立的例子。

7. 设 f 是 A 到 B 的函数，$B'\subseteq B$，$A'\subseteq A$。证明：

(1) $f(f^{c}(B'))\subseteq B'$；

(2) 若 f 是满射，则 $f(f^{c}(B'))=B'$；

(3) $f^{c}(f(A'))\supseteq A'$；

(4) 若 f 是入射，则 $f^{c}(f(A'))=A'$。

其中对于任意 $Y\subseteq B$，$f^{c}(Y)=\{a|a\in A$ 且 $f(a)\in Y\}$。

8. 假设 f: $A\rightarrow B$，并定义函数 g: $B\rightarrow 2^{A}$ 为

$$g(b)=\{x|x\in A \text{ 且 } f(x)=b\}$$

证明：如果 f 是 A 到 B 的满射，则 g 是入射。该结论的逆成立吗？

9. 证明例 6.1.11 的结论。

10. 在例 6.1.3 中定义了集合的特征函数，设 A 和 B 是集合，请说明以下等式成立。

(1) $\chi_{\overline{A}}(x)=1-\chi_{A}(x)$；

(2) $\chi_{A\cap B}(x)=\chi_{A}(x)\chi_{B}(x)$；

(3) $\chi_{A\cup B}(x)=\chi_{A}(x)+\chi_{B}(x)-\chi_{A}(x)\chi_{B}(x)$；

(4) $\chi_{A\oplus B}(x)=\chi_{A}(x)+\chi_{B}(x)-2\chi_{A}(x)\chi_{B}(x)$。

11. 在例 6.1.3 中定义了集合的特征函数，该函数是一个从全集到{0, 1}集合的映射，如果将特征函数的陪域从{0, 1}集合扩展到[0, 1]区间，则可以得到模糊集合的概念，该特征函数即称为隶属函数。全集中每个元素都有一个对应的隶属函数值，表示该元素属于这个集合的程度。比如，可以定义模糊集合 A 表示成绩优秀的人，即 $A=\{$0.75/张三，0.95/李四，1/王五，0.2/小红，0.45/小王$\}$，B 表示模糊集合学习刻苦的人，即 $B=\{$0.6/张三，1/李四，0.9/王五，0.1/小红，0.3/小王$\}$，其中的数字表示隶属度。

(1) 一个模糊集合 S 的补集记为 $\overline{S}$，$\overline{S}$ 中对应元素的隶属度为 1 减该元素在 S 中的隶属度，试求 A 的补集和 B 的补集；

(2) 两个模糊集合 S 和 T 的并集是模糊集合 $S\cup T$，其元素的隶属度是该元素在 S 和 T 中隶属度的较大值，试求模糊集合成绩优秀或学习刻苦的人；

(3) 两个模糊集合 S 和 T 的交集是模糊集合 $S\cap T$，其元素的隶属度是该元素在 S 和 T 中隶属度的较小值，试求模糊集合成绩优秀且学习刻苦的人。

12. 在例 6.1.5 中定义了从 2^{A} 到 2^{B} 的函数 F。证明：

(1) 若 f 是 A 到 B 的入射，则 F 是 2^{A} 到 2^{B} 的入射；

(2) 若 f 是 A 到 B 的满射，则 F 是 2^{A} 到 2^{B} 的满射。

部分习题参考答案

6.2　复合函数与逆函数

函数是特殊的关系，但对函数进行并、交、差、对称差等运算的结果一般不再是函数。这一节来考虑函数的复合与逆。

定理 6.2.1　若 g 是 A 到 B 的函数，f 是 B 到 C 的函数，则从 A 到 C 的复合关系 $g\circ f$ 是一个 A 到 C 的函数(称为 f 和 g 的复合函数或合成函数，用 $f\circ g$ 表示)。并且，对所有的 $a\in A$，皆有 $f\circ g(a)=f(g(a))$。

证明　对于任意的 $a\in A$，由于 g 是 A 到 B 的函数，因此存在唯一确定的 $b\in B$，使得 $\langle a, b\rangle\in g$；又因为 f 是 B 到 C 的函数，所以存在唯一确定的 $c\in C$，使得 $\langle b, c\rangle\in f$。因此有 $\langle a, c\rangle\in f\circ g$。所以，$f\circ g$ 是一个 A 到 C 的函数，且

$$f\circ g(a)=c=f(b)=f(g(a))$$

注意，复合函数 $f\circ g$ 与复合关系 $g\circ f$ 实际上是同一个集合。这种表示方法上的差异既是历史形成的，也有其方便之处：

(1) 对于复合函数 $f\circ g$，由于 $f\circ g(a)=f(g(a))$，因此 $f\circ g(a)$ 与 $f(g(a))$ 的这种次序关系是很理想的；

(2) 对于复合关系 $g\circ f$，$\langle a, c\rangle\in g\circ f$ 是指存在 b，使得 $\langle a, b\rangle\in g$ 且 $\langle b, c\rangle\in f$，g 和 f 的这种次序关系比较符合人们的习惯。

例 6.2.1　设 f：$\mathbf{N}_+\to\{0, 1\}$，g：$\{0, 1\}\to\{0, 1\}$，其中

$$f(x)=\begin{cases}0, & \text{若 } x \text{ 为奇数}\\ 1, & \text{若 } x \text{ 为偶数}\end{cases},\quad g(x)=\begin{cases}0, & \text{若 } x=1\\ 1, & \text{若 } x=0\end{cases}$$

则 $g\circ f$ 是 $\mathbf{N}_+$ 到 $\{0, 1\}$ 的函数，且

$$g\circ f(x)=g(f(x))=\begin{cases}g(0), & \text{若 } x \text{ 为奇数}\\ g(1), & \text{若 } x \text{ 为偶数}\end{cases}=\begin{cases}1, & \text{若 } x \text{ 为奇数}\\ 0, & \text{若 } x \text{ 为偶数}\end{cases}$$

而 $f\circ g$ 无定义。

例 6.2.2　设 f 和 g 都是 $\mathbf{N}$ 上的函数，其中

$$f(x)=\begin{cases}0, & \text{若 } x \text{ 为奇数}\\ \dfrac{x}{2}, & \text{若 } x \text{ 为偶数}\end{cases},\quad g(x)=2x$$

则 $g\circ f$ 和 $f\circ g$ 也都是 $\mathbf{N}$ 上的函数，且

$$g\circ f(x)=g(f(x))=2f(x)=\begin{cases}0, & \text{若 } x \text{ 为奇数}\\ x, & \text{若 } x \text{ 为偶数}\end{cases}$$

$$f\circ g(x)=f(g(x))=f(2x)=x$$

定理 6.2.1 所述复合函数 $f\circ g$ 与复合关系 $g\circ f$ 实际上是同一个集合，因此关于关系复合的许多结论对于函数复合同样成立。譬如，由定理 5.4.4 和定理 5.4.7 可得到以下定理。

定理 6.2.2　若 f 是 A 到 B 的函数，则 $f\circ I_A=I_B\circ f=f$。

定理 6.2.3　若 f 是 A 到 B 的函数，g 是 B 到 C 的函数，h 是 C 到 D 的函数，则 $(h\circ g)\circ f=h\circ(g\circ f)$。

同样，与关系复合运算相关的一些概念也可推广到函数的复合运算。

定义 6.2.1 设 f 是 A 上的函数，并设 n 为非负整数，定义 f(关于复合运算)的 n 次方幂 f^n 如下：

(1) $f^0=I_A$；

(2) 对于任意的正整数 n，$f^n=f^{n-1}\circ f$。

关于复合函数的性质，有以下定理。

定理 6.2.4 设 f 是 A 到 B 的函数，g 是 B 到 C 的函数。

(1) 若 f 和 g 都是入射，则 $g\circ f$ 也是入射；

(2) 若 f 和 g 都是满射，则 $g\circ f$ 也是满射；

(3) 若 f 和 g 都是双射，则 $g\circ f$ 也是双射。

证明 (1) 令 $a, b\in A$，且 $a\neq b$。因为 f 是入射，所以 $f(a)\neq f(b)$。又因为 g 也是入射，所以 $g(f(a))\neq g(f(b))$，即 $g\circ f(a)\neq g\circ f(b)$。这表明 $g\circ f$ 是入射。

(2) 对于任意的 $c\in C$，因为 g 是满射，所以存在 $b\in B$，使得 $g(b)=c$。又因为 f 也是满射，所以存在 $a\in A$，使得 $f(a)=b$。于是，$c=g(b)=g(f(a))=g\circ f(a)$。这表明 $g\circ f$ 是满射。

(3) 由(1)和(2)直接得到。

定理 6.2.4 的逆一般不成立。如在例 6.2.2 中，虽然 $f\circ g$ 是一个双射，但 f 和 g 都不是双射。不过，有下面的定理。

定理 6.2.5 设 f 是 A 到 B 的函数，g 是 B 到 C 的函数。

(1) 若 $g\circ f$ 是入射，则 f 是入射；

(2) 若 $g\circ f$ 是满射，则 g 是满射；

(3) 若 $g\circ f$ 是双射，则 f 是入射且 g 是满射。

证明 (1) 反证法。

假若不然，即存在 $a_1, a_2\in A$，$a_1\neq a_2$，但 $f(a_1)=f(a_2)$。这样，必有 $g(f(a_1))=g(f(a_2))$，即 $g\circ f(a_1)=g\circ f(a_2)$，这与条件相矛盾。

(2) 对于任意的 $c\in C$，因为 $g\circ f$ 是满射，所以必存在 $a\in A$，使得 $c=g\circ f(a)=g(f(a))$。记 $f(a)=b$，显然 $b\in B$，且 $g(b)=c$。这说明 g 是满射。

(3) 由(1)和(2)直接得到。

下面讨论逆函数及其性质。

定理 6.2.6 若 f 是 A 到 B 的双射，则 f 的逆关系 f^{-1} 是 B 到 A 的双射。

证明 分三步来证明。

(1) 证明 f^{-1} 是 B 到 A 的函数。

对于任意的 $b\in B$，一方面，因为 f 是满射，所以存在 $a\in A$，使得 $\langle a, b\rangle\in f$，即 $\langle b, a\rangle\in f^{-1}$；另一方面，若同时有 $a_1\in A$ 和 $a_2\in A$，使得 $\langle b, a_1\rangle\in f^{-1}$ 且 $\langle b, a_2\rangle\in f^{-1}$，即 $f(a_1)=b$ 且 $f(a_2)=b$，则由 f 是入射可知 $a_1=a_2$。

所以，f^{-1} 是 B 到 A 的函数。

(2) 证明 f^{-1} 是入射。

对于任意的 $b_1, b_2\in B$，若 $f^{-1}(b_1)=f^{-1}(b_2)=a$，则有

$$b_1=f(a)\text{且 } b_2=f(a)$$

从而

$$b_1 = b_2$$

这表明 f^{-1} 是入射。

(3) 证明 f^{-1} 是满射。

对于任意的 $a \in A$，存在 $b \in B$，使得 $b = f(a)$，即 $a = f^{-1}(b)$。这表明 f^{-1} 是满射。

定理 6.2.7 若 f 是 A 到 B 的双射，则 $f^{-1} \circ f = I_A$ 且 $f \circ f^{-1} = I_B$。

证明 显然，$f^{-1} \circ f$ 是 A 到 A 的双射。对于任意的 $a \in A$，令 $f(a) = b$，即 $f^{-1}(b) = a$，这样

$$f^{-1} \circ f(a) = f^{-1}(f(a)) = f^{-1}(b) = a$$

可见

$$f^{-1} \circ f = I_A$$

同理，$f \circ f^{-1} = I_B$。

定理 6.2.8 若 f 是 A 到 B 的函数，g 是 B 到 A 的函数，且 $g \circ f = I_A$，$f \circ g = I_B$，则 $g = f^{-1}$，$f = g^{-1}$。

证明 因为 I_A 和 I_B 都是双射，所以由 $g \circ f = I_A$ 可知 f 是入射、g 是满射；又由 $f \circ g = I_B$ 可知 g 是入射、f 是满射。也即 f 和 g 皆是双射，故

$$g = g \circ I_B = g \circ (f \circ f^{-1}) = (g \circ f) \circ f^{-1} = I_A \circ f^{-1} = f^{-1}$$

同理可得 $f = g^{-1}$。

定理 6.2.7 和定理 6.2.8 表明，双射的逆关系起到了"还原"("反")作用，且唯有它才能起这种还原作用。这类似于相反数(对于加法运算)、倒数(对于乘法运算)、逆矩阵(对于矩阵乘法)，但又不完全相同，因为在函数的复合运算中，$g \circ f$ 是恒等函数不能保证 $f \circ g$ 也是恒等函数。比如，在数据加密(数据压缩情况类似)应用领域，解密函数 D_k 消除了加密函数 E_k 的作用，即 $D_k \circ E_k$ 是恒等函数，但并不需要 $E_k \circ D_k$ 是恒等函数。这样对于函数的复合运算，就出现了部分逆(左、右)的概念。

定义 6.2.2 设 f 是 A 到 B 的函数，若存在 B 到 A 的函数 g 使得 $g \circ f = I_A$，则称 f 是左可逆的，并称 g 是 f 的左逆；类似地，若存在 B 到 A 的函数 h 使得 $f \circ h = I_B$，则称 f 是右可逆的，并称 h 是 f 的右逆；若 f 既是左可逆的，又是右可逆的，则称 f 是可逆的。

例 6.2.3 设 f_1、f_2、g_1、g_2 是四个 **N** 上的函数，其中

$$f_1(x) = \begin{cases} 0, & \text{若 } x = 0 \text{ 或 } 1 \\ x - 2, & \text{若 } x \geqslant 2 \end{cases}, \quad f_2(x) = \begin{cases} 1, & \text{若 } x = 0 \text{ 或 } 1 \\ x - 2, & \text{若 } x \geqslant 2 \end{cases}$$

$$g_1(x) = x + 2, \qquad g_2(x) = \begin{cases} 0, & \text{若 } x = 0 \\ x + 2, & \text{若 } x \geqslant 1 \end{cases}$$

则有

$$f_1 \circ g_1 = f_2 \circ g_1 = f_1 \circ g_2 = I_{\mathbf{N}}$$

即 f_1 和 f_2 同是 g_1 的左逆，g_1 和 g_2 同是 f_1 的右逆。

在数据加密应用领域，$D_k \circ E_k$ 是恒等函数，这表明解密函数 D_k 是加密函数 E_k 的左逆，E_k 是左可逆的。另一方面，显然不能将不同的明文消息加密成同一密文，即 E_k 必须是入射。下面讨论函数左逆(右逆、逆)的存在性与唯一性。

定理 6.2.9 设 f 是 A 到 B 的函数。

(1) f 是左可逆的，当且仅当 f 是入射；

(2) f 是右可逆的，当且仅当 f 是满射；

(3) f 既是左可逆的又是右可逆的，当且仅当 f 是双射；

(4) 如果 f 有左逆 g 且有右逆 h，则 $g=h=f^{-1}$。

证明　(1) 必要性可由左可逆的定义与定理 6.2.5 之结论(1)直接得到，下面用构造证法证明充分性。

当 f 是入射时，对于任意的 $b\in f(A)$，必存在唯一的 $a\in A$，使得 $f(a)=b$，故可任取 $c\in A$，构造 B 到 A 的函数 g 如下：

$$g(b)=\begin{cases}a, & \text{若 } b\in f(A) \text{ 且 } f(a)=b \\ c, & \text{若 } b\notin f(A)\end{cases}$$

显然，

$$\forall a\in A,\ g\circ f(a)=g(f(a))=a$$

这说明 g 是 f 的左逆。

(2) 必要性可由右可逆的定义与定理 6.2.5 之结论(2)直接得到，下面用构造证法证明充分性。

当 f 是满射时，构造 B 到 A 的函数 g 如下：

$$g(b)=a \qquad (a\in A \text{ 且 } f(a)=b)$$

(若 A 中有多个元素在 f 作用下的像为 b，则可从中任取一个作为 b 在 g 作用下的像)。显然，

$$\forall b\in B,\ f\circ g(b)=f(g(b))=b$$

这说明 g 是 f 的右逆。

(3) 可由(1)和(2)平凡地得到。

(4) 显然，$g\circ f=I_A$，$f\circ h=I_B$。现考虑复合函数 $g\circ f\circ h$：一方面，

$$g\circ f\circ h=(g\circ f)\circ h=I_A\circ h=h$$

另一方面，

$$g\circ f\circ h=g\circ(f\circ h)=g\circ I_B=g$$

从而 $g=h$。由定理 6.2.8 知，$g=h=f^{-1}$。

这些定理实质上指出了逆函数的存在性、唯一性与相互性。一方面，说明了唯有双射是可逆的，且其逆关系即是它的左逆兼右逆(称为逆函数或反函数)。另一方面，说明了每个双射的逆函数是唯一的(即是它的逆关系)。另外，还说明了逆函数是相互的，即 $(f^{-1})^{-1}=f$。

定理 6.2.10　若 f 是 A 到 B 的双射，g 是 B 到 C 的双射，则有

$$(g\circ f)^{-1}=f^{-1}\circ g^{-1}$$

证明　由条件知，$g\circ f$ 是 A 到 C 的双射。此外，由

$$(g\circ f)\circ(f^{-1}\circ g^{-1})=g\circ(f\circ f^{-1})\circ g^{-1}=g\circ I_B\circ g^{-1}=g\circ g^{-1}=I_C$$

和

$$(f^{-1}\circ g^{-1})\circ(g\circ f)=f^{-1}\circ(g^{-1}\circ g)\circ f=f^{-1}\circ I_B\circ f=f^{-1}\circ f=I_A$$

可得

$$(g\circ f)^{-1}=f^{-1}\circ g^{-1}$$

根据定理 6.2.10，由数学归纳法原理可得如下推论。

推论　若 f 是集合 A 上的双射，$n\in\mathbf{N}_+$，则

$$(f^{-1})^n=(f^n)^{-1}$$

这样，可定义集合 A 上的双射 f 的负次方幂 f^{-n} 为

$$f^{-n}=(f^{-1})^n=(f^n)^{-1}\qquad(n\in\mathbf{N}_+)$$

习　题　6.2

1. 设集合 $A=\{1, 2, 3, 4\}$ 上的双射 f 为

$$f:\begin{bmatrix}1 & 2 & 3 & 4\\2 & 3 & 4 & 1\end{bmatrix}$$

试求 f^2、f^3、f^4 以及 f^{-1} 和 $f^{-1}\circ f$。

2. 设 f、g 和 h 都是实数集合 $\mathbf{R}$ 上的函数，其中

$$f(x)=x+1,\ g(x)=2x+1,\ h(x)=\frac{x}{2}$$

试求 f^2、g^2、h^2、$f\circ g$、$g\circ f$、$f\circ h$、$h\circ f$、$g\circ h$、$h\circ g$ 和 $f\circ g\circ h$。

3. 设 f 是集合 A 上的满射，且 $f^2=f$，证明：$f=I_A$。

4. 设 f 是 A 到 B 的函数，g 是 B 到 C 的函数，证明：$\mathrm{ran}(g\circ f)=g(\mathrm{ran}f)$。

5. 设集合 $A=\{1, 2, \cdots, n\}$，有多少个满足以下条件的 A 上的函数 f：

(1) $f^2=f$；

(2) $f^2=I_A$；

(3) $f^3=I_A$。

6. 设 f 是 A 到 B 的双射，$C\subseteq A$ 且 $D\subseteq B$，证明：

$$f(C\cap f^{-1}(D))=f(C)\cap D$$

7. 对于习题 6.1 第 2 题中的每个入射(满射、双射)，求出其一个左逆(右逆、逆)。

8. 设 f、g、h 是 $\mathbf{N}$ 上的函数，其中

$$f(x)=3x,\ g(x)=3x+1,\ h(x)=3x+2$$

(1) 找出它们的一个共同左逆；

(2) 找出 f 和 g 的一个共同左逆，使其不是 h 的左逆。

9. 设 $f(n)=\langle n, n+1\rangle$ 是 $\mathbf{N}\to\mathbf{N}\times\mathbf{N}$ 的函数，$g(x)=|x|$ 是 $\mathbf{Z}\to\mathbf{N}$ 的函数，试分别找出 f 和 g 的一个左逆和一个右逆(如果存在)。

10. 设 f 是 A 到 B 的函数，证明：若 f 有唯一的右逆，则 f 是可逆的。

11. 设 f 是 X 到 Y 的双射，A 和 B 是 Y 的子集，证明：

(1) $f^{-1}(A\cup B)=f^{-1}(A)\cup f^{-1}(B)$；

(2) $f^{-1}(A\cap B)=f^{-1}(A)\cap f^{-1}(B)$；

(3) $f^{-1}(\overline{A})=\overline{f^{-1}(A)}$。

部分习题参考答案

6.3　基数的概念

对于给定的两个集合 A 和 B，如何知道其中哪个集合含有更多的元素呢？有以下两种

方法。

方法一：计数法。

数出 A 和 B 中的元素个数，再加以比较即可。

方法二：愚人比宝法。

古时有两个不识数的“愚人”，各带一袋珠宝相遇，他俩都说自己袋里的珠宝多，争执不下。一个“聪明人”恰好路过，对他们说：“你们同时分别从自己袋里逐个取出珠宝，谁最后取完，就是谁袋里的珠宝多。”

表面看来，方法二似乎太笨了。其实不然，当 A 和 B 都是无限集时，无法数出 A 和 B 中元素的具体个数。这时方法一就失效了，而方法二依然有效。实际上，在数集合 A 中元素的个数时，只不过是在 A 与某个正整数 n（根据 4.5 节可知，它是一个集合）之间建立一个双射。

定义 6.3.1　设 A 和 B 是两个集合，若存在一个 A 到 B 的双射，则称 A 和 B 等势（或对等），记作 $A \sim B$。

例 6.3.1　令 E_v 为全体偶自然数之集，O_d 为全体奇自然数之集，则 f：$\mathbf{N} \to E_v$ 和 g：$\mathbf{N} \to O_d$ 皆是双射，其中 f 和 g 定义如下：

$$f(n)=2n,\ g(n)=2n+1$$

这说明 $\mathbf{N} \sim E_v$，$\mathbf{N} \sim O_d$。

例 6.3.2　由于存在区间 $[0,1]$ 到 $(0,1)$ 的双射 ψ（如图 6.3.1 所示）：

$$\psi(x)=\begin{cases}1/2, & \text{若 } x=0 \\ 1/(n+2), & \text{若存在正整数 } n\text{，使得 } x=1/n \\ x, & \text{其他}\end{cases}$$

因此区间 $[0,1]$ 与 $(0,1)$ 等势。

例 6.3.3　设 $a \in \mathbf{R}_+$，则

$$f(x)=ax$$

是区间 $[0,1]$ 到 $[0,a]$ 的双射，故 $[0,1]$ 与 $[0,a]$ 等势（如图 6.3.2 所示）。

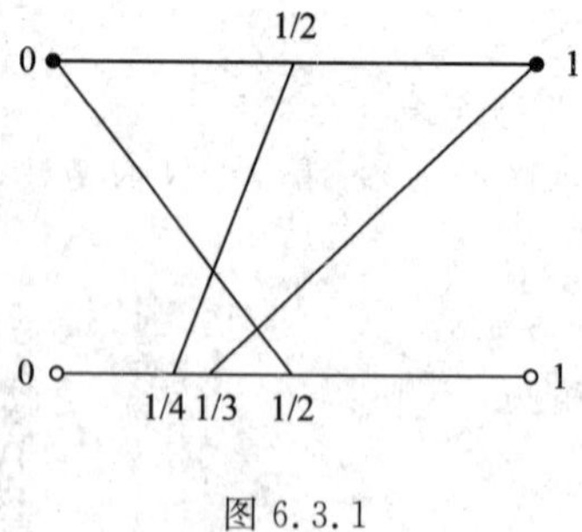

图 6.3.1

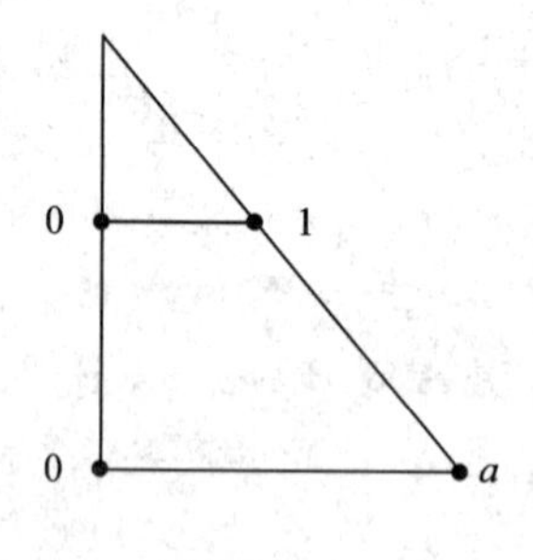

图 6.3.2

因为恒等函数是双射，双射的逆是双射，两个双射的复合是双射，所以有以下定理。

定理 6.3.1　集合之间的等势关系是等价关系。

这样，等势关系将一以集合为元素的集合（称为集合簇或集类）作了一个划分。考虑一集合簇 F 上的等势关系 $\sim$，F 中任一成员 A（它显然是一个集合）关于 $\sim$ 的等价类 $[A]_\sim$ 把 F 中一切与 A 等势的集合归并成一类（从等势的观点看，$[A]_\sim$ 内的成员是没有差别的），按习惯

(Cantor 最早使用)也用$\overline{\overline{A}}$表示这个类，并称这个记号为类中任一成员的基数(阶、势)。

定义 6.3.2　所有与集合 A 等势的集合组成之集，称为 A 的基数，记作$\overline{\overline{A}}$。

定义 6.3.3　所有与集合 A 等势的集合，被给予同一个符号，并称之为 A 的基数，用 $\# A$ 表示。

记号本身是什么符号是无关紧要的(譬如，以前曾使用 $\# A$ 或 $|A|$ 表示 A 的基数)，从上述两个定义可以看出，集合 A 的基数 $\# A$ 一方面表示了 $[A]_\sim$ 中元素的共性(根据 4.5 节对自然数的讨论，对有限集来说，这就是其中的元素个数)，另一方面它也表示了 $[A]_\sim$ 本身。

定义 6.3.4　任何一个与自然数集 $\mathbf{N}$ 等势的集合被称为可列集(或可数集)，其基数(势)用 a 表示。

例 6.3.4　不难验证，E_v、O_d、$\mathbf{Z}$ 和 $\mathbf{N}_+$ 皆是可列集。

定理 6.3.2　A 是可列集，当且仅当 A 可表示成 $A=\{a_1, a_2, a_3, \cdots\}$ 的形式。

证明　若 A 可表示成 $A=\{a_1, a_2, a_3, \cdots\}$ 的形式，则作双射如下：

$$f: \mathbf{N}\to A, \ f(i)=a_{i+1}$$

这说明 A 是可列集。

反之，若 A 是可列集，则存在 A 与 $\mathbf{N}$ 之间的双射 $f: \mathbf{N}\to A$。这样 $A=\{f(0), f(1), f(2), \cdots\}$。取 a_i 为 $f(i-1)$，即将 A 表示成了 $A=\{a_1, a_2, a_3, \cdots\}$ 的形式。

定理 6.3.3　任何无限集必含有可列子集。

证明　设 A 为一无限集，从 A 中取出一个元素 a_1，因为 A 是无限集，所以它不能因取出 a_1 而耗尽，再从 $A-\{a_1\}$ 中取出 a_2，显然 $A-\{a_1, a_2\}$ 也是非空集，再从中取出 a_3，如此继续下去，就得到 A 的可列子集 $\{a_1, a_2, a_3, \cdots\}$。

定理 6.3.4　可列集的无限子集是可列集。

证明　设 A 为一可列集，B 是 A 的无限子集，则由定理 6.3.2 知，A 可表示成 $A=\{a_1, a_2, a_3, \cdots\}$ 的形式，从 $i=1$ 开始，向后逐一检查是否有 $a_i\in B$，不断删去不属于 B 的元素便可得一新的序列 $a_{i1}, a_{i2}, a_{i3}, \cdots$，且 $B=\{a_{i1}, a_{i2}, a_{i3}, \cdots\}$，所以 B 是可列集。

定理 6.3.5　任何无限集必与它的某个真子集等势。

证明　设 M 是一无限集，则由定理 6.3.3 知，它含有可列子集 $A=\{a_1, a_2, a_3, \cdots\}$。现定义 M 到 $M-\{a_1\}$ 的函数 f 如下：

$$f(x)=\begin{cases} a_{i+1}, & \text{若 } x\in A \text{ 且 } x=a_i \\ x, & \text{若 } x\in M-A \end{cases}$$

显然，f 是一个双射，即 M 与其真子集 $M-\{a_1\}$ 等势。

定理 6.3.5 指出了无限集与有限集的本质区别。大家知道，对有限集 A 和 B 来说，若存在 A 和 B 之间的双射，则 A 和 B 必有相同数目的元素，即有以下定理。

定理 6.3.6　任何有限集不可能与其真子集等势。

定理 6.3.6 称为抽屉原理，又叫鸽巢原理。为纪念 19 世纪德国数学家狄利克雷(Dirichlet)，抽屉原理也叫 Dirichlet 原理。它可通俗地表述成：如果将 $n+1$ 本书放入 n 个抽屉里，那么至少在一个抽屉中有两本(或两本以上的)书。它还可推广为：如果将 $mn+1$ 本书放入 n 个抽屉里，那么至少在一个抽屉中有 $m+1$(或以上)本书。尽管抽屉原理非常简单直观，但用它可解决组合数学和其他学科中的许多问题(定理 6.1.1 的证明就用到了这一思想，定理 5.4.9、定理 5.5.3 的证明也运用了它）。

例 6.3.5　证明在 $n+1$ 个不大于 $2n$ 的正整数中必有两个数互素（$n\geqslant 1$）。

证明　$2n$ 个不大于 $2n$ 的正整数可按以下方式分成 n 组：

$$\{1, 2\}, \{3, 4\}, \cdots, \{2n-1, 2n\}$$

为了从中取出 $n+1$ 个数，根据抽屉原理，必有两个数来自同一组，显然，这两个数互素。

定理 6.3.7　两个互不相交的可列集之并集是一个可列集。

证明　设 $A=\{a_1, a_2, a_3, \cdots\}$ 和 $B=\{b_1, b_2, b_3, \cdots\}$ 是两个互不相交的可列集，则 $A\cup B$ 可表示成

$$A\cup B=\{a_1, b_1, a_2, b_2, a_3, b_3, \cdots\}$$

这说明 $A\cup B$ 是一个可列集。

根据数学归纳法原理，推广这一结论可以得到以下推论。

推论　有限个两两互不相交的可列集之并集是一可列集。

定理 6.3.8　$\mathbf{N}\times\mathbf{N}\sim\mathbf{N}$。

证明　因可将 $\mathbf{N}\times\mathbf{N}$ 中的元素作如图 6.3.3 所示的排列，故说明存在 $\mathbf{N}\times\mathbf{N}$ 与 $\mathbf{N}$ 之间的双射。

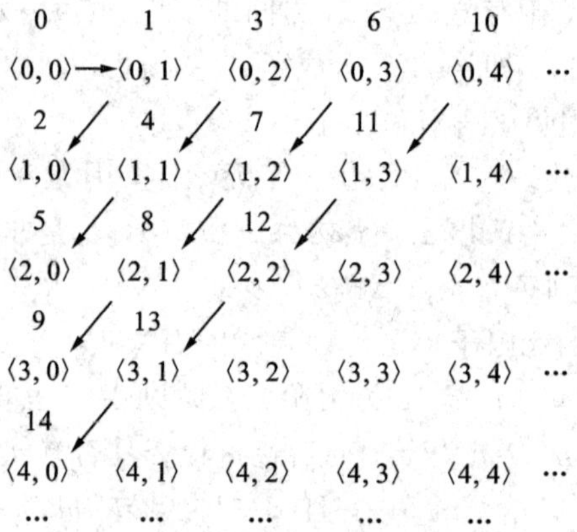

0　　　　1　　　　3　　　　6　　　　10
⟨0, 0⟩→⟨0, 1⟩　⟨0, 2⟩　⟨0, 3⟩　⟨0, 4⟩　…
2　　　　4　　　　7　　　　11
⟨1, 0⟩　⟨1, 1⟩　⟨1, 2⟩　⟨1, 3⟩　⟨1, 4⟩　…
5　　　　8　　　　12
⟨2, 0⟩　⟨2, 1⟩　⟨2, 2⟩　⟨2, 3⟩　⟨2, 4⟩　…
9　　　　13
⟨3, 0⟩　⟨3, 1⟩　⟨3, 2⟩　⟨3, 3⟩　⟨3, 4⟩　…
14
⟨4, 0⟩　⟨4, 1⟩　⟨4, 2⟩　⟨4, 3⟩　⟨4, 4⟩　…
…　　　…　　　…　　　…　　　…

图 6.3.3

定义 f：$\mathbf{N}\times\mathbf{N}\to\mathbf{N}$ 如下：

$$f(\langle m, n\rangle)=\frac{(m+n)(m+n+1)}{2}+m$$

下面证明 f 是一个双射。

(1) 证明 f 是一个入射。

设 $f(\langle m, n\rangle)=f(\langle m', n'\rangle)$。

若 $m+n\neq m'+n'$，不妨设 $m+n<m'+n'$，令 $m'+n'=m+n+l$（其中 $l\geqslant 1$），于是

$$\begin{aligned}f(\langle m', n'\rangle)-f(\langle m, n\rangle)&=\frac{(m'+n')(m'+n'+1)}{2}+m'-\left[\frac{(m+n)(m+n+1)}{2}+m\right]\\&=\frac{(m+n+l)(m+n+1+l)}{2}-\frac{(m+n)(m+n+1)}{2}+m'-m\\&=\frac{2(m+n)l+l+l^2}{2}+m'-m\geqslant\frac{l+l^2}{2}>0\end{aligned}$$

矛盾，故 $m+n=m'+n'$，所以 $m-m'=f(\langle m, n\rangle)-f(\langle m', n'\rangle)=0$，从而 $m=m'$，$n=n'$，即

$\langle m, n\rangle=\langle m', n'\rangle$。这表明 f 是一个入射。

(2) 用数学归纳法证明 f 是一个满射。

显然，$0=f(\langle 0, 0\rangle)\in \mathrm{ran}f$。现设 $k>0$，并假设 $k-1\in \mathrm{ran}f$。令 $k-1=f(\langle i, j\rangle)$，则当 $j>0$ 时，有

$$k=f(\langle i, j\rangle)+1=\frac{(i+j)(i+j+1)}{2}+i+1=f(\langle i+1, j-1\rangle)\in \mathrm{ran}f$$

当 $j=0$ 时，也有

$$k=f(\langle i, 0\rangle)+1=\frac{i(i+1)}{2}+i+1=\frac{(i+1)(i+2)}{2}=f(\langle 0, i+1\rangle)\in \mathrm{ran}f$$

根据第一数学归纳法原理，对于任意的 $k\in \mathbf{N}$，皆有 $k\in \mathrm{ran}f$，即 $\mathbf{N}\subseteq \mathrm{ran}f$，从而 $\mathbf{N}=\mathrm{ran}f$。这表明 f 是一个满射。

由定理 6.3.8 可得如下推论。

推论　可列个两两互不相交的可列集之并集是一可列集。

还可得以下定理。

定理 6.3.9　$\sharp\mathbf{Q}=a$。

证明　因为

$$\mathbf{Q}=\mathbf{Q}_+\cup\{0\}\cup\mathbf{Q}_-$$

(其中 $\mathbf{Q}_+$ 和 $\mathbf{Q}_-$ 分别是全体正有理数之集和全体负有理数之集)，显然 $\mathbf{Q}_+\sim\mathbf{Q}_-$，所以只需证明 $\sharp\mathbf{Q}_+=a$。

由定理 6.3.8 可知，$\mathbf{N}\times\mathbf{N}$ 是可列集，故它的无限子集

$$S=\{\langle m, n\rangle \mid m, n\text{ 为正整数，且}(m, n)=1\}$$

也是可列集。

定义 $f: S\to\mathbf{Q}_+$ 如下：

$$\forall\langle m, n\rangle\in S,\ g(\langle m, n\rangle)=\frac{m}{n}$$

由有理数的定义知，g 显然是一个双射，这说明 $S\sim\mathbf{Q}_+$。

根据定理 6.3.8 之推论，对 n 行数学归纳法即可得以下定理。

定理 6.3.10　设集合 A 中的元素由 n 个独立的指标决定，每个指标跳遍各自的可列集：

$$A=\{a_{i_1 i_2\cdots i_n} \mid \text{对于任意的 } k=1, 2, \cdots, n \text{ 皆有 } i_k=i_k^{(1)}, i_k^{(2)}, i_k^{(3)}, \cdots\}$$

则 A 是一可列集。

这样，容易得到以下推论。

推论 1　平面(空间)上的有理点之集 $\{(x, y) \mid x, y\in\mathbf{Q}\}$ 是一个可列集。

推论 2　$\mathbf{N}^k=\{\langle i_1, i_2, \cdots, i_k\rangle \mid i_1, i_2, \cdots, i_k\in\mathbf{N}\}$ 是可列集。

推论 3　全体整系数多项式 $a_nx^n+a_{n-1}x^{n-1}+\cdots+a_1x+a_0$ 组成之集是可列集。

推论 4　全体代数数组成之集是可列集。

但并非所有无限集均是可列集。

定理 6.3.11　区间 $[0, 1]$ 表示之集不是可列集。

证明　反证法。

用 U 表示区间 $[0, 1]$，假若 U 是可列集，则根据定理 6.3.2 可以设

$$U=\{x_1, x_2, x_3, \cdots\}$$

现将 U 分成三个子区间：

$$\left[0, \frac{1}{3}\right]、\left[\frac{1}{3}, \frac{2}{3}\right]和\left[\frac{2}{3}, 1\right]$$

显然，x_1 必然不会在这三个子区间内均出现。设 U_1 是不含 x_1 的子区间。使用同样的方法，可将 U_1 细分成三个子区间，它们之中至少有一个子区间不含 x_2，设其为 U_2；再将 U_2 三等分，得到一个不含 x_3 的子区间 U_3（其区间长度为 $\frac{1}{3^3}$）；如此继续下去，可得一区间套：

$$U\supset U_1\supset U_2\supset U_3\supset\cdots$$

其中区间 U_n 的长度为 $\frac{1}{3^n}$，且 $x_n\notin U_n(n=1, 2, 3, \cdots)$。根据区间套定理知，必存在一极限点 $\xi\in[0, 1]$：

$$\lim_{n\to\infty}U_n=\{\xi\}$$

由 U_n 的选择过程可知，对于任意的正整数 n，皆有 $\xi\neq x_n$，即 $\xi\notin U$，这显然矛盾。

定理 6.3.11 的证明还可采用集合论奠基人 Cantor 提供的方法，即所谓的对角线变量法，读者可参看相关文献。

定义 6.3.5 若集合 A 与区间 $[0, 1]$ 等势，则称 A 具有连续统的势，其基数（势）用 c 表示。

定理 6.3.12 设 a、b 是两个实数，且 $a<b$，则区间 $[a, b]$、$[a, b)$、$(a, b]$、(a, b)、$[a, \infty)$、(a, ∞)、$(-\infty, a]$、$(-\infty, a)$ 和实数集合 $\mathbf{R}$ 皆具有势 c。

定理 6.3.12 的证明留作习题（习题 6.3 第 3 题）。

定理 6.3.13 有限个两两互不相交的势为 c 的集合之并集具有势 c。

证明 设 $E_1, E_2, \cdots, E_n$ 是 n 个两两互不相交的势为 c 的集合（$n\geqslant 2$ 为正整数），由条件知，对于任意的 i：$1\leqslant i\leqslant n$，皆存在 E_i 到 $[i-1, i)$ 的双射 f_i，故存在 $E_1\cup E_2\cup\cdots\cup E_n$ 到 $[0, n)$ 的双射 f：

$$f(x)=f_i(x)\quad（当\ x\in E_i\ 时）$$

即 $E_1\cup E_2\cup\cdots\cup E_n$ 与 $[0, n)$ 等势。

考虑到 $[0, \infty)$ 具有势 c，故推广这一证明可得以下定理。

定理 6.3.14 可列个两两互不相交的势为 c 的集合之并集具有势 c。

定理 6.3.15 $\#(\mathbf{R}\times\mathbf{R})=c$。

证明 令 U 表示区间 $[0, 1]$。因为 $\mathbf{R}\sim U$，所以 $\#(\mathbf{R}\times\mathbf{R})=\#(U\times U)$，故只需证明 $U\times U\sim U$。

对于任意的 $x\in U$，可把它表示为二进制小数，即 $x=0.x_1x_2x_3\cdots$，其中 $x_i\in\{0, 1\}$。如果 x 是一有限二进制小数，则将其转换成循环节为 1 的无限循环二进制小数，这样这种表示方法对每个 $x\in U$ 都是唯一确定的。

现定义 f: $U\times U\to U$ 为

$$f(\langle 0.x_1x_2x_3\cdots, 0.y_1y_2y_3\cdots\rangle)=0.x_1y_1x_2y_2x_3y_3\cdots$$

显然 f 是双射，故 $U\times U\sim U$。

习 题 6.3

1. 构造下列每一对集合之间的双射。

(1) $\mathbf{Z}$, $\mathbf{N}$;

(2) $\mathbf{N}_+$, $\mathbf{N}$;

(3) $\{a_1, a_2, \cdots, a_n\}\cup\mathbf{N}$, $\mathbf{N}$;

(4) $\{1, 2, \cdots, n\}\times\mathbf{N}$, $\mathbf{N}$;

(5) 区间$[0, 1]$, $\mathbf{R}$。

2. 利用抽屉原理证明下列结论。

(1) 在边长为 2 的正方形内的任意五个点中，至少存在两个点，它们之间的距离不大于$\sqrt{2}$。

(2) 对于任意给定的五个整数，必能从中取出三个，使它们的和能被 3 整除。

(3) 设 n 是正整数，且 $a_1, a_2, \cdots, a_n$ 是 n 个整数，则必存在 k 和 i：$1\leqslant i\leqslant k\leqslant n$，使得 $a_i+a_{i+1}+\cdots+a_k$ 是 n 的倍数。

(4) 从小于 $2n$ 的正整数中任意选取 $n+1$ 个，其中必有一个数能整除另一个数。

(5) 任给 $n+2$ 个整数(n 是正整数)，其中必有两数之和或差能被 $2n$ 整除。

(6) 某象棋大师准备参加象棋锦标赛，他决定在赛前的 11 周里每天至少下一局。为了避免过度疲劳，他规定每周下棋不超过 12 局。证明：他在接连的某些天内恰好下了 21 局棋。

3. 通过构造集合之间的双射证明定理 6.3.12。

4. 设 A 是一不可列的无限集，B 是 A 的可列子集，证明：$A-B\sim A$。

5. 设 A 是一无限集，B 是一可列集，证明：$A\cup B\sim A$。

6. 证明：全体 0/1 序列组成之集：

$$\{(a_1, a_2, a_3, \cdots)\mid a_i=0 \text{ 或 } 1\}$$

具有势 c。

7. 证明：$\mathbf{N}$ 的全体有限子集组成之集是可列集。

6.4 基数的比较

6.3 节介绍了许多具有势 a 的可列无限集和具有连续统的势 c 的无限集的例子。大家自然会问：是否存在势既不是 a 也不是 c 的无限集？基数能否比较大小，即能否以某种次序排列它们？为了回答这些问题，下面介绍几个集合簇上的有序关系以及相应的基数集上的排序。

定义 6.4.1 设 α 和 β 分别是集合 A 和集合 B 的基数。

(1) 若 A 与 B 等势，则称 α 和 β 相等，记作 $\alpha=\beta$；否则称 α 和 β 不相等，记作 $\alpha\neq\beta$。

(2) 若存在 A 到 B 的入射，则称 α 小于等于(或不大于)β，记作 $\alpha\leqslant\beta$；进一步地，若 $\alpha\leqslant\beta$ 且 A 与 B 不等势，则称 α 小于 β，记作 $\alpha<\beta$。

(3) 若存在 A 到 B 的满射，则称 α 大于等于(或不小于)β，记作 $\alpha\geqslant\beta$；进一步地，若

$\alpha \geqslant \beta$且 A 与 B 不等势，则称 α 大于 β，记作 $\alpha > \beta$。

关于"$\leqslant$"与"$\geqslant$"的关系，有以下定理。

定理 6.4.1　设 A 和 B 是两个集合，则 $\# A \leqslant \# B$ 当且仅当 $\# B \geqslant \# A$。

证明　当 $\# B \geqslant \# A$ 时，设 $f: B \to A$ 为满射，则 f 有右逆 $g: A \to B$，即 $f \circ g = I_A$，显然 g 是入射，这说明 $\# A \leqslant \# B$。

反之，若 $\# A \leqslant \# B$，设 $f: B \to A$ 为入射，则 f 有左逆 $g: A \to B$，即 $g \circ f = I_B$，显然 g 是满射，这说明 $\# A \geqslant \# B$。

由定理 6.4.1 可得如下推论。

推论　设 A 和 B 是两个集合，则 $\# A < \# B$ 当且仅当 $\# B > \# A$。

例 6.4.1　证明：$a < c$。

证明　(1) 由定理 6.3.11 知 $a \neq c$。

(2) 构造 $f: \mathbf{N} \to [0, 1]$如下：

$$f(n) = \frac{1}{n+1}$$

显然，f 是入射，故 $a \leqslant c$。

综上，有 $a < c$。

这一证明过程中的(2)实际上表明了 $\mathbf{N}$ 与区间$[0, 1]$的子集$\left\{1, \frac{1}{2}, \frac{1}{3}, \cdots\right\}$等势，显然这个性质可以推广到一般情况，即

$\# A \leqslant \# B$，当且仅当 A 与 B 的某一子集等势

$\# A \geqslant \# B$，当且仅当 B 与 A 的某一子集等势

定义 6.4.2　设 α 是集合 A 的基数，则用 2^{α}表示 A 的幂集 2^A的基数，称为幂集的基数(势)。

定理 6.4.2(Cantor 定理)　设 α 是集合 A 的基数，则 $\alpha < 2^{\alpha}$。

证明　构造 $f: A \to 2^A$如下：

$$\forall a \in A,\ f(a) = \{a\}$$

显然，f 是一个入射，故 $\alpha \leqslant 2^{\alpha}$。下面用反证法证明 $\alpha \neq 2^{\alpha}$。

假定 $\alpha = 2^{\alpha}$，即存在 A 到 2^A的双射 g，令

$$B = \{a \mid a \in A \text{ 且 } a \notin g(a)\}$$

由于 $B \in 2^A$，因此存在 $b \in A$，使得 $g(b) = B$。

若 $b \in B$，即 $b \in g(b)$，则由 B 的定义知 $b \notin B$。

若 $b \notin B$，即 $b \notin g(b)$，则由 B 的定义知 $b \in B$。

综上可知，$b \in B$ 当且仅当 $b \notin B$，这显然矛盾。因此，有 $\alpha \neq 2^{\alpha}$。

定理 6.4.2 表明，基数的个数是无限的，并且没有最大者。

定理 6.4.3　设 A 和 B 是两个集合，则

$$\# A \leqslant \# B \text{ 和 } \# A \geqslant \# B$$

二者中至少有一个成立。

定理 6.4.3 的证明要用到选择公理，超出了本书的讨论范围，这里就不介绍了。

由定义可知，"$=$"是等价关系；而"$\leqslant$"和"$\geqslant$"满足自反性和传递性。下面的定理断言"$\leqslant$"是反对称的(当然，"$\geqslant$"也一样)。

定理 6.4.4(Cantor-Schroder-Bernstein 定理)　设 A 和 B 是两个集合，如果 $\#A\leqslant\#B$ 且 $\#B\leqslant\#A$，则 $\#A=\#B$。

为证明本定理，需要先证明一个引理。

引理　设 $A_0\supset A_1\supset A_2$，且 $A_0\sim A_2$，则 $A_0\sim A_1$。

证明　设 f: $A_0\to A_2$ 是一个双射(如图 6.4.1 所示)。

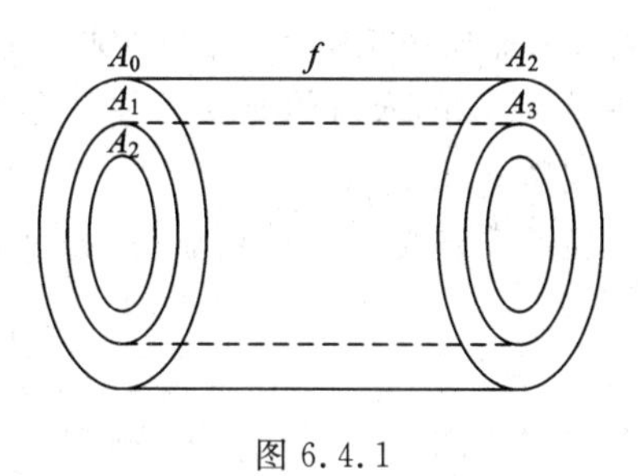

图 6.4.1

令 $A_3=f(A_1)$，显然 $A_3\subset A_2$ 且 $A_1\sim A_3$；又令 $A_4=f(A_2)$，同样 $A_4\subset A_3$ 且 $A_2\sim A_4$；如此下去，可得一集合序列：

$$A_0\supset A_1\supset A_2\supset A_3\supset A_4\supset\cdots$$

满足

$$A_0\sim A_2,\ A_1\sim A_3,\ A_2\sim A_4,\ \cdots$$

并由 A_i 的定义，有

$$(A_0-A_1)\sim(A_2-A_3),\ (A_1-A_2)\sim(A_3-A_4),\ (A_2-A_3)\sim(A_4-A_5),\ \cdots$$

若将 $A_1\cap A_2\cap A_3\cap A_4\cap\cdots$ 记为 D，则

$$A_0=D\cup(A_0-A_1)\cup(A_1-A_2)\cup(A_2-A_3)\cup(A_3-A_4)\cup\cdots$$
$$A_1=D\cup(A_1-A_2)\cup(A_2-A_3)\cup(A_3-A_4)\cup(A_4-A_5)\cup\cdots$$

利用

$$(A_0-A_1)\sim(A_2-A_3)\sim(A_4-A_5)\sim\cdots$$

立得

$$A_0\sim A_1$$

定理的证明　反证法。

假若不然，由条件知：$\#A<\#B$ 且 $\#B<\#A$，故存在 $A^*\subset A$ 和 $B^*\subset B$ 使得 $\#A=\#(B^*)$ 且 $\#B=\#(A^*)$。令 f 为 B 到 A^* 的双射，并将 $f(B^*)$ 记为 A^{**}(如图 6.4.2 所示)。这样，$\#A=\#(B^*)=\#f(B^*)=\#(A^{**})$，由引理知，$\#A=\#(A^*)=\#B$ 成立，这与假设矛盾。

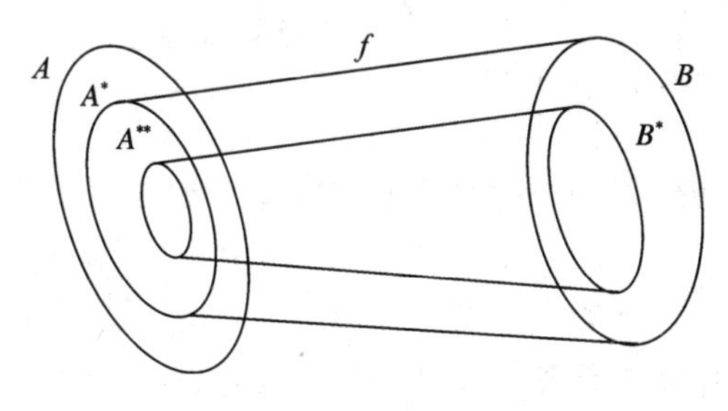

图 6.4.2

由定理 6.4.4 可得如下推论。

推论 1　设 α 和 β 是集合 A 和集合 B 的基数，则下列三个关系式中不可能有任意两个同时成立：

(1) $\alpha<\beta$；

(2) $\alpha=\beta$；

(3) $\alpha>\beta$。

推论 2 设α、β和γ是集合A、B和C的基数，且$\alpha<\beta$，$\beta<\gamma$，则$\alpha<\gamma$。

定理6.4.1和定理6.4.4提供了证明集合等势的有效方法。如果既能构造出A到B的入射，又能构造出B到A的入射，那么根据定理6.4.4便有$A\sim B$。而定理6.4.1则说明存在A到B的入射的充要条件是存在B到A的满射。

定理 6.4.5 $c=2^a$。

证明 定义f：$2^{\mathbf{N}}\to[0,1]$如下：

$$f(A)=\sum_{i=0}^{\infty}\chi_A(i)\cdot 2^{-i-1}$$

显然f是满射，所以$\#2^{\mathbf{N}}\geqslant\#([0,1])$，即

$$2^a\geqslant c$$

另一方面，定义g：$2^{\mathbf{N}}\to[0,1]$如下：

$$g(A)=\sum_{i=0}^{\infty}\chi_A(i)\cdot 3^{-i-1}$$

若$A\neq B$，则$A\oplus B\neq\varnothing$。设$m=\min\{A\oplus B\}$，则

$$|g(A)-g(B)|\geqslant 3^{-m-1}-\sum_{j=2}^{\infty}3^{-m-j}=\frac{1}{2}\cdot 3^{-m-1}>0$$

因此$g(A)\neq g(B)$，从而g是入射。这说明$\#2^{\mathbf{N}}\leqslant\#([0,1])$，即

$$2^a\leqslant c$$

综上可知，$c=2^a$。

习 题 6.4

1. 设A、B和D是三个两两互不相交的集合，证明：

(1) 若$\#A\leqslant\#B$，则$\#(A\cup D)\leqslant\#(B\cup D)$；

(2) 若$\#A\leqslant\#B$，则$\#(A\times D)\leqslant\#(B\times D)$。

2. 证明：若$\#A\leqslant\#B$且$\#B\leqslant\#C$，则$\#A\leqslant\#C$。

3. 用定理6.4.4证明定理6.3.12。

4. 证明定理6.4.4的两个推论。

5. 设$A^*\subset A$，$B^*\subset B$，且$A^*\sim B^*$，$A\sim B$，证明或用例子否定：

$$(A-A^*)\sim(B-B^*)$$

6. 设Ψ为全体$[0,1]$到实数集合$\mathbf{R}$的连续函数之集，证明：$\#\Psi=c$。

7. 设F为全体$[0,1]$到实数集合$\mathbf{R}$的函数之集，证明：$\#F>c$。

8. 证明：$\#\mathbf{N}^{\mathbf{N}}=c$。

第四篇 图 论

图论是一门古老的学科，早在18世纪初，学者们便已运用现在被称为图的工具来解决一些困难的问题；它又是一门年轻的学科，20世纪中后期，随着计算机科学的发展，图论的研究工作取得了很大的进展，它的成果和方法又迅速地渗透到社会科学、经济科学、语言学、逻辑学、物理学、化学、生物学、电信工程、计算机科学和数学的其他分支中。目前它处在蓬勃发展的新阶段。

对于离散结构的刻画，图是一种有力的工具。在关系理论中，曾采用关系图(一种有向图)来表示有限集上的二元关系。在解决运筹规划、网络研究、信息论、控制论、博弈论等领域的问题时，也广泛地用到图。在计算机科学中，图还是一种重要的数据结构。

针对作为抽象数学系统的图，图论所包含的内容浩瀚如海。限于篇幅，这里仅介绍其中一些最基本的内容。本篇将分“无向图”和“有向图”两个部分来介绍图的基本概念、有关术语以及基本性质，重点介绍图论研究的基本方法，这些方法有助于培养学生的抽象思维能力和严密的逻辑推理能力，并对学生今后学习计算机科学的相关学科和从事计算机应用开发与科学研究大有帮助。

第七章　无　向　图

7.1　三个古老的问题

图论最早起源于一些数学游戏的难题研究，关于它们的抽象与论证的方法，开创了图论这一学科。

1. 七桥问题

图论的发展史已有近三百年，一般认为数学家 Euler 在 1736 年发表的哥尼斯堡“七桥问题”的论文是图论发展的起点。

“七桥问题”是这样一个问题：在当时东普鲁士的一个城市哥尼斯堡(现称加里宁格勒，属俄罗斯)里有一条流贯全城的普雷格尔河，这条河有两条支流，它们在市中心汇合，在合流的地方中间有一座小岛(奈发夫岛)，人们在小岛和两条支流上建立了七座桥把全城连接起来，如图 7.1.1 所示，当地居民提出的一个问题是能不能从城市的任何一部分出发，恰好走过每座桥一次(既不重复又不遗漏)再回到出发点？

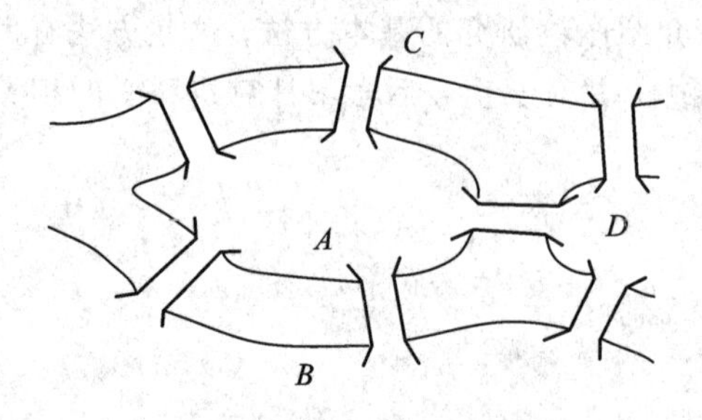

图 7.1.1

这在当时是一个著名的未解决的难题，瑞士数学家 Euler 在 1736 年证明了这个问题是不可解的。

为了研究七桥问题，可先用一个抽象的图(见图 7.1.2)去代替图 7.1.1，在这个图中，用点(不计大小)表示城市，用线(不管形状)表示桥。

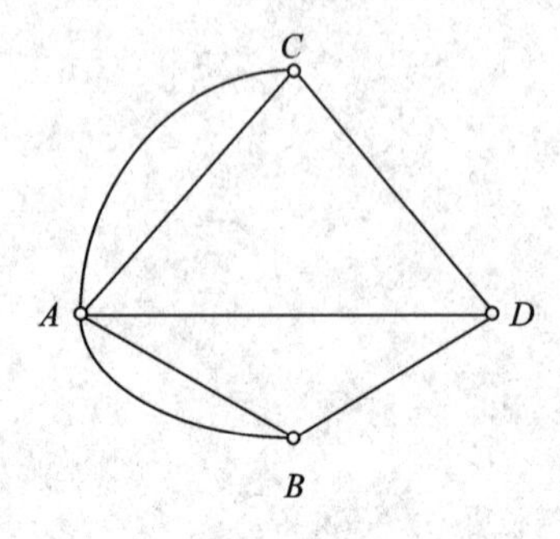

图 7.1.2

这个问题实际上就是我国民间的“一笔画”问题：能不能笔不离纸地一笔画出图 7.1.2，在画的过程中，笔可以重复地经过 A、B、C 和 D 点，但不允许重复经过任何线。根据 Euler 的证明，图 7.1.2 的一笔画问题是不可解的。

2. 四色问题

在图论发展的早期，另一个著名的问题是“四色问题”。它是 Morgan 的学生提出来的，其内容为：

考虑平面上或球面上的地图，并假定其中的国家是相连通的区域，为了区分这些国家，需对这样的地图进行着色，使得任何有公共边界线的国家着有不同的颜色。为了保证任何地图都能进行满足上述要求的着色，所需要的颜色数最少是多少？

1852 年 10 月 23 日，伦敦大学的数学教授 Morgan 在给都柏林主日学院的 W. R. Hamilton 爵士的信中写道：“今天，我的一个学生要求我就一个我不知是否正确的事实说明理由，他说，无论将一个图怎样划分，并给划分的每块用不同的颜色进行着色，使得具有公共边界线的任何两块着有不同的颜色，那么可能只需要四种色而不需要更多，请问：是否确实不必要五种或五种以上的颜色？”后来知道这个学生叫 Guthrie，虽然他从未就自己提出的问题发表过任何论文，但是人们把他的问题称为 Guthrie 四色猜想。

人们对四色猜想进行了许多研究，这些工作大大推进了图论的发展。研究这个难题而积累起来的知识总体的意义远胜过解决这个问题本身的意义。

1879 年，Kempe 给出了这个猜想的一个证明，但到 1890 年，Hewood 发现 Kempe 的证明是错误的，他指出 Kempe 的方法虽不能证明对地图着色用四种颜色就够了，但可证明用五种颜色就够了。1976 年，两位美国数学家 K. Appel 和 W. Haken 宣布他们证明了这个猜想是正确的，他们是用电子计算机证明的，证明过程需要 1200 个机时和 100 亿个逻辑判断。

3. Hamilton 问题

图论中第三个较古老的问题是“Hamilton 问题”，这是 1859 年由爱尔兰数学家 Hamilton提出的。考虑图 7.1.3 所示正十二面体的“平面投影”，Hamilton 问：是否能从正十二面体的任一顶点出发沿着它的棱走过每个顶点恰好一次，最后回到出发点？图 7.1.3 中所给的编号指出了这样的一条路线。

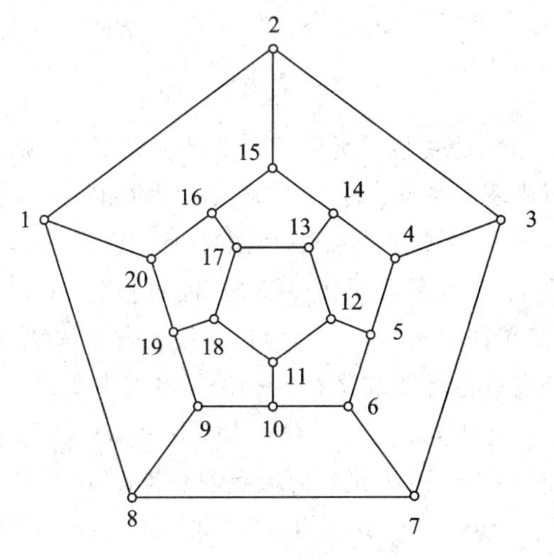

图 7.1.3

Hamilton 问题也可针对一般的图提出来，但是到目前为止，人们还没有找出简便的充分必要条件来判定一个图是否为 Hamilton 图。

7.2 若干基本概念

目前人们对图论的研究十分活跃，各种新概念不断涌现，名词、术语极不统一，请读者注意。

定义 7.2.1 无向图 G 是一个二元组 $\langle V, E\rangle$，其中 V 是一非空集合，其元素习惯上用数字或小写英文字母 a、b、c、u、v、w、x、y、z 等(或加足标)表示，称为图的顶点(vertex)，或点(point)，或结点(node)，或接点(junction)。E 是 V 中元素无序偶的可重集，其元素常用字母 e(可加足标)表示，称为图的边(edge)，或线(line)，或枝(branch)。边 $e=(a, b)$ 亦记为 ab。V 称为 G 的顶点集，常写作 $V(G)$；E 称为 G 的边集，常写作 $E(G)$。

【注】 有的文献将无向图 G 定义成一个三元组 $\langle V, E, \psi\rangle$，$V$ 是顶点集，E 是边集，ψ 是 E 到 V 中元素的无序偶之集的一个映射。不难理解，这两种定义本质上是一致的。

常需要将图 G 在平面上用图示的形式表示出来：$V(G)$ 的元素用小圆圈或实心黑点表示；如果无序偶 $(a, b)\in E(G)$，则把表示 a、b 这两个顶点的小圆圈用线连接起来；如果边 $(a, b)\in E(G)$ 且 (a, b) 的重度为 i，则在 a、b 之间连 i 条线或连一条线后再在线上写上 i，表示这条边是 i 重的。

例 7.2.1 图 7.2.1 所示即为图 G 的图示。其中 $V(G)=\{1, 2, 3, 4, 5, 6\}$，$E(G)=\{(1, 1), (1, 2), (1, 2), (2, 3), (3, 4), (4, 5)\}$。

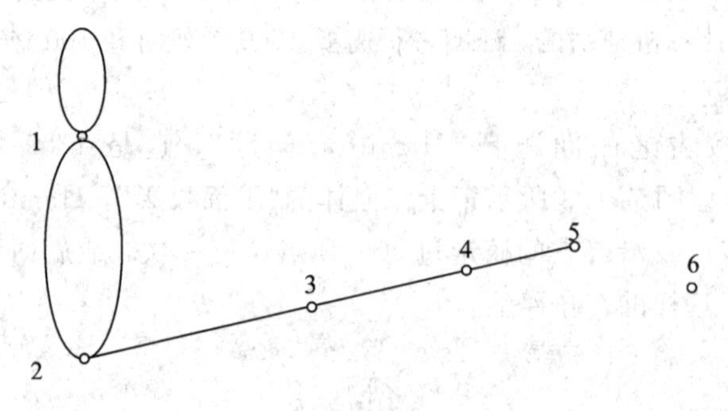

图 7.2.1

顶点集 V 可以是有限集，也可以是无限集。若 V 为无限集，则对应的图称为无限图。通常只考虑 V 是有限集即有限图的情况。若 $\#V(G)=p$，$\#E(G)=q$，则称 G 是一个 (p, q) 图，p 称为图 G 的阶。$(1, 0)$ 图称为孤立点或平凡图，$(p, 0)$ 图 $(p\geqslant 2)$ 称为空图或零图。若 $E(G)$ 是一个普通集合(即每个元素的重度为 1)，且对任意的 $a\in V(G)$，皆有 $(a, a)\notin E(G)$，则称图 G 是一个简单图。线 (a, a) 称为自环线，表示重度为 $i(\geqslant 2)$ 的 i 条线称为互相平行的。因此简单图是没有自环线和平行线的图。本书主要讨论简单图。

定义 7.2.2 设 G 是一个图，$a, b\in V(G)$。如果 $e=(a, b)\in E(G)$，则称 a 和 b 是彼此相邻接的，记作 a Adj b，又称 a(和 b)是 e 的端点或 e 与 a(和 b)相关联。而 $(a, b)\notin E(G)$，则被记作 a NAdj b。若边 e_1 和 e_2 有公共端点，则称 e_1 和 e_2 是彼此相邻接的，也用 e_1 Adj e_2 表示。

定义 7.2.3　与顶点 u 相关联(即以 u 为端点)的边的条数称为 u 的度，用 $d(u)$ 表示。度为 0 的顶点称为图的孤立点，度为 1 的顶点称为图的端点。

顶点的度在图论中是一个非常基本的概念，同时又是一个极其重要的概念。通常分别用 $\Delta(G)$ 和 $\delta(G)$ 表示图 G 中顶点度的最大值和最小值。此外，有时还将 $\Delta(G)$ 称为图 G 的度。

例 7.2.2　考虑图 7.2.2 所示的图 G，有 $d(1)=2$，$d(2)=d(3)=3$，$d(4)=d(5)=d(6)=4$，$d(7)=3$，$d(8)=1$，$d(9)=d(10)=0$，$\Delta(G)=4$，$\delta(G)=0$。

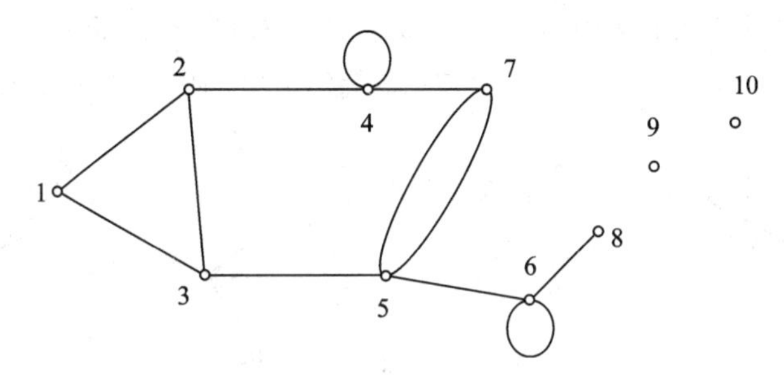

图 7.2.2

若对任意的 $u\in G$，皆有 $d(u)=$常数 k(k 为非负整数)，则称 p 阶简单图 G 是 k 度正则图。3 度正则图又称为三次图。p 阶 $p-1$ 度正则图又称为 p 阶完全图，用 K_p 表示。显然，K_p 是 $\left(p，\dfrac{p(p-1)}{2}\right)$ 图。

例 7.2.3　如图 7.2.3 所示，图(a)给出了 K_4 的图示，图(b)是它的另一种图示形式，而图(c)则是 K_5 的图示，图(d)是一个六阶 3 度正则图。

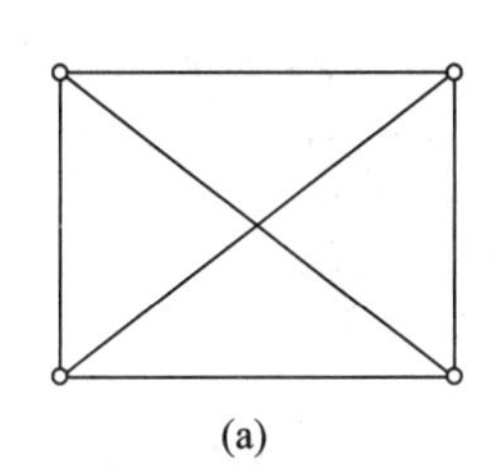

(a)

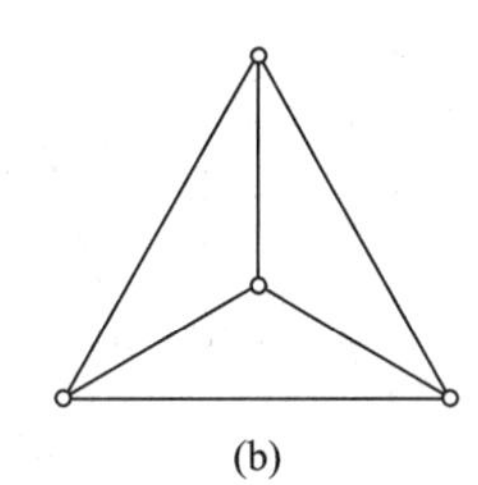

(b)

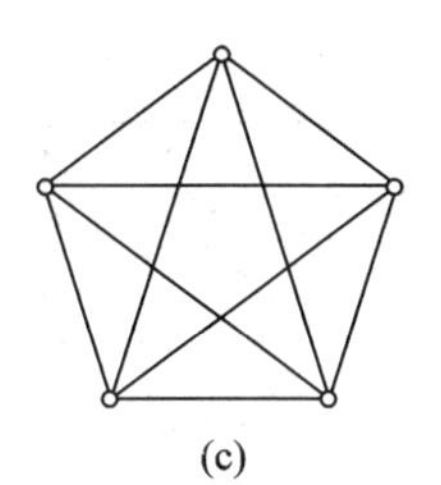

(c)

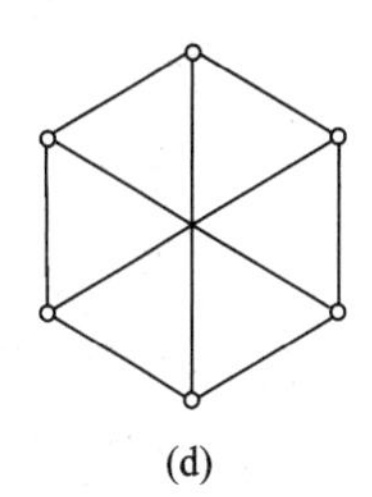

(d)

图 7.2.3

关于顶点的度，有下面的定理。

定理 7.2.1(握手定理)　设 G 为一(p, q)图，则 $\sum\limits_{u\in G}d(u)=2q$。

证明　图中顶点度之和是指图中与各个顶点相关联的边数之和，每条边(包括自环线和平行线)都将恰好被计数两次，所以定理成立。

由定理 7.2.1 可得以下推论。

推论 1　任何图中度为奇数的顶点个数必为偶数。

推论 2　不存在奇数阶奇数度正则图。

例 7.2.4　序列(3，3，3，3，5，6，6，6，6，6，6)不可能是一个图的顶点的度的序列(称为图的度序列)。

解　因为这个序列中有 5 个奇数，由定理 7.2.1 的推论 1 可知，它不可能是一个图的度序列。

定义 7.2.4　设 G_1 和 G_2 是两个图，如果 $V(G_1) \subseteq V(G_2)$，$E(G_1) \subseteq E(G_2)$，则称 G_1 是 G_2 的子图，记为 $G_1 \leqslant G_2$。若 $G_1 \leqslant G_2$ 且 $V(G_1)=V(G_2)$，即 G_1 是仅仅去掉 G_2 中的一些边后得到的图，则称 G_1 是 G_2 的生成子图。设 $W \subseteq V(G)$，所谓由 W 导致的 G 的导出子图(用 $\langle W \rangle$ 表示)是这样一个图：它的顶点集是 W，并且连接 W 中那些在 G 中原先被连接的顶点偶，即在 G 中去掉不属于 W 的顶点以及与它们相关联的边后留下的那部分。

由定义 7.2.4 不难看出，任一图均是自己的平凡子图(事实上，"$\leqslant$"是偏序关系)。

例 7.2.5　考虑图 7.2.4，由定义 7.2.4 易知 H_1 是 G 的子图，但它既不是 G 的生成子图，也不是 G 的导出子图；H_2 是 G 的含有 5 个顶点的导出子图，而 H_3 则是 G 的一个生成子图。

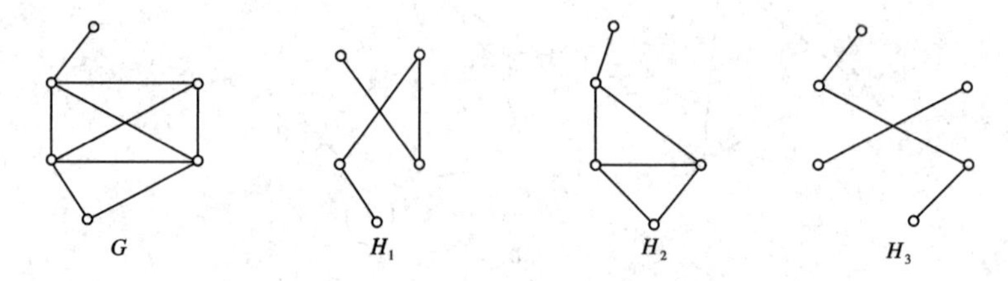

图 7.2.4

设 $G=\langle V, E \rangle$ 是一个图，且 $S \subset V$，$L \subseteq E$，$u \in V$，$e \in E$，$e' \notin E$，则分别用 $G-S$、$G-u$、$G-L$、$G-e$ 和 $G+e'$ 表示 G 的导出子图 $\langle V-S \rangle$、$\langle V-\{u\} \rangle$，生成子图 $\langle V, E-L \rangle$、$\langle V, E-\{e\} \rangle$ 和图 $\langle V, E \cup \{e'\} \rangle$。

例 7.2.6　考虑图 7.2.5(a)所示的图 G，图 $G-u_1$、$G-u_3u_5$、$G-\{u_1, u_2\}$、$G+u_1u_3$ 分别如图(b)、(c)、(d)和(e)所示。

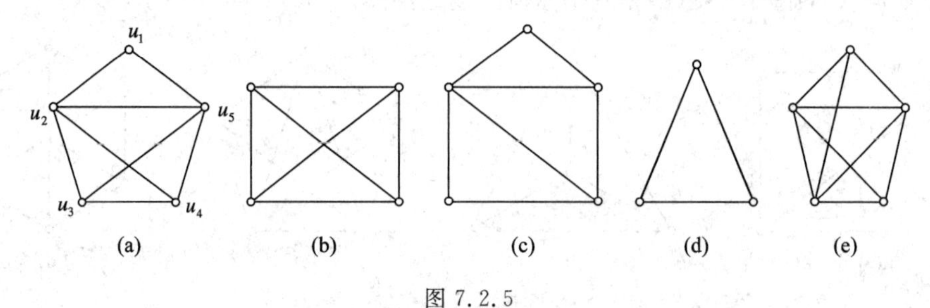

图 7.2.5

定义 7.2.5　设 G 是一个图，若 $V(G)$ 有一个划分：$V(G)=V_1 \dot{\cup} V_2$，使得 $\langle V_1 \rangle$ 和 $\langle V_2 \rangle$ 都是空图，则称图 G 为一个双图，或二部图，或二分图。类似可定义 n 部图。进一步地，如果 $\forall u \in V_1$、$v \in V_2$，都有 u Adj v，则称其为完全双图，在 $\# V_1=m$，$\# V_2=n$ 时用 $K_{m,n}$ 表示之。易知，$K_{m,n}$ 是 $(m+n, mn)$ 图。

例 7.2.7　图 7.2.6(a)给出了 $K_{3,3}$ 的图示，它实际上是图 7.2.3(d)的另一种图示形式，而图 7.2.6(b)则是 $K_{2,4}$ 的图示。

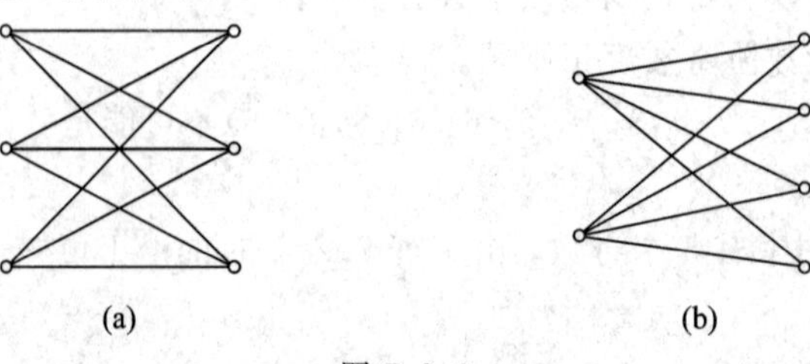

图 7.2.6

一般情况下，双图用于刻画两类离散对象之间的关系(如 5.2 节介绍的 A 到 B 的二元关系的关系图)。显然，在 $V(G)=V_1 \dot{\cup} V_2$、$\# E(G)=q$ 的双图中，有 $\sum_{u\in V_1} d(u) = \sum_{u\in V_2} d(u) = q$。

从前面的一些图示可以看出，同一个图可能有不同的图示，不同的图可能有相同的图示，这就是图的同构问题。

定义 7.2.6　图 G 与图 H 同构是指：存在

$$f: V(G) \to V(H)\ 1-1,\ \text{onto}$$

使得 $\forall u, v \in G$，有 u Adj v 当且仅当 $f(u)$ Adj $f(v)$，即 f 保持邻接关系不变，记作$G \cong H$。

例 7.2.8　图 7.2.3(a)与图 7.2.3(b)是同构的，图 7.2.6(a)与图 7.2.3(d)也是同构的。读者可以验证图 7.2.7 中(a)与(b)所示的两个图是同构的，(c)与(d)所示的两个图是同构的。

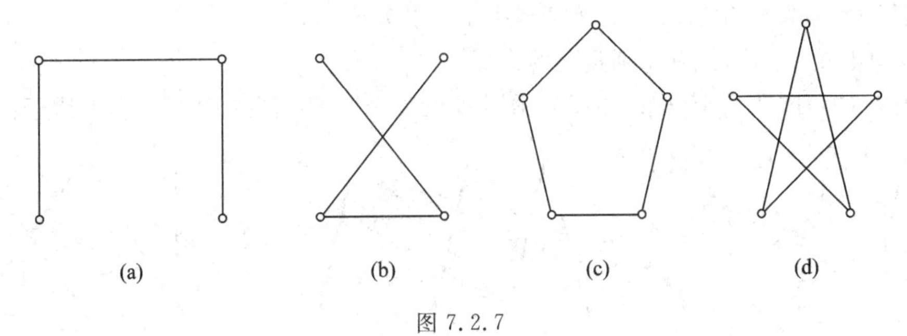

图 7.2.7

两个同构的图顶点一一对应且邻接关系不变，这样的图本质上是完全一样的：顶点数、边数、度序列等特性都完全相同，但这几个性质不是两个图同构的充分条件。例如，图 7.2.8 中，(a)与(b)所示的两个图的顶点数、边数、度序列等都相等，但它们并不同构。

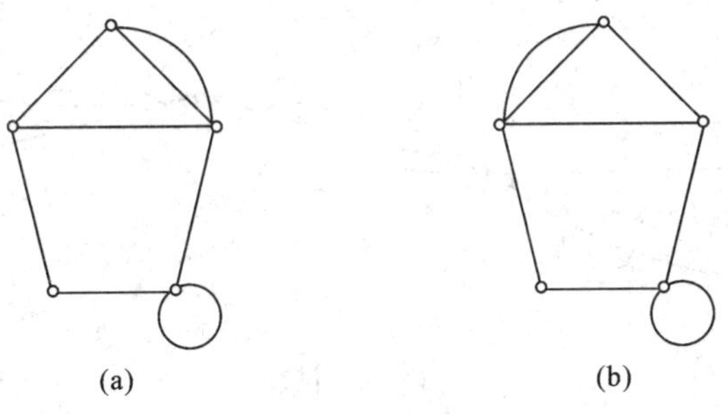

图 7.2.8

设 $\Omega=\{G|G$ 是图$\}$，则“$\cong$”是 Ω 上的等价关系，所以它将导致 Ω 的划分，划分的每块称为非标定图。设 G 是有 p 个顶点的图(p 阶图)，如果图 G 的每个顶点已被指定为 1，2，…，p 中的一符号，且不同顶点有不同符号，则称 G 为标定图。本书只研究非标定图。

定义 7.2.7　设 G 和 H 是 K_p 的两个生成子图(亦即 G 和 H 是两个 p 阶图)，如果 $E(G)\cap E(H)=\varnothing$，$E(G)\cup E(H)=E(K_p)$，则称 G 和 H 互补，记作 $H=G^c$ 或 $H=\overline{G}$。如果 $G\cong G^c$，则称 G 是自补图。

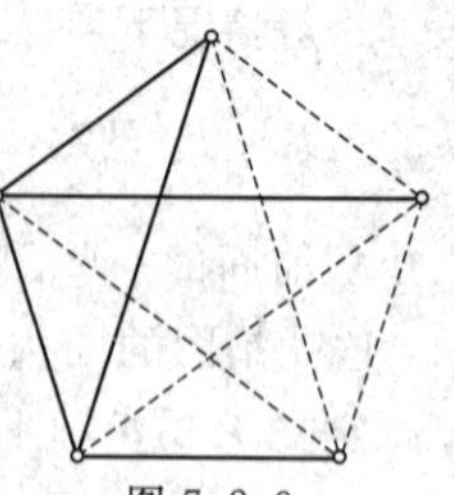
图 7.2.9

例 7.2.9　容易知道，(p, q)图的补图有$\frac{p(p-1)}{2}-q$条边，故图 G 是自补的，从而图 G 的阶 p 必为 $4k$ 或 $4k+1$（k 为某一正整数）。图 7.2.7 给出的实际上是一个四阶自补图和一个五阶自补图，图 7.2.9 给出了另一个五阶自补图（实线部分与虚线部分互补、同构）。

根据近期的资料，有

阶数	4	5	8	9	12	13	16	17
自补图数	1	2	10	36	720	5600	703 760	11 220 000

定义 7.2.8　图 G 的顶点无关集（或称孤立集、独立集）S 是 $V(G)$ 的非空子集，且对于 $\forall u, v\in S$，有 u NAdj v。而图 G 的线无关集（或称一个匹配）L 是 $E(G)\neq\varnothing$ 的非空子集，且对于 $\forall e_1, e_2\in L$，有 e_1 NAdj e_2。包含图 G 的每个顶点的线无关集（即每个顶点的度都为 1 的生成子图）称为图 G 的一个 1-因子或一个完美匹配。

在双图中找 1-因子具有特别重要的意义。

例 7.2.10　图 7.2.10 中的粗线表示图 G 的一个匹配，图(c)中匹配是1-因子。

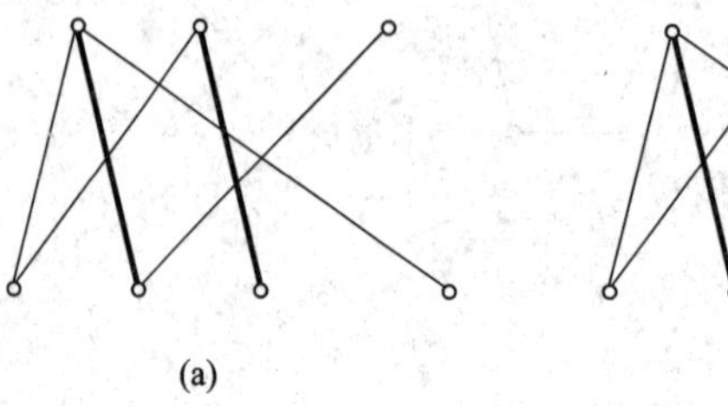
(a)

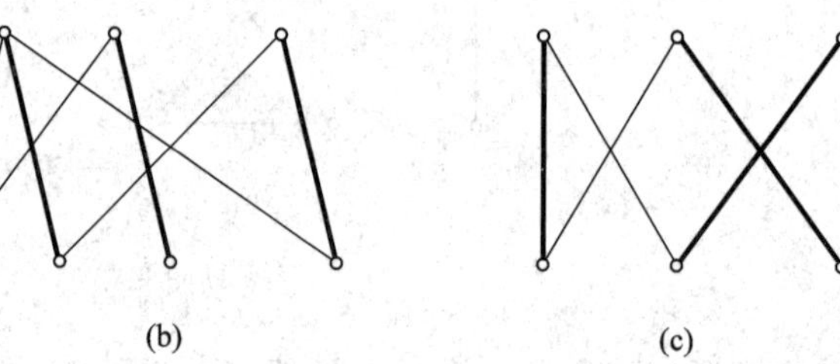
(b)　　　　(c)

图 7.2.10

例 7.2.11　两个顶点间有多条边连接的图称为多重图。若 u、v 两点间有 m 条不同的边，则称 uv 的重度为 m。图 7.2.11 为一个多重图的例子。

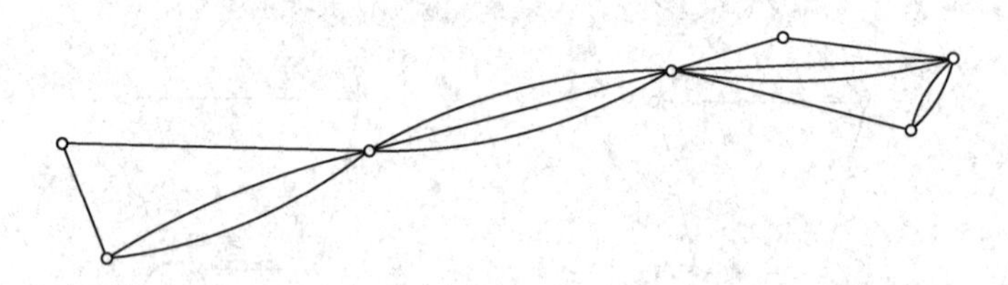

图 7.2.11

例 7.2.12　含有自环线的多重图称为伪图。图 7.2.12 为一个伪图的例子。

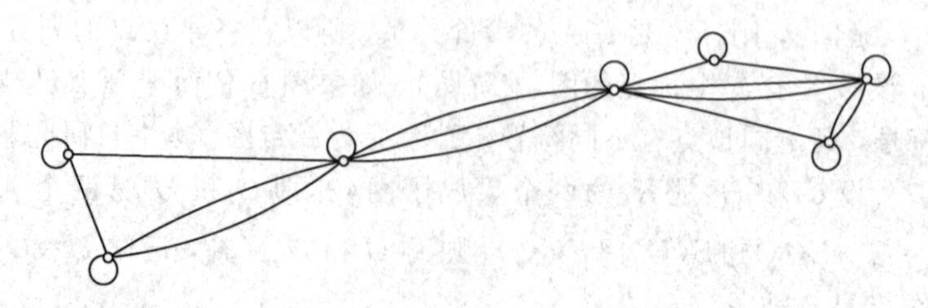

图 7.2.12

习 题 7.2

1. 证明：任何 p 阶简单图 G 皆有 $\Delta(G)<p$。

2. 证明：在任何 p 阶($p\geqslant 2$)简单图中，至少有两个顶点具有相同的度。

3. 证明：若 pk 为偶数并且 $k<p$，则存在 p 阶 k 度正则图。

4. (1) 设 G 是一个有 19 条边的图，且 $\delta(G)=3$，则 G 的阶最大是多少？

(2) 设 G 是一个有 12 条边的图，且有 6 个度为 3 的顶点，其余顶点的度均小于 3，则 G 的阶至少是多少？

5. 试确定满足下列条件的图分别是几阶图。

(1) 共有 15 条边，且除 3 个 4 度顶点外，其余顶点的度都是 3；

(2) 12 条边的 2 度正则图；

(3) 20 条边的正则图。

6. 试说明：

(1) 序列 (1，3，3，3，3，3，4，4，5)不可能是一个图的度序列；

(2) 序列(7，6，5，4，3，2，2)、(7，6，5，4，3，3，2)、(6，6，5，4，3，3，1)以及(1，1，3，3，3，3，5，6，8，9)都不可能是简单图的度序列；

(3) 序列 (3，3，3，3，3，5，6，6，6，6，6，6)不可能是一个双图的度序列。

7. 设 $S=\{x_1, x_2, \cdots, x_n\}$ 是平面上 n 个点之集，其中任意两点之距离至少为 1，证明：至多有 $3n$ 对点的距离恰为 1。

8. Ramsey 定理的一个通俗描述是要解决以下问题：要找这样一个最小的数 n，使得 n 个人中必定有 k 个人相识或 l 个人互不相识，这个 n 称为 Ramsey 数，记为 $R(k, l)=n$。下面的(1)、(2)两题实际都说明了 $R(3, 3)=6$。

(1) 对 K_6 的边涂上红色或蓝色。证明：对于任何一种随意的涂边方法，总有一个所有边被涂上红色的 K_3，或者有一个所有边被涂上蓝色的 K_3。

(2) 证明：六个人的人群中，或者有三个人相互认识或者有三个人彼此陌生。

(3) 对于 K_p 的边，随意涂上红色或蓝色。证明：如果有 6 条或更多条红色的边关联于一个顶点，则存在着一个各边都是红色的 K_4 或一个各边都是蓝色的 K_3；如果有 4 条或更多条蓝色的边关联于一个顶点，则存在着一个各边都是红色的 K_4 或一个各边都是蓝色的 K_3。

9. 证明：p 阶双图至多有$[p^2/4]$条边。

10. 证明：没有子图是 K_3 的 p 阶图至多有$[p^2/4]$条边。

11. 证明：图 7.2.13 中(a)与(b)所示的两图同构。

12. 证明：图 7.2.14 所示各分图中的两图都不同构。

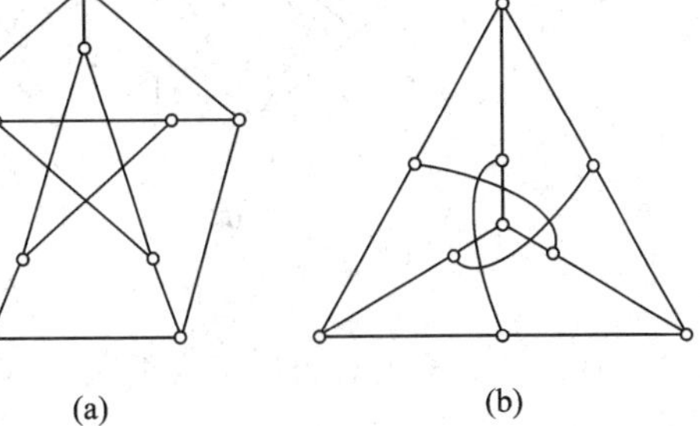

图 7.2.13

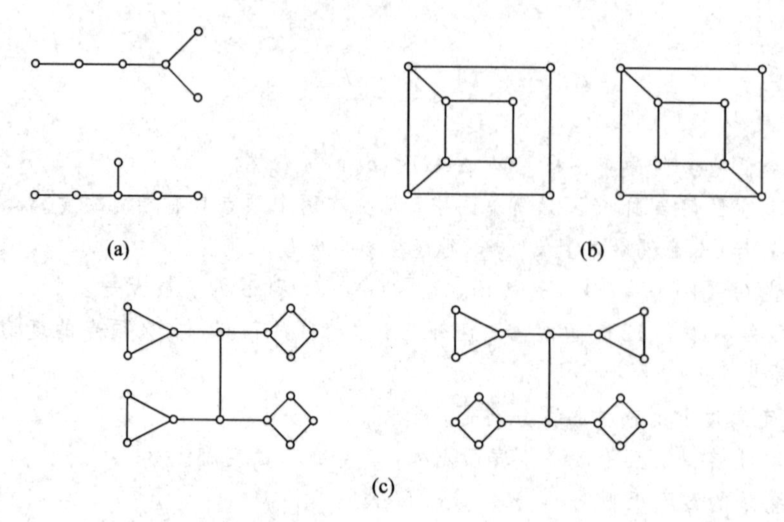

图 7.2.14

13. 画出图 7.2.15 的补图。

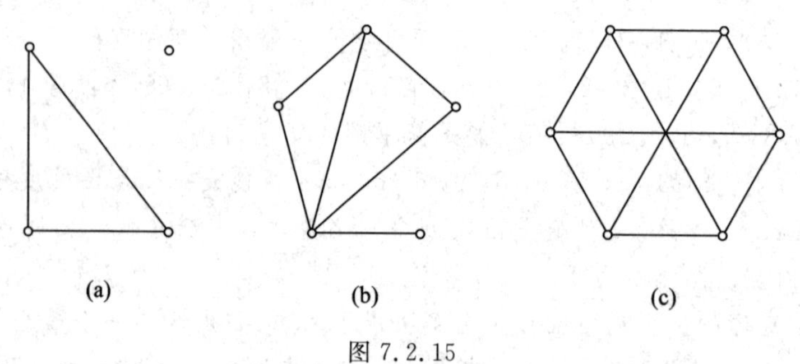

图 7.2.15

14. 试画出所有可能的四阶图(精确到同构)。

15. 若有可能，试找出图 7.2.16 的一个 1-因子，否则，请说明理由。

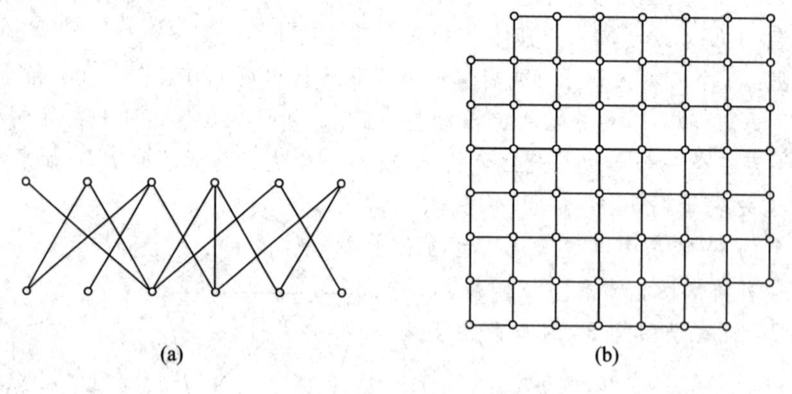

图 7.2.16

16. 假设一个新公司有 5 名员工：a，b，c，d，e。每名员工将承担六项职责中的一项：计划、宣传、销售、市场、开发和行业关系。每名员工有能力承担这些职责中的一项或多项：a 可以承担计划、销售、市场或行业关系；b 可以承担计划或开发；c 可以承担宣传、销售或行业关系，d 可能承担计划、销售或行业关系；e 可以承担计划、宣传、销售或行业关系。

(1) 使用二部图对这些员工的能力进行建模。

(2) 找到一份职责分配，使每名员工都被分配了一份职责。

17. 设简单图 G 有 15 条边，其补图有 13 条边，则图 G 有多少个顶点？

部分习题参考答案

7.3 路径、圈及连通性

定义 7.3.1 设 $v_i \in G$，v_i Adj v_{i+1}，$0 \leqslant i \leqslant n-1$，则称顶点序列

$$v_0 v_1 v_2 \cdots v_n$$

为图 G 中一条 v_0 和 v_n 之间(或连接 v_0 与 v_n)的长度为 n 的通道(walk)；如果 $v_0 = v_n$，则称它为闭通道(closed walk)。没有重复边的通道称为迹(trail)。闭迹又称为圈或回路(circuit)。除了 $v_0 = v_n$ 外，没有其他重复顶点的圈称为初等圈。完全没有重复顶点的通道(它当然是迹)称为路径(path)。

显然，初等圈就是闭路径，常将它简称为圈(circle)。

【注】 有的文献中，称顶点与边的交替序列：

$$v_0 e_1 v_1 e_2 v_2 \cdots e_n v_n$$

为 v_0 和 v_n 之间的长度为 n 的通道，其中 $e_i = v_{i-1} v_i$，$0 \leqslant i \leqslant n$。

通道(迹、路径、圈)的长度是其中所包含的边的条数(计重度)，习惯上用 k 长(或 k-)通道(迹、路径、圈)表示长度为 k 的通道(迹、路径、圈)。显然，p 阶图中任一路径的长度皆小于 p，而任一圈的长度皆不大于 p。

例 7.3.1 如图 7.3.1 所示，$v_1 v_3 v_4 v_6 v_8 v_9$ 是一条 5-路径；$v_1 v_3 v_2 v_7 v_4 v_6 v_8 v_{10}$ 是一条7-路径；而 $v_6 v_8 v_9 v_8$ 不是路径，它是一条 3-通道；另外，$v_2 v_3 v_4 v_7 v_2$ 是一个 4-圈；$v_1 v_2 v_3 v_4 v_5 v_7 v_4 v_1$ 是一个 7-闭迹。

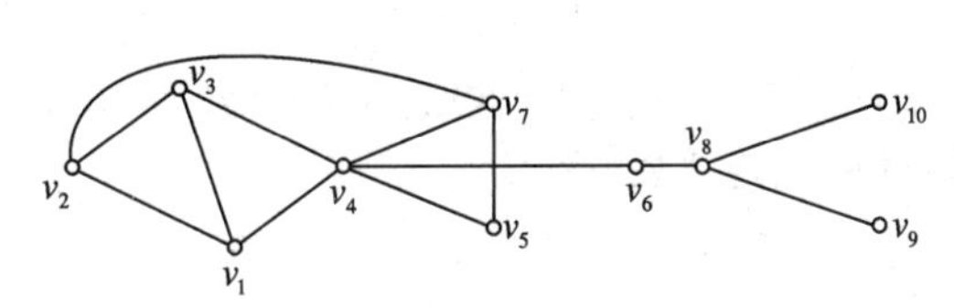

图 7.3.1

定义 7.3.2 如果对于 $\forall u, v \in G$，G 中存在 u 和 v 之间的路径，那么便说 G 是连通的(connected)，或者称 G 为连通图；否则称 G 为不连通图。u 和 v 之间存在路径等价于存在通道。另称图 G 的极大连通子图(是 G 的这样一个连通的导出子图：G 中不属于它的顶点均不与它的顶点相邻接)为 G 的连通支(分支)，或简单地称为支(component)。

(1，0)图被认为是连通的，而(p，0)图($p \geqslant 2$)则是全不连通的。

【注】 在等价关系的简化关系图中，每个等价类对应着一个支，且每个支都是完全图。

例 7.3.2 图 7.3.2 所示的 9 阶图是一个三支图。

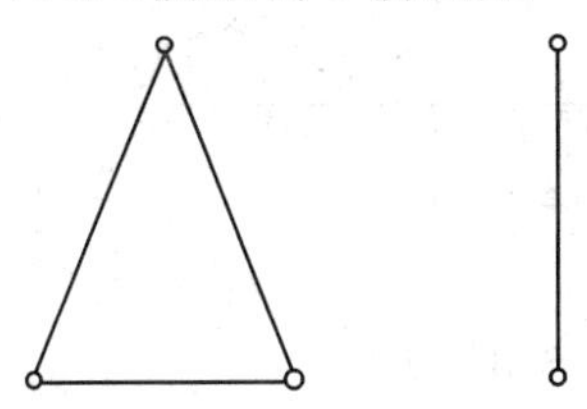

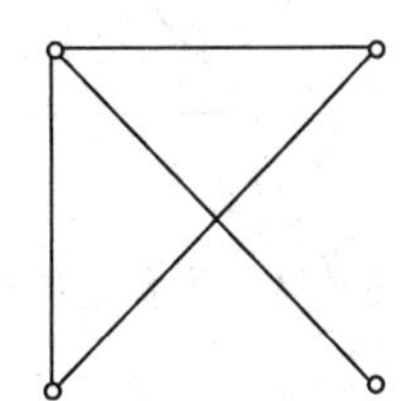

图 7.3.2

定义 7.3.3　设 G 是连通图，若 $G-S$ 不连通或为孤立点，则称 $S\subset V(G)$ 为 G 的点分离(子)集；若 $G-L$ 不连通，则称 $L\subseteq E(G)$ 为 G 的线分离(子)集。特殊地，若 $G-u$ 不连通，则称 $u\in V(G)$ 为 G 的割点(cut-node)；若 $G-e$ 不连通，则称 $e\in E(G)$ 为 G 的桥(bridge)，或割边(cut-edge)。

G 的极大的没有割点的子图称为 G 的块(block)，G 的极大完全子图称为 G 的团(clique)。显然，G 的每条边及每个非割点都恰好属于一个块，而每条边至少属于一个团。

【注】　在相容关系的简化关系图中，一个极大相容类对应着一个团。

例 7.3.3　如图 7.3.3 所示，c、d、h、i 为割点，cd、hi 为桥；图 G 有五个块：$\langle\{a,b,c\}\rangle$、$\langle\{c,d\}\rangle$、$\langle\{d,e,f,g,h\}\rangle$、$\langle\{h,i\}\rangle$和$\langle\{i,j,k,l\}\rangle$及八个团：$\langle\{a,b,c\}\rangle$、$\langle\{c,d\}\rangle$、$\langle\{d,e,f\}\rangle$、$\langle\{d,f,g\}\rangle$、$\langle\{e,h\}\rangle$、$\langle\{g,h\}\rangle$、$\langle\{h,i\}\rangle$和$\langle\{i,j,k,l\}\rangle$。

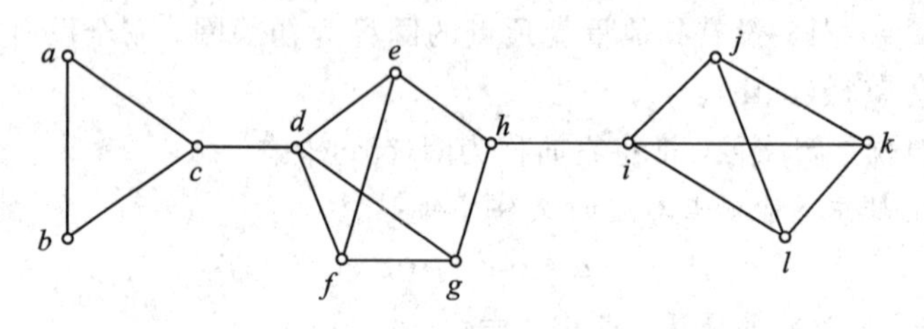

图 7.3.3

定义 7.3.4　设 G 是 p 阶简单图，则称

$$\gamma(G)=\begin{cases}0, & G\text{不连通}\\ p-1, & G\text{为 }p\text{ 阶完全图}\\ \min\{\#S\mid S\text{是}G\text{之点分离集}\}, & G\text{为连通非完全图}\end{cases}$$

为 G 的点连通度；称

$$\varepsilon(G)=\begin{cases}0, & G\text{不连通}\\ 0, & G\text{为孤立点}\\ \min\{\#L\mid L\text{是}G\text{之线分离集}\}, & \text{其他情形}\end{cases}$$

为 G 的线(边)连通度。

简单地说，G 的点连通度 $\gamma(G)$ 是使连通图 G 变成不连通的图或孤立点所必须从中去掉的顶点数，而线连通度则是使连通图 G 变成不连通的图所必须从中去掉的边数。

例 7.3.4　如图 7.3.4 所示的图 G，有 $\gamma(G)=2$，$\varepsilon(G)=3$。

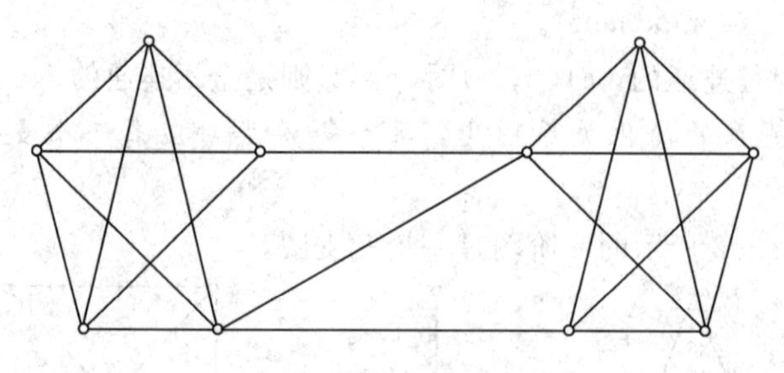

图 7.3.4

定理 7.3.1　对任何简单连通图 G，有

$$\gamma(G)\leqslant\varepsilon(G)\leqslant\delta(G)$$

证明　若 G 是平凡图，则 $\gamma(G)=\varepsilon(G)=\delta(G)=0$，不等式成立。

下面分两步来证明这一不等式对非平凡图成立。

(1) 证明 $\varepsilon(G)\leqslant\delta(G)$。

设顶点 $u\in G$ 的度为 $\delta(G)$，因为所有与 u 相关联的边构成了 G 的一个线分离集，所以有

$$\varepsilon(G)\leqslant d(u)=\delta(G)$$

(2) 证明 $\gamma(G)\leqslant\varepsilon(G)$。采用两种方法证明。

证法一：在 G 中删去构成线分离集的 $\varepsilon(G)$ 条边后将产生 G 的两个连通分支，显然，这 $\varepsilon(G)$ 条边总共至多有 $2\varepsilon(G)$ 个端点，从而至多去掉 $\varepsilon(G)$ 个顶点（从这 $\varepsilon(G)$ 条边的端点中恰当选取），便使 G 变成不连通图或平凡图，因此，有

$$\gamma(G)\leqslant\varepsilon(G)$$

证法二：对图 G 的线连通度 $\varepsilon(G)$ 行数学归纳法。

① 归纳基础：

$\varepsilon(G)=1$ 时，G 含桥。若 G 的阶为 2，则 G 为 K_2，$\gamma(G)=1$；否则，G 必有割点，也有 $\gamma(G)=1$。故总有 $\gamma(G)=1$，从而 $\gamma(G)\leqslant\varepsilon(G)$ 成立。

② 归纳步骤：

假设不等式 $\gamma(G)\leqslant\varepsilon(G)$ 对一切线连通度为 $\varepsilon_0(\varepsilon_0\geqslant1)$ 的简单连通图成立，那么对于线连通度为 ε_0+1 的简单连通图 G 来说，设 L 为 G 的一个有 ε_0+1 条边的线分离集，取 $e\in L$，则 $G-e$ 是一个线连通度为 ε_0 的简单连通图，由归纳假设知

$$\gamma(G-e)\leqslant\varepsilon(G-e)$$

另外有 $\gamma(G)=\gamma(G-e)$，或者 $\gamma(G)=\gamma(G-e)+1$，故

$$\gamma(G)\leqslant\gamma(G-e)+1\leqslant\varepsilon(G-e)+1=\varepsilon_0+1=\varepsilon(G)$$

由数学归纳法原理知，不等式成立。

图的（点或线）连通度总体上反映了该图的连通程度，但其计算比较困难。图的边数也在一定程度上反映了图的顶点之间的连通程度。关于图的边数和图的顶点数之间的关系，有如下两个定理。

定理 7.3.2 设 $C(G)$ 表示 (p,q) 图 G 的分支数，则有

$$C(G)+q\geqslant p$$

证明 对 q 行数学归纳法。

(1) 归纳基础：

若 $q=0$，则 G 由孤立点组成，因此 $C(G)=p$，从而 $C(G)+q\geqslant p$ 成立。

(2) 归纳步骤：

现设 $C(G)+q\geqslant p$ 对一切有 $k(k\geqslant0)$ 条边的图成立，考虑有 $k+1$ 条边的 p 阶图 G。

任取 $e\in G$，则 $G-e$ 是一个有 k 条边的 p 阶图，由归纳假设知 $C(G-e)+k\geqslant p$。

若 e 的两个端点属于 $G-e$ 的同一个支，则 $C(G)=C(G-e)$；否则，若 e 的两个端点分属于 $G-e$ 的两个不同支，则 $C(G)=C(G-e)-1$。总之，$C(G)\geqslant C(G-e)-1$。

所以 $C(G)+k+1\geqslant p$，即 $C(G)+q\geqslant p$ 对有 $k+1$ 条边的 p 阶图也成立。

由数学归纳法原理知，定理成立。

定理 7.3.2 中，若 G 连通，则 $C(G)=1$，所以有以下定理。

定理 7.3.3 p 阶连通图至少有 $p-1$ 条边。

也可以独立地来证明这个定理，然后将它应用于不连通图的每个连通支而得到定理7.3.2。

证明 对 p 行数学归纳法。

(1) 归纳基础：

$p=1$ 时，一阶连通图是平凡图，有 0 条边；

$p=2$ 时，二阶连通图有 1 条边；

$p=3$ 时，三阶连通图至少有 2 条边。

(2) 归纳步骤：

假设 k 阶连通图至少有 $k-1$ 条边，$k\geqslant 3$，现考虑 $k+1$ 阶连通图 G。取 G 中一非割点 u，由 G 的连通性可知 $d(u)\geqslant 1$，而 $G-u$ 是 k 阶连通图，它至少有 $k-1$ 条边，故 G 至少有 k 条边。

由数学归纳法原理知，定理成立。

习 题 7.3

1. 如图 7.3.5 所示，找出图中所有的团和块，并确定它们的点(线)连通度。

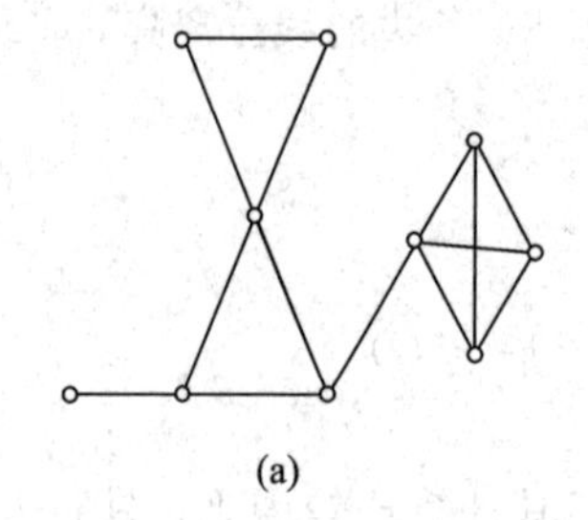

(a)

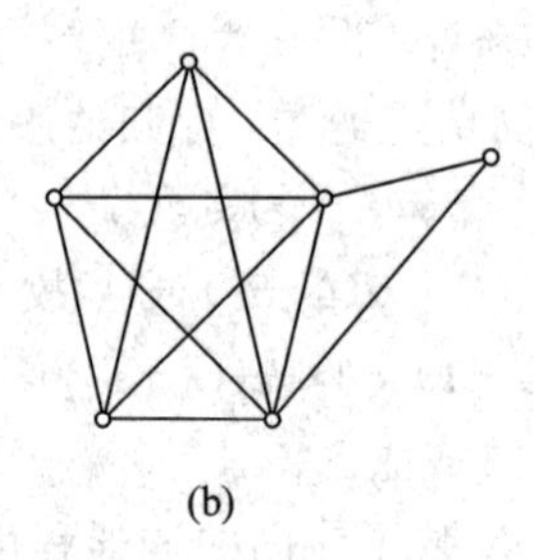

(b)

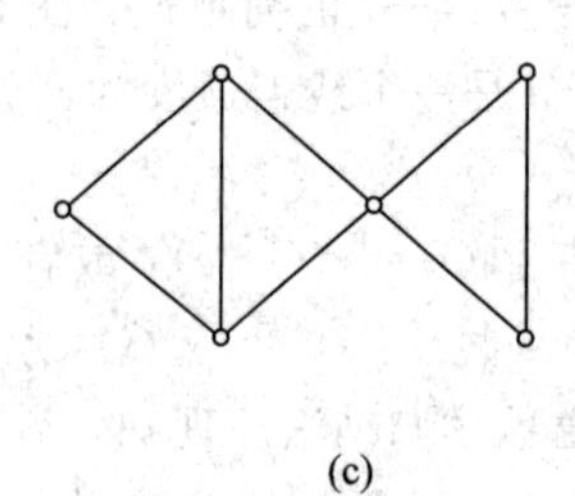

(c)

图 7.3.5

2. 证明：在图 G 中，从顶点 u 到顶点 v 有一条长度为偶数的通道，从顶点 u 到顶点 v 又有一条长度为奇数的通道，则图 G 中必有长度为奇数的圈。

3. 证明：简单连通图的两条最长路径必有公共顶点。

4. 证明：$(p, p-1)$连通图至少有一奇度顶点$(p>1)$。

5. 证明：若图 G 恰有两个奇度顶点，则必有连接这两个顶点的路径。

6. 证明：若 $\delta(G)\geqslant 2$，则图 G 含圈。

7. 证明：至少有 p 条边的 p 阶图必含圈。

8. 证明：若 $\delta(G)\geqslant k$，则 G 有 k 长路径；又若 $k\geqslant 2$，则 G 中有长度不小于 $k+1$ 的圈。

9. 证明：简单连通非完全图 G 中，必有顶点 u、v、w，使得 $u\ \mathrm{Adj}\ v$，$v\ \mathrm{Adj}\ w$，$u\ \mathrm{NAdj}\ w$。

10. 证明：若图 G 不连通，则图 G 的补图 G^c 连通。

11. 称 $d(u, v)$ 为图 G 中顶点 u 和 v 之间的距离：

$$d(u, v)=\begin{cases}0, & u=v \\ \infty, & \text{不存在 } u \text{ 和 } v \text{ 之间的路径} \\ u \text{ 和 } v \text{ 之间最短路径的长度}, & \text{其他情形}\end{cases}$$

G 中顶点之间的距离的最大值：$\max\{d(u, v)\mid u, v\in G\}$，称为 G 的直径。

证明：G之直径大于3，则G^c之直径小于3。

12. 证明：顶点x是连通图G之割点，当且仅当$\exists u, v \in G$，使得连接顶点u和顶点v的路径都经过x。

13. 证明：边e是图G的桥，当且仅当e不包含在图G的任一圈中。

14. 证明：若连通图G中每个顶点的度为偶数，则图G无桥。

15. 证明：k度($k \geqslant 2$)正则二部图不存在桥。

16. 证明：不是块的连通图至少有两个恰含有一个割点的块。

17. 证明：在线连通度为ε的(p, q)图中有$q \geqslant \frac{1}{2} p\varepsilon$。

18. 证明：无向图$G=\langle V, E\rangle$为二部图的充分必要条件为图G中所有圈的长度均为偶数。

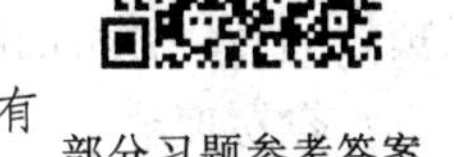

部分习题参考答案

7.4 Euler 图和 Hamilton 图

定义 7.4.1 包含图中所有顶点、所有边的迹称为 Euler 迹；闭的 Euler 迹称为 Euler 圈(Euler 回路)；恰由 Euler 圈组成的图称为 Euler 图。

【注】 有的文献中把这里定义的 Euler 圈称为(闭)Euler 迹，而把这里定义的 Euler 迹称为开 Euler 迹。

例 7.4.1 在图 7.4.1(a)中，$abcdefbdfacea$ 是经过图中每个顶点、每条边的闭迹，即 Euler 圈，所以该图是 Euler 图。该图也可表示成图 7.4.1(b)所示的形式。

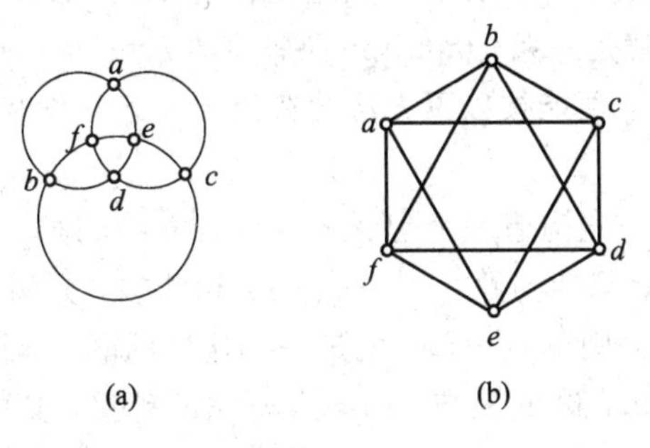

图 7.4.1

可见，七桥问题就是要判断图 7.1.2 是否是 Euler 图。关于如何判断一个图是否是 Euler 图，有以下定理。

定理 7.4.1 图G为 Euler 图，当且仅当图G连通且每个顶点的度为偶数。

证明 (1) 必要性。

设图G是 Euler 图，则它显然是一个连通图。又由于图G本身为一闭迹，它每经过一个顶点一次，便经过与之相关联的两条边，因而各顶点的度均为该闭迹经历此顶点的次数的两倍，从而均为偶数。

(2) 充分性。

若图G连通且每个顶点的度为偶数，则由习题 7.3 第 6 题可知图G必含圈。设C_1是图G的圈，若$C_1=G$，则G是 Euler 图；否则考虑图$G_1=G-E(C_1)$，它由若干孤立点及若干非平凡连通支组成，且每个顶点的度为偶数，于是它的每个非平凡支必含圈，任取一个与

C_1有公共顶点的圈 C_2（由图 G 的连通性知，这样的圈必存在），若 $C_1 \cup C_2 = G$，则 G 是 Euler 图；否则考虑图 $G_2 = G - (E(C_1) \cup E(C_2))$，它的每个顶点的度仍为偶数，从图 G_2 中取一个与 C_1 或 C_2 有公共顶点的圈 C_3；再考虑图 $G_3 = G - (E(C_1) \cup E(C_2) \cup E(C_3))$，如此继续下去，设在第 t 步得到图 $G - (E(C_1) \cup E(C_2) \cup \cdots \cup E(C_t))$ 为空图，于是 $G = C_1 \cup C_2 \cup \cdots \cup C_t$ 为 Euler 图。

从证明过程可知，定理 7.4.1 对含自环线和平行线的图亦成立，故有以下推论。

推论　图 G 含 Euler 迹，当且仅当图 G 连通且恰有两个奇度顶点。

定义 7.4.2　包含图中所有顶点(恰好一次)的路径称为 Hamilton 路径；包含图中所有顶点(恰好一次)的圈称为 Hamilton 圈；含有 Hamilton 圈的图称为 Hamilton 图。

容易理解，一个 Hamilton 图中的 Hamilton 圈是该图中连通的、2 度正则的生成子图。

例 7.4.2　图 7.1.3 所示正十二面体的平面投影是一个 Hamilton 图，图中的编号指出的路线形成了一个 Hamilton 圈。

定理 7.4.2　设 G 是 p 阶简单图($p \geqslant 3$)，如果对于 $\forall u, v \in G$，有

$$d(u) + d(v) \geqslant p - 1$$

那么图 G 中有一条 Hamilton 路径。

证明　(1) 用反证法证明图 G 必是连通的。

假若不然，设图 G 由 k 个支 $C_1, C_2, \cdots, C_k$ 组成，其中 $k \geqslant 2$。任取 $u \in C_1$，$v \in C_2$，必有 $d(u) + d(v) \leqslant (\# V(C_1) - 1) + (\# V(C_2) - 1) \leqslant p - 2$，这与对于 $\forall u, v \in G$，有 $d(u) + d(v) \geqslant p - 1$ 这一条件矛盾。

(2) 因为图 G 连通，故图 G 中任意两点之间皆有路径，设 $P = v_1 v_2 \cdots v_n$ 是图 G 中最长的一条路径，事实上，它就是一条 Hamilton 路径，即 $n = p$。

这是因为，假若 $n < p$，便能按以下方法构造得到一条 n 长路径，这与 P 是图 G 中最长的路径相矛盾。

为构造一条 n 长路径，先构造一个包含 $v_1, v_2, \cdots, v_n$ 这 n 个顶点的圈。在 $n < p$ 时，由 P 的最长性可知，v_1、v_n 只能与路径 P 中的顶点相邻接，分两种情况讨论。

情况①：若 v_1 Adj v_n，则 $v_1 v_2 \cdots v_n v_1$ 就是一个这样的圈。

情况②：若 v_1 NAdj v_n，设 v_1 只与 $v_{i1}, v_{i2}, \cdots, v_{ik}$ 邻接，其中 $2 \leqslant ij \leqslant n-1 (1 \leqslant j \leqslant k = d(v_1))$，则 v_n 必与 $v_{i1-1}, v_{i2-1}, \cdots, v_{ik-1}$ 之一相邻接，譬如 v_n 与 v_{j-1} 相邻接(否则与 v_n 邻接的顶点不超过 $n-1-k$ 个，即 $d(v_n) \leqslant n-1-k$，故 $d(v_1) + d(v_n) \leqslant n-1 < p-1$，这与定理条件矛盾)。因此 $v_1 v_2 \cdots v_{j-1} v_n v_{n-1} \cdots v_j v_1$ 为一个包含 $v_1, v_2, \cdots, v_n$ 这 n 个顶点的圈，如图 7.4.2 所示。

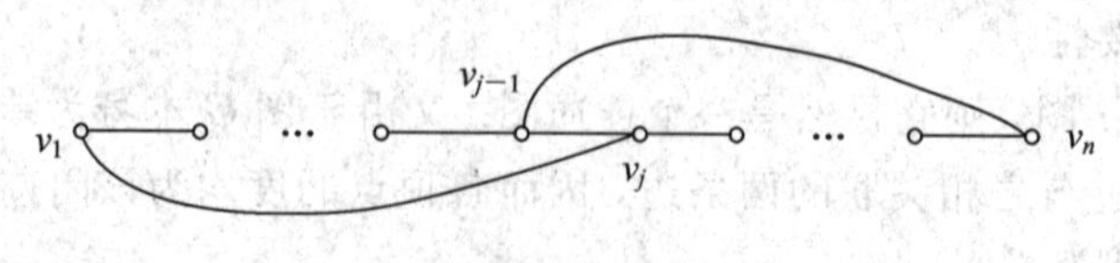

图 7.4.2

这样就构造得到了一个 n 长圈，现在重新标记图的顶点使这个圈为 $u_1 u_2 \cdots u_n u_1$。因为图 G 连通，所以在图 G 中必有一个不属于该圈的顶点 u_x 与该圈的某一个顶点 u_k 邻接，于是，图 G 有一条 n 长路径 $u_x u_k u_{k+1} \cdots u_n u_1 u_2 \cdots u_{k-1}$，如图 7.4.3 所示。

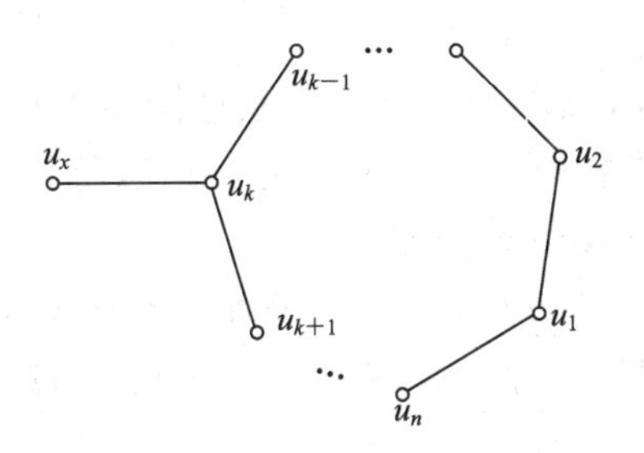

图 7.4.3

从证明过程可知有如下推论：

推论 如果对于 $\forall u, v \in G$，有 $d(u)+d(v) \geqslant p$，那么 p 阶简单图 G 是 Hamilton 图($p \geqslant 3$)。

例 7.4.3 在七天内安排七门课的考试，要求由同一教师主考的两门课不能排在连续的两天，每位教师至多主考四门课。问是否存在这样的安排。

解 用七门考试课程作图 G 的七个顶点，两个顶点之间连线的条件是：这两个顶点代表的课程不由同一教师主考。这样，图 G 的每个顶点的度至少是 3，从而任何两个顶点的度之和至少是 6，于是存在满足题中要求的安排。

注意，定理及推论中的条件只是充分条件，不是必要条件。例如，在一个 p-初等圈 H_p ($p>4$)中，对于 $\forall u, v \in H_p$，有 $d(u)+d(v)=4<p$，但它是 Hamilton 图(Hamilton 圈是其平凡子图)。

关于某图是 Hamilton 图和含 Hamilton 路径的判断尚没有简单有效的方法，下面介绍三种用于否定某(有一定特殊性的)图是 Hamilton 图的说明性方法。

方法一：标记法。

例 7.4.4 试说明图 7.4.4(a)所示的图 G 不是 Hamilton 图。

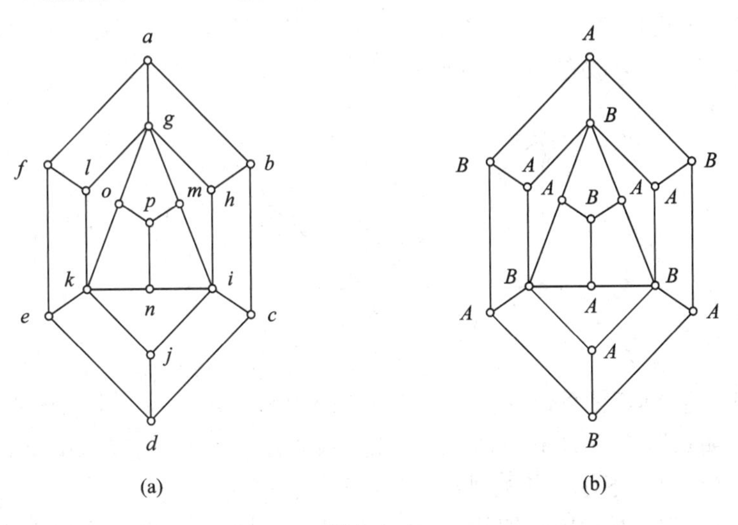

图 7.4.4

解 用两种不同的标记 A 和 B 来标记图 G 中的所有顶点。用 A 标记其中的任一顶点，譬如 a，然后用 B 标记所有与 a 邻接的顶点，继续用 A 标记与标有 B 的顶点相邻接的未被标记的顶点，用 B 标记与标有 A 的顶点相邻接的未被标记的顶点，直到所有顶点标记完毕，如图 7.4.4(b)所示。

如果图中有 Hamilton 圈，那么它必然交替经过标有 A 的顶点和标有 B 的顶点，但是图 7.4.4(b)中共有九个顶点标有 A，而仅有七个顶点标有 B，所以该图中不可能存在 Hamilton圈(也不可能含有 Hamilton 路径)。

【注】 如果在标记过程中遇到相邻接的两个顶点被标有相同的标记，则可在对应边上虚设一个顶点，并标上相异标记，但一般来说，一个图的 Hamilton 圈并非必须经过此顶点，所以此法只适用于一些特殊的图。

方法二：利用定理 7.4.3。该定理给出了一个图是 Hamilton 图的必要条件。

定理 7.4.3 若图 G 是 Hamilton 图，则对于 $V(G)$ 的任一非空真子集 S，都有

$$C(G-S)\leqslant \# S$$

证明 设 H 是图 G 的一个 Hamilton 圈，则对于 S 中的任一顶点 v_1，$H-v_1$ 恰是一条包含图 G 中除 v_1 外的所有顶点的路径。若再取 S 中的顶点 v_2，则 $H-v_1-v_2$ 顶多有两个分支，即

$$C(H-v_1-v_2)\leqslant 2$$

由数学归纳法原理可得

$$C(H-S)\leqslant \# S$$

又因为 $H-S$ 是 $G-S$ 的一个生成子图，故

$$C(G-S)\leqslant C(H-S)$$

所以

$$C(G-S)\leqslant \# S$$

由定理 7.4.3 的证明过程可直接得到以下推论。

推论 若图 G 含有 Hamilton 路径，则对于 $V(G)$ 的任一非空真子集 S，都有

$$C(G-S)\leqslant \# S+1$$

例 7.4.5 考虑图 7.4.5 所示的图 G，若取 $S=\{v_1, v_4\}$，则 $G-S$ 是一个三支图，$C(G-S)\leqslant \# S$不成立，故它不是 Hamilton 图。

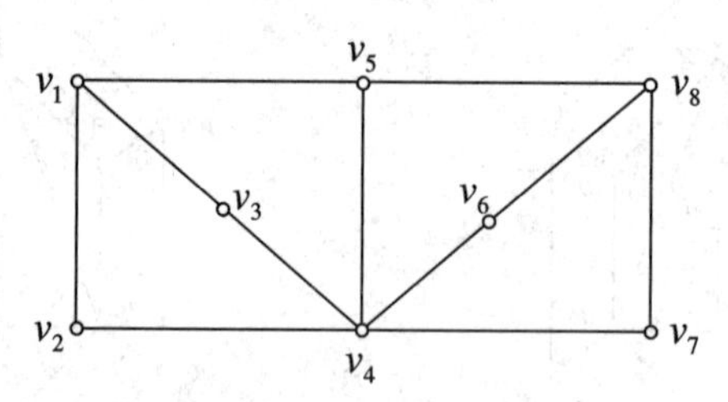

图 7.4.5

不难看出：① 标记法可以认为是这种方法的特例(例 7.4.4 中，取 $S=\{u|u$ 被标有标记 $B\}$，即可说明该图不是 Hamilton 图)；② 含有割点的图不可能是 Hamilton 图。

方法三：联合使用下面三条规则对图进行分析。

规则 1：若 x 是 Hamilton 图中度为 2 的顶点，则与 x 相关联的两条边都是图中 Hamilton圈的组成部分。

规则 2：沿着图的某一 Hamilton 圈行走时，不可能形成真子圈(proper subcircuit)，即未包含图中所有顶点的圈。

规则 3：若沿着图的某一 Hamilton 圈行走时经过了顶点 x，则所有与 x 相关联的未使用的其余边都不可能是这个 Hamilton 圈的组成部分。

例 7.4.6　试说明图 7.4.6(a)不是 Hamilton 图。

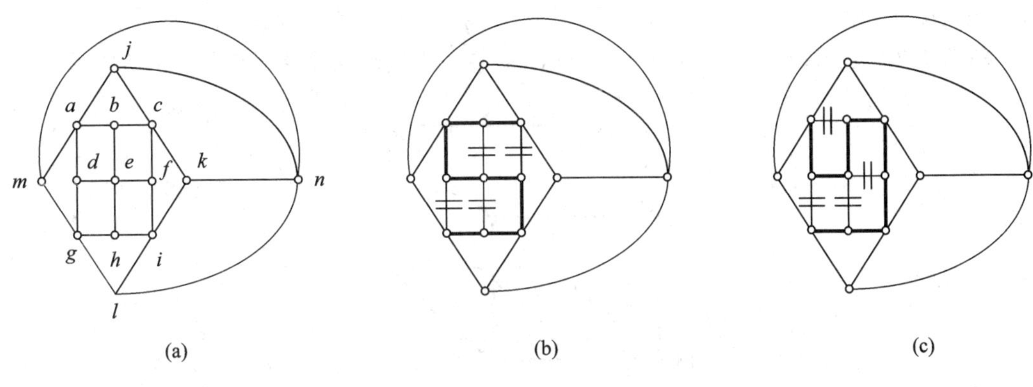

图 7.4.6

解　注意到该图的对称性，若该图含有 Hamilton 图，则包含在 Hamilton 圈中的与顶点 e 相关联的两条边只可能是下面两种情况之一。

(1) 它们形成 180°。

此时，不妨设这两条边是 de 和 ef。由规则 3 知，边 be 和 eh 不可能是这样的 Hamilton 圈的组成部分，暂且将它们擦除，于是对顶点 b 和 h 应用规则 1 知，边 ab、bc、gh 和 hi 都是这个 Hamilton 圈的组成部分。故对顶点 d 应选取边 ad 和 dg 之一。由该图的对称性，不失一般性，选取边 ad 继续讨论。

由规则 2 知，这样的 Hamilton 圈经过顶点 f 时，不可能经过边 cf(因为这样将形成原图的真子圈 $abcfeda$)。所以，必须选取边 fi，如图 7.4.6(b)所示。在顶点 a 和 i 应用规则 3 知，边 am、aj、ik 和 il 可以暂且擦除，这样针对顶点 j、k、l 和 m 应用规则 1 便得到了矛盾。

据此可以断言，不可能以这种方式形成 Hamilton 圈。

(2) 它们形成 90°。

此时，不妨设这两条边是 be 和 de。由规则 3 知，边 ef 和 eh 不可能是这样的 Hamilton 圈的组成部分，暂且将它们擦除，于是对顶点 f 和 h 应用规则 1 知，边 cf、fi、gh 和 hi 都是这个 Hamilton 圈的组成部分。由规则 2 知，对顶点 b 和 d 应选取边 ad 和 bc，或边 ab 和 dg。由该图的对称性，不失一般性，选取边 ad 和 bc 继续讨论。

如图 7.4.6(c)所示，在顶点 c 和 i 应用规则 3 知，边 ck 和 ik 可以暂且擦除，这样在顶点 k 只留下一条边，这说明这种情况也不可能形成 Hamilton 圈。

总之，该图不可能有 Hamilton 圈，即该图不是 Hamilton 图。

Hamilton 图有许多实际的应用，其中一个例子是 Gray 码。在一组数的编码中，若任意两个相邻的代码只有一位二进制数不同，则称这种编码为 Gray 码(Gray Code)。Gray 码属于可靠性编码，是一种错误最小化的编码方式。虽然二进制码可以直接由数/模转换器转换成模拟信号，但在某些情况下，例如从十进制的 3(011)转换为 4(100)时二进制码的每位都要变，但在实际电路中，要保证 3 个位的变化绝对同时发生是不可能做到的，而 Gray 码没有这一缺点，它在相邻位间转换时，只有一位产生变化，大大地减少了由一个状态到下一个状态时逻辑的混淆。

如果图的顶点集 V 是由集合{0, 1}上的所有长为 n 的二进制串组成的，两个顶点邻接，当且仅当它们的标号序列仅在一位上数字不同，这样所形成的简单图称作 Q-立方体图(Q-Cube)，记作 Q_n，则 n 位 Gray 码对应 n-立方体图中的一条哈密顿路径。

例 7.4.7　3 位 Gray 码对应 3-立方体图中的一条哈密顿路径，如图 7.4.7 所示。

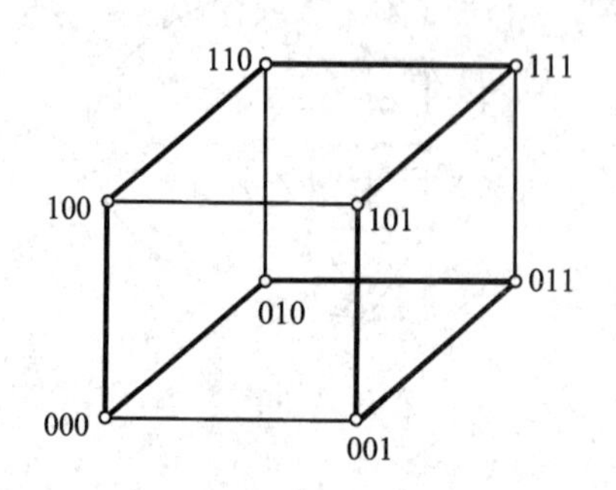

图 7.4.7

下面介绍 Hamilton 问题的一个自然推广——巡回售货员问题。这是一个很著名、很令人们感兴趣的问题。

定义 7.4.3　在无向图 G 的每条边上都指定了一个正实数(某些时候，可规定取非负实数)后，G 就被称为加权图(也有称网络的)。边上的实数称为这条边的权，边 uv 上的权记作 $W(u, v)$。

从定义 7.4.3 看，W 实际上是 $E(G)$到正实数之集 $\mathbf{R}_+$ 的函数，称它为图 G 的权函数。

定义 7.4.4　在加权图 G 中，如果对于 $\forall u, v, x \in G$，总有

$$W(u, x)+W(x, v)\geqslant W(u, v)$$

则 W 称为距离权，G 称为距离权加权图，$W(u, v)$称为边 uv 的长度。图 G 中，通道、迹、路径或圈的长度是指它们所含边的长度之和。

例 7.4.8　图 7.4.8 所示的是一距离权加权图，该图有三个不同的 Hamilton 圈，$v_1v_2v_3v_4v_1$ 的长度是 132，$v_1v_2v_4v_3v_1$ 的长度是 130，$v_1v_4v_2v_3v_1$ 的长度是 136。

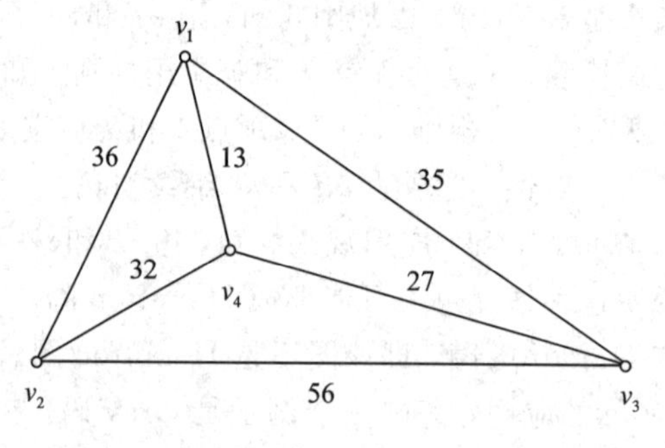

图 7.4.8

在距离权加权(完全)图中求最短长度的 Hamilton 圈的问题叫巡回售货员问题。巡回售货员问题的一个实际背景是：G 是一表示 n 个城市的地图，$W(u, v)$表示城市 u 和 v 之间的距离，一售货员从某一城市出发到其余 $n-1$ 个城市去推销他的货物，要求他经过每个城市恰好一次，然后回到出发的城市，并且巡回路线的总长度最小。

巡回售货员问题是一个很困难的问题，它的困难体现在当 n 很大时，没有有效的算法去求解它。

习 题 7.4

1. 判断图 7.4.9 是否能一笔画出。

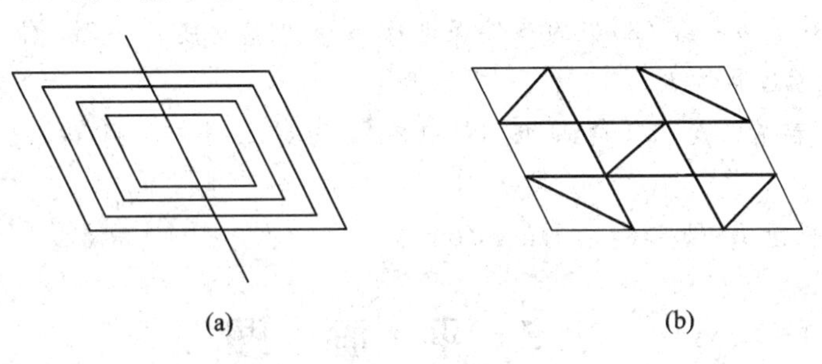

图 7.4.9

2. 试作出四个 Euler 图，要求第一个图有奇数个顶点奇数条边，第二个图有奇数个顶点偶数条边，第三个图有偶数个顶点奇数条边，第四个图有偶数个顶点偶数条边。

3. 试作出四个图，要求第一个既为 Euler 图又为 Hamilton 图，第二个是 Euler 图而非 Hamilton 图，第三个是 Hamilton 图而非 Euler 图，第四个既非 Huler 图也非Hamilton图。

4. 证明：若 G 是 Euler 图，则对于 $\forall u \in G$，有 $C(G-u) \leqslant \frac{1}{2}d(u)$。

5. 证明：Euler 图的任一块是 Euler 图。

6. 证明：有 $2k$(k 为正整数)个奇度顶点的连通图中，必有 k 条边集不相交的、包含该图所有边的迹(即这 k 条迹形成了图的边集的一个划分)。

7. 试说明 Peterson 图(见图 7.2.13(a))不是 Hamilton 图。

8. 试说明图 7.4.10 不是 Hamilton 图。

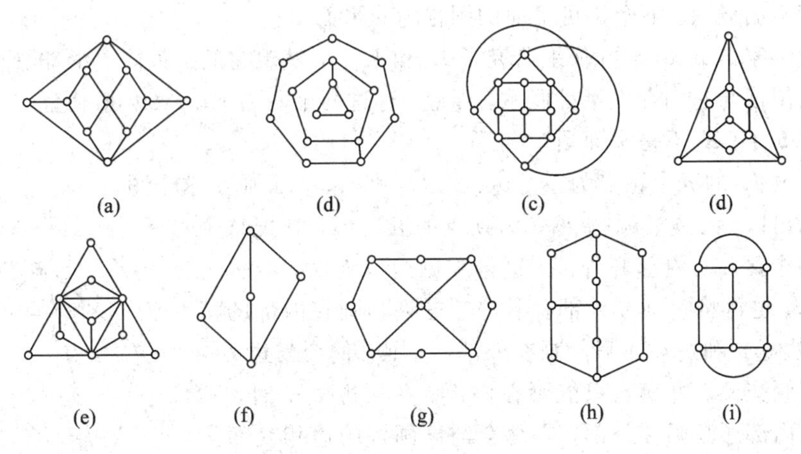

图 7.4.10

9. 证明：若 G 有一端点，则 G 不是 Hamilton 图。

10. 证明：如果图 G 中含桥或 G 是顶点数为奇数的二部图，则 G 不是 Hamilton 图。

11. 证明：若 $m \neq n$，则 $K_{m,n}$ 不是 Hamilton 图；若 $m=n$，则 $K_{m,n}$ 是 Hamilton 图。

12. 设有 $p(p\geqslant 3)$ 阶图 G，它的 p 个顶点表示 p 个人，它的边表示他们间的友好关系：两个顶点相邻接，当且仅当对应的两个人是朋友。

(1) 顶点的度能作怎样的解释？

(2) G 是连通图能作怎样的解释？

(3) 假定任意两个人合起来认识其余的 $p-2$ 个人，证明：这 p 个人能站成一排，使得每个人都认识旁边站的人。

(4) 证明：对于 $p\geqslant 4$，(3)中的条件保证这 p 个人能站成一个圈，使得每个人都认识旁边站的人。

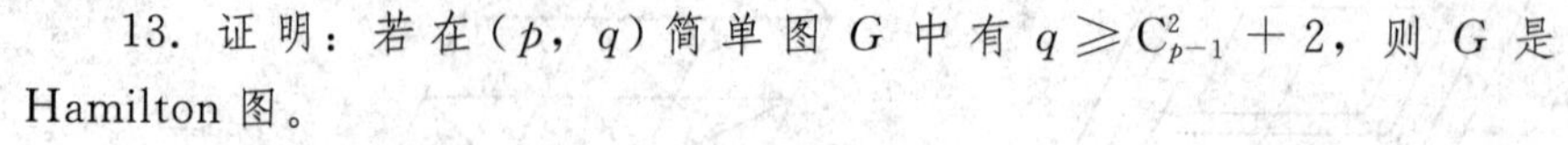

13. 证明：若在 (p, q) 简单图 G 中有 $q\geqslant C_{p-1}^{2}+2$，则 G 是 Hamilton 图。

部分习题参考答案

14. 试说明任意 $K_p(p\geqslant 3)$ 是 Hamilton 图。

7.5　平　面　图

在图中，线相交处没有图的顶点的交叉称为假交叉。有的假交叉是可以通过改变连线的形式去掉的。改变一个图的连线方式以去掉其中所有假交叉的过程称为平面嵌入(如图 7.5.1 所示)。但并非所有的图都能平面嵌入。

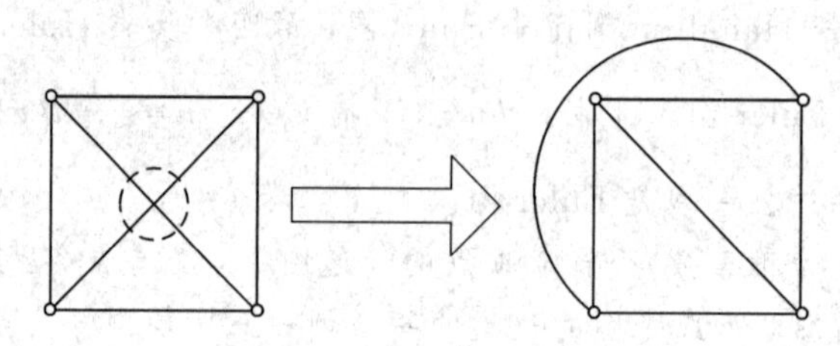

图 7.5.1

定义 7.5.1　说一个图是可平面的(planar)，或简单地称其为平面图(plane graph)，是指这个图能平面嵌入。一个不可平面的图称为非平面图。

波兰数学家 Kuratowski 仔细研究了 K_5 和 $K_{3,3}$，发现它们是最简单的非平面图，并且任何非平面图都与它们存在某种联系。因此，称这两个图为 Kuratowski 图。

定理 7.5.1　K_5 不是平面图。

证明　设 K_5 的五个顶点为 v_1、v_2、v_3、v_4 和 v_5，下面画出这个图。

首先画出以 v_1、v_2、v_3、v_4、v_5 为顶点的五边形，它把整个平面分成两个区域：内部和外部。这样在画边 v_1v_3 时，既可将它画在内部，也可将它画在外部。不妨考虑将其画在内部的情况。这时，边 v_2v_4 和边 v_2v_5 只能画在外部，否则它们会与边 v_1v_3 相交而出现假交叉。边 v_3v_5 只能画在内部。在画边 v_1v_4 时，不论将它画在内部还是画在外部，它总会与已画好的边相交而出现假交叉。因此，K_5 不是平面图。上述步骤如图 7.5.2 所示。

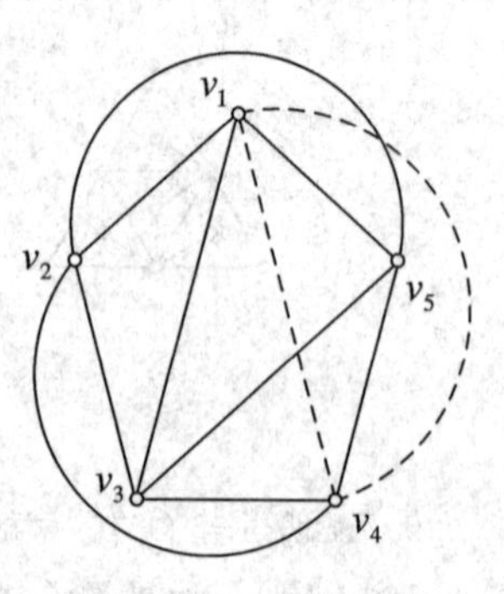

图 7.5.2

定理 7.5.2　$K_{3,3}$ 不是平面图。

证明方法同定理 7.5.1。

一个图中本质上不能去掉的假交叉个数称为这个图的交叉数。交叉数加 1 称为这个图的厚度(thickness)。平面图的厚度为 1。在设计印刷电路板时，图的厚度是一个重要参数。

例 7.5.1 K_5 和 $K_{3,3}$ 的厚度为 2。而 Peterson 图的厚度为 4，它可图示成多种形式(见图 7.5.3)。

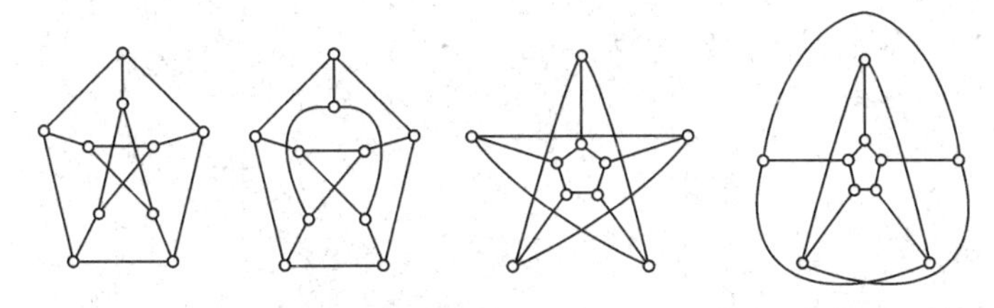

图 7.5.3

定义 7.5.2 平面图 G 的面(face)，或称区域(region)，是 G 中的边所包围的区域，它不再被 G 的边分成子区域。包围该面的诸边所构成的闭通道称为这个面的边界，它的长度称为该面的次数。面 r 的次数记为 $\deg(r)$。

例 7.5.2 图 7.5.4 所示的平面图 G 有 5 个面：r_1、r_2、r_3、r_4、r_5，它们的边界、次数如表 7.5.1 所示(其中面 r_5 被边界约束在图形之外，称为无界面)。

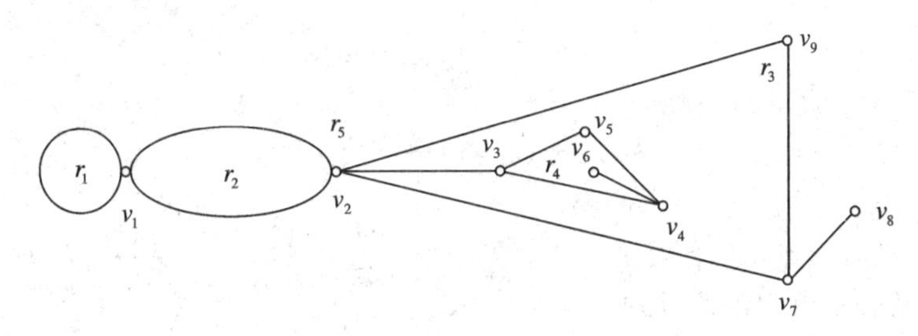

图 7.5.4

表 7.5.1

面	边界	次数
r_1	$v_1 v_1$	1
r_2	$v_1 v_2 v_1$	2
r_3	$v_2 v_3 v_4 v_5 v_3 v_2 v_9 v_7 v_2$	8
r_4	$v_3 v_4 v_6 v_4 v_5 v_3$	5
r_5	$v_1 v_1 v_2 v_7 v_8 v_7 v_9 v_2 v_1$	8

定理 7.5.3 在连通平面图中，所有面的次数之和等于其边数的两倍。

证明 因为在平面图中，任何一条边或者是两个面的公共边界，或者作为某一个面的边界在计算该面的次数时被计数两次，故面的次数之和等于其边数的两倍。

例 7.5.3 在图 7.5.4 中，所有面的次数之和等于 24，为其边数 12 的两倍。

定理 7.5.4(Euler 定理) 设 G 是一连通平面图，它有 p 个顶点、q 条边、r 个面，则

$$p-q+r=2$$

证明 对 q 行数学归纳法。

(1) 归纳基础：

当 $q=0$ 时，图是一孤立点，$p=1$，$r=1$，Euler 公式 $p-q+r=2$ 成立。

当 $q=1$ 时，定理亦成立，因为此时只可能有以下两种情况，如图 7.5.5 所示。

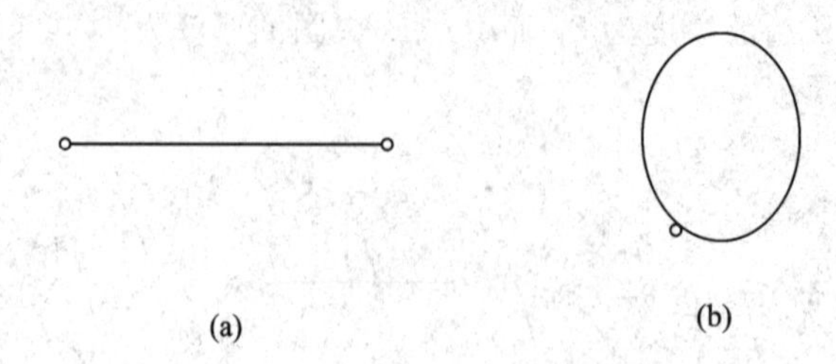

图 7.5.5

对于图 7.5.5(a)所示的情况，$p=2$，$r=1$，有 $p-q+r=2$。

对于图 7.5.5(b)所示的情况，$p=1$，$r=2$，同样有 $p-q+r=2$。

(2) 归纳步骤：

设 Euler 公式对所有有 k 条边的连通平面图皆成立($k\geqslant 1$)，现考虑有 $k+1$ 条边、r 个面的 p 阶连通平面图 G。分两种情况讨论。

① 若图 G 有一端点 u，则 $G-u$ 是一有 k 条边、r 个面的 $p-1$ 阶连通平面图。由归纳假设知

$$(p-1)-k+r=2$$

即

$$p-(k+1)+r=2$$

故 Euler 公式对 G 成立。

② 若图 G 没有端点，在有限区域的边界中取一边 e，则 $G-e$ 是一有 k 条边、$r-1$ 个面的 p 阶连通平面图。由归纳假设知

$$p-k+(r-1)=2$$

即

$$p-(k+1)+r=2$$

故 Euler 公式对 G 成立。

总之，Euler 公式对所有有 $k+1$ 条边的连通平面图成立。

根据数学归纳法原理，定理得证。

在软件质量管理与控制中，一项重要的工作是定量衡量程序逻辑的复杂性。其中的一个度量点是计算程序图中基本独立路径数目，即环形复杂度，它与 Euler 公式中的 r 有简单的对应关系。

因为定理 7.5.4 对不连通图的每个支都成立，只不过无界面在每个支中被计数一次，故有以下推论。

推论 若定理 7.5.4 中的 G 是一个有 $C(G)$个分支的平面图，则

$$p-q+r=C(G)+1$$

利用 Euler 定理，可以得到一系列关于平面图的有用结论。

定理 7.5.5 如果 G 是一个有 $p(p\geqslant 3)$个顶点、q 条边的简单连通平面图，且每个面的次数都不小于 $L(L\geqslant 3)$，那么

$$q\leqslant\frac{L}{L-2}(p-2)$$

证明　由 Euler 定理知，图 G 有 $q-p+2$ 个面。由于每个面的次数都不小于 L，且所有面的次数之和为 $2q$，因此

$$2q \geqslant L(q-p+2)$$

化简即得

$$q \leqslant \frac{L}{L-2}(p-2)$$

【注】　(1) 公式$\frac{L}{L-2}(p-2)$的值是关于 L 单调下降的，故对于一切阶大于 2 的简单平面图可取 $L=3$ 得到不等式 $q \leqslant 3p-6$。而对于双图来说，有 $L \geqslant 4$，此时不等式变为 $q \leqslant 2p-4$。

(2) 由 Euler 定理的推论和定理 7.5.5 的证明过程可知，对于不连通的简单平面图 G，有

$$q \leqslant \frac{L}{L-2}(p-C(G)-1) < \frac{L}{L-2}(p-2)$$

利用定理 7.5.5 可以判断某些图不可能是平面图，也可以得到平面图应具有的某些性质，典型的有以下推论。

推论 1　K_5 不是平面图。

推论 2　$K_{3,3}$ 不是平面图。

推论 3　Peterson 图不是平面图。

推论 4　若 G 是阶不小于 11 的平面图，则 G^c 不是平面图。

推论 5　在任何简单平面图 G 中，必存在度不超过 5 的顶点。

这样，得到了一个图是平面图的必要条件，但是至今还没有人找到简便的方法用以确定某个图是平面图。下面介绍波兰数学家 Kuratowski 于 1930 年建立的关于图的可平面性的一个充分必要条件。

设 G 是一个图，如下定义图 G 上的一种初等收缩运算：

(1) 从 $E(G)$ 中删除边 uv，用一个新符号 w 代替 u 和 v 在 $E(G)$ 中的一切出现；

(2) 从 $V(G)$ 中删除 u 和 v，把 w 添加到 $V(G)$ 中。

如果从图 G 出发经过一系列初等收缩运算后得到图 G'，那么便称图 G 收缩到图 G'。

定理 7.5.6　一个图是可平面的，当且仅当它的每个子图都不能收缩到 K_5 和 $K_{3,3}$。

例 7.5.4　Peterson 图可收缩到 K_5（见图 7.5.6），所以它不是平面图。

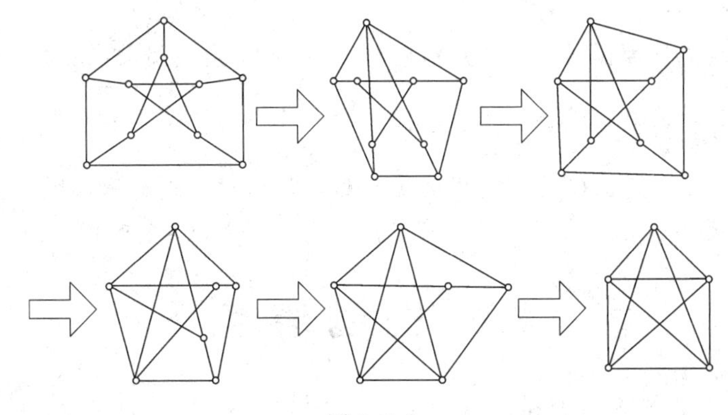

图 7.5.6

习　题　7.5

1. 证明定理 7.5.5 的推论。

2. 如有可能，将图 7.5.7 作平面嵌入，否则请说明理由。

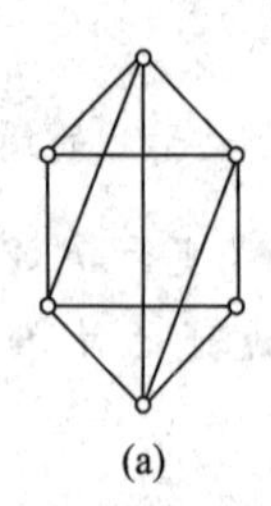
(a)

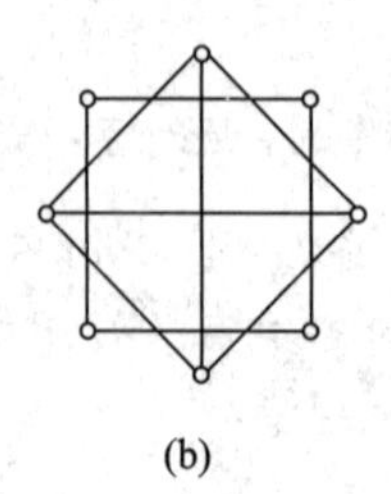
(b)

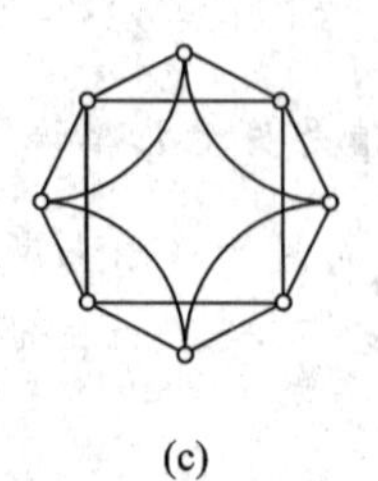
(c)

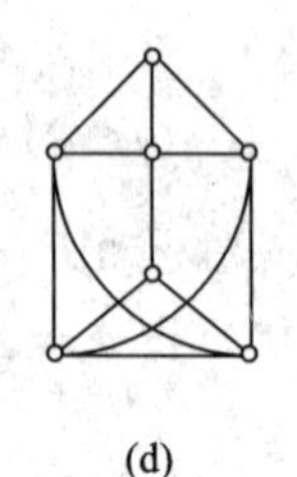
(d)

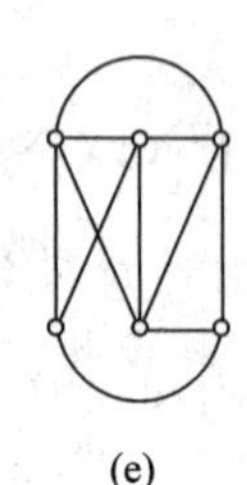
(e)

图 7.5.7

3. 重新图示图 7.5.8，使面 2 为无界面。

4. 证明：(6, 12)简单连通平面图中，每个面的次数为 3。

5. 证明：少于 30 条边的简单平面图必有一个顶点的度不大于 4。

6. 证明：顶点数不少于 4 的简单连通平面图中，至少有 3 个顶点的度不大于 5。

7. G 是简单连通平面图，证明：

(1) 若 $\delta(G)=4$，则 G 中至少有 6 个顶点的度不大于 5；

(2) 若 $\delta(G)=5$，则 G 中至少有 12 个顶点的度等于 5。

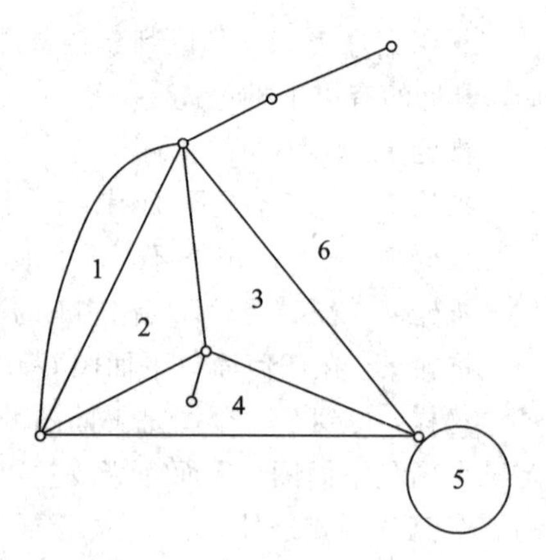

图 7.5.8

8. 证明：$p(\geqslant 3)$个顶点、r 个面的简单连通平面图中有 $r\leqslant 2p-4$。

9. 证明：

(1) 对于 K_5 的任意边 e，K_5-e 是平面图；

(2) 对于 $K_{3,3}$ 的任意边 e，$K_{3,3}-e$ 是平面图。

10. 证明：

(1) 若简单连通平面图的所有顶点的度都不小于 3，则该图必有次数不大于 5 的面；

(2) 任意凸多面体不可能每个面都是六边形。

11. 若 p 阶 k 度正则图 G 是所有面的次数都是 L 的简单连通平面图，则称 G 是完全正则的。试证：只有五种可能的完全正则图($k\geqslant 3$ 时)。

部分习题参考答案

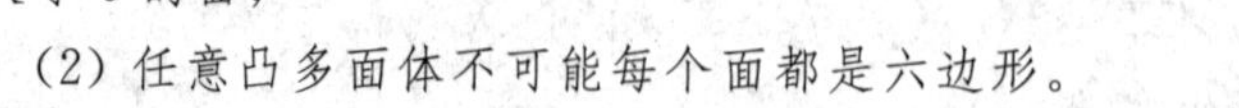

7.6　图的着色

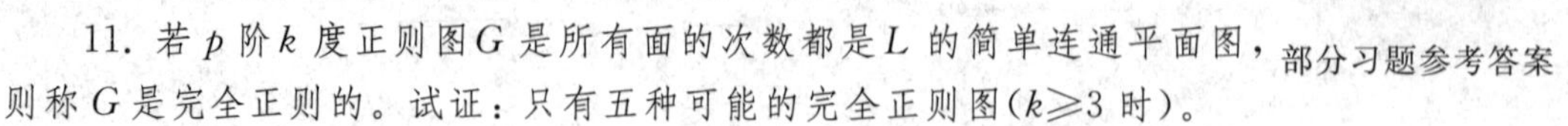

图的着色问题是图论研究的一个重要方面，它有着广泛的应用。图的着色有三种类型。

Ⅰ型着色：图的顶点着色。设 G 是一个简单图，S 是 k 种颜色之集。对图 G 进行顶点着色是指用 S 中的颜色去着色 G 的所有顶点，使得任何相邻接的顶点着上不同的颜色。亦即作映射

$$f: V(G) \to S$$

使得 $\forall u, v \in G$，u Adj $v \Rightarrow f(u) \neq f(v)$。

【注】　事实上，否定一个图是 Hamilton 图的标记法就是使用两种颜色对图进行顶点着色。

Ⅱ型着色：图的线着色。设 G 是一个图，S 是 k 种颜色之集。对图 G 进行线着色是指用 S 中的颜色去着色 G 的所有边，使得任何相邻接的边着上不同的颜色。亦即作映射

$$f: E(G) \to S$$

使得 $\forall e_1, e_2 \in G$，e_1 Adj $e_2 \Rightarrow f(e_1) \neq f(e_2)$。

Ⅲ型着色：平面图的面着色。设 G 是一个平面图，S 是 k 种颜色之集。对图 G 进行面着色是指用 S 中的颜色去着色 G 的所有面，使得任何具有公共边界线的面着有不同的颜色。

其中，Ⅲ型着色问题可以转化为Ⅰ型着色问题。

定义 7.6.1　对连通平面图 G 实施下列步骤所得到的图 G^* 称为 G 的对偶图(dual of graph)：

(1) 在 G 的每个面 r_i 的内部取一点 v_i^*(称为面中点)作为 G^* 的顶点；

(2) 若 G 中面 r_i 与 r_j 有公共边界，则过边界上的每一边作以 r_i 与 r_j 的面中点 v_i^* 与 v_j^* 为端点的边作为 G^* 的边，它与 G^* 的其他边没有假交叉；

(3) 当 G 中有边 e 为面 r_i 的边界而非 r_i 与其他面的公共边界时，作 v_i^* 的自环线与边 e 相交(仅相交于一处)，所作的自环线与 G^* 的其他边没有假交叉。

例 7.6.1　如图 7.6.1 所示，图(b)中虚线部分表示原图(a)，实线部分则是图(a)的对偶图。

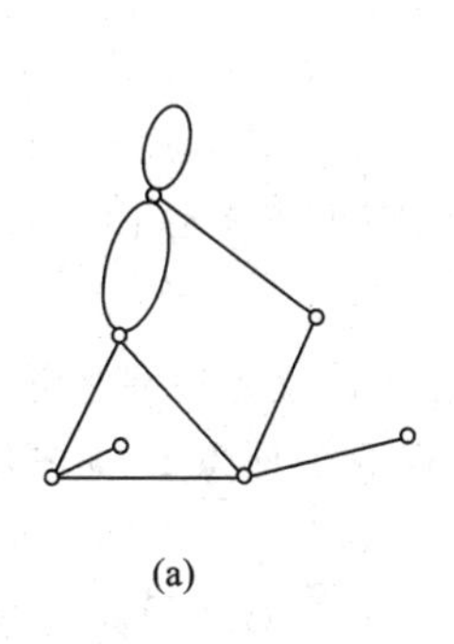

(a)

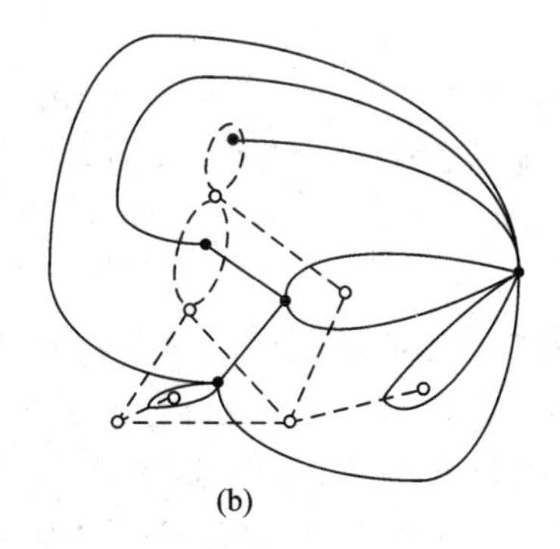

(b)

图 7.6.1

对偶图有许多性质，其中比较明显的性质如下：

(1) 平面图 G 的对偶图 G^* 是平面图；

(2) 若 G 是连通平面图，则在不对 G^* 的图示作同构变换时有 $(G^*)^* \cong G$；

(3) 若连通平面图 G 是 (p, q) 图，根据 Euler 定理，它有 $q-p+2$ 个面，则 G^* 是 $(q-p+2, q)$ 图，它有 p 个面；

(4) 连通平面图 G 中面 r_i 的次数即为面中点 v_i^* 在 G^* 中的度；

(5) G 的圈对应着 G^* 的线分离集。

有了对偶图的概念后，平面图 G 的面着色问题可以通过研究 G^* 的顶点着色问题来解决。下面着重讨论简单图的顶点着色问题，同时对图的线着色问题作简单介绍。

定义 7.6.2 设 S 是 k 种颜色之集，若用 S 中的全部颜色实现了图 G 的顶点着色，则称这种着色为 G 的一种(顶点)k-着色。使 G 有 k-着色的最小 k 值称为 G 的色数，用 $\chi(G)$ 表示。另外，若 $k \geqslant \chi(G)$，则称 G 是(顶点)k-可着色的。

显然，图 G 是 k-可着色的是指能用 k 种颜色的全部或部分实现 G 的顶点着色。如果 G 有顶点 k-着色，则 $\chi(G) \leqslant k$。

类似地，可定义图的线着色的有关概念。

定义 7.6.3 设 S 是 k 种颜色之集，若用 S 中的全部颜色实现了图 G 的线着色，则称这种着色为 G 的一种线 k-着色。使 G 有线 k-着色的最小 k 值称为 G 的色指数，用 $q(G)$ 表示。另外，若 $k \geqslant q(G)$，则称 G 是线 k-可着色的。

例 7.6.2 如图 7.6.2 所示，图(a)给出了图 G 的一种 4-着色，显然不可能用 3 种颜色对其着色，故 $\chi(G)=4$，而图(b)给出了图 G 的一种线 6-着色，实际上 $q(G)=5$。

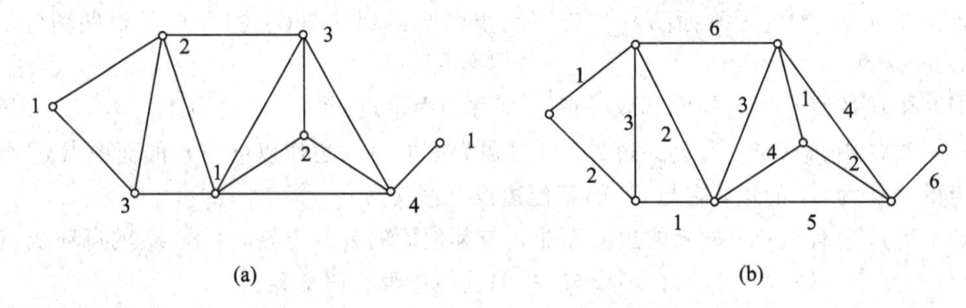

图 7.6.2

定理 7.6.1 设 S 是 k 种颜色之集，简单地用 $\{1, 2, \cdots, k\}$ 表示，如果图 G 有顶点 k-着色，令

$$N_i = \{v \mid v \in G \wedge v \text{ 着有色 } i\} \quad (1 \leqslant i \leqslant k)$$

那么 N_i 是 G 的顶点无关集($1 \leqslant i \leqslant k$)，且 $\{N_1, N_2, \cdots, N_k\}$ 是 $V(G)$ 的一个划分。反之，如果 $\{M_1, M_2, \cdots, M_k\}$ 是 $V(G)$ 的一个划分，且 M_i 是 G 的顶点无关集($1 \leqslant i \leqslant k$)，那么图 G 有顶点 k-着色。

证明 因为所给出的是图 G 的顶点 k-着色，所以这 k 种颜色在着色过程中全被用上，这说明 N_i 非空($1 \leqslant i \leqslant k$)。由顶点着色的定义知，对任意两个顶点 $u, v \in N_i$，因为 u 和 v 着有相同的颜色 i，故 u NAdj v，这说明 N_i 是顶点无关集($1 \leqslant i \leqslant k$)。又若 $i \neq j$，则有 $N_i \cap N_j = \varnothing$(因为一个顶点只能着一种颜色)，且 $\bigcup\limits_{1 \leqslant i \leqslant k} N_i = V(G)$(因为每个顶点被着有一种颜色)。故 $\{N_1, N_2, \cdots, N_k\}$ 是 $V(G)$ 的一个划分。

反之，由于 M_i 是 G 的顶点无关集($1 \leqslant i \leqslant k$)，故对任意两个顶点 $u, v \in M_i$，有 u NAdj v，这样任一双射：

$$f: \{M_1, M_2, \cdots, M_k\} \rightarrow S$$

都是 G 的一个顶点 k-着色。

定理 7.6.2 设 G 是一个图，则 $\chi(G) \leqslant \Delta(G)+1$。

证明 显然只需证明定理对连通图成立。下面用两种方法来证明本定理。

证法一：对图 G 的阶 p 行数学归纳法。

(1) 归纳基础：

$p=1$ 时，一阶连通图 G 是平凡图，$\chi(G)=1$，$\Delta(G)=0$，所以

$$\chi(G)\leqslant\Delta(G)+1$$

(2) 归纳步骤：

假设定理对一切 k 阶连通图成立($k\geqslant1$)，现考虑 $k+1$ 阶连通图 G。取图 G 中一非割点 u，则 $G-u$ 是 k 阶连通图，由归纳假设知

$$\chi(G-u)\leqslant\Delta(G-u)+1$$

因为 $\Delta(G-u)\leqslant\Delta(G)$，所以 $\chi(G-u)\leqslant\Delta(G)+1$，于是 $G-u$ 是 $(\Delta(G)+1)$-可着色的。现在考虑用 $\Delta(G)+1$ 种颜色的全部或部分对 $G-u$ 进行顶点着色，由于 $d(u)\leqslant\Delta(G)$，故至少有一种颜色未分配给 u 的邻接顶点，可用这种颜色对 u 进行着色，因此图 G 是 $(\Delta(G)+1)$-可着色的，即

$$\chi(G)\leqslant\Delta(G)+1$$

由数学归纳法原理知，定理成立。

证法二：简记 $\Delta(G)$ 为 Δ，并设 $S=\{1, 2, \cdots, \Delta, \Delta+1\}$ 是 $\Delta+1$ 种颜色之集，$u\in G$ 是图 G 中度为 Δ 的顶点。构造图 G 的一个 $\Delta+1$ 着色如下：

用色 1 着色顶点 u，因 u 的度为 Δ，故恰有 Δ 个顶点与它相邻接。用 $\{2, 3, \cdots, \Delta, \Delta+1\}$ 中的 Δ 种颜色对它们进行着色，于是得到了图 G 的部分顶点的 $\Delta+1$ 着色。

对于图 G 中已着色的任一顶点 v，设它着有颜色 x，因为 $d(v)\leqslant\Delta$，故可用 $S-\{x\}$ 中的全部或部分颜色给 v 的邻接顶点着色，如此继续下去，即可得到图 G 的一个 $\Delta+1$ 着色，故

$$\chi(G)\leqslant\Delta(G)+1$$

注意，作为一个一般的定理，定理的结果是不能改进的，也就是说，存在一些图使得定理中的等号成立。例如：令 H_k 表示恰由一个 k-圈组成的图，则 $\Delta(H_k)=2$，而

$$\chi(H_k)=\begin{cases}2, & \text{当 } k \text{ 为偶数时}\\3, & \text{当 } k \text{ 为奇数时}\end{cases}$$

所以当 k 为奇数时(此时的 H_k 被称为奇圈)，$\chi(H_k)=\Delta(H_k)+1$。又如，对于完全图 K_p 而言，$\Delta(K_p)=p-1$，而 $\chi(K_p)=p$，于是 $\chi(K_p)=\Delta(K_p)+1$。

1941 年，Brook 证明了：使 $\chi(G)=\Delta(G)+1$ 成立的图只有奇圈和完全图。因此，如果连通图 G 既不是奇圈也不是完全图，则 $\chi(G)\leqslant\Delta(G)$。

易知：$\chi(G)=1$，当且仅当图 G 不含边，即图 G 是平凡图或空图。现在研究色数等于 2 的图(由定理 7.6.1 知，这样的图是双图)，有以下定理。

定理 7.6.3　设 G 是至少有一条边的图，则 $\chi(G)=2$，当且仅当图 G 不含奇数长的初等圈。

证明　显然只需证明定理对连通图 G 成立。

(1) 必要性。

前面已经提到过，含奇圈的图的色数不小于 3，所以必要性显然。

(2) 充分性。

设 G 是一个不含奇圈的连通图，任取 $x\in V(G)$，令

$$Y=\{y \mid y\in V(G)\text{且 }x\text{ 和 }y\text{ 之间有奇数长度的路径}\}$$
$$Z=\{y \mid z\in V(G)\text{且 }x\text{ 和 }z\text{ 之间有偶数长度的路径}\}\cup\{x\}$$

则由习题 7.3 第 2 题可知$\{Y, Z\}$是$V(G)$的一个划分。

倘若存在 Y 中的两个顶点 y_1 和 y_2，y_1 Adj y_2，则将存在 x 和 y_2之间的一条偶长路径(x 和 y_1之间的一条奇长路径加上边 y_1y_2)，这与 $y_2\in Y$ 矛盾，因此 Y 是点无关集。同理可证，Z 也是点无关集。

因此，$\chi(G)=2$。

定理 7.6.4　任何平面图均是 5-可着色的。

证明　由于各连通支是 5-可着色的，当且仅当原图是 5-可着色的；又由于自环线和平行线与图的顶点着色问题无关，因此只需证明结论对简单连通平面图成立。

现对简单连通平面图的阶 p 行数学归纳法。

(1) 归纳基础：

当 $p\leqslant 5$ 时，结论显然成立。

(2) 归纳步骤：

设任意 k 阶简单连通平面图均是 5-可着色的($k\geqslant 5$)，现考虑 $k+1$ 阶简单连通平面图 G。由定理 7.5.5 之推论 5 知，G 中必有顶点 u，满足 $d(u)\leqslant 5$。显然，$G-u$ 是 k 阶简单平面图，由归纳假设知，它是 5-可着色的。假定已用五种颜色 c_1、c_2、c_3、c_4 和 c_5 的全部或部分对 $G-u$ 实现了顶点着色，现在考虑对图 G 中顶点 u 的着色。

① 若 $d(u)<5$，则可用它的邻接顶点所着颜色(至多四种)之外的一种颜色对顶点 u 进行着色，因此图 G 是 5-可着色的。

② 若 $d(u)=5$，显然只需对与 u 相邻接的 5 个顶点分别着有 c_1、c_2、c_3、c_4 和 c_5 这五种颜色的情况进行讨论。不妨设与 u 相邻接的 5 个顶点 v_1、v_2、v_3、v_4 和 v_5 的排列状况如图 7.6.3 所示，它们分别着有色 c_1、c_2、c_3、c_4 和 c_5。

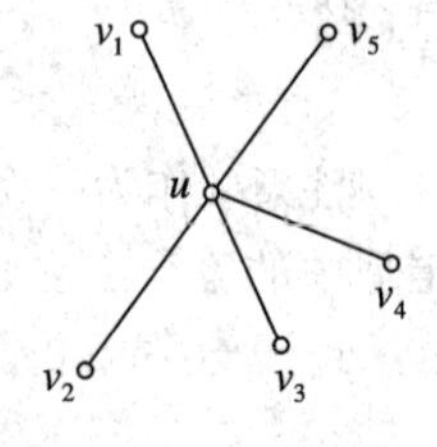

图 7.6.3

为叙述简明，令 $W_1=\{x \mid x\in G$ 且 x 着有色 c_1 或色 $c_3\}$，$W_2=\{x \mid x\in G$ 且 x 着有色 c_2 或色 $c_4\}$，考虑由 W_1 导致的图 G 的导出子图 $\langle W_1\rangle$。

若 v_1 和 v_3 分属于$\langle W_1\rangle$的两个不同的连通支，则将 v_1 所在支中的 c_1 和 c_3 两种颜色对调，并不影响图 $G-u$ 的顶点着色，这样便可给顶点 u 着上颜色 c_1，因此图 G 是 5-可着色的。

若 v_1 和 v_3 同属于$\langle W_1\rangle$的某个连通支，则必有一条连接 v_1 和 v_3 的路径，其中的顶点相间地被着有颜色 c_1 和 c_3。这条路径连同 u 一起构成了一个圈，它把 W_2 中的顶点分成两部分：一部分在这个圈之内，另一部分在这个圈之外。于是，$\langle W_2\rangle$也被分成了两个互不连通的支，一部分在这个圈之内，另一部分在这个圈之外。这就说明 v_2 和 v_4 分属于$\langle W_2\rangle$的两个不同的连通支，同上将 v_2 所在支中的 c_2 和 c_4 两种颜色对调，以便给顶点 u 着上颜色 c_2，因此图 G 是 5-可着色的。

归纳完成，定理得证。

关于图的色指数，有如下定理。

定理 7.6.5　$q(G)=\Delta(G)$或 $q(G)=\Delta(G)+1$。

图的着色可以被用来解决很多的实际问题，下面是一个关于考试安排的例子。

例 7.6.3　假设某专业学生期末考试要考 7 门课程，如图 7.6.4 所示，其中的顶点表示考试科目，两门课程的选课人员中有相同的学生，则在两门课程之间连一条边。如何安排这些考试，使学生不会出现需要同时参加两场考试的情况。

解　显然，如果将期末考试的每个时间段用不同的颜色表示，则问题等同于图 7.6.4 的点着色问题，相邻接的两个点不能被着同一颜色，即对应的课程不能在同一时段考试。图 7.6.5 是一个可选方案，凡颜色相同的点(即科目)都可以安排在同一时段考试。

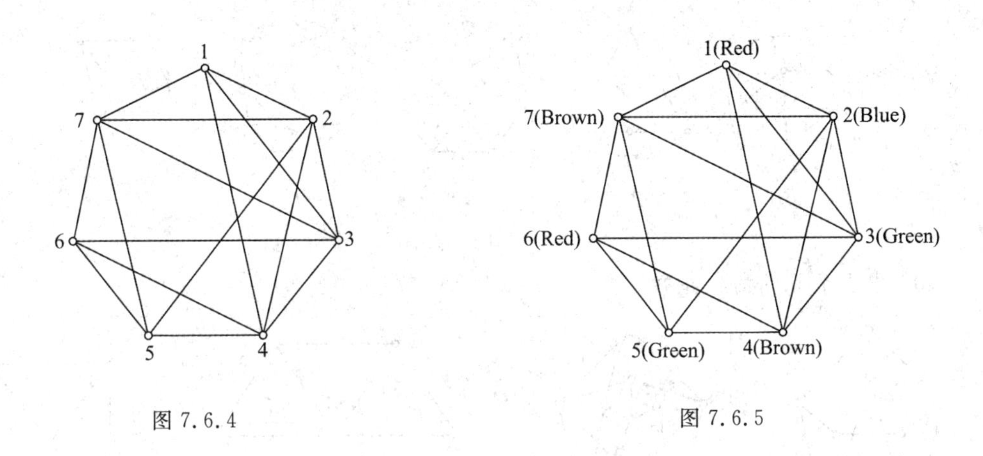

图 7.6.4　　　　图 7.6.5

习　题　7.6

1. 画出图 7.6.6 的对偶图。

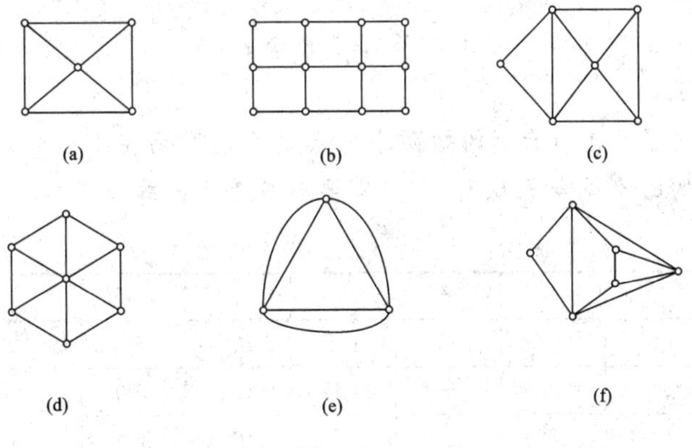

图 7.6.6

2. 求对第 1 题中各图进行面着色所需的最少颜色数。
3. 平面图 G 的对偶图 G^* 是简单图的充要条件是什么？
4. $(G^*)^*$ 未必与 G 同构，试举例说明。
5. 若 $G^* \cong G$，则称图 G 是自对偶图。证明：若(p, q)图 G 是自对偶的，则 $q=2(p-1)$。
6. 试说明：Euler 图的对偶图是二分图，反之亦然。
7. 试图示出一个色数为 4 的简单连通平面图。
8. 试图示出所有不同构的色数为 3 的 4 阶简单连通图。

9. 求图 7.6.7 的色数。

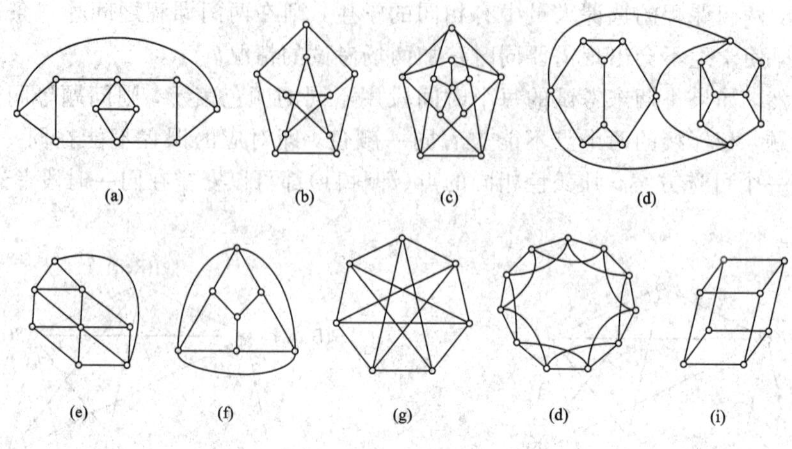

图 7.6.7

10. 求图 7.6.8 的色指数。

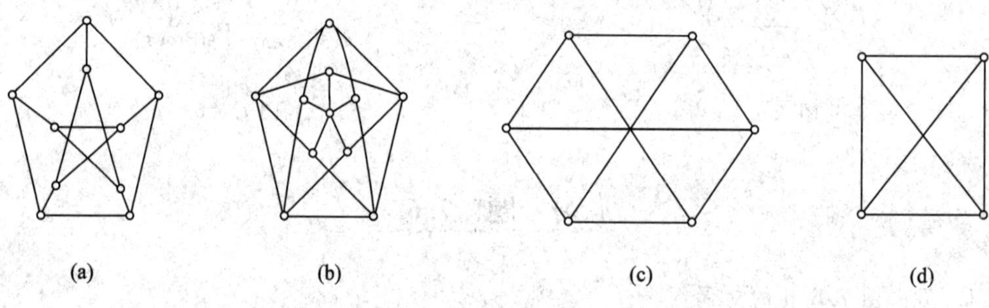

图 7.6.8

11. 证明：(8，13)简单连通平面图不可 2-着色。

12. 证明定理 7.6.5。

13. 某地新建设了 6 个电台，已知两个电台之间的距离在 150 km 以内时不能使用同一频道，电台之间的距离见表 7.6.1，最少需要多少个不同的频道？

表 7.6.1

电台	1	2	3	4	5	6
1	—	85	175	200	50	100
2	85	—	125	175	100	160
3	175	125	—	100	200	250
4	200	175	100	—	210	220
5	50	100	200	210	—	100
6	100	160	250	220	100	—

14. 对一个简单图的点着色可以通过 Welch Powell 算法实现：

(1) 将图中顶点按度数递减的顺序排列：v_1，v_2，…，v_n；

(2) 用第 1 种颜色给 v_1 着色，并依次给序列中与已着了颜色 1 的顶点不相邻的顶点着上颜色 1；

(3) 用第 2 种颜色对尚未着色的点重复第(2)步，直到所有的点都着上颜色为止。

请用该算法对图 7.6.9 进行着色。

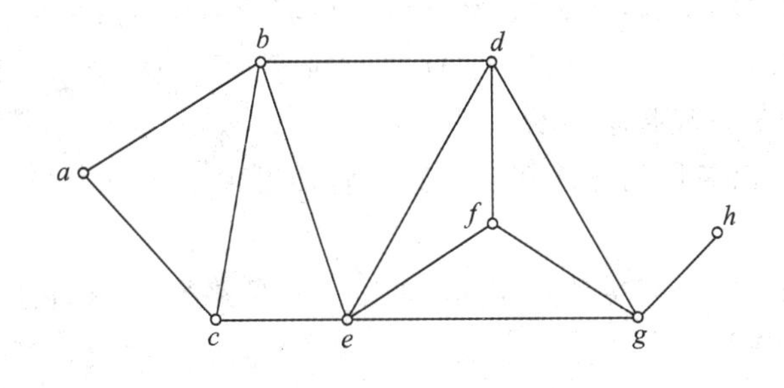

图 7.6.9

部分习题参考答案

7.7 树与生成树

定义 7.7.1 一个不含圈的(简单)连通图称为树(tree)。树中度为 1 的顶点称为树叶(leaf)。

定理 7.7.1 p 阶图 G 为树，当且仅当下列条件之一成立。

(1) G 是$(p, p-1)$无圈图；

(2) G 是$(p, p-1)$连通图；

(3) 图 G 的任何两点之间存在唯一一条路径；

(4) 图 G 的任一边都是桥；

(5) 图 G 不含圈，但加入任一边后便形成圈。

证明 为了证明这一定理，只需证明：G 是树⇒(1)，(1)⇒(2)，(2)⇒(3)，(3)⇒(4)，(4)⇒(5)，(5)⇒G 是树。

(a) G 是树⇒(1)，即证 p 阶无圈连通图恰有 $p-1$ 条边。

对 p 行数学归纳法。

① 归纳基础：

显然，$p=1$ 或 $p=2$ 时命题成立。

② 归纳步骤：

现设 k 阶无圈连通图恰有 $k-1$ 条边$(k\geqslant 2)$，现考虑 $k+1$ 阶树 T。因为 T 不含圈，故它有度为 1 的顶点。令 $d(u)=1$，则 $T-u$ 是 k 阶无圈连通图，由归纳假设知，它恰有$k-1$ 条边，于是 T 恰有 k 条边。

(b) (1)⇒(2)，即证$(p, p-1)$无圈图 G 必连通。

反证法。

假若不然，即图 G 不连通，设 C_1，C_2，…，C_k 是图 G 的全部 k 个支，其中 $k\geqslant 2$。用 $k-1$条边把这些连通支连成连通图 G'，显然图 G'仍然不含圈，因此图 G'是 p 阶树，由(a)知，它恰有 $p-1$ 条边。于是

$$(p-1)+(k-1)=p-1$$

得 $k=1$，与 $k\geqslant 2$ 矛盾。

(c) (2)⇒(3)，分存在性和唯一性证明。

① 因为图 G 连通，故任何两点之间有路径存在。

② 假若图 G 的某两点 u、v 之间存在两条不同的路径，则图 G 必含圈，显然去掉圈中一边 e 后所得的图 $G-e$ 仍然连通，且它是 $(p, p-2)$ 图，这与 p 阶连通图至少有 $p-1$ 条边相矛盾，所以图 G 的任何两点之间的路径是唯一的。

(d) (3)⇒(4)，即证图 G 连通(可由任何两点之间存在路径直接得到)，且去掉任一边后 G 便变成不连通图。

考虑图 G 的任一边 uv，由条件知，它是连接顶点 u 和 v 的唯一一条路径，去掉它后，u 和 v 之间便无路径，故 G 变成不连通图。

(e) (4)⇒(5)，分两点来证明。

① 证明图 G 不含圈。假若图 G 含圈，则去掉圈中一边 e 后所得的图 $G-e$ 仍然连通，即 e 不是桥。

② 由图 G 的连通性可直接推知，加入任一边后它便形成圈。

(f) (5)⇒G 是树，只需证明图 G 连通。

任给两个顶点 u、v，若 $uv\in G$，则 uv 是 u、v 之间的路径，否则，$G+uv$ 是一含圈图，故 u、v 之间应有一条除 uv 之外的路径。总之，对于任意两个顶点 u、v，图 G 中存在 u、v 之间的路径，即图 G 是连通的。

从定理 7.7.1 可以看出，树是边最少的连通图，又是边最多的无圈图；树是将各顶点连接起来的最经济的方式。因此，树在计算机科学中有着非常广泛的应用。

定理 7.7.2　任一棵阶不小于 2 的树中至少有两片树叶。

证明　因为树是连通图，所以它的顶点的度均不小于 1。又它无圈，故必有度为 1 的顶点，即树叶。假若它只有一片树叶，而其他顶点的度大于等于 2，则

$$\sum d(u) \geqslant 2(p-1)+1 = 2p-1$$

这与 $\sum d(u) = 2q = 2(p-1)$ 矛盾(p、q 分别为树的阶数和边数)，故任一棵阶不小于 2 的树中至少有两片树叶。

例 7.7.1　图 7.7.1 给出了所有阶不大于 5 的、不同构的树。其中一阶、二阶、三阶树唯一，四阶树有两种形式，五阶树有三种形式。

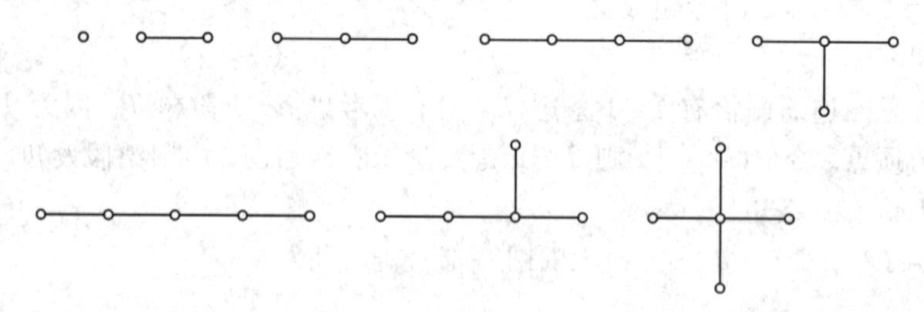

图 7.7.1

定义 7.7.2　若图 G 的生成子图 T 是树，则称 T 为 G 的生成树。

定理 7.7.3　图 G 含生成树，当且仅当 G 连通。

证明　必要性显然，现证充分性。考虑连通图 G，若它不含圈，则它本身就是一棵生成树；若它含圈，则去掉圈中一边后所得的图(设为 G_1)仍然连通。如果 G_1 无圈，那么 G_1 是 G

的生成树，否则从 G_1 的某圈中去掉一边后所得的图(设为 G_2)仍然连通。如果 G_2 无圈，那么 G_2 是 G 的生成树，否则继续上面的步骤直到打破 G 的所有圈就得到 G 的一棵生成树。

定理 7.7.3 证明中所用的方法俗称破圈法。用破圈法构造生成树还是很方便的。

例 7.7.2 如图 7.7.2 所示，图(b)、图(c)和图(d)是图(a)的几棵不同的生成树。

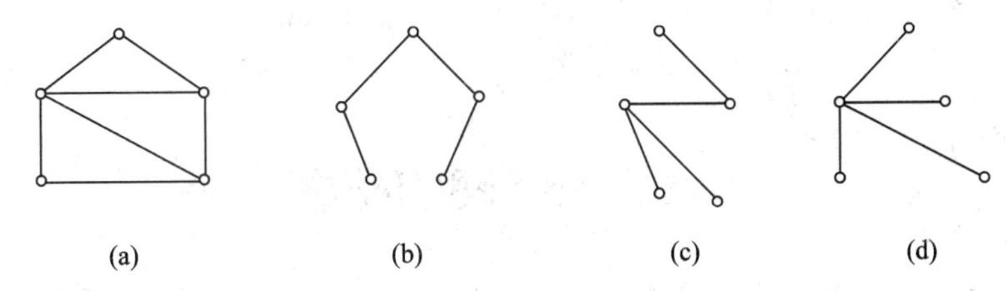

图 7.7.2

关于构造生成树的其他方法以及加权图的最小生成树等问题这里不再介绍，读者可参阅有关文献。

习 题 7.7

1. 一棵树有两个 2 度顶点，一个 3 度顶点，三个 4 度顶点，问它有几片树叶。

2. 一棵树有 n_2 个 2 度顶点，n_3 个 3 度顶点，…，n_k 个 k 度顶点，问它有几片树叶。

3. 描述下列树的特征并证明之。

(1) 恰有两片树叶的树；

(2) 恰有 $p-1$ 片树叶的 p 阶树。

4. 证明：树和森林都是2-可着色的。

5. 证明：树和森林都是面数为 1 的平面图。

6. 试图示出所有不同构的六阶树。

7. 求图 7.7.3 所示各连通图的不同构的生成树数目。

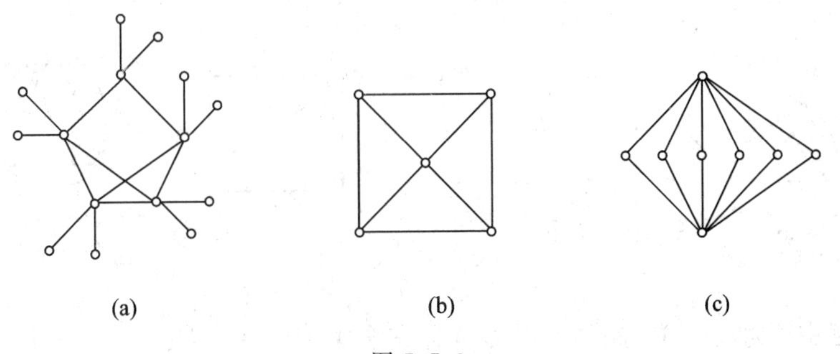

图 7.7.3

8. 设 G 是连通图，$e\in G$，证明：e 在图 G 的每棵生成树中，当且仅当 e 是图 G 的桥。

9. 设 T_1 和 T_2 为连通图 G 的两棵不同的生成树，边 e_1 在 T_1 中但不在 T_2 中。证明：T_2 中有边 e_2，它不在 T_1 中，且使得 $T_1-e_1+e_2$ 和 $T_2-e_2+e_1$ 都是 G 的生成树。

10. 设 $p>1$，且 $d_1, d_2, \cdots, d_p$ 都是正整数，$d_1+d_2+\cdots+d_p=2(p-1)$，证明：$d_1, d_2, \cdots, d_p$ 是一棵 p 阶树的度序列。

11. 证明：阶不小于 3 的连通图至少有两个顶点不是割点。

第八章 有 向 图

8.1 有向图的概念

有向图与无向图的区别在于是否注意图中边的方向，它们的大多数概念是一样的。

定义 8.1.1 有向图 D 是一个二元组 $\langle V, E\rangle$，其中 V 是一非空集合，其元素称为图的顶点，V 称为 D 的顶点集。E 是 V 中元素有序偶的可重集，其元素称为图的有向边（在不会引起混淆时，亦简称为边），或弧(arc)，E 称为 D 的边集。如果 $e=\langle a, b\rangle\in E$，则称 a 和 b 邻接（或 b 邻接于 a），记作 a Adj b，顶点 a 与 b 分别称为边 e 的始点与终点。

【注】 集合 A 上的二元关系 R 的关系图就是一个有向图 $\langle A, R\rangle$。

与第七章研究无向图时的情况类似，本章的研究重点是那些没有自环线和平行线的有向图，即简单有向图。但应注意，与无向图中的情形不同，在有向图中，a Adj b 并不意味着 b Adj a，所以 $\langle a, b\rangle$ 和 $\langle b, a\rangle$ 是两条不同的有向边，它们同时出现在图中，并不影响图的简单性。在作有向图时，应用一条由 a 到 b 的有向线表示 a Adj b，而由 a 到 b 的有向线是不同于由 b 到 a 的有向线的。

定义 8.1.2 设 D 是一个有向图，若 $\forall a, b\in D(a\neq b)$，只要 a Adj b 就有 b NAdj a，则称 D 为单向有向图；若 $\forall a, b\in D(a\neq b)$，有 a Adj b 且 b Adj a，则称 D 为有向完全图；若 $\forall a, b\in D(a\neq b)$，且 a Adj b 和 b Adj a 恰有一项成立，则称 D 为单向有向完全图。

例 8.1.1 如图 8.1.1 所示，图(a)是一个简单有向图，但它不是单向的；图(b)是一个非简单图；图(c)是一个四阶单向有向完全图；图(d)是一个三阶有向完全图。

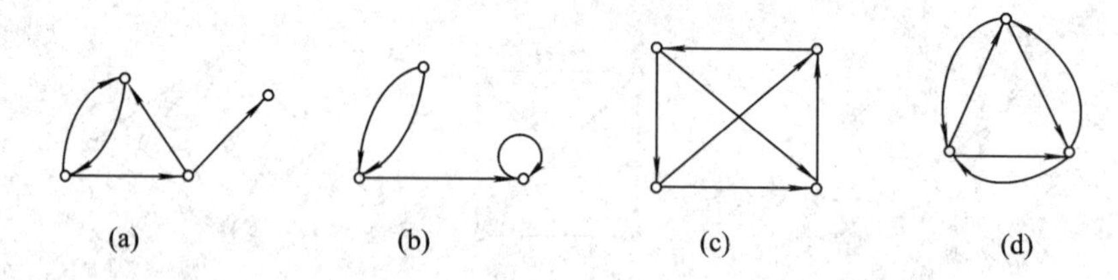

图 8.1.1

在有向图中，通道、迹、路径、圈等概念完全类似于无向图中的相应概念，但必须注意，在序列 $v_0v_1v_2\cdots v_n$ 中，边 v_iv_{i+1} 是以 v_i 为始点、v_{i+1} 为终点的($0\leqslant i\leqslant n-1$)，并特别强调这是从 v_0 到 v_n 的通道（迹、路径）。若序列 $v_0v_1v_2\cdots v_n$ 中，或者 v_i Adj v_{i+1}，或者 v_{i+1} Adj v_i ($0\leqslant i\leqslant n-1$)，则称它为一条半通道。通道必为半通道，反之不然。

例 8.1.2 在图 8.1.2 所示的有向图中，$v_2v_3v_4v_6v_7v_2$ 是个圈，$v_4v_6v_7v_2v_3$ 是一条路径，但 $v_5v_4v_6v_7v_2v_1$ 不是一条路径，它是一条半路径。

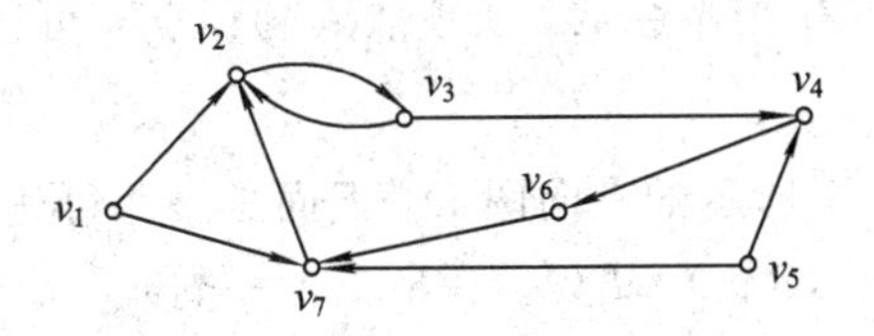

图 8.1.2

定义 8.1.3 设 D 是一个有向图，u 是 D 的顶点，称以 u 为终点的边的数目为 u 的入度，记为 $\mathrm{id}(u)$；称以 u 为始点的边的数目为 u 的出度，记为 $\mathrm{od}(u)$。

显然，在有 q 条边的有向图 D 中，有 $\sum\limits_{u\in D}\mathrm{id}(u)=\sum\limits_{u\in D}\mathrm{od}(u)=q$。

例 8.1.3 在图 8.1.3 所示的有向图 D 中，$\mathrm{id}(1)=0$，$\mathrm{od}(1)=2$，$\mathrm{id}(2)=0$，$\mathrm{od}(2)=1$，$\mathrm{id}(3)=1$，$\mathrm{od}(3)=1$，$\mathrm{id}(4)=2$，$\mathrm{od}(4)=3$，$\mathrm{id}(5)=3$，$\mathrm{od}(5)=2$，$\mathrm{id}(6)=2$，$\mathrm{od}(6)=1$，$\mathrm{id}(7)=2$，$\mathrm{od}(7)=1$，$\mathrm{id}(8)=1$，$\mathrm{od}(8)=0$。$\sum\limits_{u\in D}\mathrm{id}(u)=\sum\limits_{u\in D}\mathrm{od}(u)=q=11$。

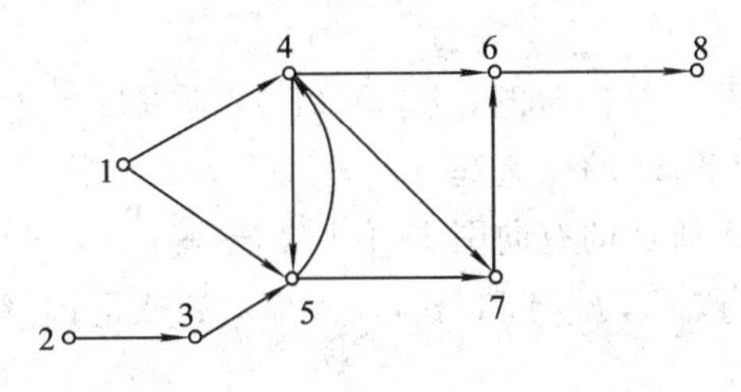

图 8.1.3

8.2 有向图的可达性、连通性和顶点基

无向图的连通性概念可以推广到有向图，本节将研究有向图的连通性及与之有关的一些概念。先从与连通性有密切关系的“可达性”这一概念开始。

对于一个无向图来说，如果它是连通的，那么它的任意两个顶点之间必存在一条路径，因此，通过这一路径可从一个顶点“到达”另一个顶点，若从顶点 u 可以到达 v，则从 v 也可以到达 u，也即 u 和 v 之间是互相可以到达的。

对于有向图，情形就不同了，因为存在从 u 到 v 的路径，并不蕴涵也存在从 v 到 u 的路径。

定义 8.2.1 设 D 是一个有向图，且 u，$v\in D$，若存在从顶点 u 到顶点 v 的一条路径，则称从顶点 u 到顶点 v 可达。

可达的概念与从 u 到 v 的各种路径的数目及路径的长度无关。另外，为了完备起见，规定任意顶点到它自身是可达的。

可达性是一个有向图(或无向图)的顶点集上的二元关系，依照定义，它是自反的，且是传递的。一般来说，可达不是对称的，也不是反对称的，但对于无向图来说，可达是图的顶点集上的一个等价关系。

定义 8.2.2 设 D 是一个有向图，$u\in D$，称

$$R(u)=\{v\mid v\in D\text{ 且从顶点 }u\text{ 到顶点 }v\text{ 可达}\}$$

为顶点 u 的可达集。又若 $X\subseteq V(D)$，则称

$$R(X)=\{v \mid v\in D\text{ 且存在 }u\in X\text{，从顶点 }u\text{ 到顶点 }v\text{ 可达}\}=\bigcup_{u\in X}R(u)$$

为顶点集合 X 的可达集。

例 8.2.1　考虑图 8.2.1 所示的有向图 D，下面是一些可达集：

$$R(v_1)=R(v_2)=R(v_3)=R(v_4)=R(v_5)=\{v_1, v_2, v_3, v_4, v_5, v_6\}$$

$$R(v_6)=\{v_6\}, R(v_7)=\{v_6, v_7\}, R(v_8)=\{v_6, v_7, v_8\}$$

$$R(v_9)=\{v_9\}, R(v_{10})=\{v_{10}\}$$

$$R(\{v_1, v_8, v_9, v_{10}\})=R(\{v_5, v_8, v_9, v_{10}\})=V(D)$$

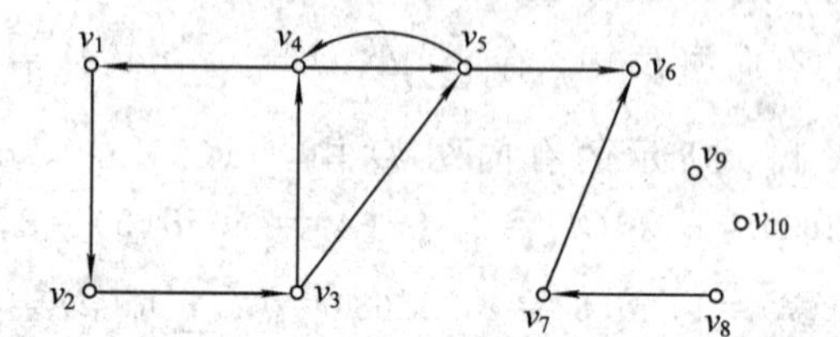

图 8.2.1

定义 8.2.3　设 D 是一个有向图，$B\subseteq V(D)$，若 $R(B)=V(D)$，且 $\forall B'\subset B$ 都有 $R(B')\subset V$，则称集合 B 是图 D 的顶点基。

例 8.2.2　在图 8.2.1 所示的有向图 D 中，集合 $\{v_1, v_8, v_9, v_{10}\}$、$\{v_2, v_8, v_9, v_{10}\}$、$\{v_3, v_8, v_9, v_{10}\}$、$\{v_4, v_8, v_9, v_{10}\}$ 和 $\{v_5, v_8, v_9, v_{10}\}$ 是该图所有可能的五个不同的顶点基。

由定义 8.2.3 可知，有向图 D 的顶点基是指为了到达 D 的所有顶点，“出发”顶点的极小集合(“极小”的含义是定义 5.6.6 的特例)。顶点基这一概念在日常生活、计算机系统、计算机(通信)网络等领域中有着重要应用，比如，顶点基可以理解为为了网络中任何结点都能享用某共享资源(或副本)，应该如何配置该共享资源以达到最经济的目的。为求一个有向图的顶点基，需要引入强分图的概念，当然，强分图及相关概念本身也有重要应用。

定义 8.2.4　设 D 是一个有向图，若 $\forall u, v\in D$，从顶点 u 到顶点 v 是可达的，且从顶点 v 到顶点 u 也是可达的，则称 D 是强连通图。若 $\forall u, v\in D$，或者从顶点 u 到顶点 v 是可达的，或者从顶点 v 到顶点 u 是可达的，则称 D 是单向(侧)连通图。若不考虑 D 中边的方向，D 所对应的无向图(称为 D 的基础图)是连通的，即 D 中任意两个顶点之间都存在半通道，则称 D 是弱连通图。

由定义 8.2.4 知，一个强连通图或单向连通图必是弱连通图，但反之不然。又若一个有向图不是弱连通的，则有的顶点之间没有半通道，它必是不连通的。强连通图必是单向连通图。

例 8.2.3　如图 8.2.2 所示，图(a)是强连通的；图(b)是弱连通的，但不是单向连通的；图(c)是单向连通的，但不是强连通的。

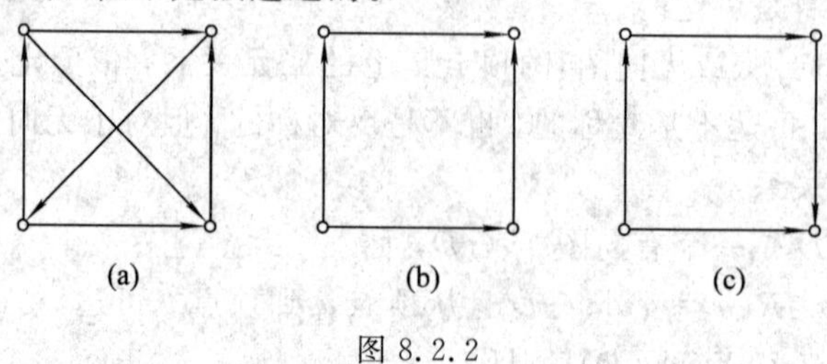

图 8.2.2

定义 8.2.5 有向图 D 的极大强(单向、弱)连通子图称为 D 的强(单向、弱)分图。

例 8.2.4 在图 8.2.3 所示的有向图 D 中，D 的导出子图 $\langle\{1, 2, 3\}\rangle$、$\langle\{4\}\rangle$、$\langle\{5\}\rangle$ 和 $\langle\{6\}\rangle$ 都是 D 的强分图；而 $\langle\{1, 2, 3, 4, 5\}\rangle$ 和 $\langle\{5, 6\}\rangle$ 则是 D 的两个单向分图；由于 D 本身是一个弱连通图，故它的唯一的弱分图是平凡子图即 D 本身。

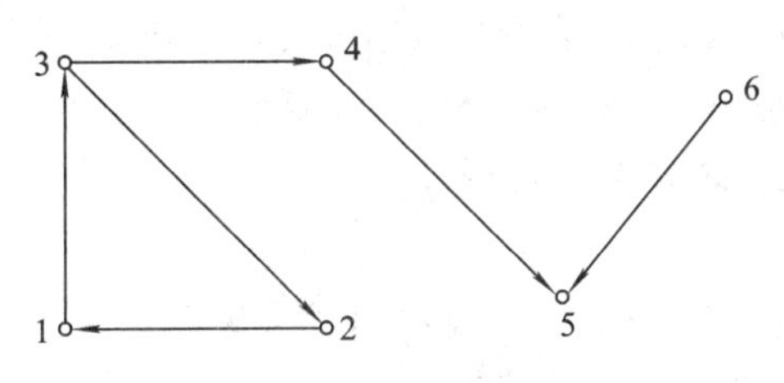

图 8.2.3

定理 8.2.1 有向图 D 的诸强分图的顶点集之集形成了 $V(D)$ 的一个划分。

证明 只需证明 D 的每个顶点恰好位于一个强分图中。

任给 $u \in D$，设

$$K(u)=\{v \mid v \in D \text{ 且 } u \text{ 和 } v \text{ 之间相互可达}\}=\{v \mid v \in D \wedge u \in R(v) \wedge v \in R(u)\}$$

显然，由它导出的 D 的导出子图 $\langle K(u)\rangle$ 是一个包含 u 的强分图，由此，D 的每个顶点位于它的某一强分图中。

现在假定 D 有顶点 x 同在 D 的两个不同的强分图 $\langle K(u)\rangle$ 和 $\langle K(v)\rangle$ 中，则 u 和 x 之间是相互可达的，v 和 x 之间也是相互可达的，从而 u 和 v 之间是相互可达的，这与“$\langle K(u)\rangle$ 和 $\langle K(v)\rangle$ 是 D 的两个不同的强分图”这一假设相矛盾。

综上可知，D 的每个顶点恰好位于它的一个强分图中，定理得证。

定理 8.2.1 的证明事实上给出了一种求强分图的方法。但要注意，尽管有向图的每个顶点恰好位于一个强分图中，但有向图的边可能包含也可能不包含在其强分图中。如果边 $\langle u, v\rangle$ 的两个顶点 u 和 v 在同一个强分图中，则该边也在该强分图中；如果边 $\langle u, v\rangle$ 属于一个强分图，那么边 $\langle u, v\rangle$ 必是一个圈的一部分，因为 u 和 v 必是相互可达的。

对于单向分图和弱分图，可以用与上面的证明相似的方法得到下面的结论：

(1) 有向图的每个顶点和每条边至少属于一个单向分图；

(2) 有向图的每个顶点和每条边恰好属于一个弱分图。

下面讨论有向图强连通、单向连通和弱连通的充分必要条件，为此，先给出如下定义。

定义 8.2.6 设 D 是一个有向图，如果 D 中一条路径经过 D 的所有顶点，则称这条路径为 D 的一条完全路径。

同样可以定义完全通道、完全闭通道、完全圈等概念。完全路径(圈)相当于无向图中的 Hamilton 路径(圈)。

为了刻画有向图的强连通性，首先注意到由圈组成的图是强连通的(见图 8.2.4(a))，所以在任何一个圈上加上一些有向边所得的图也是强连通的(见图 8.2.4(b))，于是如果一个有向图中存在一个完全圈，那么这个有向图定是强连通的，但

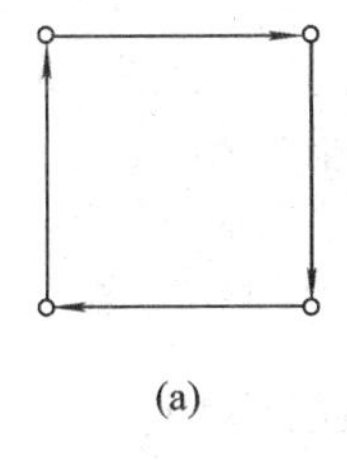

(a)

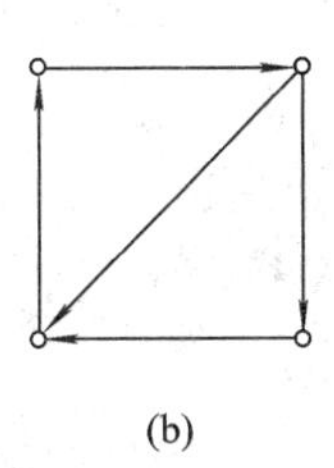

(b)

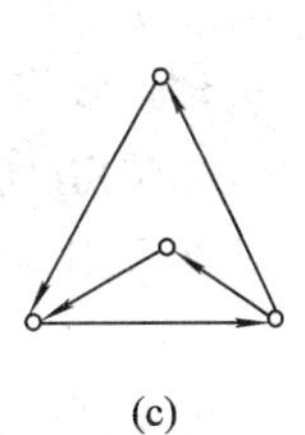

(c)

图 8.2.4

是并非每个强连通图都含有完全圈(见图 8.2.4(c))。

定理 8.2.2　有向图 D 强连通的充分必要条件是它有一条完全闭通道。

证明　(1) 充分性。

设 $v_1v_2\cdots v_tv_1$ 是 D 的一条完全闭通道，则 $\forall u, v\in D$，由闭通道的完全性可知，必存在 i、j $(1\leqslant i, j\leqslant t)$，使得 $u=v_i$，$v=v_j$。不妨假定 $i<j$，于是 $v_iv_{i+1}\cdots v_j$ 是一条从 u 到 v 的通道，$v_jv_{j+1}\cdots v_tv_1\cdots v_{i-1}v_i$ 是一条从 v 到 u 的通道，这说明从顶点 u 到顶点 v 是可达的，从顶点 v 到顶点 u 也是可达的，故 D 是强连通的。

(2) 必要性。

若 D 是强连通的，设 $u_1, u_2, \cdots, u_n$ 为 D 的全部顶点，则存在从 u_1 到 u_2 的通道 P_1，从 u_2 到 u_3 的通道 P_2，…，从 u_{n-1} 到 u_n 的通道 P_{n-1}，从 u_n 到 u_1 的通道 P_n。依 $P_1, P_2, \cdots, P_n$ 的次序连接这 n 条通道即得 D 的一条完全闭通道。

例 8.2.5　考虑图 8.2.5 所示的有向图 D_1 和 D_2，因为 $v_3v_1v_2v_4v_3v_5v_6v_3$ 形成了 D_1 的一条完全闭通道，故 D_1 是强连通的；又 $u_1u_3u_2u_4u_3u_5u_6u_7u_8u_6u_7u_5u_4u_3u_2u_1$ 是 D_2 中的一条完全闭通道，故 D_2 也是强连通的。

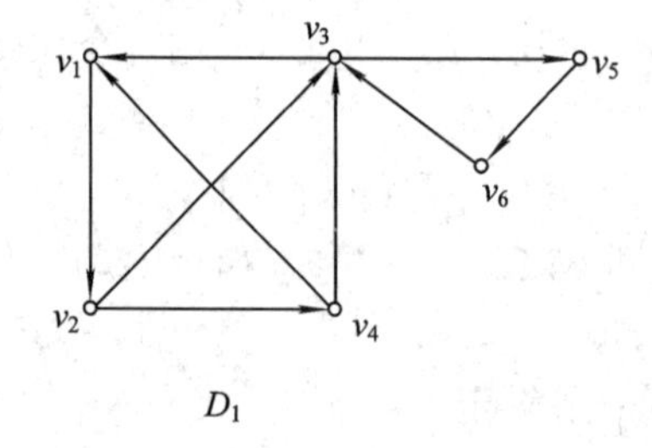

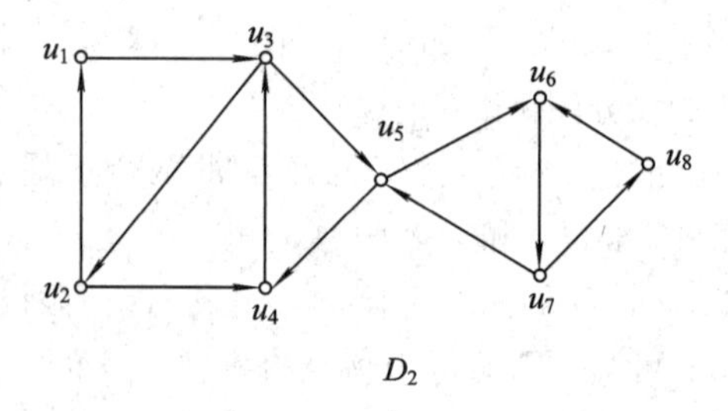

图 8.2.5

利用定理 8.2.2 去判断一个有向图的强连通性时，可以把图的顶点记为 $u_1, u_2, \cdots, u_n$，然后判断是否存在从 u_1 到 u_2，从 u_2 到 u_3，…，从 u_{n-1} 到 u_n，从 u_n 到 u_1 的通道，代替根据定义 8.2.4 对 C_n^2 对顶点的每对进行两次判断，这样可以节省许多工作量。

定理 8.2.3　有向图 D 单向连通的充分必要条件是它有一条完全通道。

证明　(1) 充分性。

设 $v_1v_2\cdots v_t$ 是 D 的一条完全通道，则 $\forall u, v\in D$，由通道的完全性可知，必存在 i、j $(1\leqslant i, j\leqslant t)$，使得 $u=v_i$，$v=v_j$。于是若 $i<j$，则 $v_iv_{i+1}\cdots v_j$ 是一条从 u 到 v 的通道；若 $i>j$，则 $v_jv_{j+1}\cdots v_i$ 是一条从 v 到 u 的通道。这说明或者从顶点 u 到顶点 v 是可达的，或者从顶点 v 到顶点 u 是可达的，故 D 是单向连通的。

(2) 必要性。

为了证明必要性，需要引入一条引理。

引理　设有向图 D 是一个单向连通图，X 是 $V(D)$ 的非空子集，则存在 $x\in X$，使得 x 能通过 D 的有向边到达 X 中的每个顶点，即 $X\subseteq R(x)$。

证明　对 $\# X$ 行数学归纳法。

(1) 归纳基础：

当 $\# X=1, 2$ 时，由单向连通性的定义知，引理显然成立。

(2) 归纳步骤：

假设引理在 $\# X=k(k\geqslant 2)$ 时成立，考虑 $V(D)$ 的 $k+1$ 元子集 $X=\{v_1, v_2, \cdots, v_k, v_{k+1}\}$。由归纳假设知，存在 $v_i\in X-\{v_{k+1}\}$ 使得 v_i 能到达所有的 v_j（其中 $1\leqslant j\leqslant k$）。如果从 v_i 到 v_{k+1} 是可达的，则取 $x=v_i$，否则，由 D 的单向连通性可知从 v_{k+1} 到 v_i 可达，取 $x=v_{k+1}$，这样 x 能通过 D 的有向边到达 X 中的每个顶点。

根据数学归纳法原理，引理得证。

定理必要性的证明：

若 n 阶有向图 D 是单向连通的，由上述引理知，存在 $x_1\in V(D)$ 使得 x_1 能到达 $V(D)$ 中的每个顶点，存在 $x_2\in V(D)-\{x_1\}$ 使得 x_2 能到达 $V(D)-\{x_1\}$ 中的每个顶点，…，存在 $x_{n-1}\in V(D)-\{x_1, x_2, \cdots, x_{n-2}\}$ 使得 x_{n-1} 能到达 $V(D)-\{x_1, x_2, \cdots, x_{n-2}\}=\{x_{n-1}, x_n\}$ 中的每个顶点。现在设 x_1 经过通道 P_1 到达 x_2，x_2 经过通道 P_2 到达 x_3，…，x_{n-1} 经过通道 P_{n-1} 到达 x_n。依 $P_1, P_2, \cdots, P_{n-1}$ 的次序连接这 $n-1$ 条通道即得 D 的一条完全通道。

例 8.2.6 考虑图 8.2.6 所示的有向图 D_1 和 D_2，在 D_1 中，$yxuvyzw$ 是一条完全通道，故 D_1 是单向连通的；在 D_2 中，$vuwxyz$ 是一条完全通道，故 D_2 也是单向连通的。（请读者考虑 D_1 和 D_2 是否强连通，为什么？）

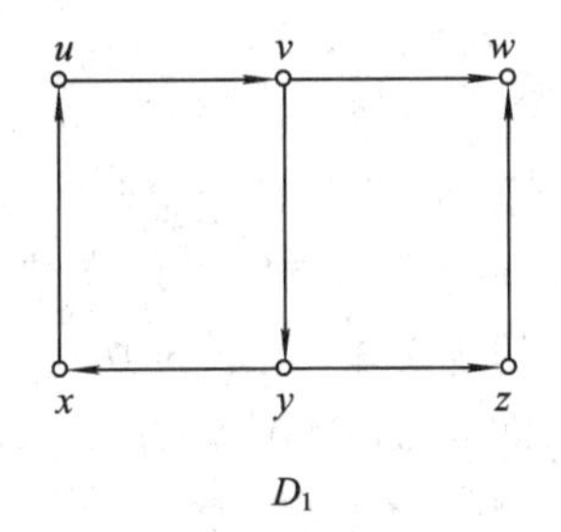

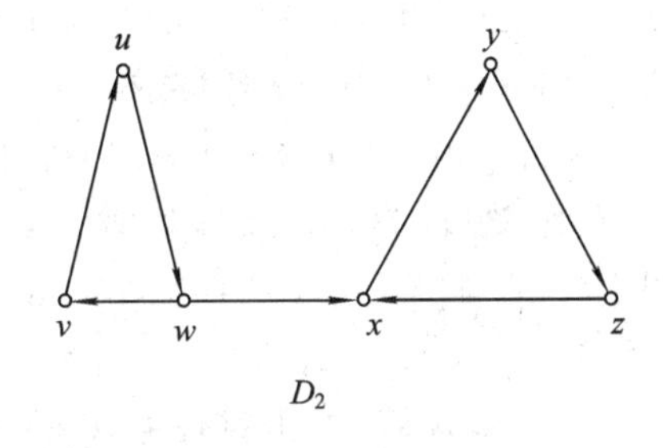

图 8.2.6

定理 8.2.4 有向图 D 弱连通的充分必要条件是它有一条完全半通道。

定理的证明请读者自行完成。

以上三个定理提供了检验有向图强连通、单向连通和弱连通的准则，使用这些准则来检验有向图的连通性比从定义 8.2.4 出发进行检验节省了很多工作量，两者工作量之比为 $1:n$，其中 $n>1$ 是图的顶点数。Harary，Norman 和 Cartwrigh 于 1965 年给出了上述三个定理的证明。

本节的最后再对强分图和顶点基作若干讨论。

定义 8.2.7 设 D 是一个有向图，$K_1, K_2, \cdots, K_p$ 是它的全部 p 个强分图，则 D 的聚图（condensation，或称商图）D^* 是这样一个有向图：$V(D^*)=\{K_1, K_2, \cdots, K_p\}$，而 K_i Adj K_j，当且仅当 $i\neq j$ 并且存在 $u\in K_i$ 和 $v\in K_j$ 使得在 D 中有 u Adj v。

例 8.2.7 考虑图 8.2.7(a)所示的有向图 D，它有六个强分图：$\langle\{a, b, c\}\rangle$、$\langle\{d\}\rangle$、$\langle\{e\}\rangle$、$\langle\{f, g, h\}\rangle$、$\langle\{i, j, k\}\rangle$ 和 $\langle\{l, m\}\rangle$，将它们分别记为 K_1、K_2、K_3、K_4、K_5 和 K_6。通过以下过程便得到 D 的聚图 D^*：

首先将 K_1、K_2、K_3、K_4、K_5 和 K_6 作为 D^* 的顶点，因为在 D 中，K_1 中的 a 和 b 没有与 K_1 之外的顶点相邻接，故只考虑顶点 c，而 c 和 K_3 的 e 与 K_4 的 f 相邻接，因此作一条从 K_1 到 K_3 的有向边与一条从 K_1 到 K_4 的有向边，并将其作为 D^* 的边，对其他各强分图均作如此处理，所得 D^* 如图 8.2.7(b)所示。

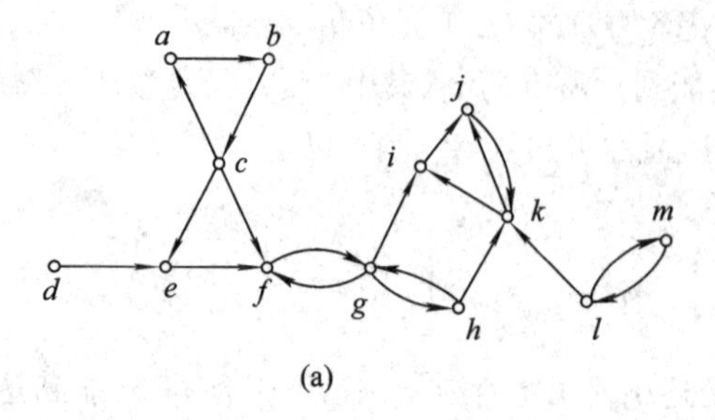

(a)

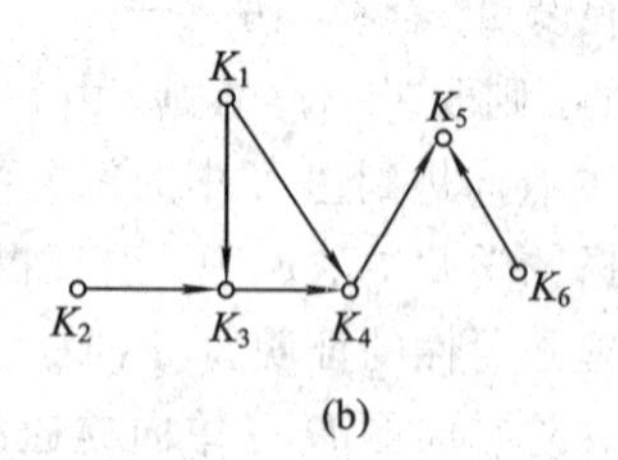

(b)

图 8.2.7

下面是关于聚图结构的一个定理。

定理 8.2.5　如果 D 是一个有向图，那么它的聚图 D^* 是一个无圈图。

证明　反证法。

假定在 D^* 中存在一个圈 $K_{i1}K_{i2}\cdots K_{im}K_{i1}$。设在 D 中，u 是 K_{i1} 的一个顶点，v 是 K_{i2} 的一个顶点。因为 $K_{i1}K_{i2}\cdots K_{im}K_{i1}$ 是 D^* 中的一个圈，故在 D 中，u 和 v 是彼此可达的，即它们在同一强分图中，于是 $K_{i1}=K_{i2}$，这与圈的定义矛盾。

定理 8.2.6　每个无圈有向图 D 有唯一的顶点基：$B=\{u|u\in D \text{ 且 } \mathrm{id}(u)=0\}$。

证明　设 D 的顶点基为 B^*，往证 $B=B^*$。

显然，B 中的每个顶点必在 B^* 中，即 $B\subseteq B^*$。下面证明 $R(B)=V(D)$，从而 $B=B^*$（因为由顶点基的定义知，若 $B\subset B^*$，则 $R(B)\subset V(D)$）。令 $X=V(D)-R(B)$。

可以证明 $X=\varnothing$。假若不然，必存在 $x_0\in X$，由 X 的定义知，必有 $x_0\notin B$，即 $\mathrm{id}(x_0)>0$。这样，可推知存在 $x_1\neq x_0$ 使得 x_1 Adj x_0，显然 $x_1\notin B$，即 $\mathrm{id}(x_1)>0$。同样，存在 $x_2\neq x_1$、x_0 使得 x_2 Adj x_1，由于 D 无圈，故此推理可以无限进行下去，这显然矛盾。

根据定理 8.2.6 及其证明过程，有以下推论。

推论 1　在无圈有向图中，必存在入度为 0 的顶点。

推论 2　有向图的聚图有唯一的顶点基。

下述定理精确地描述了构造一个有向图顶点基的方法。

定理 8.2.7　设 D 是一个有向图，B^* 是 D 的聚图 D^* 的唯一顶点基，则 D 的顶点基是这样一个顶点集合 B：它是从 B^* 中的每个(顶点所对应的 D 的)强分图中各取一个顶点组成的。

证明　显然，D 的每个顶点是从 B 中的某一顶点可达的，即 $R(B)=V(D)$。下面需要证明 B 是具有这一性质的最小集合。为了证明最小性，只要证明：不存在顶点 $v\in B$ 使得 v 是从另一个顶点 $u\in B$ 可达的。假若不然，在 D^* 中，从包含 u 的那个强分图可到达包含 v 的那个强分图，这与 B^* 的最小性矛盾。

例 8.2.8　$\{K_1, K_2, K_6\}$ 是图 8.2.7(b)所示的图 D^* 的唯一顶点基。而 $\#K_1=3$，$\#K_2=1$，$\#K_6=2$，故图 8.2.7(a)所示的图 D 共有 $3\times1\times2=6$ 个不同的顶点基：$\{a, d, l\}$、$\{a, d, m\}$、$\{b, d, l\}$、$\{b, d, m\}$、$\{c, d, l\}$ 和 $\{c, d, m\}$。

本小节所描述的内容在通信网络、计算机软件等领域里有重要的应用。下面仅举一个例子来说明如何利用有向图来表示操作系统的资源分配状态。

大多数计算机(网络)系统允许多道程序的执行，在一个计算机系统中同时可执行几十道程序(更精确地说是进程)，而这些程序共享着计算机系统中的硬件和软件资源，如

CPU、主存储器、磁盘设备、编译程序以及数据库等。操作系统控制这些资源对各用户程序的分配，当一个程序要求使用某种资源时，它就向操作系统发出对这一资源的请求，操作系统必须保证这一请求得到满足。

对资源的请求可能会出现循环等待的现象，例如程序 p_1 占有资源 r_1 并请求使用资源 r_2，而程序 p_2 占有资源 r_2 并请求使用资源 r_1，这使得程序 p_1 和 p_2 都不能继续运行。这种情况称为计算机系统处于死锁状态。避免死锁或者限制它的影响是操作系统的一种功能。有向图能够模拟计算机系统中的资源请求，帮助发现和纠正(预防)死锁。

假定程序的一切资源请求必须在该程序完成执行之前得到满足，若资源请求暂时得不到满足，则程序控制着已占有的资源等待这一请求得到满足。

令 $P_t=\{p_1, p_2, \cdots, p_m\}$ 表示计算机系统在时刻 t 执行的程序集，设 $A_t \subseteq P_t$ 是一个活动程序集(或者说是在时刻 t 已经分配得到了一部分它们所请求的资源的程序集)，又设 $R_t=\{r_1, r_2, \cdots, r_n\}$ 是系统在时刻 t 的资源集，则系统资源分配图 $G_t=\langle R_t, E\rangle$ 是一个有向图，它表示时刻 t 系统的资源分配状况，其中 $E=\{\langle r_i, r_j\rangle \mid$ 在 A_t 中存在一个占有资源 r_i 并请求使用资源 r_j 的程序$\}$。

例如，令 $R_t=\{r_1, r_2, r_3, r_4\}$，$A_t=\{p_1, p_2, p_3, p_4\}$，而程序占有与请求资源的情况如下：

p_1 占有资源 r_4 且请求使用 r_1；

p_2 占有资源 r_1 且请求使用 r_2 和 r_3；

p_3 占有资源 r_2 且请求使用 r_3；

p_4 占有资源 r_3 且请求使用 r_1 和 r_4，

那么，时刻 t 时的系统资源分配图如图 8.2.8 所示。

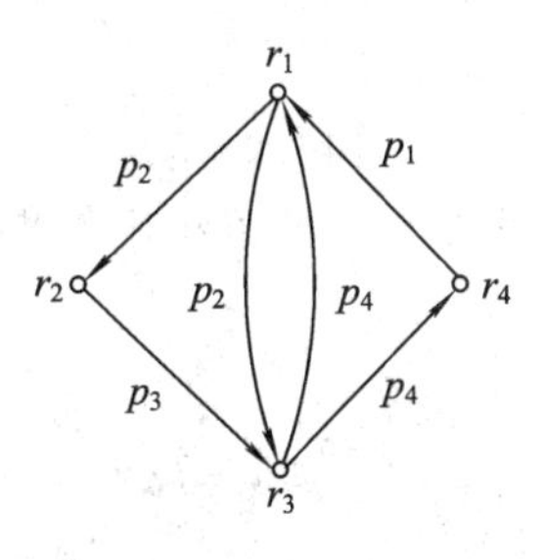

图 8.2.8

可以证明，计算机系统在时刻 t 处于死锁状态的充分必要条件是：系统资源分配图 G_t 包含非平凡(即顶点数不少于 2)的强分图。在上面的例子中，图 G_t 是强连通的。

习题 8.1、8.2

1. 证明：在任何单向有向完全图中，所有顶点的入度平方和等于所有顶点的出度平方和。

2. 对图 8.2.9 所示的有向图，给出从 v_1 到 v_2 的三条不同的路径，求图中所有的圈、顶点基。

3. 对图 8.2.10 所示的有向图，试求所有顶点的入度和出度，找出图中所有的圈，并找出一条完全闭通道、一条完全通道和一条完全半路径(如果存在的话)。试删除图中的一条有向线，以得到一个无圈图。

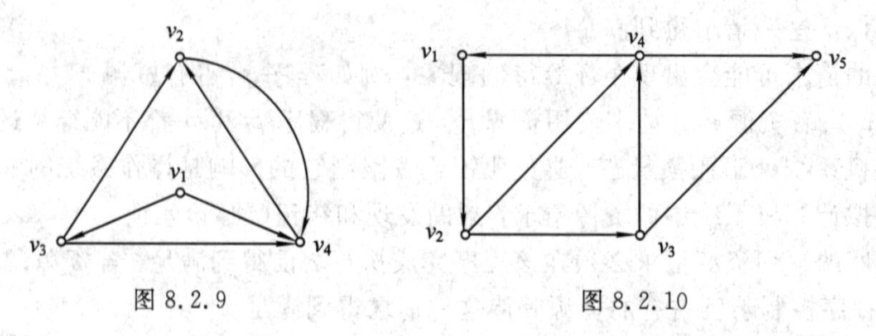

图 8.2.9　　　　　　　　　　图 8.2.10

4. 找出图 8.2.10 所示有向图中$\{v_1, v_4\}$、$\{v_3\}$和$\{v_4, v_5\}$的可达集。

5. 设 D 是一个有向图，且 $u, v \in D$，证明：存在一条从顶点 u 到顶点 v 的路径，当且仅当存在一条从 u 到 v 的通道。

6. 设 D 是一个有向图，若从顶点 u 到顶点 v 是可达的，从顶点 v 到顶点 w 也是可达的，证明：$d(u, w) \leqslant d(u, v) + d(v, w)$。

7. 求图 8.2.11 的直径。

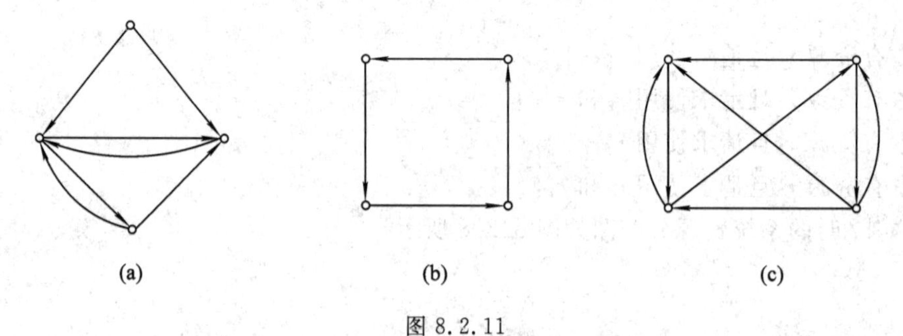

(a)　　　　　　(b)　　　　　　(c)

图 8.2.11

8. 求图 8.2.12 的强分图、单向分图、聚图和顶点基。

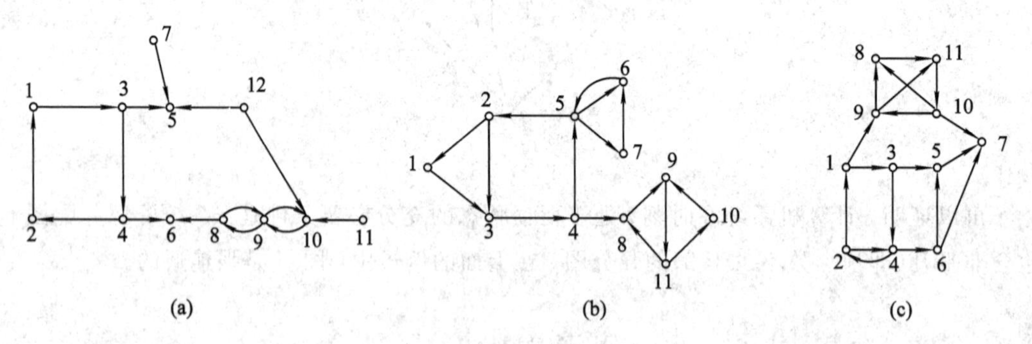

(a)　　　　　　(b)　　　　　　(c)

图 8.2.12

9. 设有向图 D 是集合 A 上的二元关系 R 的关系图，则 D 是简单图意味着什么？顶点的出度和入度应如何解释？"顶点 a 和顶点 b 邻接""从顶点 a 到顶点 b 可达"又应如何解释？

10. 试说明如何利用 D 的聚图求出 D 的所有的单向分图。

8.3 根树及其应用

第七章讨论的树不考虑边的方向，仅关心将各顶点以最经济的方式连接起来。基础图为树的有向图称为有向树。有一类特殊的有向树在计算机科学中有着非常广泛的应用，这就是根树。操作系统对文件目录结构的组织方式就是在每个逻辑盘上形成一棵根树；在数据库系统中，根树也是信息的重要组织形式之一；在编译程序中，可用根树表示源程序的语法结构……根树是一种极为重要的数据结构，本节主要讨论根树及其应用。

定义 8.3.1 恰有一个入度为 0 的顶点、其余顶点的入度均为 1 的弱连通有向图称为根树。每个弱分图都是根树的有向图称为有向森林。在根树中，入度为 0 的顶点称为(树)根，出度为 0 的顶点称为(树)叶，出度大于 0 的顶点称为分支点，从根至某顶点的距离称为该顶点的级，所有顶点的级的最大值称为该根树的高度。

与无向图中的树一样，p 阶根树有 $p-1$ 条边(有向图的边数等于各顶点的入度之和)。

例 8.3.1 图 8.3.1 所示为一棵根树，v_0是树根，v_1、v_3、v_4、v_6是树叶，v_0、v_2、v_5是分支点，v_0的级是 0，v_1和 v_2的级是 1，v_3、v_4和 v_5的级是 2，v_6的级是 3。该根树的高度为 3，它有 7 个顶点、6 条边。

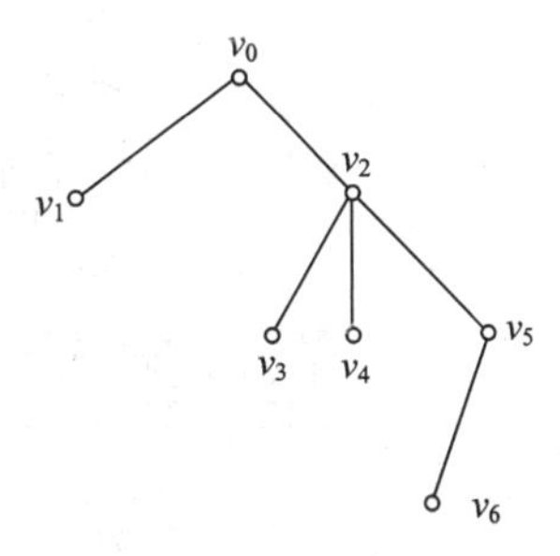

图 8.3.1

在图示根树时，约定总是把树根画在最上方，所有有向线的方向都是由上向下的(故往往不标出箭头)，也即根树是以分支关系定义的层次结构，这种结构在客观世界中广泛存在，如人类社会的族谱、各种社会组织机构、淘汰赛的赛程计划……

也可用递归定义法定义根树。

定义 8.3.2 根树是按以下规则构成的有向图：

(1) 平凡图是根树，其顶点称为该根树的根；

(2) 设 m 是一正整数，$T_i=\langle V_i, E_i\rangle$是以 r_i为根的根树($i=1, 2, \cdots, m$)，并且 V_1，V_2，…，V_m两两互不相交，$r_0\notin V_i$($i=1, 2, \cdots, m$)，则称有向图$\langle V, E\rangle$是以 r_0为根的根树，并且称 T_1，T_2，…，T_m为 T 的子树，其中 $V=\{r_0\}\cup V_1\cup V_2\cup\cdots\cup V_m$，$E=\{\langle r_0, r_1\rangle, \langle r_0, r_2\rangle, \cdots, \langle r_0, r_m\rangle\}\cup E_1\cup E_2\cup\cdots\cup E_m$。

显然，定义 8.3.1 与定义 8.3.2 是等价的。

定理 8.3.1 设 v_0是有向图 D 的入度为 0 的顶点，则 D 是以 v_0为根的根树，当且仅当从 v_0到 D 的任意顶点都恰好有一条路径。

证明 (1) 必要性。

若 D 是以 v_0为根的根树，任取 D 的一顶点 $v\neq v_0$。一方面，由 D 的弱连通性可知，必存在从 v_0到 v 的半路径，设其为 $P=v_0v_1v_2\cdots v_{t-1}v_t$(其中 $v_t=v$)。因为 $\mathrm{id}(v_0)=0$，所以 v_0 Adj v_1；而 $\mathrm{id}(v_1)=1$，所以 v_1 Adj v_2；依次，可归纳证明 v_{i-1} Adj v_i($i=1, 2, \cdots, t$)，即 P 为从 v_0到 v 的路径。另一方面，若从 v_0到 v 有两条路径 P_1和 P_2，则至少有一个 P_1和 P_2的公共顶点的入度大于 1，这与 D 是根树矛盾。

(2) 充分性。

显然，D 是弱连通的。一方面，对于 D 的任一顶点 $v\neq v_0$，由于存在从 v_0到 v 的路径，

因此 $id(v)\geqslant 1$。另一方面，若 $id(v)>1$，则至少存在两个顶点 v_1 与 v_2 和 v 邻接，这样，只要将从 v_0 到 v_1 与 v_2 的两条路径均延长至 v，便得到两条从 v_0 到 v 的路径，与条件矛盾。这就证明了 D 是以 v_0 为根的根树。

定义 8.3.3　设 T 为根树。

(1) 若 $\max\{od(u)\mid u\in T\}=m$，则称 T 为 m 元根树；

(2) 如果对于 m 元根树 T 的每个顶点 u 皆有 $od(u)=0$ 或 $od(u)=m$，则称 T 为完全 m 元根树。

例 8.3.2　求解四皇后问题(作为例子，这里将八皇后问题简化为四皇后问题)的所有合法布局的解答树是一棵完全四元根树，如图 8.3.2 所示。

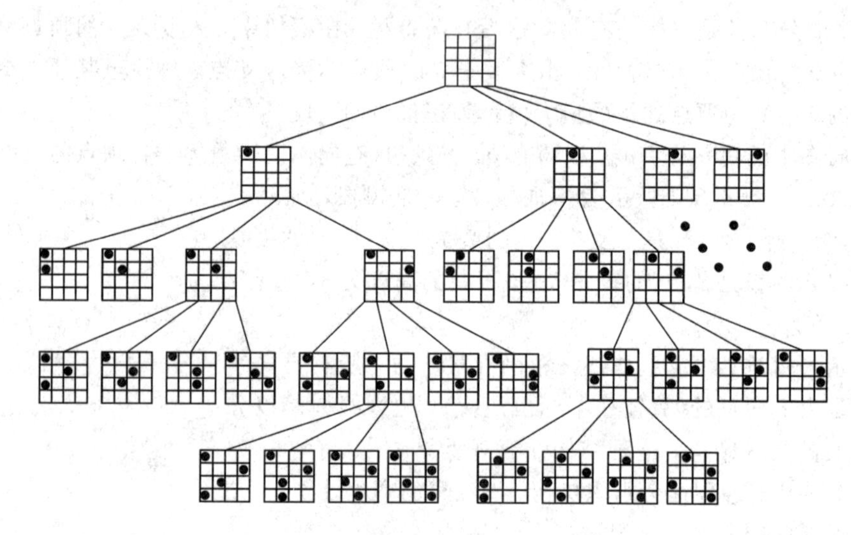

图 8.3.2

完全二元根树在计算机科学中特别有用，例如可用来研究算法的效率。在系统程序中，常常需要用二进制编码表示字母和其他符号，以便于输入、输出和存储，这就需要识别程序。由于各个字母(或符号)出现的频繁程度(简称频度)往往是不同的，因此可用叶加权二元根树来研究识别算法的效率。

定义 8.3.4　设 V 是以 v_0 为根的二元根树 T 的全体树叶组成的集合，W 是 V 到 $\mathbf{R}_+$ 的函数，则称 $\langle T;W\rangle$ 为叶加权二元(根)树。对于 T 的任意树叶 v，称 $W(v)$ 为 v 的权，并称 $\sum\limits_{v\in V}W(v)\cdot d(v_0,v)$ 为 $\langle T;W\rangle$ 的叶加权路径长度，其中 $d(v_0,v)$ 为 v_0 到 v 的距离，即 v 的级。

简单地说，所谓叶加权二元树，就是对二元根树的每一片树叶指定一个正实数。

如果用树叶表示字母或符号，用分支点表示判断，用权表示字母或符号出现的频度，则叶加权路径长度就表示算法的平均执行时间。

例 8.3.3　图 8.3.3(a)和(b)表示了识别 A、B、C、D 四个符号的两个算法，A、B、C、D 的出现频度分别为 0.5、0.3、0.15、0.05。图(a)的叶加权路径长度为 $0.5\times2+0.3\times2+0.15\times2+0.05\times2=2$，图(b)的叶加权路径长度为 $0.5\times1+0.3\times2+0.15\times3+0.05\times3=1.7$，因此图(b)表示的算法优于图(a)表示的算法。

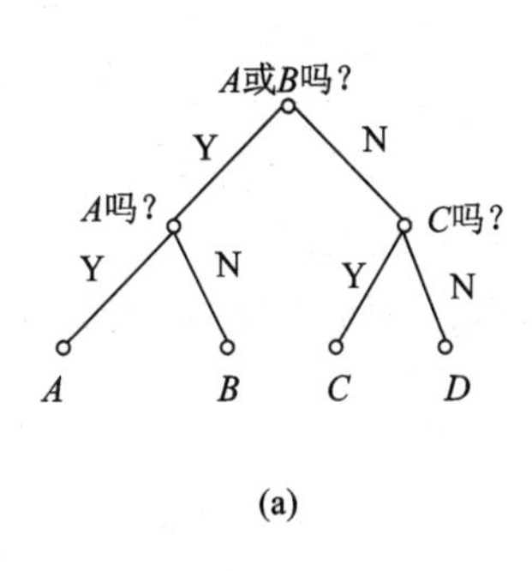

(a)

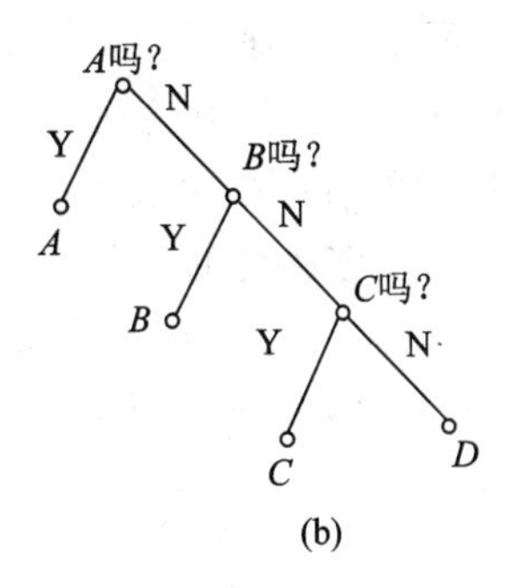

(b)

图 8.3.3

定义 8.3.5　设$\langle T;W\rangle$是叶加权二元树，如果对任一叶加权二元树$\langle T';W'\rangle$，只要对于任意正实数r，T和T'中权等于r的叶的数目相同，就有$\langle T;W\rangle$的叶加权路径长度不大于$\langle T';W'\rangle$的叶加权路径长度，则称$\langle T;W\rangle$为最优叶加权二元树。

这样，可将求某问题的最佳算法归结为求最优叶加权二元树。Huffman 算法是一种求最优叶加权二元树的有效方法，最早由 David Huffman 提出。

用 Huffman 算法求权分别为w_1，w_2，…，w_t的最优叶加权二元树的过程如下：

(1) 根据给定的t个权值w_1，w_2，…，w_t构成t棵根树组成的集合$F=\{T_1, T_2, \cdots, T_t\}$，其中每棵$T_i$仅有一个顶点，即带权值$w_i$的树根；

(2) 在F中选取两棵树根的权值最小的根树作为子树构造一棵新的根树，且该根树的树根的权值为其两棵子树的树根的权值之和；

(3) 在F中删除这两棵根树，同时将新构造的根树加入F中；

(4) 重复步骤(2)和(3)，直到F中只含一棵根树为止，这棵根树就是最优叶加权二元树。

例 8.3.4　图 8.3.4 给出了求权分别为 7、5、2、4 的最优叶加权二元树的过程。

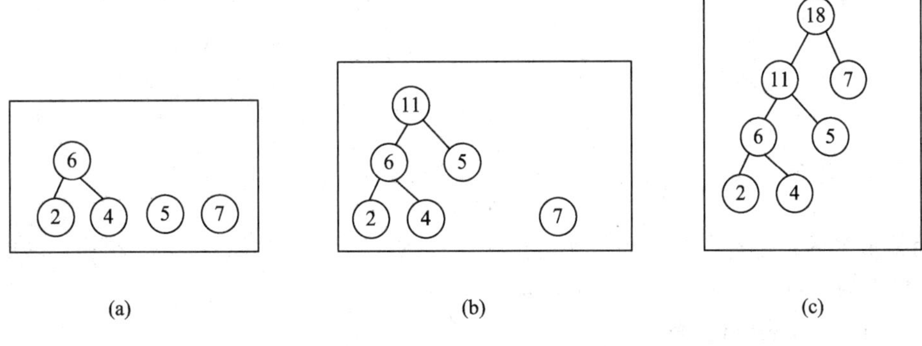

(a)　(b)　(c)

图 8.3.4

Huffman 算法同时也提供了利用变长编码实现数据(无失真)压缩的有效技术。这还需要引入二元定位有序根树的概念。

定义 8.3.6　为每个分支点的所有子树规定了次序的根树称为有序根树。如果有向森林F的每个弱分图都是有序根树，且为F的每个弱分图规定了次序，则称F为有序森林。

在图示有序根树时，规定同一分支点的子树的次序是从左到右排列的，有序森林的弱分图也是从左到右排列的。

例 8.3.5　可以用有序根树表示算术表达式，其中树叶表示运算对象，分支点表示运算符。这一方法在第二章中就应用过(见图 2.3.1)。再如，代数式 $a\times b-(c\div(d-e)+f)$ 可用图 8.3.5 所示的有序根树表示。

习惯上，常借用家族树的名称来称呼有序根树的顶点。如在图 8.3.6 中，v_1、v_4、v_7 和 v_9 分别是 v_0、v_1、v_3 和 v_7 的长子，v_1 和 v_2 皆是 v_3 的兄长，而 v_2 是 v_1 的大弟，v_3 是 v_2 的大弟，v_1 和 v_2 分别是 v_4 等的父亲与叔父，v_4 和 v_7 是堂兄弟，等等。

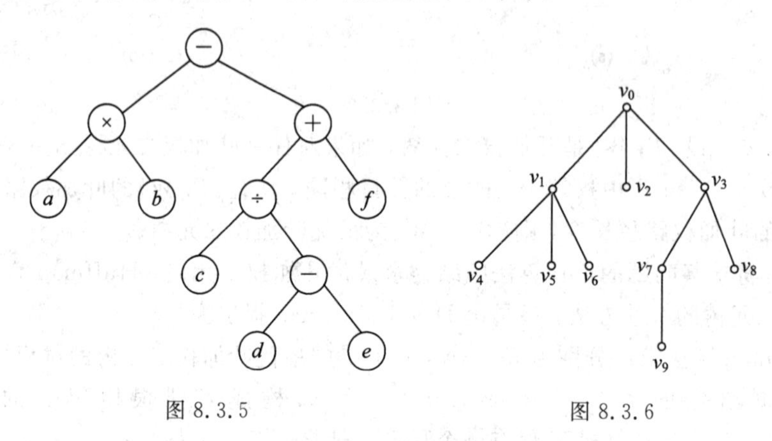

图 8.3.5　　　　图 8.3.6

定义 8.3.7　为每个分支点的所有子树(儿子)规定了位置的有序根树称为定位有序根树。

例 8.3.6　图 8.3.7(a)和(b)是相同的有序根树，因为同一级上的结点的次序相同。但是，它们是不同的定位有序根树，因为在图(a)中，v_4 是 v_2 的左儿子，而在图(b)中，v_4 是 v_2 的右儿子。

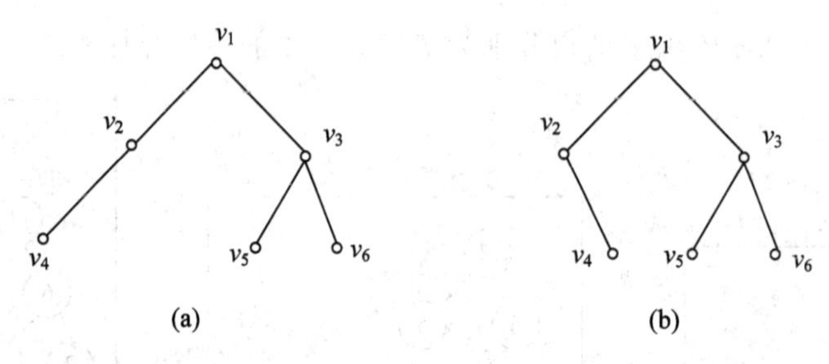

图 8.3.7

用得最多的定位有序根树是二元定位有序根树，称为二叉树。在二叉树中，可用字母表{0，1}上的字符串唯一地表示每个顶点：

(1) 用空串 ε 表示树根；

(2) 若用 β 表示某分支点，则分别用 $\beta0$ 和 $\beta1$ 表示它的左儿子和右儿子。

这样，每个顶点都有了唯一的编码表示，并且不同顶点的编码表示不同。如图 8.3.7(a)中，v_1、v_2、v_3、v_4、v_5、v_6 的编码表示分别为 ε、0、1、00、10、11。

定义 8.3.8　二叉树全体树叶的编码表示的集合称为该二叉树的前缀编码。

图 8.3.7(a)的前缀编码是{00，10，11}。不同的二叉树有不同的前缀编码。

特别重要的是，以符号的出现频度作为权的最优叶加权完全二叉树的前缀编码，即 Huffman 编码。Huffman 编码是平均字长逼近下限(出现频度为 2 的负次方幂时取到下限)

的无失真编码，其平均字长为对应完全二叉树的叶加权路径长度。

例 8.3.7 图 8.3.8(a)和(b)分别给出了八个符号的出现频度为 0.2、0.19、0.18、0.17、0.15、0.1、0.005、0.005 和 2^{-1}、2^{-2}、2^{-3}、2^{-4}、2^{-5}、2^{-6}、2^{-7}、2^{-7}时的Huffman编码及压缩效果(请读者自己给出各树叶的编码表示)。

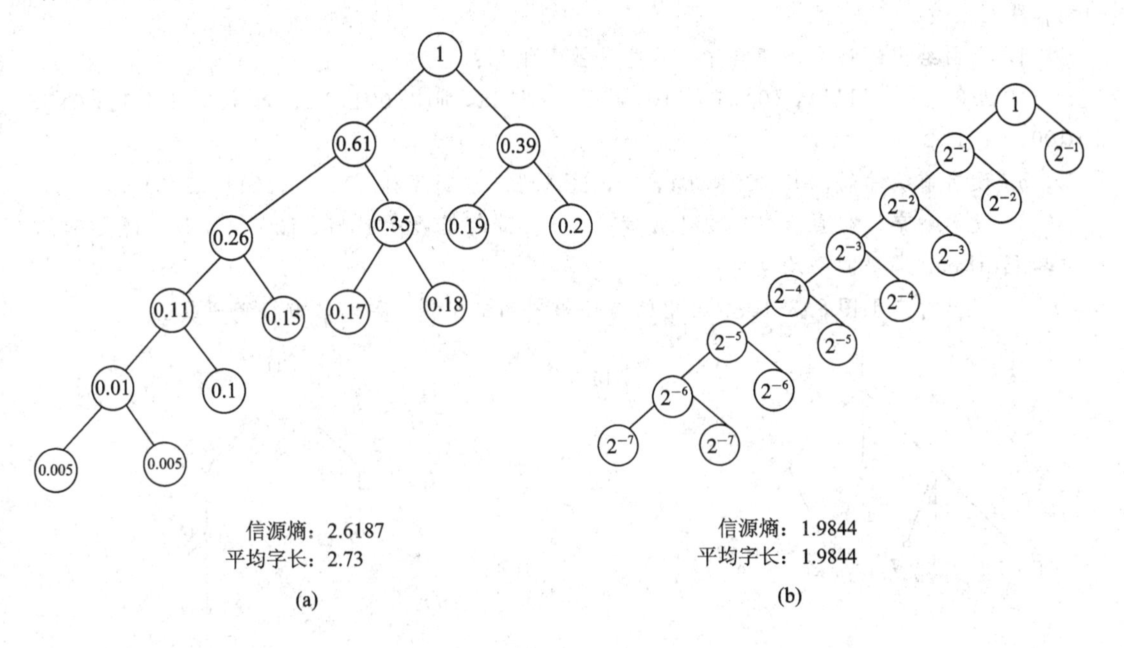

图 8.3.8

二叉树的重要性还在于可以在有序根树(森林)和二叉树之间建立一一对应关系。考虑一有序根树 T，设与 T 对应的二叉树为 B，则：① 它们有相同的顶点集；② 在 T 中，若 u 是 v 的长子，则在 B 中，u 是 v 的左儿子；③ 在 T 中，若 u 是 v 的大弟，则在 B 中，u 是 v 的右儿子。这种对应关系称为有序根树(森林)和二叉树之间的自然对应关系。例如，图 8.3.9 中，图(b)是与图(a)表示的有序森林相对应的二叉树。

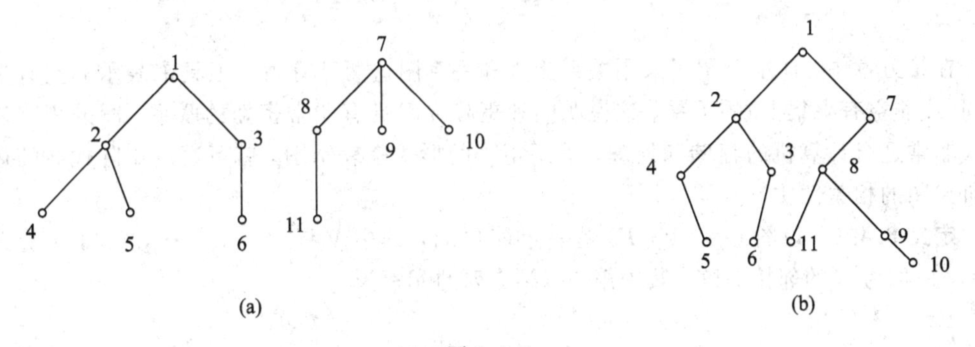

图 8.3.9

习 题 8.3

1. 证明：p 阶完全二元根树有$(p+1)/2$ 片树叶，且其高度 h 满足

$$\mathrm{lb}(p+1)-1\leqslant h\leqslant \frac{p-1}{2}$$

2. 试图示出所有不同构的四阶根树。

3. 找出叶的权分别为 1、2、4、7、8、10、13、14、20 的最优叶加权二元树，并求其叶加权路径长度。

4. 下面给出的符号串集合中，哪些是前缀编码？

{0, 10, 110, 1111}，{0, 10, 110, 111}，{1, 11, 101, 001, 0011}，{00, 10, 11, 011, 0100, 0101}。

5. 设有前缀编码{000, 001, 01, 1}，试译码二进制序列 00010011011101001。

6. 设 7 个字母在通信中出现的频度分别为 35%、20%、15%、10%、10%、5%、5%，求其 Huffman 编码的平均字长。

7. 找出对应于图 8.3.10 所给出的有序根树的二叉树，并求其前缀编码。

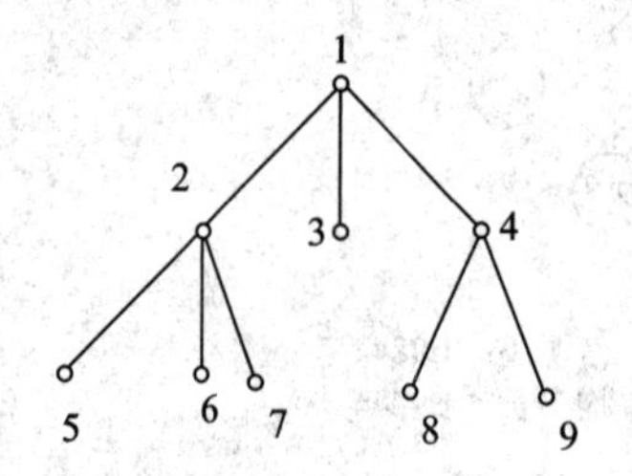

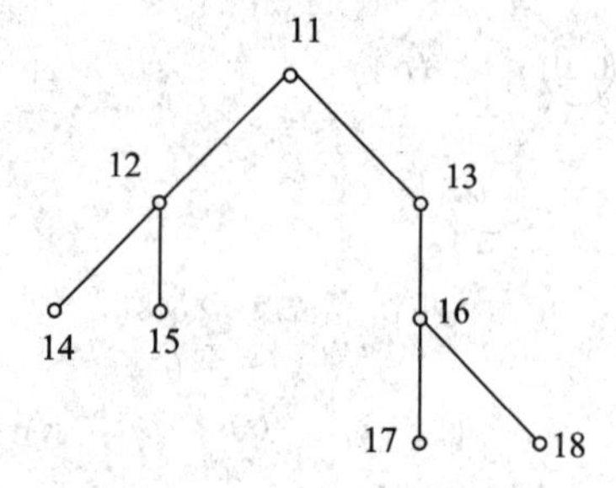

图 8.3.10

8. 给出下面算术表达式的根树表示。

(1) $((a-b\times c)\times d+e)\div(f\times g+h)$；

(2) $((a+b\times c)\times d-e)\div(f+g)+h\times i\times j$。

8.4 图的矩阵表示

在第五章中，详细介绍了采用关系矩阵和关系图这两种有力的工具来表示非空有限集之间(或非空有限集上)的关系，这说明图和矩阵之间具有非常密切的联系。图的矩阵表示形式非常适合计算机的存储和处理，采用矩阵的形式来表示图，就可通过矩阵代数的运算来研究图的相关性质。

定义 8.4.1 设图 $G=\langle V, E\rangle$ 是一个简单图，其中 $V=\{v_1, v_2, \cdots, v_n\}$，$n$ 阶方阵 $\mathbf{A}=(a_{ij})$ 称为 G 的邻接矩阵，其中第 i 行第 j 列的元素为

$$a_{ij}=\begin{cases}0, & v_iv_j\notin E\\ 1, & v_iv_j\in E\end{cases}$$

显然，对简单图来说，由于所有边的重度为 1，其邻接矩阵为一个 0/1 矩阵。

例 8.4.1 求图 8.4.1 所示无向图的邻接矩阵。

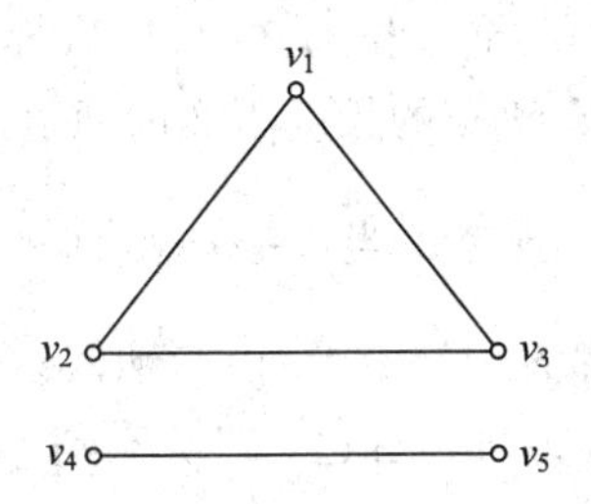

图 8.4.1

解 图 8.4.1 所示无向图的邻接矩阵为

$$\mathbf{A}=\begin{array}{c}\\ v_1\\ v_2\\ v_3\\ v_4\\ v_5\end{array}\begin{array}{c} \begin{array}{ccccc} v_1 & v_2 & v_3 & v_4 & v_5\end{array}\\ \begin{bmatrix}0 & 1 & 1 & 0 & 0\\ 1 & 0 & 1 & 0 & 0\\ 1 & 1 & 0 & 0 & 0\\ 0 & 0 & 0 & 0 & 1\\ 0 & 0 & 0 & 1 & 0\end{bmatrix}\end{array}$$

显然，无向图的邻接矩阵是一个对称矩阵，而有向图的则不一定。

例 8.4.2 求图 8.4.2 所示有向图的邻接矩阵。

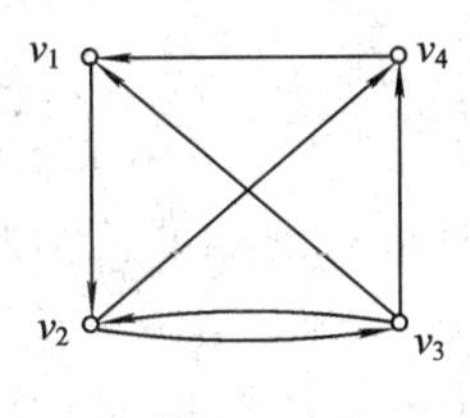

图 8.4.2

解 图 8.4.2 所示有向图的邻接矩阵为

$$\mathbf{A}=\begin{bmatrix}0 & 1 & 0 & 0\\ 0 & 0 & 1 & 1\\ 1 & 1 & 0 & 1\\ 1 & 0 & 0 & 0\end{bmatrix}$$

对于非简单图，其邻接矩阵则不是一个 0/1 矩阵，其中 a_{ij} 表示 v_i 到 v_j 之间边的重度。

从邻接矩阵中可以很容易地看出对应图的一些性质：

(1) 零图对应的邻接矩阵的元素全为零；

(2) 无向完全图对应的邻接矩阵的元素除主对角线元素外全为 1；

(3) 有向完全图对应的邻接矩阵的元素除主对角线元素外全为 1；

(4) 在给定有向图的邻接矩阵中，计算顶点 v_i 的出度和入度。

利用邻接矩阵可很容易地计算长度为 l 的通道的条数。

定理 8.4.1 设 G 的邻接矩阵为 $\mathbf{A}$，则矩阵 $\mathbf{A}^{(l)}$ ($l=1, 2, \cdots$) 的第 i 行第 j 列的元素 $a_{ij}^{(l)}$ 表示图 G 中连接结点 v_i 到 v_j 长度为 l 的通道的数目。

证明 对 l 行数学归纳法。

(1) 当 $l=1$ 时，$a_{ij}=1$，表示存在边 v_iv_j，即有 1 条从 v_i 到 v_j 的长度为 1 的通道。

当 $l=2$ 时，$a_{ik}a_{kj}=1$，当且仅当 a_{ik} 和 a_{kj} 都等于 1，表明从 v_i 到 v_j 存在 1 条经过 v_k 的长度为 2 的通道，所以 $a_{ij}^{(2)}$ 是从 v_i 到 v_j 的长度为 2 的通道总数。

(2) 设当 $l=m$ 时定理成立，现考虑当 $l=m+1$ 时的情况。因为 $a_{ij}^{(m+1)}=\sum_{k=1}^{n}a_{ik}^{(m)}a_{kj}$，$a_{ik}^{(m)}a_{kj}\geqslant 1$，当且仅当 $a_{ik}^{(m)}$ 和 a_{kj} 都大于等于 1。由归纳假设知，$a_{ik}^{(m)}=s$ 表示从 v_i 到 v_k 有 s 条长度为 m 的通道；$a_{kj}=1$ 表示从 v_k 到 v_j 有边，即从 v_i 到 v_j 有 s 条经过 v_k 的长度为 $m+1$ 的通道，所以 $a_{ij}^{(m+1)}$ 是从 v_i 到 v_j 的长度为 $m+1$ 的通道总数。

综上可知，定理成立。

例 8.4.3　由矩阵的乘法运算知，图 8.4.1 的邻接矩阵 $\boldsymbol{A}$ 的各次幂如下：

$$\boldsymbol{A}^{(2)}=\boldsymbol{A}\cdot\boldsymbol{A}=\begin{bmatrix}2&1&1&0&0\\1&2&1&0&0\\1&1&2&0&0\\0&0&0&1&0\\0&0&0&0&1\end{bmatrix},\ \boldsymbol{A}^{(3)}=\begin{bmatrix}2&3&3&0&0\\3&2&3&0&0\\3&3&2&0&0\\0&0&0&0&1\\0&0&0&1&0\end{bmatrix}$$

$$\boldsymbol{A}^{(4)}=\begin{bmatrix}6&5&5&0&0\\5&6&5&0&0\\5&5&6&0&0\\0&0&0&1&0\\0&0&0&0&1\end{bmatrix},\quad \boldsymbol{A}^{(5)}=\begin{bmatrix}10&11&11&0&0\\11&10&11&0&0\\11&11&10&0&0\\0&0&0&0&1\\0&0&0&1&0\end{bmatrix}$$

其中 $a_{13}^{(2)}=1$，$a_{13}^{(3)}=3$，$a_{13}^{(4)}=5$，表示从 v_1 到 v_3 的长度为 2 的通道有 1 条，长度为 3 的通道有 3 条，长度为 4 的通道有 5 条。

利用 $\boldsymbol{A}^{(n)}$ 可以很容易地判断图中两点是否可达以及它们之间的距离：

(1) 对 $l=1, 2, \cdots, n-1$，依次检查 $\boldsymbol{A}^{(l)}$ 的 (i, j) 项元素 $a_{ij}^{(l)}(i\neq j)$ 是否为 0，若都为 0，则结点 v_i 与 v_j 不可达，否则 v_i 与 v_j 之间有路径；

(2) 若 $a_{ij}^{(1)}, a_{ij}^{(2)}, \cdots, a_{ij}^{(n-1)}$ 中至少有一个不为 0，则可断定 v_i 与 v_j 可达，使 $a_{ij}^{(l)}\neq 0$ 的最小的 l 即为 $d(v_i, v_j)$。

定义 8.4.2　设图 $G=\langle V, E\rangle$ 是一个简单图，其中 $V=\{v_1, v_2, \cdots, v_n\}$，$n$ 阶方阵 $\boldsymbol{P}=(p_{ij})$ 称为 G 的可达矩阵，其中第 i 行第 j 列的元素为

$$p_{ij}=\begin{cases}1, & v_i\text{和}v_j\text{之间有长度大于 0 的路径}\\0, & v_i\text{和}v_j\text{之间没有长度大于 0 的路径}\end{cases}$$

显然，无向图的可达矩阵是对称的，有向图的则不一定。连通无向图的可达矩阵是全 1 矩阵，强连通有向图的可达矩阵是全 1 矩阵。

求可达矩阵有两种方法：

(1) 计算矩阵 $\boldsymbol{B}_n=\boldsymbol{A}+\boldsymbol{A}^{(2)}+\boldsymbol{A}^{(3)}+\cdots+\boldsymbol{A}^{(n)}$，令矩阵 $\boldsymbol{B}_n$ 中不为零的元素等于 1，为零的元素不变，得到 $\boldsymbol{P}$；

(2) 令 $\boldsymbol{P}=\boldsymbol{A}\vee\boldsymbol{A}^2\vee\boldsymbol{A}^3\vee\cdots\vee\boldsymbol{A}^n$，其中 $\boldsymbol{A}^i(i=1, 2, \cdots, n)$ 为布尔矩阵。

例 8.4.4　求图 8.4.1 的可达矩阵。

解　因为

$$\boldsymbol{B}_5=\boldsymbol{A}+\boldsymbol{A}^{(2)}+\boldsymbol{A}^{(3)}+\boldsymbol{A}^{(4)}+\boldsymbol{A}^{(5)}=\boldsymbol{P}$$

所以

$$P=\begin{bmatrix}1&1&1&0&0\\1&1&1&0&0\\1&1&1&0&0\\0&0&0&1&1\\0&0&0&1&1\end{bmatrix}$$

例 8.4.5 求图 8.4.3 的可达矩阵。

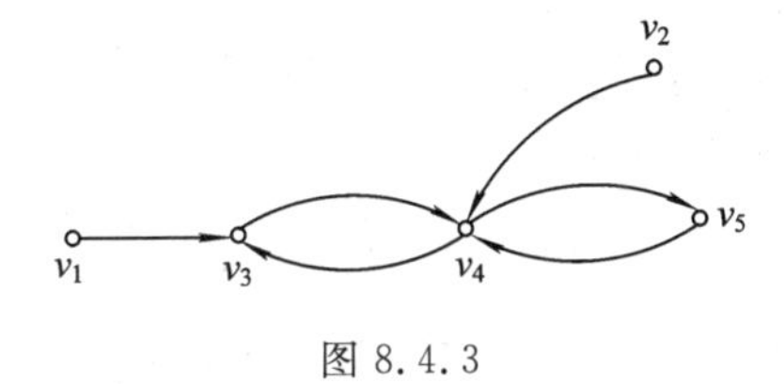

图 8.4.3

解 因为

$$A=\begin{bmatrix}0&0&1&0&0\\0&0&0&1&0\\0&0&0&1&0\\0&0&1&0&1\\0&0&0&1&0\end{bmatrix},\quad A^2=\begin{bmatrix}0&0&0&1&0\\0&0&1&0&1\\0&0&1&0&1\\0&0&0&1&0\\0&0&1&0&1\end{bmatrix}$$

$$A^3=\begin{bmatrix}0&0&1&0&1\\0&0&0&1&0\\0&0&0&1&0\\0&0&1&0&1\\0&0&0&1&0\end{bmatrix},\quad A^4=A^2,\quad A^5=A^3$$

所以

$$P=A\vee A^2\vee A^3\vee A^4\vee A^5=\begin{bmatrix}0&0&1&1&1\\0&0&1&1&1\\0&0&1&1&1\\0&0&1&1&1\\0&0&1&1&1\end{bmatrix}$$

正如本节开头所言，图的矩阵表示非常适合用计算机进行处理，这就使得很多实际问题通过转换为图论问题，再以矩阵的形式表示出来输入计算机，就可用相应的算法来求解。如 8.2 节最后提到的问题，图 8.2.8 对应的邻接矩阵 A 和可达矩阵 P 分别为

$$A=\begin{bmatrix}0&1&1&0\\0&0&1&0\\1&0&0&1\\1&0&0&0\end{bmatrix},\quad P=\begin{bmatrix}1&1&1&1\\1&1&1&1\\1&1&1&1\\1&1&1&1\end{bmatrix}$$

显然，图 8.2.8 本身就是一个强连通图，其可达矩阵为全 1 矩阵。若不是强连通图，则图 G 的强分图可从 $P\wedge P^{\mathrm{T}}$ 求得，其中 P^{T} 是 P 的转置矩阵。

例 8.4.6 求图 8.4.3 的非平凡的强分图。

解　因为

$$\boldsymbol{P}=\begin{bmatrix}0&0&1&1&1\\0&0&1&1&1\\0&0&1&1&1\\0&0&1&1&1\\0&0&1&1&1\end{bmatrix},\quad \boldsymbol{P}^{\mathrm{T}}=\begin{bmatrix}0&0&0&0&0\\0&0&0&0&0\\1&1&1&1&1\\1&1&1&1&1\\1&1&1&1&1\end{bmatrix}$$

$$\boldsymbol{P}\wedge\boldsymbol{P}^{\mathrm{T}}=\begin{bmatrix}0&0&0&0&0\\0&0&0&0&0\\0&0&1&1&1\\0&0&1&1&1\\0&0&1&1&1\end{bmatrix}$$

所以强分图的各顶点集为 $\{v_1\}$、$\{v_2\}$、$\{v_3, v_4, v_5\}$。

习题 8.4

1. 用邻接矩阵表示图 8.4.4。

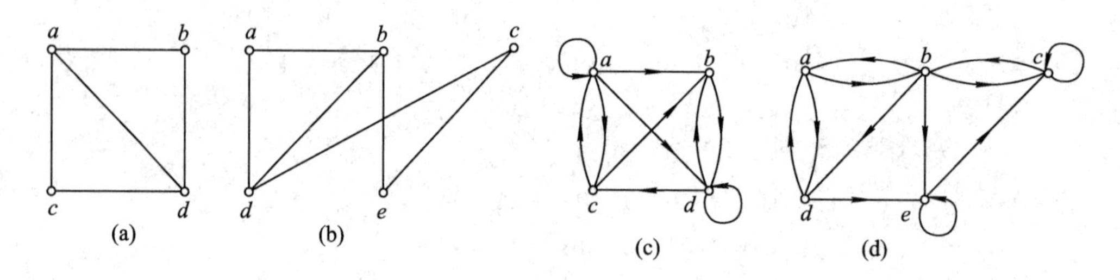

图 8.4.4

2. 画出下列邻接矩阵对应的图。

(1) $\begin{bmatrix}0&1&0\\1&0&1\\0&1&0\end{bmatrix}$；(2) $\begin{bmatrix}0&0&1&1\\0&0&1&0\\1&1&0&1\\1&1&1&0\end{bmatrix}$；(3) $\begin{bmatrix}1&1&1&0\\0&0&1&0\\1&0&1&0\\1&1&1&0\end{bmatrix}$。

3. 一个简单无向图的邻接矩阵有什么特点？

4. 一个二部图的邻接矩阵有什么特点？

5. 已知 $D=\langle V, E\rangle$，$V=\{1, 2, 3, 4, 5\}$，$E=\{\langle 1, 2\rangle, \langle 1, 4\rangle, \langle 2, 3\rangle, \langle 3, 4\rangle, \langle 3, 5\rangle, \langle 5, 1\rangle\}$，求 D 的邻接矩阵 $\boldsymbol{A}$ 和可达矩阵 $\boldsymbol{P}$。

6. 设有向图 D 如图 8.4.5 所示，求：

(1) D 的邻接矩阵 $\boldsymbol{A}$；

(2) v_1 到 v_4 的长度分别为 2、3、4 的通道数；

(3) D 的可达矩阵 $\boldsymbol{P}$；

(4) D 的强连通分图。

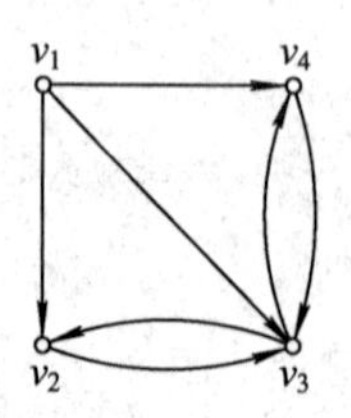

图 8.4.5

8.5　图模型及其应用

图被广泛应用于许多不同的领域，如社交网络、网页、生物网络等，很多现实中的问题都可以用图模型来表示。图也正逐渐变成机器学习的一大核心领域，比如人们可以通过预测潜在的连接来理解社交网络的结构，检测欺诈，理解汽车租赁服务的消费者行为或进行实时推荐。在图上可以进行的分析包括研究拓扑结构和连通性，检测群体，识别中心结点，预测缺失的结点，预测缺失的边等。本节将介绍一些不同领域的著名的图模型。

例 8.5.1　生态学中的生态位重叠图。生态位重叠图在许多涉及不同物种动物间的相互作用的模型中使用。例如，生态系统中物种之间的竞争关系可以用生态位重叠图来表示。每个物种用一个顶点表示。如果两个顶点所代表的物种存在资源竞争，如食物相同，则在两个顶点间连一条无向边。生态位重叠图是一个简单图，因为在这个模型中不需要自环线和平行边。图 8.5.1 模拟了森林中的生态系统。从这张图中可以看出，松鼠和浣熊会竞争，而乌鸦和鼩鼱则不会。

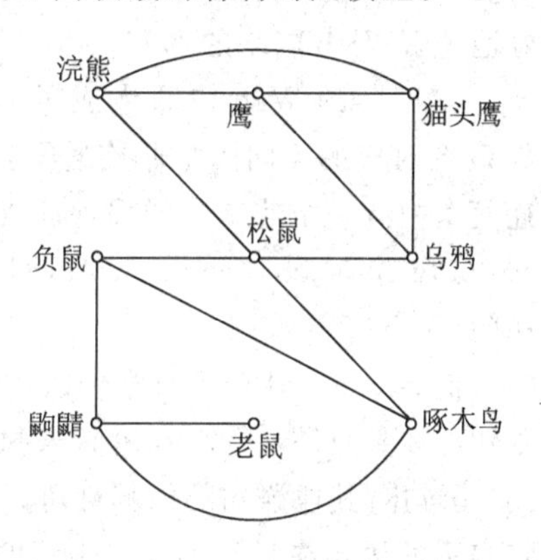

图 8.5.1

例 8.5.2　社会学中的熟人关系图。特定人群中的每个人都用一个顶点表示。当两个人互相认识时，用一条无向边来连接。这个图也是一个简单图。图 8.5.2 显示了一个小的熟人关系图。

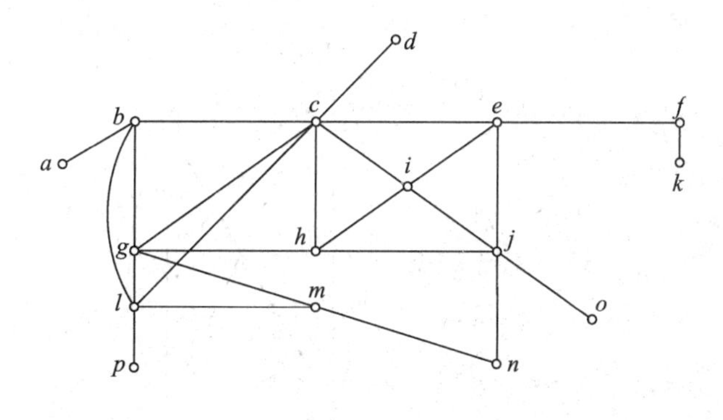

图 8.5.2

在这个图中，有一条包含 6 个顶点的路径连接 a 和 k，这条路径上相邻的两个人彼此认识。许多社会科学家推测，世界上几乎每对人都是由一个很小的链条连接在一起的，也许只有 5 个人或更少。这意味着，在包含世界上所有人的熟人图中，几乎每对顶点都通过一条长度不超过 4 的路径相连。John Guare 的 *Six Degrees of Separation*（六度分割）就是基于这个概念，而六度分割理论奠定了社交网络的理论基础。

例 8.5.3　行为学中的影响图。在对群体行为的研究中可以观察到，某些人能影响其他人的想法，可以用影响图来表示。图中每个顶点表示一个人。当顶点 a 表示的人能影响顶点 b 表示的人时，从顶点 a 到顶点 b 存在一条有向边。此图不包含自环线，也不包含多重边。如图 8.5.3 所示，在这个以影响图为模型的小组中，张三可以影响李四、赵六和孙七，但没有人可以影响他，显然他是个意志坚定的人；王五和孙七则可以互相影响。

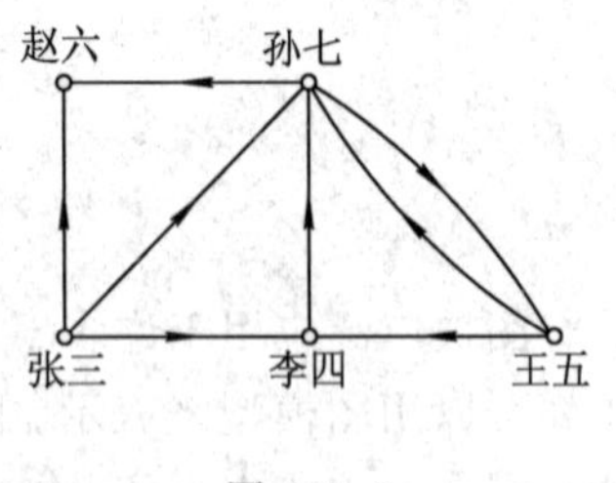

图 8.5.3

例 8.5.4 计算机网络中的 Web 图。Web 网络可以用一个有向图来表示，图中的每个顶点代表一个网页，若网页 a 上有一个指向网页 b 的链接，则图中有一条从顶点 a 指向顶点 b 的有向边。由于几乎每一秒钟都有新的 Web 页面被创建，老的页面被删除，因此 Web 图总是在连续不断地变化。目前，Web 图有超过 30 亿个顶点和 200 亿条边。许多人正在研究 Web 图的特性，以便更好地理解 Web 网络的本质。

1999 年的 Web 快照生成了一个 Web 图，其中包含 2 亿个顶点和 15 亿条边。这个 Web 图对应的无向图是非连通图，但它有一个包含了图中大约 90%的顶点的连通支，这个连通支中有一个非常大的强连通支和若干较小的强连通支，前者被称为巨强连通支(giant strongly connected component，GSCC)，GSCC 中的任意两个页面均可以通过链接互相访问。

例 8.5.5 计算机科学中的优先图。通过同时执行某些语句，计算机程序可以执行得更快。重要的是，一条语句尚未执行完毕前不能执行需要使用该语句执行结果的其他语句。语句对其他语句的依赖性可以用有向图表示。每条语句由一个顶点表示，如果一个顶点表示的语句在另一个顶点表示的语句执行之前不能执行，则从这个顶点到另一个顶点间存在一条边。这个图称为优先图。图 8.5.4 显示了一个计算机程序的优先图。该图显示，在执行语句 S_1、S_2 和 S_4 之前，不能执行语句 S_5。

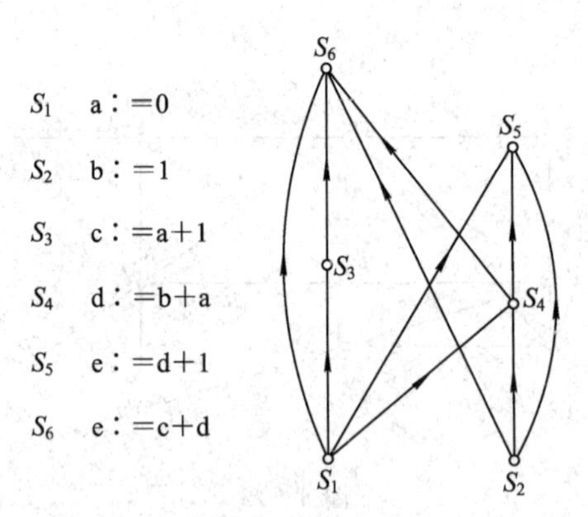

图 8.5.4

第五篇 代数系统

人们研究和考察现实世界中的各种现象和过程时，往往要借助某些数学工具。譬如，在代数学中，可以用正整数集合上的加法运算来描述工厂产品的累计数；可以用集合之间的并、交运算来描述单位与单位之间的关系等；在微积分学中，可以用导数来描述质点的运动速度，用定积分来计算面积、体积等。针对某个具体问题选用适宜的数学结构去进行较为确切的描述，这就是所谓的"数学模型"。可见，数学结构在数学模型中占有极为重要的位置。本篇所要研究的是一类特殊的数学结构——用代数方法构造的数学模型，它是在某集合上定义若干个运算而组成的，通常称它为代数系统。

代数系统对研究各种数学问题及许多实际问题是很有用的，对计算机科学也有很大的实际意义。例如，在程序设计语言语义、数据结构、编码理论以及逻辑电路设计的研究中均有重要的理论与实际意义。

本篇首先重点讨论具有一个二元运算的代数结构，然后介绍格和布尔代数。具有一个二元运算的代数常称为二元代数，它包括半群、独异点和群。半群和独异点在自动机理论、形式语言及程序设计的数学研究中有着重要应用。群论是抽象代数中最古老且发展得最完善的一个分支，在计算机科学与工程中有着广泛应用。布尔代数由 Boole 于 1854 年引入，它抽象了命题代数、集合代数等代数结构所具有的最本质的共性。格是比布尔代数更一般的代数系统。格和布尔代数在计算机的设计和理论研究中都有重要应用。

第九章 代数结构基础

9.1 代数系统的概念

定义 9.1.1 设 A 和 B 是两个非空集合，n 为正整数，而 $f: A^n \to B$ 是一个函数，则称 f 是一个 A 到 B 的 n 元运算。

一般只关心“封闭”的运算，即 $B \subseteq A$ 的情形，此时，称运算 f 为 A 上的 n 元运算。

例 9.1.1 实数集合 $\mathbf{R}$ 上的“加法”“乘法”，命题公式之间的“合取”“析取”，集合之间的“并”“交”，给定集合上的关系(函数)之间的“复合”等都是封闭的二元运算；而实数集合 $\mathbf{R}$ 上的“求反”“求绝对值”，命题公式的“否定”，集合的“补”，给定集合上的关系和双射的“逆”等都是封闭的一元运算；又例如实数间的“比较”是实数集合 $\mathbf{R}$ 到 $\{T, F\}$ 的二元运算。

例 9.1.2 设 m 是一个不小于 2 的自然数，定义运算 $+_m$ 和 $\times_m$(分别读作模 m 加和模 m 乘)如下：

$$\forall a, b \in \mathbf{Z},\ a +_m b = (a+b) \bmod m$$

$$a \times_m b = (a \times b) \bmod m$$

则 $+_m$ 和 $\times_m$ 都是整数集合 $\mathbf{Z}$ 上的二元运算。

例 9.1.3 设 $f: \mathbf{Z}_7^* \to \mathbf{Z}_7^*$，且 $\forall x \in \mathbf{Z}_7^*$，有 $f(x) = 3 \times_7 x$，则 f 是 $\mathbf{Z}_7^*$ 上的一元运算。另若设 $g: \mathbf{Z}_6 \to \mathbf{Z}_6$，且 $\forall x \in \mathbf{Z}_6$，有 $g(x) = 4 \times_6 x$，则 g 是 $\mathbf{Z}_6$ 上的一元运算。

对于有限集合上的一元或二元运算，还可以由“运算表”给出。如表 9.1.1 和表 9.1.2 明确直观地说明了例 9.1.3 中的一元运算 f 和 g，而表 9.1.3 定义了 $\mathbf{Z}_7^*$ 上的二元运算 $\times_7$。

表 9.1.1

x	1	2	3	4	5	6
$f(x)$	3	6	2	5	1	4

表 9.1.2

x	0	1	2	3	4	5
$g(x)$	0	4	2	0	4	2

表 9.1.3

$\times_7$	1	2	3	4	5	6
1	1	2	3	4	5	6
2	2	4	6	1	3	5
3	3	6	2	5	1	4
4	4	1	5	2	6	3
5	5	3	1	6	4	2
6	6	5	4	3	2	1

若未特别声明，下面所讨论的运算都是一元运算或二元运算。

定义 9.1.2　设 A 为一个非空集合，f_1，f_2，…，f_k 均为 A 上的运算（它们分别是 n_1，n_2，…，n_k 元的），则称 $\langle A;\ f_1, f_2, \cdots, f_k\rangle$ 为一个代数系统，简称为一个代数。

也就是说，一个集合及定义在该集合上的一些（个）封闭的运算便构成一个代数。

例 9.1.4　$\langle \mathbf{Z};\ +, \times\rangle$、$\langle \mathbf{Q};\ +, \times\rangle$、$\langle \mathbf{R};\ +, \times\rangle$、$\langle \mathbf{Z}_m;\ +_m\rangle$ 和 $\langle \mathbf{Z}_p^*;\ \times_p\rangle$ 都是代数。

例 9.1.5　设 $A=\{x \mid$ 存在正整数 n，使得 $x=2^n\}$，则 $\langle A;\ \times\rangle$ 是一个代数，而 $\langle A;\ +\rangle$ 不是代数（加法运算在 A 上不封闭，比如 $2^1+2^2=6\notin A$）。

例 9.1.6　设 Σ 是一个字母表，$/\!/$ 为字符串的联结运算（将两个字符串并置在一起）：

$$\forall \alpha, \beta\in\Sigma^*，若\ \alpha=a_1a_2\cdots a_n\ 且\ \beta=b_1b_2\cdots b_m，则\ \alpha/\!/\beta=a_1a_2\cdots a_nb_1b_2\cdots b_m$$

那么 $\langle \Sigma^*;\ /\!/\rangle$ 是一个代数。

例 9.1.7　设 A 是一个集合，则 $\langle 2^A;\ \cup, \cap, -, \oplus, \bar{\ }\rangle$ 是一个具有四个二元运算和一个一元运算的代数。

例 9.1.8　设 A 是一个非空集合，A^A、$\mathrm{Inj}(A)$、$\mathrm{Sur}(A)$ 和 $\mathrm{Bij}(A)$ 分别表示 A 上的全体函数之集、全体入射之集、全体满射之集和全体双射之集，$\circ$ 表示函数的复合运算，则 $\langle A^A;\ \circ\rangle$、$\langle \mathrm{Inj}(A);\ \circ\rangle$、$\langle \mathrm{Sur}(A);\ \circ\rangle$ 和 $\langle \mathrm{Bij}(A);\ \circ\rangle$ 都是代数。

本章主要讨论具有一个二元运算的代数系统的结构，并且常用运算符（$*$、$\triangle$ 等）来表示二元运算。

定义 9.1.3　设 A 为一个非空集合，$*$ 是 A 上的二元运算，则称 $\langle A;\ *\rangle$ 为二元代数。

当 A 是无限集时，称 $\langle A;\ *\rangle$ 是一个无限代数，或说该代数的阶为无限。而当 A 是 n 元非空有限集时，称 $\langle A;\ *\rangle$ 是有限代数，并称该代数的阶为 n。

例 9.1.9　$\langle \mathbf{Z};\ +\rangle$、$\langle \mathbf{Z};\ \times\rangle$、$\langle \mathbf{Q};\ +\rangle$、$\langle \mathbf{Q};\ \times\rangle$、$\langle \mathbf{R};\ +\rangle$ 和 $\langle \mathbf{R};\ \times\rangle$ 都是无限代数，而 $\langle \mathbf{Z}_m;\ +_m\rangle$ 和 $\langle \mathbf{Z}_p^*;\ \times_p\rangle$ 则分别是 m 阶和 $p-1$ 阶有限代数。

定义 9.1.4　设 $\langle A;\ *\rangle$ 为代数，$B\subseteq A$，且 $\langle B;\ *\rangle$ 也是代数（即运算 $*$ 在 B 上封闭），则称 $\langle B;\ *\rangle$ 是 $\langle A;\ *\rangle$ 的子代数。

显然，$\langle A;\ *\rangle$ 是 $\langle A;\ *\rangle$ 的子代数。

例 9.1.10　$\langle \mathbf{Z};\ +\rangle$ 是 $\langle \mathbf{Q};\ +\rangle$ 的子代数，而 $\langle \mathbf{Q};\ +\rangle$ 又是 $\langle \mathbf{R};\ +\rangle$ 的子代数……$\langle \mathrm{Bij}(A);\ \circ\rangle$ 是 $\langle A^A;\ \circ\rangle$ 的子代数……

每当定义了若干运算之后，很自然地就会去研究这些运算具有什么性质：是否是可交换的、可结合的，它们之间是否是可分配的等（比如在本书的数理逻辑部分，联结词的性质被列成了基本等价式表；在集合论部分，大量集合运算的基本等式被列在一起；在关系理论部分，曾详细讨论了关系的各种运算之间的联系 ……）。代数系统中的运算具有的性质直接称为该代数系统的性质。

定义 9.1.5　设 A 为一个非空集合，$*$ 和 $\triangle$ 是 A 上的两个二元运算。

(1) 若 $\forall a, b\in A$，皆有 $a*b=b*a$，则称运算 $*$（在 A 上）是可交换的，或称 $*$ 满足交换律。

(2) 若 $\forall a, b, c\in A$，皆有 $(a*b)*c=a*(b*c)$，则称运算 $*$ 是可结合的，或称 $*$ 满足结合律。

(3) 若 $\exists e_l\in A$ 使得 $\forall a\in A$，皆有 $e_l*a=a$，则称 e_l 是关于 $*$ 的左单位元；类似地，若

$\exists e_r \in A$ 使得 $\forall a \in A$，皆有 $a * e_r = a$，则称 e_r 是关于 $*$ 的右单位元。进一步地，若 $\exists e \in A$ 既是关于 $*$ 的左单位元，又是关于 $*$ 的右单位元，则称 e 为关于 $*$ 的单位元(或称为幺元、恒等元)，并称运算 $*$ 满足单位元律。

(4) 设 e 为 A 中关于 $*$ 的单位元，$a \in A$，若 $\exists a_l^{-1} \in A$ 使得 $a_l^{-1} * a = e$，则称 a 是左可逆的，a_l^{-1} 是 a 的关于 $*$ 的左逆元；若 $\exists a_r^{-1} \in A$ 使得 $a * a_r^{-1} = e$，则称 a 是右可逆的，a_r^{-1} 是 a 的关于 $*$ 的右逆元；若 a^{-1} 既是 a 的左逆元，又是 a 的右逆元，则称其为 a 的逆元，并说 a 关于 $*$ 可逆；若 A 中的每个元素关于 $*$ 皆可逆，则称运算 $*$ 满足逆元律。

(5) 若 $\exists \theta_l \in A$ 使得 $\forall a \in A$，皆有 $\theta_l * a = \theta_l$，则称 θ_l 是关于 $*$ 的左零元；类似地，若 $\exists \theta_r \in A$ 使得 $\forall a \in A$，皆有 $a * \theta_r = \theta_r$，则称 θ_r 是关于 $*$ 的右零元。进一步地，若 $\exists \theta \in A$ 既是关于 $*$ 的左零元，又是关于 $*$ 的右零元，则称 θ 为关于 $*$ 的零元，并称运算 $*$ 满足零元律。

(6) 若 $a \in A$ 满足 $a * a = a$，则称 a 是关于 $*$ 的幂等元(或称等幂元)。进一步地，若 A 的元素都是关于 $*$ 的幂等元，则称运算 $*$ 满足幂等律。

(7) 若 $a \in A$ 满足 $\forall b, c \in A$，只要 $a * b = a * c$，就有 $b = c$，则称 a 是关于运算 $*$ 的左可约元素；若 A 中的元素都是左可约的，则称运算 $*$ 满足左消去律。类似地，可定义右可约元素与右消去律。而称运算 $*$ 满足消去律是指它既满足左消去律，又满足右消去律。

(8) 若 $\forall a, b, c \in A$，皆有 $a * (b \triangle c) = (a * b) \triangle (a * c)$，则称运算 $*$ 对运算 $\triangle$ 是左可分配的。类似地，可定义右分配律。而称运算 $*$ 对运算 $\triangle$ 是可分配的是指 $*$ 对 $\triangle$ 既满足左分配律，又满足右分配律。

定理 9.1.1　设 $\langle A; * \rangle$ 为代数，且它同时含有左单位元 e_l 和右单位元 e_r，则必有 $e_l = e_r$，从而在一个代数中，单位元必是唯一的(若存在的话)。

证明　考虑左单位元 e_l 和右单位元 e_r 进行运算的结果 $e_l * e_r$，由左单位元的定义可知 $e_l * e_r = e_r$，而由右单位元的定义可知 $e_l * e_r = e_l$，从而有 $e_l = e_r$。

定理 9.1.2　设 $\langle A; * \rangle$ 为代数，且它同时含有左零元 θ_l 和右零元 θ_r，则必有 $\theta_l = \theta_r$，从而在一个代数中，零元必是唯一的(若存在的话)。

证明　与定理 9.1.1 的证明类似，这里考虑左零元 θ_l 和右零元 θ_r 进行运算的结果 $\theta_l * \theta_r$，一方面 $\theta_l * \theta_r = \theta_l$，另一方面 $\theta_l * \theta_r = \theta_r$，从而有 $\theta_l = \theta_r$。

例 9.1.11　考察代数 $\langle \mathbf{Z}; +, \times \rangle$，运算“+”满足交换律、结合律、单位元律(0)、逆元律、消去律；运算“×”满足交换律、结合律、单位元律(1)、零元律(0)；×对+是可分配的。

代数系统的某些性质是可以从运算表中直接看出的，如：

(1) 运算是可交换的，当且仅当运算表是关于主对角线对称的；

(2) 运算满足幂等律，当且仅当运算表的主对角线上的每个元素与它所在行(列)的表头元素相同；

(3) e 是代数系统的单位元，当且仅当 e 对应的行(列)中的元素依次与运算表中的列(行)名相一致；

(4) θ 是代数系统的零元，当且仅当 θ 对应的行和列中的元素都是 θ；

(5) 设 e 是代数系统的单位元，则 a 和 b 互逆，当且仅当 $a(b)$ 所在行、$b(a)$ 所在列确定的元素是 e。

习　题　9.1

1. 试讨论下面给出的二元运算 $*$ 在集合 $\mathbf{Z}_{11}^{*}$ 上是否封闭。其中运算 $*$ 的定义如下：

(1) $a*b=a$；

(2) $a*b=\max\{a, b\}$；

(3) $a*b=\min\{a, b\}$；

(4) $a*b=\mathrm{GCD}(a, b)$；

(5) $a*b=\mathrm{LCM}(a, b)$；

(6) $a*b=$ 区间 $[a, b]$ 中的素数个数。

2. 在表 9.1.4 所列出的集合和运算中，请根据运算是否封闭，在相应位置上填写出“是”或“否”。

表 9.1.4

$*$	$+$	$-$	$\times$	$\lvert a-b\rvert$	max	min	$\lvert a\rvert$
$\mathbf{N}_{+}$							
$\mathbf{N}$							
$\mathbf{Z}$							
$[0, 10]$							
$[-10, 10]$							
$\{a \mid a\in\mathbf{Z}$, 且 $2\mid a\}$							

3. 下面所列出的实数集合 $\mathbf{R}$ 上的运算分别具有哪些性质？如果限定运算定义在整数集合 $\mathbf{Z}$ 上又如何？

$$+、-、\times、\lvert a-b\rvert、\max、\min、(a+b)/2、2ab、a+b+ab、a+b-ab$$

4. 设 $A=\{a, b, c\}$，试分别讨论由表 9.1.5 所确定的各个运算的性质。

表 9.1.5

(a)

$*$	a	b	c
a	a	b	c
b	b	c	a
c	c	a	b

(b)

$*$	a	b	c
a	a	b	c
b	b	a	c
c	c	c	c

(c)

$*$	a	b	c
a	a	b	c
b	a	b	c
c	a	b	c

(d)

$*$	a	b	c
a	a	b	c
b	b	b	c
c	c	c	b

(e)

$*$	a	b	c
a	a	b	c
b	b	a	a
c	c	a	a

5. 定义正整数集合 $\mathbf{N}_{+}$ 上的运算 $*$ 和 $\triangle$ 如下：

对于任意正整数 a、b，有

$$a*b=a^{b}$$

$$a\triangle b=a\cdot b$$

试证明：$*$ 对 $\triangle$ 是不可分配的。

6. 设 $\langle A; *\rangle$ 是一个代数，对于任意的 a，$b\in A$，皆有 $(a*b)*a=a$，$(a*b)*b=$

$(b*a)*a$。证明：

(1) $\forall a, b \in A$，有 $a*(a*b)=a*b$；

(2) $\forall a, b \in A$，有 $a*a=(a*b)*(a*b)$；

(3) $\forall a, b \in A$，有 $a*a=b*b$；

(4) 若记 $e=a*a$，则对任意的 $a \in A$ 有 $e*a=a$ 和 $a*e=e$；

(5) $a*b=b*a$ 当且仅当 $a=b$；

(6) 若还有 $\forall a, b \in A$，$a*b=(a*b)*b$，则运算 $*$ 满足交换律和幂等律。

部分习题参考答案

7. 设 A 是一个 n 元非空有限集，则 A 上有多少个二元运算？其中有多少个是可交换的？又有多少个满足单位元律？

9.2　代数系统之间的联系

本节将讨论两个代数系统之间的联系。先来观察下面两个代数。

(1) $\langle F; \circ\rangle$。

设 $A=\{1, 2, 3, 4\}$，而 f 是 A 上的函数：

$$f: \begin{bmatrix} 1 & 2 & 3 & 4 \\ 2 & 3 & 4 & 1 \end{bmatrix}$$

考虑 f 关于复合运算的方幂：

$$f^0: \begin{bmatrix} 1 & 2 & 3 & 4 \\ 1 & 2 & 3 & 4 \end{bmatrix} \quad f^1: \begin{bmatrix} 1 & 2 & 3 & 4 \\ 2 & 3 & 4 & 1 \end{bmatrix} \quad f^2: \begin{bmatrix} 1 & 2 & 3 & 4 \\ 3 & 4 & 1 & 2 \end{bmatrix} \quad f^3: \begin{bmatrix} 1 & 2 & 3 & 4 \\ 4 & 1 & 2 & 3 \end{bmatrix}$$

不难验证，函数的复合运算$\circ$在集合 $F=\{f^0, f^1, f^2, f^3\}$上是封闭的，即$\langle F; \circ\rangle$是一个代数，表 9.2.1 是其运算表。

表 9.2.1

$\circ$	f^0	f^1	f^2	f^3
f^0	f^0	f^1	f^2	f^3
f^1	f^1	f^2	f^3	f^0
f^2	f^2	f^3	f^0	f^1
f^3	f^3	f^0	f^1	f^2

(2) $\langle \mathbf{Z}_4; +_4\rangle$。

代数$\langle \mathbf{Z}_4; +_4\rangle$的运算表如表 9.2.2 所示。

表 9.2.2

$+_4$	0	1	2	3
0	0	1	2	3
1	1	2	3	0
2	2	3	0	1
3	3	0	1	2

如果抛开两个运算表中符号的差异，即将表 9.2.1 中的 f^i 改成 $i(i=0,1,2,3)$，那么这两个运算表是完全一样的，这表明从本质上说这两个代数在结构上并没有任何差别。用数学语言描述就是：存在一个 F 到 $\mathbf{Z}_4$ 的双射 g，使得 $g(f^i \circ f^j)=g(f^i)+_4 g(f^j)$，其中 $i, j=0,1,2,3$。也就是说，$f^i \circ f^j$ 在 g 作用下的像等于 f^i 和 f^j 在 g 作用下的像 $g(f^i)$ 和 $g(f^j)$ 按 $+_4$ 运算的结果。

定义 9.2.1　设 $\langle A; *\rangle$ 和 $\langle B; \triangle\rangle$ 是两个代数(这样的两个代数被称为同型的)，若存在 A 到 B 的函数 g，使得对于任意的 $a_1, a_2 \in A$，皆有

$$g(a_1 * a_2)=g(a_1) \triangle g(a_2)$$

则称 g 是 $\langle A; *\rangle$ 到 $\langle B; \triangle\rangle$ 的一个同态(映射)，并称 $\langle A; *\rangle$ 同态于 $\langle B; \triangle\rangle$，记作 $\langle A; *\rangle \sim \langle B; \triangle\rangle$。

"同态等式"：$g(a_1 * a_2)=g(a_1) \triangle g(a_2)$ 表明 A 中任意两个元素的运算($*$)结果在 g 作用下的像等于它们在 g 作用下的像的运算($\triangle$)结果。这种性质称为"运算保持"。由于运算被保持，因此运算的性质也有一些被保持。也就是说，如果两个代数系统间有一个同态存在，那么这两个代数系统之间存在着一些内在的必然联系。

定理 9.2.1　若 g 是 $\langle A; *\rangle$ 到 $\langle B; \triangle\rangle$ 的一个同态映射，$\langle A_1; *\rangle$ 是 $\langle A; *\rangle$ 的子代数，则 $\langle g(A_1); \triangle\rangle$ 是 $\langle B; \triangle\rangle$ 的子代数。

证明　只需验证运算 $\triangle$ 在 $g(A_1)$ 上封闭。

对于任意的 $b_1, b_2 \in g(A_1)$，必有 $a_1, a_2 \in A_1$ 使得 $g(a_1)=b_1$，$g(a_2)=b_2$，从而

$$b_1 \triangle b_2=g(a_1) \triangle g(a_2)=g(a_1 * a_2) \in g(A_1)$$

特别地，常称 $\langle g(A); \triangle\rangle$ 是 $\langle A; *\rangle$ 在同态 g 作用下的像(或简单地说是 g 的同态像)。

定义 9.2.2　设 g 是 $\langle A; *\rangle$ 到 $\langle B; \triangle\rangle$ 的一个同态。

(1) 若 g 是 A 到 B 的入射，则称 g 为单一同态；

(2) 若 g 是 A 到 B 的满射，则称 g 为满同态(或称外附同态)；

(3) 若 g 是 A 到 B 的双射，则称 g 为同构(映射)，并称 $\langle A; *\rangle$ 与 $\langle B; \triangle\rangle$ 同构，记作 $\langle A; *\rangle \cong \langle B; \triangle\rangle$。

例 9.2.1　f_1 是 $\langle \mathbf{R}; +\rangle$ 到 $\langle \mathbf{R}; \times\rangle$ 的同态映射，其中 $f_1: \mathbf{R} \to \mathbf{R}$ 为

$$\forall x \in \mathbf{R},\ f_1(x)=\mathrm{e}^x$$

例 9.2.2　f_2 是 $\langle \mathbf{Z}_4; +_4\rangle$ 到 $\langle \mathbf{Z}_2; +_2\rangle$ 的满同态映射，其中：

$$f_2(0)=f_2(2)=0,\ f_2(1)=f_2(3)=1$$

例 9.2.3　f_3 是 $\langle \mathbf{Z}; +\rangle$ 到 $\langle \mathbf{Z}_m; +_m\rangle$ 的满同态映射，其中：

$$\forall i \in \mathbf{Z},\ f_3(i)=i \bmod m$$

例 9.2.4　考察代数结构 $\langle \mathbf{N}_+; \times\rangle$ 和 $\langle \{0,1\}; \times\rangle$，定义 $f_4: \mathbf{N}_+ \to \{0,1\}$ 为

$$\forall n \in \mathbf{N}_+,\ f_4(n)=\begin{cases} 1, & \text{若存在非负整数 } k \text{，使得 } n=2^k \\ 0, & \text{其他} \end{cases}$$

则 f 是一个满同态映射。

例 9.2.5　设 A 是一个非空集合，则 $\langle 2^A; \cup\rangle$ 与 $\langle 2^A; \cap\rangle$ 同构。其中 2^A 上的函数 f_5：

$$\forall S \in 2^A,\ f_5(S)=A-S$$

是这两个代数之间的一个同构映射。

定义 9.2.3　设 $\langle A; *\rangle$ 是一个代数，如果 g 是 $\langle A; *\rangle$ 到 $\langle A; *\rangle$ 的同态，则称 g 是

$\langle A;*\rangle$上的自同态。进一步地，如果 g 是$\langle A;*\rangle$到$\langle A;*\rangle$的同构，则称 g 为$\langle A;*\rangle$上的自同构。

显然，恒等函数是一个特殊的自同构。

定理 9.2.2 设 g 是$\langle A;*\rangle$到$\langle B;\triangle\rangle$的同态，$f$ 是$\langle B;\triangle\rangle$到$\langle C;☆\rangle$的同态，则 $f\circ g$ 是$\langle A;*\rangle$到$\langle C;☆\rangle$的同态。

证明 因为 $f\circ g$ 是 A 到 C 的函数，所以只需验证同态等式成立。对于任意的 a_1，$a_2\in A$，有

$$f\circ g(a_1*a_2)=f(g(a_1*a_2))=f(g(a_1)\triangle g(a_2))=f(g(a_1))☆f(g(a_2))=f\circ g(a_1)☆f\circ g(a_2)$$

由定理 9.2.2 不难得到以下推论。

推论 设$\langle A;*\rangle$、$\langle B;\triangle\rangle$和$\langle C;☆\rangle$是三个代数，若$\langle A;*\rangle\cong\langle B;\triangle\rangle$且$\langle B;\triangle\rangle\cong\langle C;☆\rangle$，则$\langle A;*\rangle\cong\langle C;☆\rangle$。

定理 9.2.3 设 g 是$\langle A;*\rangle$到$\langle B;\triangle\rangle$的同构，则 g^{-1}是$\langle B;\triangle\rangle$到$\langle A;*\rangle$的同构。

证明 对于任意的 b_1，$b_2\in B$，由于 g^{-1}是 B 到 A 的双射，因此存在 a_1，$a_2\in A$ 使得 $g^{-1}(b_1)=a_1$，$g^{-1}(b_2)=a_2$，即 $g(a_1)=b_1$，$g(a_2)=b_2$。于是

$$g^{-1}(b_1)*g^{-1}(b_2)=a_1*a_2$$

又

$$g(a_1*a_2)=g(a_1)\triangle g(a_2)=b_1\triangle b_2$$

故

$$g^{-1}(b_1\triangle b_2)=a_1*a_2$$

从而

$$g^{-1}(b_1\triangle b_2)=g^{-1}(b_1)*g^{-1}(b_2)$$

所以，g^{-1}是$\langle B;\triangle\rangle$到$\langle A;*\rangle$的同构。

定理 9.2.3 表明两个代数系统之间的同构关系是对称关系，结合上述事实不难得到以下定理。

定理 9.2.4 代数系统之间的同构关系是等价关系。

下面再来介绍同态的一些重要性质，这都是基本的结论，后面会经常用到。

定理 9.2.5 设 g 是$\langle A;*\rangle$到$\langle B;\triangle\rangle$的一个满同态，则

(1) g 保持交换律，即若$\langle A;*\rangle$满足交换律，则$\langle B;\triangle\rangle$也满足交换律；

(2) g 保持结合律，即若$\langle A;*\rangle$满足结合律，则$\langle B;\triangle\rangle$也满足结合律；

(3) g 保持单位元，即若 $e_A\in A$ 是$\langle A;*\rangle$的单位元，则 $g(e_A)$是$\langle B;\triangle\rangle$的单位元；

(4) g 保持逆元，即若 $a^{-1}\in A$ 是 $a\in A$ 关于 $*$ 的逆元，则 $g(a^{-1})$是 $g(a)$关于$\triangle$的逆元；

(5) g 保持零元，即若 $\theta_A\in A$ 是$\langle A;*\rangle$的零元，则 $g(\theta_A)$是$\langle B;\triangle\rangle$的零元；

(6) g 保持幂等元，即若 $a\in A$ 是$\langle A;*\rangle$的幂等元，则 $g(a)$是$\langle B;\triangle\rangle$的幂等元。

定理 9.2.5 的证明只需引用相关的定义和同态等式即可，这里不作详细叙述。需要指出，定理 9.2.5 中要求 g 是满同态这一点是必要的，如果 g 不是满同态，则以上结论仅在 $g(A)$中成立。

习　题　9.2

1. 定义 f：$\mathbf{Z}\to\mathbf{R}$ 为

$$\forall n\in\mathbf{Z},\ f(n)=\begin{cases}1, & n\text{ 为偶数}\\ -1, & n\text{ 为奇数}\end{cases}$$

证明：f 是 $\langle\mathbf{Z};+\rangle$ 到 $\langle\mathbf{R};\times\rangle$ 的同态映射。

2. 证明：由表 9.2.3 和表 9.2.4 所确定的两个代数 $\langle A;*\rangle$ 和 $\langle B;\triangle\rangle$ 同构。

表 9.2.3

*	a	b	c
a	a	b	c
b	b	b	c
c	c	b	c

表 9.2.4

△	1	2	3
1	1	2	1
2	1	2	2
3	1	2	3

3. 设 $(E)_n$ 为方程 $x^n-1=0$ 的 n 个复根的集合（n 为不小于 2 的正整数），证明：$\langle(E)_n;\times\rangle$ 与 $\langle\mathbf{Z}_n;+_n\rangle$ 同构。

4. 设 $\mathbf{C}$ 是全体复数之集，证明：函数 f：

$$\forall x\in\mathbf{R},\ f(x)=e^{2\pi ix}\qquad(\text{此处 i 为}-1\text{ 的平方根，即虚数单位})$$

是 $\langle\mathbf{R};+\rangle$ 到 $\langle\mathbf{C};\times\rangle$ 的同态映射。求出 f 的同态像。

5. 代数 $\langle\mathbf{Z}_5^*;\times_5\rangle$ 与 $\langle\mathbf{Z}_4;+_4\rangle$ 是否同构？

6. 下述函数是否是代数 $\langle\mathbf{R}-\{0\};\times\rangle$ 上的自同态？如果是，说明它是否为满同态、单一同态和同构，并计算出同态像。

(1) $f(x)=|x|$；

(2) $f(x)=2x$；

(3) $f(x)=x^2$；

(4) $f(x)=x^{-1}$；

(5) $f(x)=-x$；

(6) $f(x)=x+1$。

7. 求 $\langle\mathbf{Z}_6;+_6\rangle$ 上的所有自同态。

8. 设 f 和 g 都是从代数系统 $\langle A;*\rangle$ 到 $\langle B;\triangle\rangle$ 的同态，且 h 是从 A 到 B 的函数：

$$\forall a\in A,\ h(a)=f(a)\triangle g(a)$$

证明：如果运算 $\triangle$ 在 B 上满足交换律和结合律，那么 h 是一个从 $\langle A;*\rangle$ 到 $\langle B;\triangle\rangle$ 的同态。

9. 证明：$\langle 2^{\{a,b,c\}};\oplus\rangle$ 与 $\langle\mathbf{Z}_8;+_8\rangle$ 不同构。

10. 证明：$\langle\mathbf{R};+\rangle$ 与 $\langle\mathbf{R}-\{0\};\times\rangle$ 不同构。其中 $\mathbf{R}$ 为全体实数之集，$+$ 和 $\times$ 是普通的加法和乘法运算。

9.3　同余关系与商代数

9.2 节讨论了同态的最基本性质：满同态保持了代数系统的主要性质，下面进一步讨论同态的性质——同态基本定理。这主要包括同余关系、自然同态及商代数，以及它们之间的关系。

考虑到$\langle \mathbf{Z};+\rangle$的同态像$\langle \mathbf{Z}_m;+_m\rangle$实际上反映了按照等价关系$\equiv_m$将全体整数分成$m$个同余类时，各个类中的元素进行加法运算的结果所属同余类的情况，因此满同态还反映了代数系统之间更本质的联系。

定义 9.3.1　设$\langle A;*\rangle$是一个代数，R是A上的等价关系，若R关于$*$满足代换性质(或称代换条件)，即对于任意的$a_1, a_2, b_1, b_2 \in A$，皆有

$$a_1 R a_2 \wedge b_1 R b_2 \Rightarrow (a_1 * b_1) R (a_2 * b_2)$$

则称R是A上关于运算$*$的同余关系。A中元素a关于同余关系R的等价类$[a]_R$就称为同余类。

例 9.3.1　设m是不小于 2 的自然数，则$\equiv_m$是关于普通的加法运算“$+$”的同余关系，它也是关于普通的乘法运算“$\times$”的同余关系。

必须注意的是，尽管例 9.3.1 中的等价关系$\equiv_m$同是关于$+$和$\times$的同余关系，但对于一般情况而言，一个等价关系是否是同余关系是与相应的运算密切相关的。

例 9.3.2　考虑$A=\{a, b, c, d\}$上的等价关系$R=\{\langle a, a\rangle, \langle a, b\rangle, \langle b, a\rangle, \langle b, b\rangle, \langle c, c\rangle, \langle c, d\rangle, \langle d, c\rangle, \langle d, d\rangle\}$，对于由表 9.3.1 所定义的运算☆来说，$R$是同余关系(请读者自己验证)；但对于由表 9.3.2 所定义的运算★来说，R不是同余关系(因为aRb, cRd，但$(a★c)\not R(b★d)$)。

表 9.3.1

☆	a	b	c	d
a	a	a	d	c
b	b	a	c	d
c	c	d	a	b
d	d	d	b	a

表 9.3.2

★	a	b	c	d
a	a	a	d	c
b	b	a	d	a
c	c	b	a	b
d	c	d	b	a

定理 9.3.1　设$\langle A;*\rangle$是一个代数，R是A上关于$*$的同余关系，$B=A/R$是A关于R的商集合，则存在一个新的代数系统$\langle B;☆\rangle$，它是$\langle A;*\rangle$的同态像。

证明　(1) 定义B上的运算☆如下：

$$\forall [a]_R, [b]_R \in B, [a]_R ☆ [b]_R = [a*b]_R$$

显然，运算☆是良定(well defined)的，即运算结果与等价类中的代表元素的选取无关。这是因为$\forall [a]_R, [b]_R, [a']_R, [b']_R \in B$，若$[a]_R=[a']_R$且$[b]_R=[b']_R$，即$aRa'$且$bRb'$，则$(a*b)R(a'*b')$，从而$[a*b]_R=[a'*b']_R$，所以$[a]_R ☆ [b]_R=[a*b]_R=[a'*b']_R=[a']_R ☆ [b']_R$。

(2) 作 $g: A \to B$ 如下：

$$\forall a \in A,\ g(a) = [a]_R$$

显然，g 是一个满射(6.1 节介绍过它，称为 A 关于 R 的规范映射)，且对于任意的 a，$b \in A$，有

$$g(a * b) = [a * b]_R = [a]_R ☆ [b]_R = g(a) ☆ g(b)$$

即 g 是$\langle A; * \rangle$到$\langle B; ☆ \rangle$的满同态，也就是说$\langle B; ☆ \rangle$是$\langle A; * \rangle$的同态像。

习惯上，称定理 9.3.1 证明中的同态 g 为“与同余关系 R 相关联的自然同态”，常用 g_R 表示，而代数$\langle B; ☆ \rangle$则被称为$\langle A; * \rangle$关于 R 的商代数。

定理 9.3.2　设 f 是$\langle A; * \rangle$到$\langle B; \triangle \rangle$的一个同态，定义 A 上的二元关系 R 为

$$\forall a,\ b \in A,\ aRb \text{ 当且仅当 } f(a) = f(b)$$

则 R 是 A 上关于 $*$ 的同余关系。

证明　首先，R 显然是 A 上的等价关系。

其次，$\forall a_1, a_2, b_1, b_2 \in A$，若 $a_1 R a_2$ 且 $b_1 R b_2$，即 $f(a_1) = f(a_2)$，$f(b_1) = f(b_2)$，则

$$f(a_1 * b_1) = f(a_1) \triangle f(b_1) = f(a_2) \triangle f(b_2) = f(a_2 * b_2)$$

即

$$(a_1 * b_1) R (a_2 * b_2)$$

综上即知，R 是 A 上关于 $*$ 的同余关系。

习惯上，称定理 9.3.2 中的 R 为“由同态 f 诱导的(或对应于同态 f 的)同余关系”，常用 E_f 表示。

定理 9.3.3(同态基本定理)　设 f 是$\langle A; * \rangle$到$\langle B; \triangle \rangle$的一个满同态，$E_f$ 是由同态 f 诱导的同余关系，$\langle A/E_f; ☆ \rangle$是$\langle A; * \rangle$关于 E_f 的商代数，则

$$\langle B; \triangle \rangle \cong \langle A/E_f; ☆ \rangle$$

证明　作 $h: A/E_f \to B$ 如下：

$$\forall [a] \in A/E_f,\ h([a]) = f(a)$$

这里将 A 中元素 a 关于同余关系 E_f 的等价类 $[a]_{E_f}$ 简单地记作 $[a]$。

首先，由 E_f 的定义可知，h 是良定的，即 $\forall [a_1], [a_2] \in A/E_f$，若 $[a_1] = [a_2]$，则

$$h([a_1]) = f(a_1) = f(a_2) = h([a_2])$$

下面分三步来证明 h 是$\langle A/E_f; ☆ \rangle$和$\langle B; \triangle \rangle$之间的同构。

(1) 对于任意的 $b \in B$，因为 f 是一个满同态，所以存在 $a \in A$，使得 $f(a) = b$，即 $h([a]) = b$。这说明 h 是一个满射。

(2) $\forall [a_1], [a_2] \in A/E_f$，若 $h([a_1]) = h([a_2])$，则 $f(a_1) = f(a_2)$，由 E_f 的定义可知 $a_1 E_f a_2$，即 $[a_1] = [a_2]$。这说明 h 是一个入射。

(3) 因为 $\forall [a_1], [a_2] \in A/E_f$，有

$$h([a_1] ☆ [a_2]) = h([a_1 * a_2]) = f(a_1 * a_2) = f(a_1) \triangle f(a_2) = h([a_1]) \triangle h([a_2])$$

所以，h 是一个同态。

综上可得，h 是$\langle A/E_f; ☆ \rangle$和$\langle B; \triangle \rangle$之间的同构，从而

$$\langle B; \triangle \rangle \cong \langle A/E_f; ☆ \rangle$$

定理 9.3.3 表述的内涵可由图 9.3.1 直观地看出。

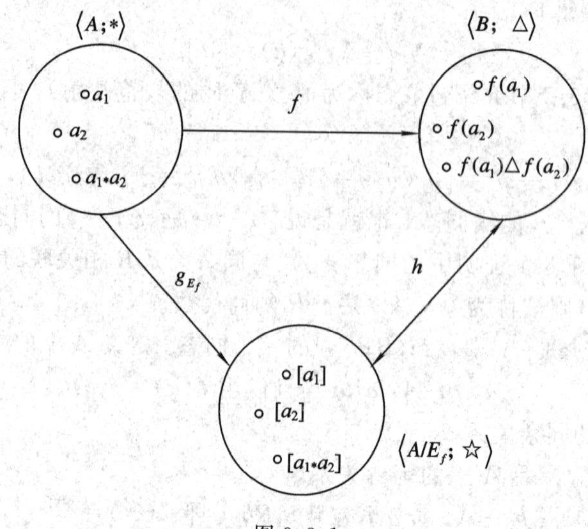

图 9.3.1

如果定理 9.3.3 中的同态 f 不是满同态，则结论对 $f(A)$ 成立，即有以下推论。

推论　设 f 是 $\langle A;*\rangle$ 到 $\langle B;\triangle\rangle$ 的一个同态，E_f 是由同态 f 诱导的同余关系，$\langle A/E_f;☆\rangle$ 是 $\langle A;*\rangle$ 关于 E_f 的商代数，则

$$\langle f(A);\triangle\rangle \cong \langle A/E_f;☆\rangle$$

形象地说，一个代数系统的同态像可以看作是在抽去该系统中某些(元素的)次要特性的情况下，对该系统的一种粗糙描述。如果把属于同一个同余类的元素看作是没有差别的(根据 5.7 节对等价关系的讨论，从同余关系的角度看，它们的确是没有差别的)，那么原代数系统的性质可以用同余类之间的相互关系来描述。下面再用一个例子来说明这一点。

例 9.3.3　设代数 $\langle A;*\rangle$ 的运算表由表 9.3.3 确定。

表 9.3.3

*	1	0	−1
1	1	0	−1
0	0	0	0
−1	−1	0	1

显然，$f: \mathbf{Z}\to A$ 是 $\langle \mathbf{Z};\times\rangle$ 到 $\langle A;*\rangle$ 的同态，其中

$$f(i)=\begin{cases}1, & 若\ i>0\\ 0, & 若\ i=0\\ -1, & 若\ i<0\end{cases}$$

由 f 诱导的同余关系

$$E_f=\{\langle i,j\rangle \mid i\times j>0\}\cup\{\langle 0,0\rangle\}$$

将全体整数分成正、零、负三类。这说明在 $\langle \mathbf{Z};\times\rangle$ 中研究运算结果的正、零、负特征等于在 $\langle A;*\rangle$ 中的运算特征。也就是说，代数系统 $\langle A;*\rangle$ 描述了 $\langle \mathbf{Z};\times\rangle$ 中运算结果的这些基本特征(正正得正、正负得负、负负得正……)。

由已知的代数构造新的代数的另一种方法是构造两个代数的积代数(又称直积)。

定义 9.3.2　设 $\langle A;*\rangle$ 和 $\langle B;\triangle\rangle$ 是两个代数，定义 $A\times B$ 上的运算※如下：

$$\forall \langle a_1, b_1\rangle, \langle a_2, b_2\rangle \in A\times B, \langle a_1, b_1\rangle ※ \langle a_2, b_2\rangle = \langle a_1 * a_2, b_1 \triangle b_2\rangle$$

则称$\langle A\times B; ※\rangle$是$\langle A; *\rangle$和$\langle B; \triangle\rangle$的积代数，并称$\langle A; *\rangle$和$\langle B; \triangle\rangle$是$\langle A\times B; ※\rangle$的因子代数。

例 9.3.4　设$\langle A; *\rangle$和$\langle B; \triangle\rangle$是两个代数，它们的运算表分别如表 9.3.4 和表 9.3.5 所示，则它们的积代数$\langle A\times B; ※\rangle$的运算表如表 9.3.6 所示(请读者自己构造出$B\times A$的运算表)。

表 9.3.4

*	0	1
0	0	1
1	1	0

表 9.3.5

△	*a*	*b*	*c*
a	*a*	*b*	*c*
b	*b*	*b*	*c*
c	*c*	*a*	*c*

表 9.3.6

※	⟨0, *a*⟩	⟨0, *b*⟩	⟨0, *c*⟩	⟨1, *a*⟩	⟨1, *b*⟩	⟨1, *c*⟩
⟨0, *a*⟩	⟨0, *a*⟩	⟨0, *b*⟩	⟨0, *c*⟩	⟨1, *a*⟩	⟨1, *b*⟩	⟨1, *c*⟩
⟨0, *b*⟩	⟨0, *b*⟩	⟨0, *b*⟩	⟨0, *c*⟩	⟨1, *b*⟩	⟨1, *b*⟩	⟨1, *c*⟩
⟨0, *c*⟩	⟨0, *c*⟩	⟨0, *a*⟩	⟨0, *c*⟩	⟨1, *c*⟩	⟨1, *a*⟩	⟨1, *c*⟩
⟨1, *a*⟩	⟨1, *a*⟩	⟨1, *b*⟩	⟨1, *c*⟩	⟨0, *a*⟩	⟨0, *b*⟩	⟨0, *c*⟩
⟨1, *b*⟩	⟨1, *b*⟩	⟨1, *b*⟩	⟨1, *c*⟩	⟨0, *b*⟩	⟨0, *b*⟩	⟨0, *c*⟩
⟨1, *c*⟩	⟨1, *c*⟩	⟨1, *a*⟩	⟨1, *c*⟩	⟨0, *c*⟩	⟨0, *a*⟩	⟨0, *c*⟩

显然，关于积代数有以下定理。

定理 9.3.4　设$\langle A\times B; ※\rangle$是代数$\langle A; *\rangle$和$\langle B; \triangle\rangle$的积代数。

(1) 若$\langle A; *\rangle$和$\langle B; \triangle\rangle$都是可交换的，则$\langle A\times B; ※\rangle$也是可交换的；

(2) 若$\langle A; *\rangle$和$\langle B; \triangle\rangle$都是可结合的，则$\langle A\times B; ※\rangle$也是可结合的；

(3) 若e_A是$\langle A; *\rangle$的单位元，e_B是$\langle B; \triangle\rangle$的单位元，则$\langle e_A, e_B\rangle$是$\langle A\times B; ※\rangle$的单位元。

习　题　9.3

1. 考察代数系统$\langle \mathbf{Z}; +\rangle$，以下定义在$\mathbf{Z}$上的关系$R$是同余关系吗？对同余关系求出商代数。

(1) $R=\{\langle x, y\rangle \mid (x<0 \wedge y<0) \vee (x\geqslant 0 \wedge y\geqslant 0)\}$；

(2) $R=\{\langle x, y\rangle \mid |x-y|\leqslant 10\}$；

(3) $R=\{\langle x, y\rangle \mid (x=0 \wedge y=0) \vee (x\neq 0 \wedge y\neq 0)\}$；

(4) $R=\{\langle x, y\rangle \mid x\geqslant y\}$；

(5) $R=\{\langle x, y\rangle \mid a \mid (x-y)\}$，其中$a$是不小于 2 的自然数。

2. 证明：两个同余关系之交仍是同余关系。

3. (1) 设 R 是 $\mathbf{Z}_3$ 上的等价关系，并且关于 $+_3$ 满足代换性质，证明：R 关于 $\times_3$ 满足代换性质；

(2) 试求 $\mathbf{Z}_3$ 上的一个等价关系 S，使其关于 $\times_3$ 满足代换性质，但关于 $+_3$ 不满足代换性质。

4. 考虑代数系统 $\langle \mathbf{Z}; \times \rangle$ 上的同余关系 R：

$$\forall a, b \in \mathbf{Z}, aRb \text{ 当且仅当 } |a| = |b|$$

试确定商代数 $\langle A/R; ☆ \rangle$ 的结构。

5. 试给出 $\langle \mathbf{Z}_2; +_2 \rangle$ 与 $\langle \mathbf{Z}_3; +_3 \rangle$ 的积代数的运算表。

6. 试给出 $\langle \mathbf{Z}_3^*; \times_3 \rangle$ 与 $\langle \mathbf{Z}_5^*; \times_5 \rangle$ 的积代数的运算表。

7. 证明定理 9.3.4。

9.4 半群与独异点

从本节开始将讨论特殊的二元代数的结构，这包括半群、独异点和群。本节先研究半群与独异点。

定义 9.4.1 设 $\langle S; * \rangle$ 是代数，若运算 $*$ 满足结合律，则称 $\langle S; * \rangle$ 为半群(semigroup)。进一步地，若半群 $\langle S; * \rangle$ 中含有单位元，则称 $\langle S; * \rangle$ 为独异点(monoid，或称含幺半群)。

运算满足交换律的半群(独异点)称为交换半群(独异点)。在一个独异点中，它的单位元有着特殊的地位，故常用 $\langle M; *; e \rangle$ 强调单位元为 e 的独异点，在不强调单位元时，也可写成 $\langle M; * \rangle$，或更简单地用 M 表示。

例 9.4.1 $\langle \mathbf{N}; \max \rangle$、$\langle \mathbf{Z}; + \rangle$、$\langle \mathbf{Q}; + \rangle$、$\langle \mathbf{R}; + \rangle$、$\langle \mathbf{Z}_m; +_m \rangle$ 和 $\langle \mathbf{Z}_p^*; \times_p \rangle$ 都是交换独异点。

例 9.4.2 定义 $\mathbf{Z}$ 上的运算 $*$ 如下：

$$\forall a, b \in \mathbf{Z}, a * b = ab - 2a - 2b + 6$$

则 $\langle \mathbf{Z}; *; 3 \rangle$ 是交换独异点。

例 9.4.3 定义 $\mathbf{R}$ 上的运算 $*$ 如下：

$$\forall a, b \in \mathbf{R}, a * b = b$$

则 $\langle \mathbf{R}; * \rangle$ 是半群。

例 9.4.4 设 Σ 是一个字母表，则 $\langle \Sigma^+; // \rangle$ 是一个半群，而 $\langle \Sigma^*; //; \varepsilon \rangle$ 是独异点。一般说来，运算 $//$ 是不可交换的(除非 $\# \Sigma = 1$)。

例 9.4.5 若 A 是一个非空集合，则 $\langle 2^A; \cup \rangle$、$\langle 2^A; \cap \rangle$ 和 $\langle 2^A; \oplus \rangle$ 都是交换独异点。

例 9.4.6 若 A 是一个非空集合，则 $\langle A^A; \circ; I_A \rangle$ 和 $\langle \mathrm{Bij}(A); \circ; I_A \rangle$ 都是独异点。

因为半群与独异点是特殊类型的代数系统，所以前几节对一般代数结构所讨论的概念与结论同样适用于半群与独异点。常将半群之间(独异点之间)的同态(同构)称为半群(独异点)同态(同构)。显然，半群(独异点)的商代数是半群(独异点)，习惯上称之为商半群(商独异点)。

注意，独异点同态不仅要保持运算，还要保持单位元。

定义 9.4.2 设 $\langle S; * \rangle$ 是半群，而 $S' \subseteq S$，且 $\langle S'; * \rangle$ 也是半群，则称 $\langle S'; * \rangle$ 是

$\langle S;\ *\rangle$的子半群；设$\langle M;\ *;\ e\rangle$是独异点，而$M'\subseteq M$，且$e\in M'$，$\langle M';\ *;\ e\rangle$也是独异点，则称$\langle M';\ *;\ e\rangle$是$\langle M;\ *;\ e\rangle$的子独异点。

例 9.4.7　$\langle \mathbf{Z};\ +\rangle$是$\langle \mathbf{Q};\ +\rangle$的子独异点，而$\langle \mathbf{Q};\ +\rangle$又是$\langle \mathbf{R};\ +\rangle$的子独异点；$\langle \Sigma^+;\ /\!/\rangle$是$\langle \Sigma^*;\ /\!/\rangle$的子半群；$\langle \mathrm{Bij}(A);\ \circ;\ I_A\rangle$是$\langle A^A;\ \circ;\ I_A\rangle$的子独异点。

由于在S上可结合的运算在S的非空子集上必然也是可结合的，因此子半群就是半群的子代数。而子独异点的情况不同，可能一个独异点的子半群是独异点，但不是原来独异点的子独异点。

例 9.4.8　考虑独异点$\langle \mathbf{Z}_6;\ \times_6;\ 1\rangle$，因为运算$\times_6$在$\{0,\ 2,\ 4\}$上封闭，所以$\langle\{0,\ 2,\ 4\};\ \times_6;\ 4\rangle$是独异点，但它不是$\langle \mathbf{Z}_6;\ \times_6;\ 1\rangle$的子独异点(因为$1\notin\{0,\ 2,\ 4\}$)。

定理 9.4.1　若$\langle M;\ *;\ e\rangle$是一个独异点，则在运算$*$的运算表中，任何两行(列)均不相同。

证明　因为对于任意的$a,\ b\in M$，只要$a\neq b$，就有

$$e*a\neq e*b$$

和

$$a*e\neq b*e$$

所以，在运算$*$的运算表中，任何两行(列)均不相同。

定理 9.4.2　若$\langle M;\ *;\ e\rangle$是独异点，$a\in M$，且a的左逆元a_l^{-1}与右逆元a_r^{-1}同时存在，则$a_l^{-1}=a_r^{-1}$。即在独异点中，每个元素的逆元是唯一的(若存在的话)。

证明　一方面

$$a_l^{-1}*a*a_r^{-1}=(a_l^{-1}*a)*a_r^{-1}=e*a_r^{-1}=a_r^{-1}$$

另一方面

$$a_l^{-1}*a*a_r^{-1}=a_l^{-1}*(a*a_r^{-1})=a_l^{-1}*e=a_l^{-1}$$

因此$a_l^{-1}=a_r^{-1}$。

定理 9.4.3　若$\langle M;\ *;\ e\rangle$是独异点，$a,\ b\in M$，且a和b均有逆元，则

(1) $(a^{-1})^{-1}=a$；

(2) $(a*b)^{-1}=b^{-1}*a^{-1}$。

证明　(1) 因为$a^{-1}*a=a*a^{-1}=e$，所以$(a^{-1})^{-1}=a$。

(2) 因为

$$(a*b)*(b^{-1}*a^{-1})=a*(b*b^{-1})*a^{-1}=a*e*a^{-1}=a*a^{-1}=e$$

同理

$$(b^{-1}*a^{-1})*(a*b)=e$$

所以$(a*b)^{-1}=b^{-1}*a^{-1}$。

定义 9.4.3　设$\langle S;\ *\rangle$是半群，$a\in S$，并设$n\in\mathbf{N}_+$，定义a(关于运算$*$)的n次方幂a^n如下：

(1) $a^1=a$；

(2) $\forall n\in\mathbf{N}_+$，$a^{n+1}=a^n*a$。

另若$\langle S;\ *\rangle$是单位元为e的独异点，则定义$a^0=e$。

当元素a可逆时，由定理 9.4.3 之结论(2)，有$(a^{-1})^n=(a^n)^{-1}$，故可定义a的负次方幂a^{-n}为

$$a^{-n}=(a^{-1})^n=(a^n)^{-1} \quad (n\in\mathbf{N}_+)$$

这样，可将针对关系的复合运算的定理 5.4.8 和定理 5.4.10 推广到一般的独异点(半群，此时取 $m, n\in\mathbf{N}_+$)，即有以下定理。

定理 9.4.4　若 $\langle M;*;e\rangle$ 是独异点，则

(1) $\forall a\in M, m, n\in\mathbf{N}$，皆有 $a^n*a^m=a^{n+m}$；

(2) $\forall a\in M, m, n\in\mathbf{N}$，皆有 $(a^n)^m=a^{nm}$；

(3) 如果 $\langle M;*;e\rangle$ 是交换独异点，则还满足

$$\forall a, b\in M, n\in\mathbf{N}, (a*b)^n=a^n*b^n$$

以上三式中，若 a(和 b)可逆，则可取 $m, n\in\mathbf{Z}$。这三个等式分别称为第一、第二和第三指数定理。

定理 9.4.5　若 $\langle M;*;e\rangle$ 是独异点，$a\in M$，且 $\exists s, t\in\mathbf{N}$，$s<t$ 使得 $a^s=a^t$，则

(1) 对于任意的 $i\in\mathbf{N}$，皆有 $a^{s+i}=a^{t+i}$；

(2) 对于任意的 $k, i\in\mathbf{N}$，皆有 $a^{s+kp+i}=a^{s+i}$，其中 $p=t-s$；

(3) 对于任意的 $q\in\mathbf{N}$，皆有 $a^q\in\{a^0, a^1, a^2, \cdots, a^{t-1}\}$。

定义 9.4.4　设 $\langle M;*;e\rangle$ 是独异点，若存在 $g\in M$ 使得对于 M 中的一切元素 a 皆可表示成

$$a=g^i \quad (i\in\mathbf{Z})$$

则称 $\langle M;*;e\rangle$ 是一个以 g 为生成元(或称母元)的循环独异点。

例 9.4.9　$\langle\mathbf{Z}_7^*;\times_7\rangle$ 是以 3 为生成元的循环独异点，因为

$$1=3^0, 2=3^2, 3=3^1, 4=3^4, 5=3^5, 6=3^3$$

定理 9.4.6　每个循环独异点都是可交换的。

证明　设 $\langle M;*;e\rangle$ 是一个以 g 为生成元的循环独异点，则对于任意的 $a, b\in M$，必存在 $i, j\in\mathbf{Z}$，使得

$$a=g^i, b=g^j$$

所以

$$a*b=g^i*g^j=g^{i+j}=g^j*g^i=b*a$$

这说明 $\langle M;*;e\rangle$ 是一个交换独异点。

定理 9.4.7　若 $\langle M;*;e\rangle$ 是一个以 g 为生成元的 n 阶有限循环独异点，则

$$M=\{g^0, g^1, g^2, \cdots, g^{n-1}\}$$

证明　由运算 $*$ 的封闭性可知

$$\{g^0, g^1, g^2, \cdots, g^{n-1}, \cdots\}\subseteq M$$

于是由 M 是 n 元有限集合这一条件知，只需证明 $g^0, g^1, g^2, \cdots, g^{n-1}$ 两两互不相同，即对于任意的 i, j：$0\leqslant i<j\leqslant n-1$，皆有 $g^i\neq g^j$。用反证法证明这一点。

假若不然，则存在 i, j：$0\leqslant i<j\leqslant n-1$，使得 $g^i=g^j$，并设 i、j 是使此项性质成立的最小者。由定理 9.4.5 的结论(3)，得

$$\{g^0, g^1, g^2, \cdots, g^{n-1}, \cdots\}=\{g^0, g^1, g^2, \cdots, g^{j-1}\}$$

若 g 不可逆，则 g 的负次方幂无定义，由循环独异点的定义可知，$M=\{g^0, g^1, g^2, \cdots, g^{j-1}\}$，这与 M 是 n 阶独异点相矛盾，故 g 可逆，g 的负次方幂有意义，从而由第一指数定理知 $g^{j-i}=g^{i-i}=g^0=e$，由 i、j 的最小性知 $i=0$，即 $g^j=e$。这说明 $g^{-i}=g^{j-i}(i=1,2,\cdots,j-1)$，由

循环独异点的定义可知 $M=\{g^0, g^1, g^2, \cdots, g^{j-1}\}$，这也是一个矛盾。

定理 9.4.7 的实质是指出了有限循环独异点的结构。除此之外，还说明了在以 g 为生成元的 n 阶有限循环独异点中，必存在 m：$0\leqslant m\leqslant n-1$，使得 $g^m=g^n$。

例 9.4.10　在由表 9.4.1 所确定的运算表给出的生成元为 γ 的 5 阶循环独异点中，有

$$\gamma^0=1,\ \gamma^1=\gamma,\ \gamma^2=\beta,\ \gamma^3=\alpha,\ \gamma^4=\delta,\ \gamma^5=\beta=\gamma^2$$

这样，$\gamma^6=\gamma^3$，即 $\gamma^3=\alpha$ 是一个幂等元。

表 9.4.1

*	1	α	β	γ	δ
1	1	α	β	γ	δ
α	α	α	β	δ	δ
β	β	β	δ	α	α
γ	γ	δ	α	β	β
δ	δ	δ	α	β	β

可以推广这个例子的结论得到以下定理。

定理 9.4.8　设 $\langle S;\ *\rangle$ 是一个有限半群，则必存在 $a\in S$，使得 $a^2=a$。

证明　任取 $b\in S$，考察序列

$$b^1,\ b^2,\ b^3,\ \cdots,\ b^n,\ \cdots$$

由于 S 有限，因此必存在正整数 s、$t(s<t)$，使得 $b^s=b^t$。令 $p=t-s$，于是由定理 9.4.5 的结论(2)知，对于任意的非负整数 k、i，皆有

$$b^{s+kp+i}=b^{s+i}$$

取 l 为使 $kp\geqslant s$ 成立的最小 k 值，并取 $i=lp-s$，则

$$b^{lp}=b^{s+i}=b^{s+lp+i}=b^{lp+lp}=(b^{lp})^2$$

从而存在 $a=b^{lp}$ 使得 $a^2=a$。

在例 9.4.10 计算 γ 各次方幂的过程中，$s=2$，$t=5$，$p=3$，$l=1$，$lp=3$。

定理 9.4.8 的证明过程还说明了这样一个事实：若 $\langle S;\ *\rangle$ 是一个半群，则对于任意的 $a\in S$，$\langle\{a^1, a^2, a^3, \cdots\};\ *\rangle$ 是 $\langle S;\ *\rangle$ 的子半群；若 $\langle M;\ *;\ e\rangle$ 是一个独异点，则对于任意的 $a\in M$，$\langle\{a^0=e, a^1, a^2, a^3, \cdots\};\ *\rangle$ 是 $\langle M;\ *;\ e\rangle$ 的子独异点。

习　题　9.4

1. 设 z 是半群 $\langle S;\ *\rangle$ 的一个左零元，证明：对于任意的 $x\in S$，$x*z$ 皆是左零元。

2. 设 a 和 b 是半群 $\langle S;\ *\rangle$ 的左可约元素，证明：$a*b$ 也是一个左可约元素。

3. 设 $\langle S;\ *\rangle$ 是一个半群，$a\in S$，定义 S 上的运算 $\triangle$ 如下：

$$\forall x,\ y\in S,\ x\triangle y=x*a*y$$

证明：运算 $\triangle$ 在 S 上是可结合的。

4. 设 $\langle A;\ *\rangle$ 是一个半群，若对于任意的 a，$b\in A$，当 $a*b=b*a$ 时皆有 $a=b$，试证明：

(1) 对于任意的 $a\in A$，有 $a*a=a$；

(2) 对于任意的 $a, b\in A$，有 $a*b*a=a$；

(3) 对于任意的 $a, b, c\in A$，有 $a*b*c=a*c$。

5. 设 $\langle A; *\rangle$ 是一个交换半群，$a, b\in A$，且 $a^2=a$，$b^2=b$，证明：$(a*b)^2=a*b$。

6. 定义实数集 $\mathbf{R}$ 上的运算 $*$ 如下：

$$\forall x, y\in \mathbf{R}, x*y=x+y+xy$$

证明：$\langle \mathbf{R}; *\rangle$ 是交换独异点。

7. 证明：交换独异点的全体幂等元组成之集是它的子独异点。

8. 设 $\langle M; *; e\rangle$ 是一个独异点，证明：由 M 的全体左(右)可逆元形成之集是 M 的子独异点。

9. 设字母表 $\Sigma=\{a\}$，$/\!/$ 为字符串的联结运算，证明：$\langle \Sigma^*; /\!/\rangle$ 与 $\langle \mathbf{N}; +\rangle$ 同构。

9.5　群的基本性质

群是研究得较好的代数结构，群论是抽象代数中最古老且发展得最完善的一个分支。

定义 9.5.1　设 $\langle G; *\rangle$ 是二元代数系统，如果 $*$ 是可结合的，G 中存在单位元，并且 G 中的任何元素都可逆，则称 G 为群(group)。

另外，若群 $\langle G; *\rangle$ 满足交换律，则称 G 为交换群，或 Abel 群(以纪念挪威伟大的数学家)。有时把群 $\langle G; *\rangle$ 简单地称为群 G，而不明显地指出二元运算 $*$ (与代数式中常省略乘法运算符一样)。

显然，群之间也有同态与同构等概念。群之间的同构(态)称为群同构(态)。当然，群同构(态)会有特殊的性质，这一点将在稍后的讨论中详细介绍。

例 9.5.1　$\langle \mathbf{Z}; +\rangle$、$\langle \mathbf{Q}; +\rangle$、$\langle \mathbf{R}; +\rangle$ 和 $\langle \mathbf{R}-\{0\}; \times\rangle$ 都是无限的 Abel 群。$\langle \mathbf{Z}_m; +_m\rangle$ 是有限的 Abel 群(m 为不小于 2 的自然数)。若 p 是一个素数，则 $\langle \mathbf{Z}_p^*; \times p\rangle$ 也是有限的 Abel 群。而 $\langle \mathbf{Z}; \times\rangle$ 和 $\langle \mathbf{R}; \times\rangle$ 都不是群。

例 9.5.2　设 A 是一个非空集合，则 $\langle 2^A; \oplus\rangle$ 是 Abel 群。

例 9.5.3　设 A 是一个非空集合，则 $\langle \mathrm{Bij}(A); \circ\rangle$ 是群，但一般不是 Abel 群。

定理 9.5.1　设 $\langle G; *\rangle$ 是二元代数系统，如果 $*$ 是可结合的，且存在左单位元 $e_l\in G$，并且 $\forall a\in G$ 皆存在 $a_l^{-1}\in G$，使得 $a_l^{-1}*a=e_l$，则 G 是群。

证明　(1) 由假设知，$\forall a\in G$，存在 $a_l^{-1}\in G$，使得 $a_l^{-1}*a=e_l$，现证 $a*a_l^{-1}=e_l$。

由条件知，存在 $a'\in G$，使得 $a'*a_l^{-1}=e_l$，于是

$$\begin{aligned} a*a_l^{-1}&=e_l*(a*a_l^{-1})=(a'*a_l^{-1})*(a*a_l^{-1})=a'*(a_l^{-1}*a)*a_l^{-1}\\ &=a'*(e_l*a_l^{-1})=a'*a_l^{-1}=e_l \end{aligned}$$

(2) 证明 e_l 是 $\langle G; *\rangle$ 的单位元。

$\forall a\in G$，由(1)知，有

$$a*e_l=a*(a_l^{-1}*a)=(a*a_l^{-1})*a=e_l*a=a$$

综合(1)和(2)可知 e_l 是 G 的单位元，且 $\forall a\in G$，$a_l^{-1}\in G$ 为其逆元，故 G 是群。

显然，定理 9.5.1 的“左”可改为“右”，即有以下定理。

定理 9.5.2　设 $\langle G; *\rangle$ 是二元代数系统，如果 $*$ 是可结合的，且存在右单位元 $e_r\in G$，并且 $\forall a\in G$ 皆存在 $a_r^{-1}\in G$，使得 $a*a_r^{-1}=e_r$，则 G 是群。

必须注意到，一个存在左单位元 e_l（右单位元 e_r）的半群，当每个元素 a 皆存在 a_l^{-1}（a_r^{-1}）时，它是群，但当每个元素 a 皆存在 a_r^{-1}（a_l^{-1}）时，它不一定是群。下面的例子可以说明这一点。

例 9.5.4　设集合 $A=\{\boldsymbol{e}_1, \boldsymbol{e}_2, \boldsymbol{a}_1, \boldsymbol{a}_2\}$，其中 $\boldsymbol{e}_1$、$\boldsymbol{e}_2$、$\boldsymbol{a}_1$、$\boldsymbol{a}_2$ 是四个 2 阶方阵：

$$\boldsymbol{e}_1=\begin{bmatrix}1 & 1\\ 0 & 0\end{bmatrix},\ \boldsymbol{e}_2=\begin{bmatrix}1 & -1\\ 0 & 0\end{bmatrix}$$

$$\boldsymbol{a}_1=\begin{bmatrix}-1 & 1\\ 0 & 0\end{bmatrix},\ \boldsymbol{a}_2=\begin{bmatrix}-1 & -1\\ 0 & 0\end{bmatrix}$$

则代数〈A；×〉是一个半群（其中×为普通的矩阵乘法运算），其运算表如表 9.5.1 所示。

表 9.5.1

×	$\boldsymbol{e}_1$	$\boldsymbol{e}_2$	$\boldsymbol{a}_1$	$\boldsymbol{a}_2$
$\boldsymbol{e}_1$	$\boldsymbol{e}_1$	$\boldsymbol{e}_2$	$\boldsymbol{a}_1$	$\boldsymbol{a}_2$
$\boldsymbol{e}_2$	$\boldsymbol{e}_1$	$\boldsymbol{e}_2$	$\boldsymbol{a}_1$	$\boldsymbol{a}_2$
$\boldsymbol{a}_1$	$\boldsymbol{a}_2$	$\boldsymbol{a}_1$	$\boldsymbol{e}_2$	$\boldsymbol{e}_1$
$\boldsymbol{a}_2$	$\boldsymbol{a}_2$	$\boldsymbol{a}_1$	$\boldsymbol{e}_2$	$\boldsymbol{e}_1$

容易看出，〈A；×〉不是群。但 $\boldsymbol{e}_1$ 和 $\boldsymbol{e}_2$ 是该代数的左单位元，且有

$$\boldsymbol{e}_1\times\boldsymbol{e}_1=\boldsymbol{e}_2\times\boldsymbol{e}_1=\boldsymbol{a}_1\times\boldsymbol{a}_2=\boldsymbol{a}_2\times\boldsymbol{a}_2=\boldsymbol{e}_1$$

$$\boldsymbol{e}_1\times\boldsymbol{e}_2=\boldsymbol{e}_2\times\boldsymbol{e}_2=\boldsymbol{a}_1\times\boldsymbol{a}_1=\boldsymbol{a}_2\times\boldsymbol{a}_1=\boldsymbol{e}_2$$

定理 9.5.3　设〈G；$*$〉是群，则 $\forall a, b\in G$，方程 $a*x=b$ 和 $y*a=b$ 在 G 中总有解，且解唯一。

证明　只证明方程 $a*x=b$ 在 G 中可解且解唯一，方程 $y*a=b$ 的解的存在性与唯一性同样可证。

显然，$x_0=a^{-1}*b$ 是该方程的解。另外，若该方程还有一解 $x_1\neq x_0$，则 $b=a*x_1$，从而

$$x_0=a^{-1}*b=a^{-1}*(a*x_1)=(a^{-1}*a)*x_1=e*x_1=x_1$$

矛盾。

定理 9.5.4　设〈G；$*$〉是半群，若 $\forall a, b\in G$，方程 $a*x=b$ 和 $y*a=b$ 在 G 中恒有解，则 G 是群。

证明　根据定理 9.5.1，只需证明在满足定理条件的半群中存在左单位元 $e_l\in G$，并且 $\forall a\in G$ 皆存在 $a_l^{-1}\in G$，使得 $a_l^{-1}*a=e_l$。

(1) e_l的存在性。

事实上，任取 $a\in G$，方程 $y*a=a$ 在 G 中的解（设为 e）就是 G 的左单位元 e_l。因为对于任意的 $b\in G$，设方程 $a*x=b$ 的解为 c，即

$$b=a*c$$

所以

$$e*b=e*(a*c)=(e*a)*c=a*c=b$$

(2) a_l^{-1}的存在性。

由方程 $y*a=e_l$的可解性直接得到。

群有很多重要的性质，以下定理给出了最基本的几个。

定理 9.5.5　群中单位元唯一。

定理 9.5.6　群中元素的逆元唯一。

定理 9.5.7　阶大于 1 的群中没有零元。

定理 9.5.8　群中有唯一的幂等元，它即是单位元。

定理 9.5.9　群中消去律成立。

这些定理都是显然的，就不详细证明了。虽然定理 9.5.9 的逆定理一般不成立(如字符串的联结运算满足消去律，但不满足逆元律；又如$\langle\{0, 2, 4, 6, \cdots\}; +\rangle$是一个消去律成立的交换独异点，但它不是群)，但是有以下定理。

定理 9.5.10　设$\langle G; *\rangle$是一个有限半群，若在 G 中消去律成立，则$\langle G; *\rangle$是群。

证明　根据定理 9.5.4，只需证明在消去律成立的有限半群 G 中，$\forall a, b\in G$，方程 $a*x=b$和 $y*a=b$ 在 G 中皆可解。只证明 $a*x=b$ 可解，$y*a=b$ 的可解性同理。

不妨设 $G=\{a_1, a_2, a_3, \cdots, a_n\}$，并令 $aG=\{a*a_1, a*a_2, a*a_3, \cdots, a*a_n\}$。

由运算的封闭性可知 $aG\subseteq G$；又当 $i\neq j$ 时，由消去律可知 $a*a_i\neq a*a_j$，即 aG 中有 n 个两两互不相同的元素，这表明 aG 不可能是 G 的真子集(因为任何有限集都不可能与其某真子集等势)。所以，$aG=G$，从而 $b\in aG$，也即 $a*x=b$ 有解。

定理 9.5.11　在有限群$\langle G; *\rangle$的运算表(群表)中，每一行(列)都是 G 中元素的一个排列。

证明　对于任意的 $a\in G$，令 $L_a=aG=\{x\mid 存在 b\in G, 使得 a*b=x\}$，即 G 的群表中 a 所对应行的全体元素形成之集。

一方面，因为只要 $a*b_1=a*b_2$，就有 $b_1=b_2$，这说明 G 中每个元素在 L_a中最多出现一次；另一方面，对于任意的 $c\in G$，由定理 9.5.3 可知 $c\in L_a$，即 G 中每个元素在 L_a中至少出现一次。故 $L_a=G$，即 G 的群表的每一行都是 G 的元素的一个排列。

同理，每一列也都是 G 的元素的一个排列。

定理 9.5.11 说明了群表的特点，利用这一点，可构造出低阶群的群表。

例 9.5.5　从同构的观点看，一阶群、二阶群和三阶群都只有一个，它们的群表分别如表 9.5.2、表 9.5.3 和表 9.5.4 所示。

表 9.5.2

*	e
e	e

表 9.5.3

*	e	a
e	e	a
a	a	e

表 9.5.4

*	e	a	b
e	e	a	b
a	a	b	e
b	b	e	a

例 9.5.6　从本质上说，四阶群只有两个，它们的群表如表 9.5.5 和表 9.5.6 所示。

表 9.5.5

*	e	a	b	c
e	e	a	b	c
a	a	b	c	e
b	b	c	e	a
c	c	e	a	b

表 9.5.6

*	e	a	b	c
e	e	a	b	c
a	a	e	c	b
b	b	c	e	a
c	c	b	a	e

表 9.5.5 所确定的群与$\langle \mathbf{Z}_4; +_4 \rangle$同构；表 9.5.6 所确定的群称为 Klein(四元)群，它与$\langle 2^{\{a,b\}}; \oplus \rangle$同构。

定义 9.5.2　设$\langle G; * \rangle$是群，$H \subseteq G$，$H \neq \varnothing$，若$\langle H; * \rangle$是群，则称它是$\langle G; * \rangle$的子群，用$H < G$表示。

显然，对于任意的群G来说，若e是G的单位元，则$\{e\} < G$；另外，$G < G$。因此，常称这两个子群为G的平凡子群。

定理 9.5.12　设$\langle G; * \rangle$是群，$H < G$，则$\langle H; * \rangle$中的单位元必定是$\langle G; * \rangle$中的单位元e；对每个$a \in H$，a在H中的逆元就是a在G中的逆元a^{-1}。

证明　设$\langle H; * \rangle$的单位元是e_H，则

$$e_H * e = e_H = e_H * e_H$$

由消去律得$e_H = e$。

设$a \in H$，a在H中的逆元为a_H^{-1}，则

$$a * a^{-1} = e = a * a_H^{-1}$$

由消去律得$a_H^{-1} = a^{-1}$。

对于一个群的任一非空子集来说，在其上运算的结合律是自然成立的。定理 9.5.12 表明：单位元和逆元都在子群中得以保持。下面讨论群的非空子集构成子群的条件。

定理 9.5.13　设$\langle G; * \rangle$是群，H是G的非空有限子集，则只要运算$*$在H上封闭，就有$H < G$。

证明　任取$h \in H$，由于运算$*$在H上封闭，因此

$$h^1, h^2, \cdots, h^{\# H+1}$$

皆是H中的元素，据抽屉原理知，它们之中必有相同者，不妨设$h^i = h^j$，其中$1 \leqslant i < j \leqslant \# H+1$，则$h^{j-i} = e$，所以$e \in H$。又$2(j-i)-1 \geqslant 1$，并且$h^{2(j-i)-1} * h = h * h^{2(j-i)-1} = h^{2(j-i)} = e$，所以

$$h^{-1} = h^{2(j-i)-1} \in H$$

定理 9.5.14　设$\langle G; * \rangle$是群，H是G的非空子集，且对于任意的$a, b \in H$，皆有$a * b^{-1} \in H$，则$H < G$。

证明　(1) 证明G中的单位元e是H中的元素。

任取H中的元素a，所以$e = a * a^{-1} \in H$。

(2) 证明H中的每个元素a的逆元$a^{-1} \in H$。

对任一$a \in H$，因为$e \in H$，所以$a^{-1} = e * a^{-1} \in H$。

(3) 证明运算$*$在H上封闭。

对于任意的$a, b \in H$，由上可知$b^{-1} \in H$，所以$a * b = a * (b^{-1})^{-1} \in H$。

因此，$\langle H; * \rangle$是$\langle G; * \rangle$的子群。

例 9.5.7　设$\langle G; * \rangle$是群，$H < G$且$K < G$，则$H \cap K < G$。

证明　对于任意的$a, b \in H \cap K$，由于H和K都是G的子群，因此

$$a * b^{-1} \in H, \ a * b^{-1} \in K$$

从而

$$a * b^{-1} \in H \cap K$$

由定理 9.5.14 知，$H \cap K$是G的子群。

习 题 9.5

1. 设$\langle G; *; e\rangle$是一个独异点，并且对于任意的$x\in G$，皆有$x*x=e$，证明：G是一个 Abel 群。

2. 设$\langle G; *\rangle$是一个群，对于任意的$a, b\in G$，皆有$a^3*b^3=(a*b)^3$，$a^4*b^4=(a*b)^4$和$a^5*b^5=(a*b)^5$，证明：G是一个 Abel 群。

3. 设$\langle G; *\rangle$是偶数阶有限群，e是单位元，证明：G中存在一个非单位元a，使得$a^2=e$。

4. 设$\langle G; *\rangle$是群，定义G上的运算$\triangle$如下：

$$\forall x, y\in G, x\triangle y=y*x$$

试证明：$\langle G; \triangle\rangle$是群。

5. 设$\langle G; *\rangle$是群，证明：$\langle G; *\rangle$是 Abel 群的充要条件是对于任意的$a, b\in G$，皆有$a^2*b^2=(a*b)^2$。

6. 设f和g都是群$\langle A; *\rangle$到群$\langle B; \triangle\rangle$的同态，证明：$\langle C; *\rangle$是$\langle A; *\rangle$的子群。其中，$C=\{x|x\in A, 且 f(x)=g(x)\}$。

7. 设p是素数，t为正整数，$0\leqslant s\leqslant t$，证明：$\langle \mathbf{Z}_{p^t}; +_{p^t}\rangle$有$p^s$阶子群$\sigma_{p^s}=\{jp^{t-s}|0\leqslant j<p^s\}$。

8. 设f是群$\langle G; *\rangle$到群$\langle H; \triangle\rangle$的同态，证明：

(1) $f(e_G)=e_H$，其中e_G和e_H分别是$\langle G; *\rangle$和$\langle H; \triangle\rangle$的单位元；

(2) 对于任意的$a\in G$，有$f(a^{-1})=(f(a))^{-1}$；

(3) 若$X<G$，则$f(X)<H$。

9. 设$\langle G; *\rangle$是一个群，令$H=\{x|x\in G, 且\ \forall a\in G 有 ax=xa\}$，证明：$H<G$。

10. 设$\langle G; *\rangle$是群，而$a\in G$，$f: G\to G$定义如下：

$$\forall x\in G, f(x)=a*x*a^{-1}$$

试证明：f是$\langle G; *\rangle$上的自同构。

11. 证明：群$\langle G; *\rangle$和$\langle H; \triangle\rangle$的直积是群，且它包含了两个分别与$\langle G; *\rangle$和$\langle H; \triangle\rangle$同构的子群$G\times\{e_H\}$和$\{e_G\}\times H$。其中，$e_G$和$e_H$是群$\langle G; *\rangle$和$\langle H; \triangle\rangle$的单位元。

12. 设H和K都是群$\langle G; *\rangle$的子群，令

$$HK=\{x|存在 h\in H, k\in K 使得 x=h*k\}=\{h*k|h\in H, k\in K\}$$

证明：$HK<G$当且仅当$HK=KH$。

13. 设$\langle G; *\rangle$是一个群，定义G上的二元关系R如下：

$$\forall x, y\in G, xRy 当且仅当存在 a\in G 使得 y=a*x*a^{-1}$$

验证R是G上的等价关系。

14. 设$\langle G; *\rangle$是一个群，$a, b\in G$，a不是单位元，$a^4*b=b*a^5$，证明：$a*b\neq b*a$。

部分习题参考答案

15. 找出 Klein 四元群的所有子群。

9.6 变换群与循环群

本节将讨论两类特殊的群——变换群与循环群。前者在群中具有代表性，而后者构造

简单，容易掌握。

例 9.4.6 提到，若 A 是一个非空集合，则 $\langle A^A;\circ;I_A\rangle$ 是独异点，称它的任何一个子独异点为“变换独异点”，一般说来，变换独异点不是群，但 $\langle \mathrm{Bij}(A);\circ\rangle$ 是群。

定义 9.6.1　设 A 是一个非空集合，群 $\langle \mathrm{Bij}(A);\circ\rangle$ 的子群称为 A 上的变换群。

变换群一般不是交换群。

定义 9.6.2　设 A 是一个 n 元非空有限集，则称 $\langle \mathrm{Bij}(A);\circ\rangle$ 为（A 上的）n 次对称群，记为 S_n 或 (S_A)；S_n 的子群称为 n 次置换群。

注意，n 次对称群是 $n!$ 阶群。

例 9.6.1　集合 $A=\{1, 2, 3\}$ 上的所有置换（即双射）为

$$P_0:\begin{bmatrix}1 & 2 & 3\\1 & 2 & 3\end{bmatrix},\ P_1:\begin{bmatrix}1 & 2 & 3\\2 & 1 & 3\end{bmatrix},\ P_2:\begin{bmatrix}1 & 2 & 3\\3 & 2 & 1\end{bmatrix}$$

$$P_3:\begin{bmatrix}1 & 2 & 3\\1 & 3 & 2\end{bmatrix},\ P_4:\begin{bmatrix}1 & 2 & 3\\2 & 3 & 1\end{bmatrix},\ P_5:\begin{bmatrix}1 & 2 & 3\\3 & 1 & 2\end{bmatrix}$$

容易验证，A 上的三次对称群 S_3 的群表如表 9.6.1 所示。

表 9.6.1

$\circ$	P_0	P_1	P_2	P_3	P_4	P_5
P_0	P_0	P_1	P_2	P_3	P_4	P_5
P_1	P_1	P_0	P_5	P_4	P_3	P_2
P_2	P_2	P_4	P_0	P_5	P_1	P_3
P_3	P_3	P_5	P_4	P_0	P_2	P_1
P_4	P_4	P_2	P_3	P_1	P_5	P_0
P_5	P_5	P_3	P_1	P_2	P_0	P_4

在这个群中，P_0 是单位元，P_1、P_2 和 P_3 均以自身为逆元，P_4 和 P_5 互为逆元。除两个平凡子群外，它有三个二阶子群 $\{P_0, P_1\}$、$\{P_0, P_2\}$ 和 $\{P_0, P_3\}$，一个三阶子群 $\{P_0, P_4, P_5\}$。这六个群都是三次置换群。

定理 9.6.1（Cayley 定理）　任何群都与某个变换群同构。

证明　设 $\langle G;*\rangle$ 是一个群，对于任意的 $a\in G$，定义 $f_a: G\to G$ 如下：

$$\forall x\in G,\ f_a(x)=a*x$$

因为对于任意的 $y\in G$，$f_a(a^{-1}*y)=y$，所以 f_a 是满射；又若 $f_a(x)=f_a(y)$，即 $a*x=a*y$，则由消去律得 $x=y$，故 f_a 是入射。这表明 f_a 是双射。令

$$A=\{f_a\mid a\in G\}$$

任取 $f_a, f_b\in A$，因为对于任意的 $x\in G$，皆有

$$(f_a\circ f_b)(x)=f_a(f_b(x))=f_a(b*x)=a*(b*x)=(a*b)*x=f_{a*b}(x)$$

所以 $f_a\circ f_b=f_{a*b}\in A$，即函数的复合运算 $\circ$ 在 A 上封闭。另外，显然 f_e 是 A 上关于运算 $\circ$ 的单位元，对于任意的 $f_a\in A$，$f_{a^{-1}}$ 是 f_a 关于运算 $\circ$ 的逆元。这表明 $\langle A;\circ\rangle$ 是变换群。

作 $g: G\to A$ 如下：

$$\forall a\in G,\ g(a)=f_a$$

于是 $\forall a, b\in G$，若 $g(a)=g(b)$，即 $f_a=f_b$，则 $f_a(e)=f_b(e)$，故 $a=b$，这表明 g 是入射。

显然，g 还是满射。另外，$\forall a, b\in G$，$g(a*b)=f_{a*b}=f_a\circ f_b=g(a)\circ g(b)$。所以，$g$ 是 G 到 A 的同构映射，从而$\langle G;*\rangle\cong\langle A;\circ\rangle$。

由定理 9.6.1 可得以下推论。

推论 1　任何独异点都与某个变换独异点同构。

推论 2　任何有限群都与某个置换群同构。

下面讨论循环群的结构。对于群$\langle G;*\rangle$中的任一元素 g，若记 $A=\{g^i\mid i\in\mathbf{Z}\}$，则$\langle A;*\rangle$是 G 的子群。特别地，当 $A=G$ 时，G 是一个具有特殊结构的群——循环群。

定义 9.6.3　设$\langle G;*\rangle$是群，若存在 $g\in G$ 使得对于 G 中的一切元素 a 皆可表示成

$$a=g^i\quad(i\in\mathbf{Z})$$

则称$\langle G;*\rangle$是一个以 g 为生成元(或称母元)的循环群，常用 $G=\langle g\rangle$表示。

例 9.6.2　$\langle\mathbf{Z}_7^*;\times_7\rangle$是以 3(或 5)为生成元的有限循环群。$\langle\mathbf{Z};+\rangle$是无限循环群，1 和 -1 都是该循环群的生成元。而$\langle 2^{\{a,b,c\}};\oplus\rangle$和$\langle\mathbf{R};+\rangle$都不是循环群。

因为循环群是特殊的循环独异点，所以关于循环独异点的结论对循环群都成立。

定理 9.6.2　每个循环群都是 Abel 群。

这只是定理 9.4.6 的特例。不难发现，并非所有 Abel 群都是循环群，譬如 Klein 四元群是 Abel 群，但它不是循环群。

定理 9.6.3　若$\langle G;*\rangle$是一个以 g 为生成元的 n 阶有限循环群，G 的单位元为 e，则 $g^n=e$。

证明　由定理 9.4.7 的证明过程可知，必存在 $m(0\leqslant m\leqslant n-1)$，使得

$$g^m=g^n$$

于是 $g^{n-m}=g^0$，从而 $n-m\geqslant n$。由此可见，$m=0$，即 $g^n=e$。

定义 9.6.4　设 e 是群$\langle G;*\rangle$的单位元，$a\in G$，若存在正整数 n 使得 $a^n=e$，则称使之成立的最小 n 值为元素 a 的周期(或阶，参见定理 1.3.13)，常用 $O(a)$表示，即

$$O(a)=\min\{n\mid n\text{ 为正整数且 }a^n=e\}$$

否则称元素 a 的周期为无限。

显然，单位元是群中唯一一个周期为 1 的元素。

例 9.6.3　在群$\langle\mathbf{Z}_7^*;\times_7\rangle$中，由于

$$1^1=1$$

$$2^1=2,\ 2^2=4,\ 2^3=1$$

$$3^1=3,\ 3^2=2,\ 3^3=6,\ 3^4=4,\ 3^5=5,\ 3^6=1$$

$$4^1=4,\ 4^2=2,\ 4^3=1$$

$$5^1=5,\ 5^2=4,\ 5^3=6,\ 5^4=2,\ 5^5=3,\ 5^6=1$$

$$6^1=6,\ 6^2=1$$

因此 $O(1)=1$，$O(2)=3$，$O(3)=6$，$O(4)=3$，$O(5)=6$，$O(6)=2$。

例 9.6.4　在 Klein 四元群中，三个非单位元的周期都是 2。

定理 9.6.4　如果循环群 $G=\langle g\rangle$，则 G 的构造由 g 的周期决定。

(1) 若 g 的周期为正整数 n，则 G 同构于$\langle\mathbf{Z}_n;+_n\rangle$；

(2) 若 g 的周期为无限，则 G 同构于$\langle\mathbf{Z};+\rangle$。

证明　(1) 由定理 9.4.7 知，$G=\{g^0, g^1, g^2, \cdots, g^{n-1}\}$，于是 f：$G\to\mathbf{Z}_n$

$$\forall i \in \mathbf{Z}_n,\ f(g^i) = i$$

是 G 到 $\langle \mathbf{Z}_n;\ +_n \rangle$ 的同构映射。

(2) 显然，$G=\{\cdots, g^{-2}, g^{-1}, g^0, g^1, g^2, \cdots\}$，且对于任意的 i，$j\in \mathbf{Z}$，当 $i\neq j$ 时，都有 $g^i \neq g^j$。因为假若 $g^i = g^j$（不妨设 $i<j$），则有 $g^{j-i}=e$，从而 $O(g)\leqslant (j-i)$，这与 g 的周期为无限相矛盾。

极易验证 f：$G\to\mathbf{Z}$

$$\forall i \in \mathbf{Z},\ f(g^i) = i$$

是 G 到 $\langle \mathbf{Z};\ + \rangle$ 的同构映射。

由定义 9.6.4 及定理 9.6.4 的证明过程可得以下推论。

推论　若 G 为 n 阶有限群，$g\in G$ 的周期为 n，则 $G=\langle g\rangle$。

因为同阶的循环群必同构，所以常把 n 阶循环群记为 C_n。

定理 9.6.5　循环群的子群必是循环群。

证明　设 G 是以 g 为生成元的循环群，显然它的平凡子群是循环群。考虑 G 的非平凡子群 H，由于 H 含有除单位元 e 之外的元素，因此集合 $\{i \mid i$ 为正整数且 $g^i\in H\}$ 非空。令 $s=\min\{i \mid i$ 为正整数且 $g^i\in H\}$，下面证明 g^s 是 H 的一个生成元。

由于 H 是 G 的子群，因此 $\langle g^s\rangle$ 是 H 的子群。下面用反证法证明 $\langle g^s\rangle$ 不可能是 H 的非平凡子群，从而 $H=\langle g^s\rangle$，即 H 是一个以 g^s 为生成元的循环群。

假若不然，则必存在 $t\in\mathbf{Z}$ 使得 $g^t\in H$ 且 $s\nmid t$，令 $t=qs+r$，其中 $0<r<s$，于是

$$g^r = g^{t-qs} \in H$$

这与 s 的最小性相矛盾。

在本节的最后，将对群中元素的周期再作一些深入的讨论。

定理 9.6.6　在 n 阶有限群中，每个元素的周期都不超过 n。

证明　设 $\langle G;\ *\rangle$ 是一个 n 阶有限群，任取 $a\in G$，由定理 9.6.4 的结论(1)的证明知，$\{a^0, a^1, a^2, \cdots, a^{O(a)-1}\}$ 是 G 的一个子群，故

$$O(a)\leqslant n$$

定理 9.6.7　设 e 是群 $\langle G;\ *\rangle$ 的单位元，$a\in G$，则 $O(a)\mid k$，当且仅当 $a^k=e$。

证明　(1) 必要性。

设 $k=O(a)\cdot d$，则

$$a^k = a^{O(a)\cdot d} = (a^{O(a)})^d = e^d = e$$

(2) 充分性。采用反证法。

假若不然，令 $k=q\cdot O(a)+r$，$0<r<O(a)$，则

$$e = a^k = a^{q\cdot O(a)+r} = a^{q\cdot O(a)} * a^r = e * a^r = a^r$$

这与周期的定义矛盾。

定理 9.6.8　设群 $\langle G;\ *\rangle$ 的元素 a 的周期为 n，则对于任意的 $k\in\mathbf{Z}$，有 $O(a^k)=\dfrac{n}{(k,\ n)}$。

证明　设 e 是群 $\langle G;\ *\rangle$ 的单位元，令 $m=O(a^k)$。

一方面，$a^{km}=e$，从而 $n\mid km$，于是 $\dfrac{n}{(k,\ n)}\left|\dfrac{km}{(k,\ n)}\right.$。因为 $\dfrac{n}{(k,\ n)}$ 与 $\dfrac{k}{(k,\ n)}$ 互素，所以 $\dfrac{n}{(k,\ n)}\left| m\right.$。

另一方面，$(a^k)^{\frac{n}{(k,\,n)}}=(a^n)^{\frac{k}{(k,\,n)}}=e^{\frac{k}{(k,\,n)}}=e$，所以 $m\left|\frac{n}{(k,\,n)}\right.$。

因此，$O(a^k)=m=\frac{n}{(k,\,n)}$。

取 $k=-1$，即得以下推论。

推论 群中每个元素和它的逆元有相同的周期。

定理 9.6.9 设$\langle G;\ *\rangle$是 Abel 群，a，$b\in G$，若 a 和 b 的周期分别为 m 和 n，且 $(m,\ n)=1$，则 $a*b$ 的周期为 mn。

证明 记 $r=O(a*b)$，因为

$$(a*b)^{mn}=a^{mn}*b^{mn}=e$$

所以 $r|mn$。

又因为

$$e=(a*b)^{mr}=a^{mr}*b^{mr}=e*b^{mr}=b^{mr}$$

所以 $n|mr$。由$(m,\ n)=1$ 可得 $n|r$，同理 $m|r$，从而 $mn|r$。

综上可知，$O(a*b)=r=mn$。

根据定理 9.6.9，由数学归纳法原理可得以下推论。

推论 设$\langle G;\ *\rangle$是 Abel 群，G 中元素 a_1，a_2，…，a_k的周期分别为 r_1，r_2，…，r_k，如果 r_1，r_2，…，r_k是两两互素的，那么元素 $a_1*a_2*\cdots*a_k$的周期为 $r_1r_2\cdots r_k$。

定理 9.6.10 设$\langle G;\ *\rangle$是 Abel 群，若 G 中元素周期的最大值为 n，则 G 中每个元素的周期都是 n 的因子。

证明 设 a 是 G 中一个周期为 n 的元素，任取 $b\in G$，令 $O(b)=m$，往证 $m|n$。

假若 $m\nmid n$，则必存在素数 p 使得 $m=p^{\alpha}s$，$n=p^{\beta}t$，其中 $\alpha>\beta\geqslant 0$，$(p,\ s)=(p,\ t)=1$。记 p^{β}为 k，则 $O(a^k)=t$，$O(b^s)=p^{\alpha}$。因为$(t,\ p^{\alpha})=1$，所以 a^k*b^s的周期为$p^{\alpha}t$。而$p^{\alpha}t>n$，这与定理条件矛盾。

例 9.6.5 在群$\langle \mathbf{Z}_{11}^{*};\ \times_{11}\rangle$中，由于

$$2^1=2,\ 2^2=4,\ 2^3=8,\ 2^4=5,\ 2^5=10,\ 2^6=9,\ 2^7=7,\ 2^8=3,\ 2^9=6,\ 2^{10}=1$$

因此 $O(2)=10$，从而由定理 9.6.10 可知，除单位元 1 外的另外 9 个元素的周期只可能是 2、5 或 10。而且由定理 9.6.8，有

$$O(3)=5,\ O(4)=5,\ O(5)=5,\ O(6)=10,\ O(7)=10,\ O(8)=10,\ O(9)=5,\ O(10)=2$$

同时，由第一指数定理可得

$$2^1\times_{11}2^9=2\times_{11}6=1,\ 2^2\times_{11}2^8=4\times_{11}3=1,\ 2^3\times_{11}2^7=8\times_{11}7=1$$

$$2^4\times_{11}2^6=5\times_{11}9=1,\ 2^5\times_{11}2^5=10\times_{11}10=1$$

习 题 9.6

1. 找出与 Klein 四元群同构的四次置换群。

2. 设 $A=\{f|f:\ \mathbf{R}\to\mathbf{R},\ f(x)=ax+b$，其中 a，$b\in\mathbf{R}$ 且 $a\neq 0\}$，证明：$\langle A;\ \circ\rangle$是变换群。它是交换群吗？

3. 设 G 是群，$A=\{f|f$ 是 G 上的自同构$\}$，证明：$\langle A;\ \circ\rangle$是变换群。

4. 求：

(1) 群$\langle \mathbf{Z}_{13}^*; \times_{13}\rangle$中的各元素的周期和逆元；

(2) 群$\langle \mathbf{Z}_{17}^*; \times_{17}\rangle$中的各元素的周期和逆元。

5. 设$\langle G; *\rangle$是一个群，$f: G\to G$为同态映射，试证明：

(1) $\forall a\in G$，有$O(f(a))\leqslant O(a)$；

(2) 若f是单一同态，则$\forall a\in G$，有$O(f(a))=O(a)$。

6. 设G是n阶循环群，$m|n$，证明：G有唯一的m阶子群。

7. 证明：循环群的同态像是循环群。

8. 证明：无限循环群恰有两个生成元。

9. 设G是无限循环群，证明：对于任意的循环群H，总存在G到H的满同态。

10. 设$\langle G; *\rangle$是群，H是G的非空子集，证明：如果H中每个元素的周期都有限，那么只要运算$*$在H上封闭，就有$H<G$。

11. 设$\langle G; *\rangle$是群，a，$b\in G$，证明：$O(a*b)=O(b*a)$。

9.7　Lagrange 定理与群同态定理

9.3 节介绍了商代数和同态基本定理，显然，群的商代数是群。本节将利用群G的一个子群H来定义G上的同余关系，并通过引入有关概念来介绍 Lagrange 定理和群同态基本定理等几个重要定理。

定义 9.7.1　设$\langle G; *\rangle$是一个群，且$H<G$，$a\in G$，则分别称

$$aH=\{x\mid x\in G \text{ 且存在 } h\in H \text{ 使得 } x=a*h\}$$

和

$$Ha=\{x\mid x\in G \text{ 且存在 } h\in H \text{ 使得 } x=h*a\}$$

为H在G中的以a为代表的左陪集和右陪集，a称为陪集代表(或陪集首)。

因为$e\in H$，所以对于任意的$a\in G$，皆有$a\in aH$和$a\in Ha$。

定理 9.7.1　设$\langle G; *\rangle$是群，$H<G$，则对于任意的$a\in G$，aH和Ha总与H等势。

证明　对于任意的$a\in G$，定义$f: H\to aH$如下：

$$\forall h\in H,\ f(h)=a*h$$

显然，f是一个满射；同时，由消去律可知，f是一个入射。即f是一个双射。

同理，Ha与H等势。

定理 9.7.1 还说明了：对于任意的$a\in G$，有$a*h\in aH$当且仅当$h\in H$。故可将陪集简单地定义成

$$aH=\{a*h\mid h\in H\}$$

$$Ha=\{h*a\mid h\in H\}$$

例 9.7.1　对于 3 次对称群S_3的六个子群：

$$H_0=\{P_0\},\quad H_1=\{P_0, P_1\},\quad H_2=\{P_0, P_2\}$$

$$H_3=\{P_0, P_3\},\quad H_4=\{P_0, P_4, P_5\},\quad H_5=S_3$$

可求得

$P_0H_0=\{P_0\}$，$P_1H_0=\{P_1\}$，$P_2H_0=\{P_2\}$，$P_3H_0=\{P_3\}$，$P_4H_0=\{P_4\}$，$P_5H_0=\{P_5\}$

$$P_0H_1=P_1H_1=\{P_0, P_1\}, P_2H_1=P_4H_1=\{P_2, P_4\}, P_3H_1=P_5H_1=\{P_3, P_5\}$$
$$P_0H_4=P_4H_4=P_5H_4=\{P_0, P_4, P_5\}, P_1H_4=P_2H_4=P_3H_4=\{P_1, P_2, P_3\}$$

等左陪集和

$$H_0P_0=\{P_0\}, H_0P_1=\{P_1\}, H_0P_2=\{P_2\}, H_0P_3=\{P_3\}, H_0P_4=\{P_4\}, H_0P_5=\{P_5\}$$
$$H_2P_0=H_2P_2=\{P_0, P_2\}, H_2P_1=H_2P_4=\{P_1, P_4\}, H_2P_3=H_2P_5=\{P_3, P_5\}$$
$$H_4P_0=H_4P_4=H_4P_5=\{P_0, P_4, P_5\}, H_4P_1=H_4P_2=H_4P_3=\{P_1, P_2, P_3\}$$

等右陪集。

定理 9.7.2　设$\langle G; *\rangle$是群，$H<G$，对于任意的 $a, b\in G$，有

(1) $aH=bH$ 当且仅当 $a^{-1}*b\in H$；

(2) $Ha=Hb$ 当且仅当 $a*b^{-1}\in H$。

证明　只证明结论(1)，类似可证明结论(2)。

一方面，当 $aH=bH$ 时，因为 $b\in bH$，所以 $b\in aH$，即存在 $h\in H$ 使得 $b=a*h$，从而

$$a^{-1}*b=h\in H$$

另一方面，当 $a^{-1}*b\in H$ 时，设 $a^{-1}*b=h_0$，则 $a=b*h_0^{-1}$，$b=a*h_0$，于是对于任意的 $a*h\in aH$ 皆有 $a*h=b*h_0^{-1}*h\in bH$，而对于任意的 $b*h\in bH$ 皆有

$$b*h=a*h_0*h\in aH$$

这表明 $aH=bH$。

定理 9.7.3　设$\langle G; *\rangle$是群，$H<G$，令 $\pi=\{aH|a\in G\}$，则 π 是 G 的一个划分。

证明　因为对于任意的 $a\in G$ 皆有 $a\in aH$，所以 aH 非空且 $\bigcup_{a\in G} aH=G$。下面证明：对于任意的 $a, b\in G$，当 $aH\cap bH\neq\varnothing$时，必有 $aH=bH$，即 $a^{-1}*b\in H$。

因为 $aH\cap bH\neq\varnothing$，所以存在 $h\in aH\cap bH$，即存在 $h_1, h_2\in H$ 使得

$$h=a*h_1=b*h_2$$

于是

$$a^{-1}*b=h_1*h_2^{-1}\in H$$

习惯上，称定理 9.7.3 中的 π 为 G 关于 H 的左陪集划分(或由 H 导致的 G 的左陪集划分)。

不难看出，关于右陪集有类似结论。

定义 9.7.2　设 H 是群 G 的子群，称 G 关于 H 的左(右)陪集划分的秩为 H 在 G 中的指数，记作$[G:H]$。

例 9.7.2　对于例 9.7.1 中 S_3 的子群，有$[S_3:H_0]=6$，$[S_3:H_1]=[S_3:H_2]=[S_3:H_3]=3$，$[S_3:H_4]=2$，$[S_3:H_5]=1$。

由前面的定理和定义可直接得到 Lagrange 定理。

定理 9.7.4(Lagrange 定理)　有限群 G 的阶等于子群 H 的阶和 H 在 G 中的指数的乘积，即

$$\#G=\#H\cdot[G:H]$$

由 Lagrange 定理可得以下推论。

推论 1　有限群 G 的子群 H 的阶必能整除 G 的阶。

推论 2　素数阶群只有平凡子群。

推论 3　有限群 G 的每个元素 a 的周期整除 G 的阶，即 $a^{\#G}=e$(e 为 G 的单位元)。

推论 4　素数阶群必是循环群，且每个非单位元都是生成元。

推论 5　设 $H<G$ 且 $K<H$，则 $[G:K]=[G:H]\cdot[H:K]$。

例 9.7.3　对于任意的四阶群，若它含有周期为 4 的元素，则它是一个循环群，与 $\langle \mathbf{Z}_4; +_4\rangle$ 同构；否则，除单位元外的其余三个元素的周期都是 2，这样的四阶群与 Klein 四元群同构。所以，从同构的观点看，四阶群只有两个：四阶循环群和 Klein 四元群。

例 9.7.4　一个含有周期为 6 的元素的六阶群必是循环群，它与 $\langle \mathbf{Z}_6; +_6\rangle$ 同构。而在没有周期为 6 的元素的六阶群中，除单位元(设为 e)外，其余五个元素的周期为 2 或 3，由于群中每个元素和它的逆元有相同的周期，因此周期为 3 的元素有两个(设为 s 和 t)，它们互为逆元(请读者利用群表的特点分析为什么不能没有或者有四个周期为 3 的元素)，另三个元素(设为 a、b 和 c)的周期为 2。这样的群本质上只有一个，利用 $s^2=t$，$t^2=s$，并取 $s*a=b$($s*a=c$ 的情况与此同构)构造其群表，如表 9.7.1 所示。显然，它与 $\langle S_3; \circ\rangle$ 同构。

表 9.7.1

$*$	e	a	b	c	s	t
e	e	a	b	c	s	t
a	a	e	t	s	c	b
b	b	s	e	t	a	c
c	c	t	s	e	b	a
s	s	b	c	a	t	e
t	t	c	a	b	e	s

例 9.7.5　对于循环群 $\langle \mathbf{Z}_{11}^*; \times_{11}\rangle$ 来说，它的子群都是循环群且每个非平凡子群只可能是二阶或五阶的，也就是说，它的两个非平凡子群分别是由其中的周期为 2 和 5 的元素生成的。由于

$$O(4)=5,\ O(10)=2$$

因此它的二阶子群为 $\langle 10\rangle$，即 $\{10, 10^2=1\}$；五阶子群为 $\langle 4\rangle$，即 $\{4, 4^2, 4^3, 4^4, 4^5=1\}$。

一般说来，对于群 G 的给定子群 H 及任意的 $a\in G$，aH 和 Ha 未必相等，但当 H 是 G 的平凡子群时，或 G 是 Abel 群时，总有 $aH=Ha$。此外，还有一些特殊的子群也具有这种性质，这类子群具有特殊意义。

定义 9.7.3　设 $\langle G; *\rangle$ 是一个群，且 $H<G$，若对于任意的 $a\in G$，总有 $aH=Ha$，则称 H 是 G 的正规子群(或称不变子群)，记作 $H\lhd G$。

需要注意，$aH=Ha$ 并不意味着对每个 $h\in H$ 均有 $a*h=h*a$，只是表示对每个 $h\in H$ 均有 $h'\in H$，$h''\in H$ 使得 $a*h=h'*a$，$h*a=a*h''$。这里的 h' 和 h'' 可以与 h 不同。

例 9.7.6　在例 9.7.1 中，H_0、H_4、H_5 是 S_3 的正规子群，而子群 H_1、H_2、H_3 则不是正规的。又如，由于 $\langle \mathbf{Z}_7^*; \times_7\rangle$ 是一个 Abel 群，因此它的四个子群 $\{1\}$、$\{1, 6\}$、$\{1, 2, 4\}$ 和 $\mathbf{Z}_7^*$ 都是正规子群。

定理 9.7.5　设 H 是群 G 的子群，则 H 是 G 的正规子群的充分必要条件是对于任意的 $a\in G$，$h\in H$，皆有 $a*h*a^{-1}\in H$。

证明 必要性显然，只证充分性。

考虑任意的$a\in G$，$h\in H$。一方面，因为$a*h*a^{-1}\in H$，所以存在$h'\in H$使得$h'=a*h*a^{-1}$，即$a*h=h'*a$，故$a*h\in Ha$，这表明$aH\subseteq Ha$。另一方面，因为$a^{-1}\in G$，所以$a^{-1}*h*a\in H$，即存在$h''\in H$使得$h''=a^{-1}*h*a$，从而$h*a=a*h''$，$h*a\in aH$，这表明$Ha\subseteq aH$。

根据5.7节关于划分与等价关系一一对应的讨论，群G的任何一个子群导致的左(右)陪集划分必将诱导一个G上的等价关系。另外，当该子群是正规子群时，这个等价关系是同余关系，这样由它可得到一个商代数。这个商代数必是群。

定义 9.7.4 设$\langle G;*\rangle$是群，$H<G$，称由G关于H的左陪集划分所诱导的等价关系为G关于H的左陪集关系。也就是说，若G上的二元关系R定义如下：

$$\forall a, b\in G, aRb \text{ 当且仅当 } aH=bH$$

即

$$aRb \text{ 当且仅当 } a^{-1}*b\in H$$

则称R为G关于H的左陪集关系，显然$\forall a\in G$，$[a]_R=aH$；类似地，有右陪集关系。当$H\lhd G$时，左、右陪集关系相同，称为陪集关系。习惯上，用$\equiv_H$表示关于H的陪集关系。

定理 9.7.6 设$\langle G;*\rangle$是群，$H\lhd G$，则G关于H的陪集关系$\equiv_H$是G上的同余关系。

证明 只需证明$\equiv_H$关于$*$满足代换性质。考虑任意选取的a，b，c，$d\in G$，若$a\equiv_H b$且$c\equiv_H d$，则存在h_1，$h_2\in H$，使得

$$a^{-1}*b=h_1, c^{-1}*d=h_2$$

又$Hd=dH$，故存在$h_3\in H$，使得

$$h_1*d=d*h_3$$

从而

$$(a*c)^{-1}*(b*d)=c^{-1}*a^{-1}*b*d=c^{-1}*h_1*d=c^{-1}*d*h_3=h_2*h_3\in H$$

即$a*c\equiv_H b*d$。

这样，根据9.3节的讨论，若在G关于H的陪集划分$G/\equiv_H$上定义运算☆：

$$aH☆bH=(a*b)H$$

则G关于$\equiv_H$的商代数$\langle G/\equiv_H;☆\rangle$是$G$的同态像，所以有以下定理。

定理 9.7.7 设H是$\langle G;*\rangle$的正规子群，则G关于H的陪集关系$\equiv_H$的商代数是群(习惯上用G/H表示，并称之为G关于H的商群)。

证明 由定理9.3.1知，存在G到G/H的满同态g：$G\to G/H$

$$\forall a\in G, g(a)=aH$$

因为G是群，所以G/H是群。

定理 9.7.8 设R是群$\langle G;*\rangle$上的同余关系，则$[e]_R\lhd G$，并且R是G关于$[e]_R$的陪集关系。

证明 (1) 对于任意的a，$b\in[e]_R$，即aRe且bRe，由$b^{-1}Rb^{-1}$及R关于$*$满足代换条件可知eRb^{-1}，即$b^{-1}Re$，从而$(a*b^{-1})Re$，所以$a*b^{-1}\in[e]_R$，这表明$[e]_R$是G的子群。

(2) 对于任意的$a\in G$，$h\in[e]_R$，有aRa且hRe，故$(a*h)Ra$，$(a*h*a^{-1})Re$，即

$a*h*a^{-1}\in[e]_R$，这表明$[e]_R\lhd G$。

(3) 证明对于任意的 $a\in G$，皆有 $a[e]_R=[a]_R$。任取 $x\in[a]_R$，即 xRa，因为 $a^{-1}Ra^{-1}$，所以$(a^{-1}*x)Re$，即 $a^{-1}*x\in[e]_R$，故有 $h\in[e]_R$使得 $a^{-1}*x=h$，从而 $x=a*h$，即 $x\in a[e]_R$，这表明$[a]_R\subseteq a[e]_R$；另一方面，任取 $x\in a[e]_R$，则有 $h\in[e]_R$使得$x=a*h$，即 $a^{-1}*x=h$，因此$(a^{-1}*x)Re$，即 xRa，从而 $x\in[a]_R$，这表明$a[e]_R\subseteq[a]_R$。

定义 9.7.5　设 f 是 G 到 H 的群同态，称集合：

$$\{a\mid a\in G\text{ 且 }f(a)=e_H\}$$

为 f 的核，记为 $\mathrm{Ker}(f)$，其中 e_H是群 H 的单位元。

定理 9.7.9　设 f 是 G 到 H 的群同态，则 $\mathrm{Ker}(f)\lhd G$。

证明　设 R 是由同态 f 诱导的同余关系：

$$\forall a,b\in G,\ aRb\text{ 当且仅当 }f(a)=f(b)$$

则 $\mathrm{Ker}(f)=[e_G]_R$，由定理 9.7.8 知 $\mathrm{Ker}(f)\lhd G$。

由定理 9.7.9 可以看出，每个群同态都可以确定一个正规子群，因而确定一个商群，而商群与同态像之间又有着密切的联系。

定理 9.7.10(群同态基本定理)　设 f 是$\langle G;*\rangle$到$\langle H;\triangle\rangle$的群同态，令$K=\mathrm{Ker}(f)$，则

(1) 对于任意的 $a\in G$，有 $f(aK)=\{f(a)\}$；

(2) G/K 与 $f(G)$同构。

证明　(1) 因为对于任意的 $k\in K$，皆有 $f(a*k)=f(a)\triangle f(k)=f(a)\triangle e_H=f(a)$，所以 $f(aK)=\{f(a)\}$。

(2) 这只是定理 9.3.3 的特例。

习　题　9.7

1. 设$\langle G;*\rangle$是一个群，$H<G$，证明：由 H 确定的诸陪集中只有一个是 G 的子群。

2. 求：

(1) 群$\langle \mathbf{Z}_7^*;\times_7\rangle$的各子群及相应的陪集划分；

(2) 群$\langle \mathbf{Z}_{13}^*;\times_{13}\rangle$的各子群。

3. 设 $A=\{f\mid f:\mathbf{R}\to\mathbf{R},\ f(x)=ax+b$，其中 $a,b\in\mathbf{R}$ 且 $a\neq0\}$，S 和 T 分别是由 G 中 $a=1$ 和 $b=0$ 的所有函数构成的集合，写出 S 和 T 在 G 中所有的左(右)陪集。

4. 设 p 是素数，m 是正整数，证明：p^m 阶群必有 p 阶子群。

5. 证明：十阶 Abel 群必是循环群。

6. 设 S 和 T 分别是群 G 的 s 阶和 t 阶子群，并且 $S\cap T$ 和 $S\cup T$ 的阶分别为 u 和 v，证明：$st\geqslant uv$。

7. 请给出：

(1) 群$\langle \mathbf{Z}_8;+_8\rangle$关于子群 $H=\{0,4\}$的商群的群表；

(2) 群$\langle \mathbf{Z}_{13}^*;\times_{13}\rangle$关于子群 $H=\{1,3,9\}$的商群的群表。

8. (1) 设 g 是群$\langle \mathbf{Z}_8;+_8\rangle$到群$\langle \mathbf{Z}_4;+_4\rangle$的同态：$g(a)=a\bmod 4$，试给出$\langle \mathbf{Z}_8;+_8\rangle$关

于同态核 $K=\mathrm{Ker}(g)$ 的商群的群表；

(2) 设 f 是群 $\langle \mathbf{Z}_{12};+_{12}\rangle$ 到群 $\langle \mathbf{Z}_4;+_4\rangle$ 的同态：$f(a)=a \bmod 4$，试给出 $\langle \mathbf{Z}_{12};+_{12}\rangle$ 关于同态核 $K=\mathrm{Ker}(f)$ 的商群的群表。

9. 设 $H\lhd G$，$K\lhd H$，K 是否必定是 G 的正规子群？证明或举出反例。

10. 设 $H\lhd G$，$K\lhd G$，证明：$H\cap K\lhd G$。

11. 设 $H\lhd G$，$K\lhd G$，证明：$HK\lhd G$（HK 的含义见习题 9.5 第 12 题）。

12. 设 f 是 G 到 H 的群同态，若 $S\lhd G$，证明：$f(S)\lhd f(G)$。

13. 设 $H\lhd G$，证明：G/H 是 Abel 群的充分必要条件是对于任意的 $a, b\in G$ 皆有 $aba^{-1}b^{-1}\in H$。

14. 设 H 是循环群 G 的子群，证明：G/H 也是循环群。

15. 设 f 是 G 到 H 的群同态，证明：f 是入射，当且仅当 $\mathrm{Ker}(f)=\{e_G\}$。

16. 设 H 是群 $\langle G;*\rangle$ 的子群，令

$$A=\{x\mid x\in G,\ xH=Hx\}$$

证明：$A<G$。

9.8 环与域

前面讨论了群的基本性质，本节讨论具有两个运算的代数系统：环与域，主要介绍一般的抽象环与域的基本概念及最基本的性质。

抽象群的代数运算一般都用乘法符号（前面采用“*”或省去不写）来表示。但事实上，一个代数运算用什么符号来表示是没有关系的，重要的是群或者其他代数系统关于这个运算的结构与性质。在环中有两个不同结构的运算，为了区分这两个运算，需要给出这两个运算的不同称呼。环的其中一个运算与习惯的数的加法运算结构相似，因此称这个运算为加法运算；而另一个运算称为乘法运算。

定义 9.8.1 一个交换群叫作一个加群，称这个群上的代数运算为加法，并且用符号“+”来表示。

有了加法的定义，许多与符号相关的表示及计算规则的形式也要相应改变。

(1) 加群的加法适合结合律，n 个元素 $a_1, a_2, \cdots, a_n$ 的和有意义，这个和用下面的符号来表示，即

$$\sum_{i=1}^{n} a_i = a_1 + a_2 + \cdots + a_n$$

当 n 是正整数时，na 表示 n 个 a 的和。

(2) 加群的单位元称为零元，记为 0。显然，对群中任意的元素 a，都有

$$0+a=a+0=a$$

【注】 这里的 0 表示加群中的单位元，是一个抽象的符号，而不是特指整数 0。

(3) 加群中的元素 a 的唯一的逆元用 $-a$ 表示，称为 a 的负元。显然，$-(-a)=a$。习惯上，将 $a+(-b)$ 简写成 $a-b$，并读作 a 减 b。

有了负元及“减”的定义后，对任意整数 n，na 皆有意义。其中，当 n 为负数时，na 表示 $|n|$ 个 $-a$ 的和。这样可定义整数 n 与加群中的元 a 的乘法：

$$n \cdot a = na, \ (-n) \cdot a = -(na)$$

特别地，当 $n=0$ 时，有 $0a=0$。

【注】 *左边的 0 为整数中的 0，而右边的零为加群中的零元。*

在新的符号下，加群的一个非空子集 S 成为一个子群的充分必要条件是

$$\forall a, b \in S，\text{皆有 } a+b \in S，\text{且 } \forall a \in S，\text{皆有 } -a \in S$$

或是

$$\forall a, b \in S，\text{皆有 } a-b \in S$$

有了加群及上述符号的定义，现给出环的定义。

定义 9.8.2 设 R 是一个非空集合，其上有加法(+)和乘法(∗)两个运算，如果

(1) $\langle R; + \rangle$ 是加群；

(2) $\langle R; * \rangle$ 是半群，即运算 ∗ 在 R 上封闭并满足结合律，亦即对于任意的 $a, b, c \in R$，皆有 $ab \in R$，$a(bc)=(ab)c$；

(3) 乘法对加法的左右分配律成立，即对于任意的 $a, b, c \in R$，皆有

$$a(b+c)=ab+ac, \ (b+c)a=ba+ca$$

则称 $\langle R; +, * \rangle$ 是一个环，并把这个环记为 R。

在研究环 R 时，常将乘法运算符省略，即将 $a*b$ 简记为 $ab(a, b \in R)$。

例 9.8.1 整数集合 $\mathbf{Z}$ 对于数的加法、乘法形成一个环；元素为整数的一切 n 阶方阵所构成集合 $(\mathbf{Z})_n$ 关于方阵的加法和乘法形成一个环。

一般地，若 A 是一数环，则 $(A)_n$ 也是一个环，称为 A 上的 n 阶方阵环。

例 9.8.2 $\langle \mathbf{Z}_m; +_m, \times_m \rangle$ 是一个环。

环 R 的两种运算满足以下一些性质(运算律)：

(1) 加法消去律成立，即

$$a+b=a+c \Rightarrow b=c$$

特别地，

$$x+a=a \Rightarrow x=0, \ x+a=0 \Rightarrow x=-a$$

(2) 对于任意的 $n \in \mathbf{Z}$，有 $n(a+b)=na+nb$；

(3) 对于任意的 $m, n \in \mathbf{Z}$，有 $ma+na=(m+n)a$；

(4) 对于任意的 $m, n \in \mathbf{Z}$，有 $m \cdot na = mn \cdot a$；

(5) 对于任意的 $a \in R$，有 $0a=a0=0$，其中 0 均为 R 中的零元；

(6) 对于任意的 $a, b \in R$，有 $(-a)b=-ab=a(-b)$；

(7) 对于任意的 $a, b \in R$，有 $(-a)(-b)=ab$；

(8) 对于任意的 $a, b, c \in R$，有 $a(b-c)=ab-ac$，$(b-c)a=ba-ca$；

(9) 对于任意的 $n \in \mathbf{Z}$，有 $(na)b=a(nb)=n(ab)$。

这些性质的证明都很简单，请读者自行证明。

定义 9.8.3 若对于任意的 $a, b \in R$，皆有

$$ab=ba$$

则称环 R 为交换环。

定义 9.8.4 若对于任意的 $a \in R$，皆有

$$ea=ae=a$$

则称环 R 的一个元 e 为单位元。

一般地，环未必有单位元。事实上，环也可以仅含有左单位元或仅含有右单位元，但两者都存在，则一定相等。同半群一样，如果 R 是含有单位元的环，则单位元唯一。习惯上，常用 1 来表示这个唯一的单位元。当然，环中的 1 不是特指整数 1。

在含有单位元的环中可以规定一个非零元的零次方，即对于任意的 $a\in R$ 且 $a\neq 0$，定义

$$a^0=1$$

定义 9.8.5　如果

$$ab=ba=1$$

则称有单位元 1 的环的一个元 b 为元 a 的一个逆元。记 a 的逆元为 a^{-1}。

一般所考虑的环 R 至少有两个元，这时 R 至少有一个不为零元的元 a，由 $0a=0\neq a$ 知零元不会是 R 的单位元。再由任意的 $a\in R$ 皆有 $0a=0$ 知零元不会有逆元。同样，跟独异点一样，如果元 $a\in R$ 有逆元，则其逆元唯一。当然，一个元 a 未必有逆元。同样，一个元也可以仅有左逆元或右逆元，但若两个都存在，则一定相等。这里仅讨论两者都存在且相等的元素，即具有逆元的元素。

定义 9.8.6　在环 R 中，如果存在 a，$b\in R$ 满足 $a\neq 0$，$b\neq 0$ 但 $ab=0$，则称 a 是这个环的一个左零因子，b 是一个右零因子。左零因子和右零因子统称为零因子。

一个环若是交换环，则左零因子必是右零因子，反之亦然。但在非交换环中，一个零因子未必同时是左、右零因子。

环当然可以没有零因子，比如整数环。显然，在且只在没有零因子的环里，蕴涵关系

$$ab=0\Rightarrow a=0 \text{ 或 } b=0$$

才会成立。

定义 9.8.7　若

(1) 乘法满足交换律；

(2) R 有单位元 1；

(3) R 没有零因子，

则称环 R 为整环。

简单地说，整环就是有单位元而没有零因子的交换环。整环满足上述三个性质。对于另外一个性质——逆元律，整环不一定成立。如整数环是一个整环，但有的元素不存在逆元。

现在给出具有上述所有性质的环——域的概念。

定义 9.8.8　如果 $\langle F;+,*\rangle$ 为一个环，且 $\langle F^*;*\rangle$ 为交换群，其中 $F^*=F-\{0\}$，则称 $\langle F;+,*\rangle$ 为域。

域的实例很多，如全体有理数的集合、全体实数的集合、全体复数的集合按普通意义下的加、乘运算构成域，这就是有理数域、实数域与复数域。

例 9.8.3　$\langle \mathbf{Q};+,\times\rangle$ 是域；$\langle \mathbf{Z};+,\times\rangle$ 不是域，因为在整数集合 $\mathbf{Z}$ 中，除 ± 1 外的整数均没有乘法逆元；$\langle \mathbf{Z}_5;+_5,\times_5\rangle$ 是域，1(和 4)的逆元是它本身，2 和 3 互为逆元；$\langle \mathbf{Z}_6;+_6,\times_6\rangle$ 不是域，它甚至不是整环，因为它有零因子，例如 2、3，它们没有乘法逆元。

定理 9.8.1　$\langle \mathbf{Z}_p; +_p, \times_p \rangle$为域当且仅当 p 为素数。

证明　设 p 不是素数，因为 p 的因子为 $\mathbf{Z}_p$的零因子，故$\langle \mathbf{Z}_p; +_p, \times_p \rangle$不是域。

反之，当 p 为素数时，设 q 是 $\mathbf{Z}_p$中任一非零元素，则 q 与 p 互素，故同余方程

$$qx \equiv_p 1$$

可解(mod p)，即 q 有逆元，这说明 $\mathbf{Z}_p$中所有非零元素都有关于运算$\times_p$的逆元，从而含幺交换环$\langle \mathbf{Z}_p; +_p, \times_p \rangle$为域。

定理 9.8.2　有限整环都是域。

证明　设$\langle R; +, * \rangle$为有限整环，由于$\langle R; * \rangle$为有限含幺交换半群，因此为了证明$\langle R^*; * \rangle$是交换群，只需证明 R^* 中的任意元皆有逆元。

任取 $a \in R^*$，往证 a^{-1}存在。考虑 R 到 R 的映射 f：

$$\forall x \in R, f(x) = ax$$

一方面，由于 R 中消去律成立，因此$\forall x_1, x_2 \in R$，有

$$x_1 \neq x_2 \Rightarrow ax_1 \neq ax_2$$

这表明 f 是一个入射。另一方面，设 R 含有 n 个元，则

$$f(R) = \{ax \mid x \in R\}$$

也有 n 个元，故 $f(R)=R$，这表明 f 是一个满射。

综上可知，f 是双射，从而存在 $x \in R$ 满足 $ax=1$，即 $x=a^{-1}$，所以$\langle R; +, * \rangle$为域。

例 9.8.4　设 $F=\{a+b\sqrt{3} \mid a、b 是有理数\}$，证明 F 对普通加法和乘法是一个域。

证明　(1) 证明 F 对数的加法和乘法运算是封闭的。

对于任意的 $a_1+b_1\sqrt{3}$，$a_2+b_2\sqrt{3} \in F$，有

$$(a_1+b_1\sqrt{3})+(a_2+b_2\sqrt{3})=(a_1+a_2)+(b_1+b_2)\sqrt{3} \in F$$

$$(a_1+b_1\sqrt{3})\times(a_2+b_2\sqrt{3})=(a_1a_2+3b_1b_2)+(a_1b_2+a_2b_1)\sqrt{3} \in F$$

所以 F 对加法和乘法运算是封闭的。

(2) 容易验证，F 满足乘法、加法的结合律和分配律。

(3) 加法单位元为 0，乘法单位元为 1。

(4) 对于任意的 $a+b\sqrt{3} \in F$，加法逆元为 $-a+(-b)\sqrt{3}$，乘法逆元为 $\frac{a}{a^2-3b^2}+\frac{-b}{a^2-3b^2}\sqrt{3}$，所以 F 对加法构成群，F^* 对乘法构成群。

容易看出，$\langle F; + \rangle$和$\langle F^*; \times \rangle$都为交换群，所以 F 为域。

习　题　9.8

1. 设$\langle R; +, * \rangle$为一个代数系统，这里$+$、$*$分别为数的加法和乘法运算，R 为下列集合，则$\langle R; +, * \rangle$是整环吗？为什么？

(1) $R=\{x \mid x=2n, n \in \mathbf{Z}\}$；

(2) $R=\{x \mid x=2n+1, n \in \mathbf{Z}\}$；

(3) $R=\{x \mid x \geqslant 0, x \in \mathbf{Z}\}$；

(4) $R=\{x \mid x=a+b\sqrt{3}, a, b \in \mathbf{R}\}$。

2. 已知一个环$\langle\{a, b, c, d\}; +, *\rangle$，它的运算表由表 9.8.1 和表 9.8.2 给出，它是一个交换环吗？是否存在乘法单位元？这个环的零元是什么？试求出每个元素的加法逆元。

表 9.8.1

$+$	a	b	c	d
a	a	b	c	d
b	b	c	d	a
c	c	d	a	b
d	d	a	b	c

表 9.8.2

$*$	a	b	c	d
a	a	a	a	a
b	a	c	a	c
c	a	a	a	a
d	a	c	a	c

3. 已知代数系统$\langle \mathbf{Z}; \oplus, \otimes\rangle$，对于任意的$a, b\in\mathbf{Z}$，有$a\oplus b=a+b-1$，$a\otimes b=a+b-ab$，试证：$\langle \mathbf{Z}; \oplus, \otimes\rangle$是有单位元的交换环。

4. 设$\langle R; +, *\rangle$是一个环，且对于任意的$a\in R$有$a*a=a$，证明：

(1) 对于任意的$a\in R$，有$a+a=\theta$，其中θ是加法单位元；

(2) $\langle R; +, *\rangle$是交换环。

5. 设$\langle R; +, *\rangle$为一个代数系统，这里$+$、$*$分别为数的加法和乘法运算，R为下列集合，则$\langle R; +, *\rangle$是域吗？为什么？

(1) $R=\{x \mid x\geqslant 0, x\in\mathbf{Z}\}$；

(2) $R=\{x \mid x=a+b\sqrt{2}$，a、b是有理数$\}$；

(3) $R=\{x \mid x=a+b\sqrt[3]{5}$，$a$、$b$是有理数$\}$；

(4) $R=\{x \mid x=a+b\sqrt{5}$，a、b是有理数$\}$；

(5) $R=\left\{x \,\middle|\, x=\dfrac{a}{b}, a, b\in\mathbf{N}_+ \text{ 且 } b\nmid a\right\}$。

6. 设$\langle R; +, *\rangle$是域，$S_1\subseteq R$，$S_2\subseteq R$，且$\langle S_1; +, *\rangle$，$\langle S_2; +, *\rangle$都构成域，证明：$\langle S_1\cap S_2; +, *\rangle$也构成域。

第十章　格与布尔代数

10.1　格的概念与性质

格与布尔代数是代数系统中的又一类重要结构。与第九章所讨论的代数系统不同，在格与布尔代数中，偏序关系具有重要的意义。为了强调偏序关系的作用，下面分别从偏序关系和代数结构两个方面引入格的概念。

定义 10.1.1　设$\langle L;\leqslant\rangle$是偏序集，如果$\forall a, b\in L$，集合$\{a, b\}$的上确界和下确界都存在，则称$\langle L;\leqslant\rangle$是格。

根据全序集的定义，全序集一定是格，因为当a和b可比较时，集合$\{a, b\}$的上(下)确界一定存在，而且就是a或b中的一个。反之，格不一定是全序集，因为当a和b不可比较时，集合$\{a, b\}$的上(下)确界可以存在，只不过不是a或b中的一个而已。

例 10.1.1　下列偏序集均为格：

(1) 对于偏序集$\langle \mathbf{R};\leqslant\rangle$，$\forall a, b\in\mathbf{R}$，$\max\{a, b\}$和$\min\{a, b\}$分别是$\{a, b\}$的上确界和下确界，所以$\langle \mathbf{R};\leqslant\rangle$是格。

(2) 对于偏序集$\langle \mathbf{N}_+;\mid\rangle$，$\forall a, b\in\mathbf{N}_+$，最大公约数$\mathrm{GCD}(a, b)$和最小公倍数$\mathrm{LCM}(a, b)$分别是$\{a, b\}$的上确界和下确界，所以$\langle \mathbf{N}_+;\mid\rangle$是格。

(3) 设S为一集合，对于偏序集$\langle P(S);\subseteq\rangle$，$\forall A, B\in P(S)$，$\{A, B\}$都有上确界$A\cup B$和下确界$A\cap B$，所以$\langle P(S);\subseteq\rangle$是格，称为集合$S$的幂集格。

例 10.1.2　图 10.1.1 所示的 Hasse 图所表示的偏序集都不是格。

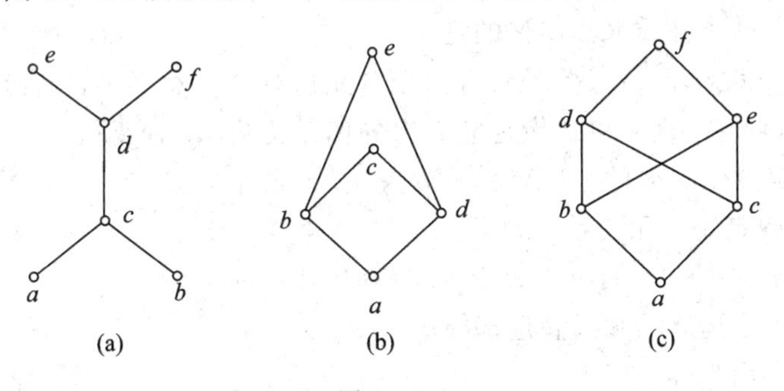

图 10.1.1

图 10.1.1(a)所示偏序集不是格，因为$\{a, b\}$没有下界，当然也没有下确界。图 10.1.1(b)所示偏序集不是格，因为$\{b, d\}$有两个上界c和e，但没有上确界。图 10.1.1(c)所示偏序集也不是格，因为$\{b, c\}$有三个上界d、e和f，但没有上确界。

由于上确界和下确界具有唯一性，因此可以把求$\{a, b\}$的上确界和下确界看成集合L上的二元运算$\oplus$和$\otimes$，即用$a\oplus b$和$a\otimes b$分别表示a和b在格$\langle L;\leqslant\rangle$中的上确界和下确界。

定义 10.1.2　设$\langle L;\leqslant\rangle$是一个格，$\oplus$和$\otimes$分别为 L 上的求上确界和下确界的运算，则称代数系统$\langle L;\oplus,\otimes\rangle$为由格$\langle L;\leqslant\rangle$所诱导的代数系统。

例 10.1.3　对于任意集合 S，偏序集$\langle P(S);\subseteq\rangle$为格，其中$\oplus$、$\otimes$运算即为集合的并、交运算，即对于$\forall B, C\in P(S)$，有

$$B\oplus C=B\cup C,\ B\otimes C=B\cap C$$

$\oplus$和$\otimes$在 $P(S)$上封闭，$\langle P(S);\subseteq\rangle$所诱导的代数系统为$\langle P(S);\oplus,\otimes\rangle$。

定理 10.1.1　设$\langle L;\leqslant\rangle$是格，则求上确界和下确界的运算$\oplus$和$\otimes$满足交换律、结合律、吸收律和幂等律，即

(1) 对于$\forall a, b\in L$，有

$$a\oplus b=b\oplus a,\ a\otimes b=b\otimes a$$

(2) 对于$\forall a, b, c\in L$，有

$$(a\oplus b)\oplus c=a\oplus(b\oplus c),\ (a\otimes b)\otimes c=a\otimes(b\otimes c)$$

(3) 对于$\forall a, b\in L$，有

$$a\oplus(a\otimes b)=a,\ a\otimes(a\oplus b)=a$$

(4) 对于$\forall a\in L$，有

$$a\oplus a=a,\ a\otimes a=a$$

根据上确界和下确界的定义即可证明此定理。

定理 10.1.2　设$\langle L;\leqslant\rangle$是格，则对于$\forall a, b\in L$，有

$$a\leqslant b\Leftrightarrow a\oplus b=b\Leftrightarrow a\otimes b=a$$

证明　只证 $a\leqslant b\Leftrightarrow a\oplus b=b$，$a\leqslant b\Leftrightarrow a\otimes b=a$ 的证明类似。

设 $a\leqslant b$，因为 $b\leqslant b$，所以 $a\oplus b\leqslant b$，又由 $a\oplus b$ 的定义知 $b\leqslant a\oplus b$，所以 $a\oplus b=b$。反之，如果 $a\oplus b=b$，则由上确界的定义知 $a\leqslant b$。

由定理 10.1.1 可知，格所诱导的代数系统$\langle L;\oplus,\otimes\rangle$是一个具有两个二元运算的系统，其中运算$\oplus$和$\otimes$满足交换律、结合律、吸收律和幂等律，因此能够像群、环、域一样，通过规定运算及其基本性质来给出格的定义。

定理 10.1.3　设$\langle L;\oplus,\otimes\rangle$是具有两个二元运算的代数系统，且运算$\oplus$和$\otimes$满足交换律、结合律、吸收律，则可以适当定义 L 上的偏序关系$\leqslant$，使得$\langle L;\leqslant\rangle$构成格，且对于$\forall a, b\in L$ 有 $a\oplus b$ 为$\{a, b\}$的上确界，$a\otimes b$ 为$\{a, b\}$的下确界。

证明　在 L 中定义二元关系$\leqslant$如下：

$$\leqslant=\{\langle a, b\rangle\mid a, b\in L \text{ 且 } a\oplus b=b\}$$

(1) 证明在 L 中运算$\oplus$和$\otimes$满足幂等律。

对于$\forall a\in L$，由吸收律即得

$$a\oplus a=a\oplus(a\otimes(a\oplus a))=a$$

同理，可得

$$a\otimes a=a$$

(2) 证明$\leqslant$是 L 上的偏序关系。

对于$\forall a\in L$，根据幂等律

$$a\oplus a-a$$

知$\langle a, a\rangle\in\leqslant$，所以$\leqslant$在 L 上是自反的。

对于$\forall a, b\in L$，由关系$\leqslant$的定义和交换律即得

$$(a\leqslant b)\land(b\leqslant a)\Leftrightarrow(a\oplus b=b)\land(b\oplus a=a)\Rightarrow a=b$$

即$\leqslant$在 L 上是反对称的。

对于$\forall a, b, c\in L$，由关系$\leqslant$的定义和结合律即得

$$(a\leqslant b)\land(b\leqslant c)\Leftrightarrow(a\oplus b=b)\land(b\oplus c=c)\Rightarrow a\oplus c=a\oplus(b\oplus c)$$
$$\Rightarrow a\oplus c=(a\oplus b)\oplus c\Rightarrow a\oplus c=b\oplus c\Rightarrow a\oplus c=c\Rightarrow a\leqslant c$$

即$\leqslant$在 L 上是传递的。

综上所述，$\leqslant$是 L 上的偏序关系。

(3) 证明$\langle L;\leqslant\rangle$构成格，即对于$\forall a, b\in L$，$\{a, b\}$存在上、下确界。

对于$\forall a, b\in L$，由结合律、交换律和幂等律即得

$$a\oplus(a\oplus b)=(a\oplus a)\oplus b=a\oplus b$$
$$b\oplus(a\oplus b)=(b\oplus a)\oplus b=(a\oplus b)\oplus b=a\oplus(b\oplus b)=a\oplus b$$

由关系$\leqslant$的定义即可推出 $a\leqslant a\oplus b$ 和 $b\leqslant a\oplus b$，所以 $a\oplus b$ 是$\{a, b\}$的上界。

假设 c 也是$\{a, b\}$的上界，则有 $a\leqslant c$ 和 $b\leqslant c$，由关系$\leqslant$的定义即得

$$a\oplus c=c,\ b\oplus c=c$$

从而

$$(a\oplus b)\oplus c=a\oplus(b\oplus c)=a\oplus c=c$$

再次根据关系$\leqslant$的定义，得到 $a\oplus b\leqslant c$，所以 $a\oplus b$ 是$\{a, b\}$的最小上界，即对于$\forall a, b\in L$，$\{a, b\}$存在上确界 $a\oplus b$。

因为若 $a\otimes b=a$，则由吸收律即得

$$a\oplus b=(a\otimes b)\oplus b=b$$

反之，若 $a\oplus b=b$，则由吸收律即得

$$a\otimes b=a\otimes(a\oplus b)=a$$

所以 $a\otimes b=a$ 等价于 $a\oplus b=b$。于是由偏序关系$\leqslant$的定义即得

$$a\leqslant b\Leftrightarrow a\otimes b=a$$

类似地，可证明集合$\{a, b\}$存在下确界 $a\otimes b$。

根据定理 10.1.3，可以给出格的另一个等价定义。

定义 10.1.3　设$\langle L;\oplus,\otimes\rangle$是具有两个二元运算的代数系统，如果运算$\oplus$和$\otimes$满足交换律、结合律、吸收律，则称$\langle L;\oplus,\otimes\rangle$是格。

下面给出有关格的几个性质。

定理 10.1.4(保序性)　设$\langle L;\leqslant\rangle$是格，则对于$\forall a, b, c, d\in L$，若 $a\leqslant b$ 且 $c\leqslant d$，有

$$a\oplus c\leqslant b\oplus d,\ a\otimes c\leqslant b\otimes d$$

证明　因为 $b\oplus d$ 是$\{b, d\}$的上确界，所以

$$a\leqslant b\leqslant b\oplus d,\ c\leqslant d\leqslant b\oplus d$$

这表明 $b\oplus d$ 是$\{a, c\}$的上界。由于上确界是最小的上界，因此

$$a\oplus c\leqslant b\oplus d$$

同理，可证明 $a\otimes c\leqslant b\otimes d$。

定理 10.1.5(分配不等式)　设$\langle L;\leqslant\rangle$是格，则对于$\forall a, b, c\in L$，有

$$a\oplus(b\otimes c)\leqslant(a\oplus b)\otimes(a\oplus c),\ a\otimes(b\oplus c)\geqslant(a\otimes b)\oplus(a\otimes c)$$

证明 由 $a\leqslant a$，$b\otimes c\leqslant b$ 得

$$a\oplus(b\otimes c)\leqslant a\oplus b$$

由 $a\leqslant a$，$b\otimes c\leqslant c$ 得

$$a\oplus(b\otimes c)\leqslant a\oplus c$$

从而得到

$$a\oplus(b\otimes c)\leqslant(a\oplus b)\otimes(a\oplus c)$$

用类似的方法可证明 $a\otimes(b\oplus c)\geqslant(a\otimes b)\oplus(a\otimes c)$。

从定理 10.1.1～定理 10.1.5 可以看出，格中公式都是成对出现的，这是因为格中对偶原理成立。

定义 10.1.4 对一个由格 $\langle L;\leqslant\rangle$ 中的元素、运算符号 $\oplus$ 和 $\otimes$ 所组成的表达式 f，将 f 中的运算 $\otimes$ 改为 $\oplus$，$\oplus$ 改为 $\otimes$ 所得的新关系式记为 f^*，则称 f^* 为 f 的对偶式。

显然，对偶式是相互的，即 $(f^*)^*=f$。例如，$(a\otimes b)\oplus c$ 与 $(a\oplus b)\otimes c$ 互为对偶式。

定理 10.1.6（格的对偶原理） 设 f 和 g 是由格 $\langle L;\leqslant\rangle$ 中的元素、运算符号 $\oplus$ 和 $\otimes$ 所组成的表达式，则

(1) 若 $f\leqslant g$，则有 $g^*\leqslant f^*$；

(2) 若 $f=g$，则有 $f^*=g^*$。

这个原理的正确性从直观上看是不难理解的，证明过程请读者自行完成。

定义 10.1.5 设 $\langle L;\oplus,\otimes\rangle$ 是格，S 是 L 的非空子集，若 S 关于 L 中的运算 $\oplus$ 和 $\otimes$ 仍构成格，则称 S 是 L 的子格。

【注】 $\langle S;\oplus,\otimes\rangle$ 是 $\langle L;\oplus,\otimes\rangle$ 的子格当且仅当 S 在 L 的运算 $\oplus$ 和 $\otimes$ 下封闭。因为只有这样，L 的运算 $\oplus$ 和 $\otimes$ 才是 S 上的运算，而一旦是 S 上的运算，交换律、结合律与吸收律自然满足，从而 $\langle S;\oplus,\otimes\rangle$ 构成格。

因为求上确界和下确界就是作 L 中的两个运算 $\oplus$ 和 $\otimes$，所以当格采用偏序集形式给出时，子格的定义可描述如下。

定义 10.1.6 设 $\langle L;\leqslant\rangle$ 是格，S 是 L 的非空子集，若对于任意的 a，$b\in S$，集合 $\{a,b\}$ 在 L 中的上确界和下确界仍在 S 中，则称 S 是 L 的子格。

例 10.1.4 设 $L=\{1,2,3,5,6,10,15,30\}$，“$|$”表示整除关系，则 $\langle L;|\rangle$ 是格。同样地，令 $S=\{1,2,5,6,15,30\}$，则 $\langle S;|\rangle$ 也是格，但 $\langle S;|\rangle$ 不是 $\langle L;|\rangle$ 的子格。因为在 L 中 $2\oplus5=10$，即 $\{2,5\}$ 在 L 中的上确界为 10，而它不在 S 中，所以 $\langle S;|\rangle$ 不是 $\langle L;|\rangle$ 的子格。

定义 10.1.7 设 $\langle L;\oplus,\otimes\rangle$ 和 $\langle L';\oplus',\otimes'\rangle$ 是格，ϕ 是 L 到 L' 的映射，若对于 $\forall a$，$b\in L$，都有

$$\phi(a\oplus b)=\phi(a)\oplus'\phi(b),\ \phi(a\otimes b)=\phi(a)\otimes'\phi(b)$$

则称 ϕ 是 L 到 L' 的同态映射。

例 10.1.5 设 $L=\{2n\mid n\in\mathbf{N}_+\}$，$L'=\{2n+1\mid n\in\mathbf{N}\}$，则 L 和 L' 关于数的小于或等于关系构成格。定义 L 到 L' 的映射 ϕ：

$$\phi(x)=x-1$$

不难验证 ϕ 是 L 到 L' 的同态映射。因为对于任意的 a，$b\in L$，有

$$\phi(a\oplus b)=\phi(\max(a, b))=\max(a, b)-1$$
$$\phi(a)\oplus\phi(b)=(a-1)\oplus(b-1)=\max(a-1, b-1)=\max(a, b)-1$$
$$\phi(a\otimes b)=\phi(\min(a, b))=\min(a, b)-1$$
$$\phi(a)\otimes\phi(b)=(a-1)\otimes(b-1)=\min(a-1, b-1)=\min(a, b)-1$$

即

$$\phi(a\oplus b)=\phi(a)\oplus\phi(b),\ \phi(a\otimes b)=\phi(a)\otimes\phi(b)$$

成立。

类似于群同态，也可以定义格的单一同态、满同态和同构，限于篇幅，这里不再赘述。下面给出关于格同态和格同构的定理。

定理 10.1.7　设$\langle L; \leqslant\rangle$和$\langle L'; \leqslant'\rangle$是格，$\phi$是$L$到$L'$的映射。

(1) 若ϕ是同态映射，则ϕ是保序映射，即对于$\forall a, b\in L$，有

$$a\leqslant b\Rightarrow\phi(a)\leqslant\phi(b)$$

(2) 若ϕ是双射，则ϕ是同构映射，当且仅当对于$\forall a, b\in L$，有

$$a\leqslant b\Leftrightarrow\phi(a)\leqslant\phi(b)$$

证明　(1) 任取$a, b\in L$，$a\leqslant b$，由定理 10.1.2 知$a\oplus b=b$。又因为ϕ是格同态映射，所以有

$$\phi(b)=\phi(a\oplus b)=\phi(a)\oplus\phi(b)$$

再由定理 10.1.2 即知$\phi(a)\leqslant\phi(b)$。

(2) 充分性。只需证明ϕ是L到L'的同态映射。

任取$a, b\in L$，令$a\oplus b=c$，则$a\leqslant c$和$b\leqslant c$，于是由已知条件知

$$\phi(a)\leqslant\phi(c),\ \phi(b)\leqslant\phi(c)$$

从而有

$$\phi(a)\oplus\phi(b)\leqslant\phi(c)=\phi(a\oplus b)$$

另一方面，由$\phi(a)\oplus\phi(b)\in L'$和$\phi$的满射性知，必存在$d\in L$，使得

$$\phi(d)=\phi(a)\oplus\phi(b)$$

从而有

$$\phi(a)\leqslant\phi(d),\ \phi(b)\leqslant\phi(d)$$

于是由已知条件知$a\leqslant d$和$b\leqslant d$，故有$a\oplus b\leqslant d$。再次使用已知条件，得到

$$\phi(a\oplus b)\leqslant\phi(d)=\phi(a)\oplus\phi(b)$$

综合上述得到的两个式子，有

$$\phi(a\oplus b)=\phi(a)\oplus\phi(b)$$

同理可证$\phi(a\otimes b)=\phi(a)\otimes\phi(b)$，所以$\phi$是$L$到$L'$的同态映射。

必要性。若$\phi(a)\leqslant\phi(b)$，由于ϕ是同构映射，因此由定理 10.1.2 知

$$\phi(a\oplus b)=\phi(a)\oplus\phi(b)=\phi(b)$$

又由于ϕ是双射，从而$a\oplus b=b$，再由定理 10.1.2 即知$a\leqslant b$。

反之，若$a\leqslant b$，则根据本定理的结论(1)即知$\phi(a)\leqslant\phi(b)$。

所以，对于$\forall a, b\in L$，有$a\leqslant b\Leftrightarrow\phi(a)\leqslant\phi(b)$。

10.2　分配格、有界格与有补格

10.1 节中证明了格中的运算$\oplus$和$\otimes$满足交换律、结合律、吸收律和幂等律，没有提及它是否满足分配律。一般来说，格中的运算$\oplus$和$\otimes$不满足分配律，只满足定理 10.1.5 的分配不等式。如果把定理 10.1.5 的两个不等式中的“$\leqslant$”和“$\geqslant$”换成“$=$”后仍成立，就得到一种特殊的格——分配格。

定义 10.2.1　设$\langle L;\oplus,\otimes\rangle$是格，如果在 L 中分配律成立，即对于$\forall a, b, c\in L$，有

$$a\oplus(b\otimes c)=(a\oplus b)\otimes(a\oplus c),\ a\otimes(b\oplus c)=(a\otimes b)\oplus(a\otimes c)$$

则称 L 是分配格。

例 10.2.1　设 $S=\{a, b, c\}$，则$\langle P(S);\cup,\cap\rangle$构成格，而其中“$\cup$对$\cap$”及“$\cap$对$\cup$”都满足分配律，所以$\langle P(S);\cup,\cap\rangle$是分配格。

一般地，对于任意非空集合 S，$\langle P(S);\cup,\cap\rangle$都是分配格。

例 10.2.2　图 10.2.1 所示的格是分配格。

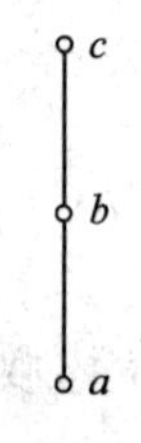

图 10.2.1

一般地，有以下定理。

定理 10.2.1　若$\langle L;\leqslant\rangle$是全序集，则$\langle L;\leqslant\rangle$是分配格。

证明　设$\langle L;\leqslant\rangle$是全序集，则对于集合 L 中的任意三个元素 a、b、c 分情况讨论如下：

(1) 若 $b\leqslant a$，$c\leqslant a$，此时

$$a\otimes(b\oplus c)=b\oplus c,\quad (a\otimes b)\oplus(a\otimes c)=b\oplus c$$

同时

$$a\oplus(b\otimes c)=a,\quad (a\oplus b)\otimes(a\oplus c)=a\otimes a=a$$

所以

$$a\otimes(b\oplus c)=(a\otimes b)\oplus(a\otimes c),\quad a\oplus(b\otimes c)=(a\oplus b)\otimes(a\oplus c)$$

(2) 若 $a\leqslant b$，$a\leqslant c$，此时

$$a\otimes(b\oplus c)=a,\quad (a\otimes b)\oplus(a\otimes c)=a\oplus a=a$$

同时

$$a\oplus(b\otimes c)=b\otimes c,\quad (a\oplus b)\otimes(a\oplus c)=b\otimes c$$

所以

$$a\otimes(b\oplus c)=(a\otimes b)\oplus(a\otimes c),\quad a\oplus(b\otimes c)=(a\oplus b)\otimes(a\oplus c)$$

(3) 若 $b\leqslant a\leqslant c$，此时

$$a\otimes(b\oplus c)=a\otimes c=a,\quad (a\otimes b)\oplus(a\otimes c)=b\oplus a=a$$

同时

$$a\oplus(b\otimes c)=a\oplus b=a,\quad (u\oplus b)\otimes(a\oplus c)=a\otimes c=a$$

所以

$$a\otimes(b\oplus c)=(a\otimes b)\oplus(a\otimes c), \quad a\oplus(b\otimes c)=(a\oplus b)\otimes(a\oplus c)$$

因此，无论任何情况，皆有

$$a\otimes(b\oplus c)=(a\otimes b)\oplus(a\otimes c), \quad a\oplus(b\otimes c)=(a\oplus b)\otimes(a\oplus c)$$

即$\langle L;\leqslant\rangle$是分配格。

【注】 并不是所有的格都是分配格。

下面举两个非分配格的例子。

例 10.2.3 图 10.2.2 所示的两个格均不是分配格。

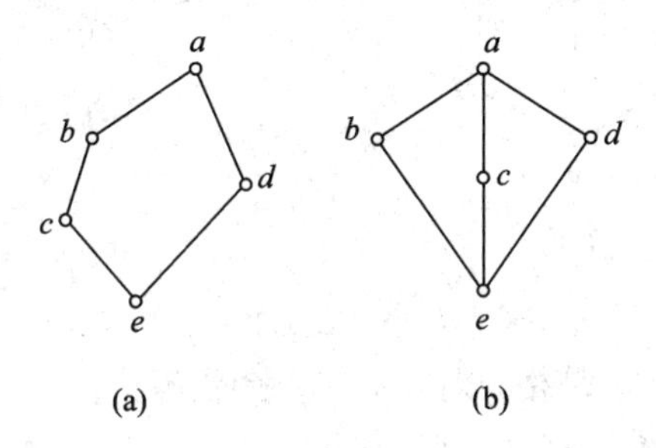

图 10.2.2

图 10.2.2(a)是一个非分配格，因为

$$b\otimes(c\oplus d)=b\otimes a=b$$

但

$$(b\otimes c)\oplus(b\otimes d)=c\oplus e=c$$

同样，图 10.2.2(b)是一个非分配格，因为

$$b\oplus(c\otimes d)=b\oplus e=b$$

但

$$(b\oplus c)\otimes(b\oplus d)=a\otimes a=a$$

图 10.2.2(a)中的格称为五角格，图 10.2.2(b)中的格称为钻石格，它们具有典型意义，事实上，有如下定理。

定理 10.2.2 设$\langle L;\oplus,\otimes\rangle$是格，则 L 是分配格当且仅当 L 中不含有与五角格或钻石格同构的子格。

这个定理的证明超出了本书的范围，读者只要掌握它的应用即可。

定理 10.2.3 设$\langle L;\oplus,\otimes\rangle$是分配格，则对于$\forall a, b, c\in L$，有

$$a\oplus c=b\oplus c,\ a\otimes c=b\otimes c\Rightarrow a=b$$

证明 L 是分配格，利用运算$\oplus$和$\otimes$的吸收律、交换律和分配律以及已知条件 $a\oplus c=b\oplus c$，$a\otimes c=b\otimes c$ 得

$$\begin{aligned} a &=a\otimes(a\oplus c)=a\otimes(b\oplus c)\\ &=(a\otimes b)\oplus(a\otimes c)=(a\otimes b)\oplus(b\otimes c)\\ &=b\otimes(a\oplus c)=b\otimes(b\oplus c)=b \end{aligned}$$

定理 10.2.3 表明，在分配格中消去律成立，而在一般的格中消去律并不成立。

定义 10.2.2 设$\langle L;\leqslant\rangle$是格，如果 L 中存在最大元和最小元，则称 L 是有界格。通常格中最大元又称为格$\langle L;\leqslant\rangle$的全上界、上界，记为 1；格中最小元又称为格$\langle L;\leqslant\rangle$的全

下界、下界，记为0。有界格L记为$\langle L;\leqslant;0,1\rangle$。

由最大元和最小元性质可知，全下(上)界如果存在，则必唯一。

例 10.2.4 设S为一个非空集合，则格$\langle P(S);\cup,\cap\rangle$为有界格，其全上界是$S$，全下界是$\varnothing$，故该有界格记作$\langle P(S);\cup,\cap;\varnothing,S\rangle$。

例 10.2.5 图 10.2.3 所示的格均为有界格。

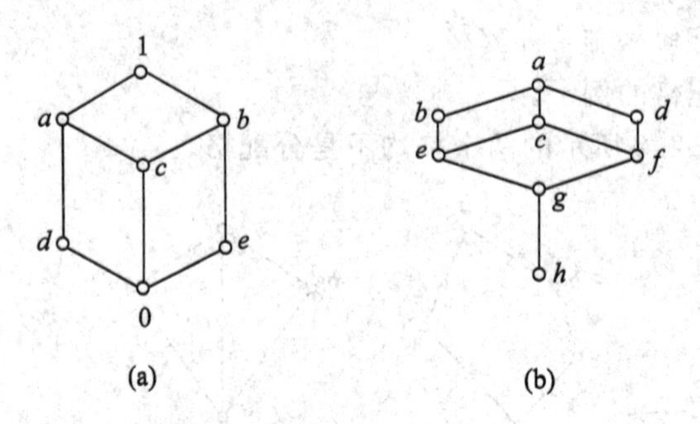

图 10.2.3

定理 10.2.4 设$\langle L;\leqslant\rangle$是格，则以下三个命题等价。

(1) 存在$0, 1\in L$，使得$\forall a\in L$，有$0\leqslant a$，$a\leqslant 1$。

(2) 存在$0, 1\in L$，使得$\forall a\in L$，有$a\oplus 0=a$，$a\otimes 1=a$。

(3) 存在$0, 1\in L$，使得$\forall a\in L$，有$a\oplus 1=1$，$a\otimes 0=0$。

(1)、(2)与(3)的等价性可以由定理 10.1.2 直接得出。

从定义 10.2.2 和定理 10.2.4 可以看出，有界格的下界0实际上是运算$\oplus$的单位元，运算$\otimes$的零元；有界格的上界1实际上是运算$\oplus$的零元，运算$\otimes$的单位元。定理 10.2.3 中的结论(2)实际上就是单位元律，结论(3)实际上就是零元律。定理 10.2.4 表明，一个格是有界格与这个格满足单位元律或满足零元律是等价的。

定义 10.2.3 设$\langle L;\oplus,\otimes;0,1\rangle$是有界格，对于$a\in L$，如果存在元素$b\in L$，使得

$$a\oplus b=1,\ a\otimes b=0$$

则称元素b是元素a的补元，并记为$a^{c}=b$或$\bar{a}=b$。

由定义 10.2.3 知，若b是元素a的补元，则a定是元素b的补元，即a与b互为补元。特别地，0的补元是1，1的补元是0，且0和1的补元是唯一确定的。

【注】 这里的“补元”与群中的“逆元”不是一回事。“逆元”是根据单位元定义的，而“补元”是根据格的上界和下界定义的，或者说是根据零元定义的(注意：“1”是运算$\oplus$的零元，“0”是运算$\otimes$的零元)。

例 10.2.6 考察图 10.2.4 的三个有界格各元素的补元情况。

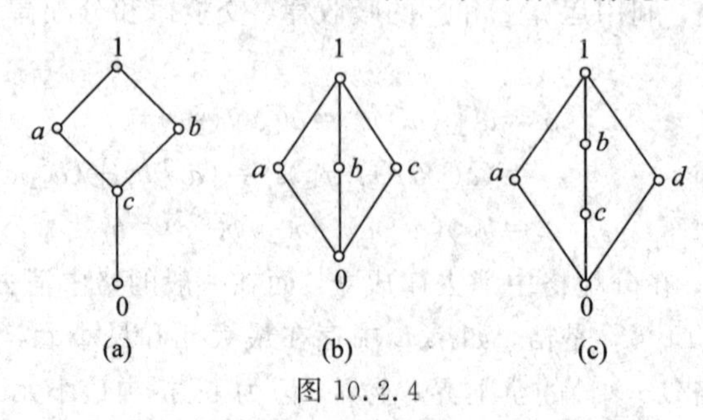

图 10.2.4

解　(1) 在图 10.2.4(a)所示的有界格中，0 和 1 互为补元；a、b、c 均无补元。

(2) 在图 10.2.4(b)所示的有界格中，0 和 1 互为补元；a 的补元是 b 和 c；b 的补元是 a 和 c；c 的补元是 a 和 b。

(3) 在图 10.2.4(c)所示的有界格中，0 和 1 互为补元；a 的补元是 b、c、d；d 的补元是 a、b、c；b 和 c 均以 a 和 d 为补元。

定义 10.2.4　设$\langle L;\leqslant;0,1\rangle$是有界格，如果 L 中的每个元素都至少有一个补元，则称 L 为有补格。

例 10.2.7　(1) 集合 S 的幂集格$\langle P(S);\subseteq\rangle$是一个有补格，格的上界是全集 S，格的下界是空集$\varnothing$，对于任意的 $A\in P(S)$，$S-A$ 是 A 的补元。

(2) 由有补格的定义知图 10.2.4(b)和图 10.2.4(c)所示的有界格是有补格，而图 10.2.4(a)所示的有界格不是有补格。

定理 10.2.5　设$\langle L;\oplus,\otimes\rangle$是有界分配格，若 $a\in L$ 有补元 b，则 b 是 a 的唯一补元。

证明　设 c 也是 a 的补元，则由补元的定义知

$$a\otimes b=a\otimes c=0,\ a\oplus b=a\oplus c=1$$

再结合定理 10.2.3，即知 $c=b$，即 a 的补元唯一。

由定理 10.2.5 可得如下推论。

推论　如果一个格是有补分配格，则它的每一个元都有唯一的补元。

习题 10.1、10.2

1. 图 10.2.5 所示 Hasse 图的偏序集是否为格?

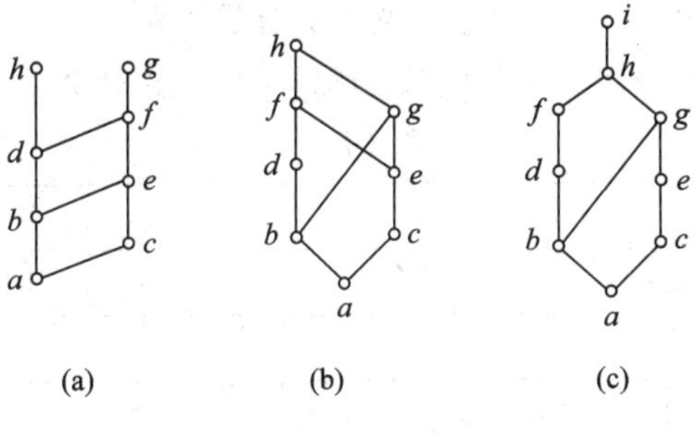

图 10.2.5

2. 设$\langle L;\leqslant\rangle$是格，其 Hasse 图如图 10.2.6 所示，取 $S_1=\{a,b,c,d\}$，$S_2=\{a,b,d,f\}$，$S_3=\{c,d,e,f\}$，$S_4=\{a,b,f,g\}$，试问：$\langle S_1;\leqslant_1\rangle$、$\langle S_2;\leqslant_2\rangle$、$\langle S_3;\leqslant_3\rangle$、$\langle S_4;\leqslant_4\rangle$中哪些是格？哪些是$\langle L;\leqslant\rangle$的子格？这里关系$\leqslant_i=\leqslant\cap(S_i\times S_i)$，$i=1,2,3,4$。

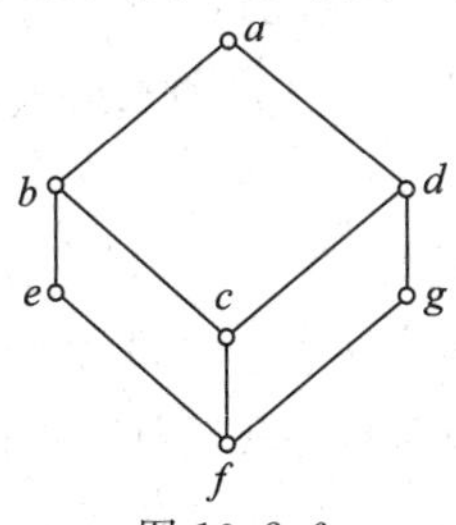

图 10.2.6

3. 设$\langle L; |\rangle$和$\langle S; \leqslant\rangle$是两个格，其中$L=\{2, 4, 8, 16\}$，$S=\{1, 2, 3, \cdots, 10\}$，“|”是数的整除关系，“$\leqslant$”是数的小于等于关系，试给出从$L$到$S$上的两个不同的格同态映射。

4. 设ϕ是格$\langle L_1; \leqslant_1\rangle$到格$\langle L_2; \leqslant_2\rangle$的满同态映射，若$\langle L_1; \leqslant_1\rangle$是有界格，证明$\langle L_2; \leqslant_2\rangle$也是有界格。

5. 设$\langle L; \leqslant\rangle$是有界格，证明：

(1) 若$\# L\geqslant 2$，则L中不存在以自身为补元的元素；

(2) 若$\# L\geqslant 3$，且$\langle L; \leqslant\rangle$是链(全序集)，则$\langle L; \leqslant\rangle$不是有补格。

6. 格$\langle \mathbf{N}_+; |\rangle$是分配格吗？试分析之。

7. 给出一个不是分配格的例子。

8. 试证明：在有界分配格中，所有具有补元的元素组成的集合构成子格。

10.3 布尔代数

定义 10.3.1 如果一个格是有补分配格，则称它为布尔格或布尔代数。具有有限个元素的布尔代数称为有限布尔代数；具有无限个元素的布尔代数称为无限布尔代数。

如不作特别说明，这里讨论的都是有限布尔代数。

由定理 10.2.5 的推论知，在布尔代数中，每个元素都存在唯一的补元，于是可以把求补元看作是布尔代数中的一元运算。因此，可以把布尔代数标记为$\langle B; \oplus, \otimes, ^c; 0, 1\rangle$。其中：“^{c}”为求补运算，即对于$\forall a\in B$，$a^c$为$a$的补元；$\oplus$，$\otimes$，^{c}称为布尔运算，且运算$\oplus$和$\otimes$通常称为布尔和与布尔积。

例 10.3.1 设$B=\{0, 1\}$，在B上定义二元运算$\wedge$和$\vee$，一元运算$\neg$，如表 10.3.1 所示，则$\langle B; \vee, \wedge, \neg; 0, 1\rangle$构成布尔代数，通常称为电路代数。

表 10.3.1

a	b	$a\vee b$	$a\wedge b$	$\neg a$
0	0	0	0	1
0	1	1	0	1
1	0	1	0	0
1	1	1	1	0

例 10.3.2 集合S的幂集$P(S)$在集合的并运算$\cup$、交运算$\cap$和补运算^{c}下构成布尔代数$\langle P(S); \cup, \cap, ^c; \varnothing, S\rangle$，通常称为集合代数。

例 10.3.3 设B是所有命题公式组成的集合，“$\vee$”“$\wedge$”和“$\neg$”分别表示命题公式的合取、析取和否定运算，T 和 F 分别代表永真式和永假式，则$\langle B; \vee, \wedge, \neg; \mathrm{F}, \mathrm{T}\rangle$构成布尔代数，通常称为命题代数。

例 10.3.4 设$B^n=B\times B\times\cdots\times B$，$B=\{0, 1\}$，为方便起见，把$B^n$的元素写成没有逗号的长度为$n$的位串形式，如$x=110011$和$y=111000$都是$B^6$中的元素。$B^n$中的运算“$\wedge$”“$\vee$”和“$\neg$”用各个分量定义，见表 10.3.1。例如对于前面B^6中的x和y，有

$$x\vee y=111011,\ x\wedge y=110000,\ \neg x=001100$$

于是，$\langle B^n; \vee, \wedge, \neg; 000\cdots0, 111\cdots1\rangle$构成布尔代数，通常称为逻辑代数或开关代数。

定理 10.3.1　在布尔代数$\langle B; \oplus, \otimes, ^c; 0, 1\rangle$中，德·摩根律成立，即对于$\forall a, b \in B$，有

$$(a\oplus b)^c = a^c \otimes b^c, \ (a\otimes b)^c = a^c \oplus b^c$$

证明　因为由分配律、交换律、结合律、有界格定义和补元定义得

$$(a\otimes b)\oplus(a^c\oplus b^c) = (a\oplus a^c\oplus b^c)\otimes(b\oplus a^c\oplus b^c) = (b^c\oplus 1)\otimes(a^c\oplus 1) = 1\otimes 1 = 1$$

$$(a\otimes b)\otimes(a^c\oplus b^c) = (a\otimes b\otimes a^c)\oplus(a\otimes b\otimes b^c) = (b\otimes 0)\oplus(a\otimes 0) = 0\oplus 0 = 0$$

所以$a^c\oplus b^c$是$a\otimes b$的补元，即

$$(a\otimes b)^c = a^c\oplus b^c$$

同理可证$(a\oplus b)^c = a^c\otimes b^c$。

命题逻辑与集合论中的德·摩根律实际上是定理 10.3.1 的特例。

定理 10.3.2　设$\langle B; \oplus, \otimes\rangle$是代数系统，$\oplus$、$\otimes$是两个二元运算，若运算$\oplus$、$\otimes$满足：

(1) 交换律，即对于$\forall a, b \in B$，有

$$a\oplus b = b\oplus a, \ a\otimes b = b\otimes a$$

(2) 分配律，即对于$\forall a, b, c \in B$，有

$$a\oplus(b\otimes c) = (a\oplus b)\otimes(a\oplus c), \ a\otimes(b\oplus c) = (a\otimes b)\oplus(a\otimes c)$$

(3) 单位元律，即存在元素 0，$1\in B$，使得$\forall a\in B$，有

$$a\oplus 0 = a, \ a\otimes 1 = a$$

(4) 补元律，即对于$\forall a\in B$存在$a^c\in B$，使得

$$a\oplus a^c = 1, \ a\otimes a^c = 0$$

则B是布尔代数。

证明　显然，为了证明B是布尔代数，只需证明它是格，即证明运算$\otimes$、$\oplus$满足吸收律和结合律。

(1) 证明满足吸收律。为此先证明在定理条件下零元律成立，即

$$\forall a\in B, \text{有 } a\otimes 0 = 0, \ a\oplus 1 = 1$$

事实上，由单位元律、补元律和分配律得

$$a\otimes 0 = (a\otimes 0)\oplus 0 = (a\otimes 0)\oplus(a\otimes a^c) = a\otimes(0\oplus a^c) = a\otimes a^c = 0$$

同理可证$a\oplus 1 = 1$，所以零元律成立。

有了零元律，再根据单位元律、分配律和交换律，就可以证明吸收律：$\forall a, b\in B$，

$$a\otimes(a\oplus b) = (a\oplus 0)\otimes(a\oplus b) = a\oplus(0\otimes b) = a\oplus(b\otimes 0) = a\oplus 0 = a$$

同理有$a\oplus(a\otimes b) = a$，所以吸收律成立。

(2) 为证明满足结合律，需要先证明以下命题：

$$\forall a, b, c\in B, \text{只要 } a\oplus b = a\oplus c, \ a^c\oplus b = a^c\oplus c, \text{就有 } b = c$$

事实上，由$a\oplus b = a\oplus c$，$a^c\oplus b = a^c\oplus c$可得

$$(a\oplus b)\otimes(a^c\oplus b) = (a\oplus c)\otimes(a^c\oplus c)$$

从而由分配律得

$$(a\otimes a^c)\oplus b = (a\otimes a^c)\oplus c$$

再由补元律得

$$0\oplus b=0\oplus c$$

最后由交换律和单位元律得

$$b=c$$

(3) 引用结论(2)证明满足结合律。

由分配律和吸收律知

$$\forall a, b, c\in B, a\oplus((a\otimes b)\otimes c)=(a\oplus(a\otimes b))\otimes(a\oplus c)=a\otimes(a\oplus c)=a$$

$$a\oplus(a\otimes(b\otimes c))=a$$

所以

$$a\oplus((a\otimes b)\otimes c)=a\oplus(a\otimes(b\otimes c))$$

再由分配律、交换律、补元律和单位元律得

$$\begin{aligned}a^c\oplus((a\otimes b)\otimes c)&=(a^c\oplus(a\otimes b))\otimes(a^c\oplus c)\\&=((a^c\oplus a)\otimes(a^c\oplus b))\otimes(a^c\oplus c)\\&=(1\otimes(a^c\oplus b))\otimes(a^c\oplus c)\\&=(a^c\oplus b)\otimes(a^c\oplus c)=a^c\oplus(b\otimes c)\\a^c\oplus(a\otimes(b\otimes c))&=(a^c\oplus a)\otimes(a^c\oplus(b\otimes c))\\&=1\otimes(a^c\oplus(b\otimes c))=a^c\oplus(b\otimes c)\end{aligned}$$

所以

$$a^c\oplus((a\otimes b)\otimes c)=a^c\oplus(a\otimes(b\otimes c))$$

由这两个等式，再结合结论(2)，就有

$$(a\otimes b)\otimes c=a\otimes(b\otimes c)$$

同理可证$(a\oplus b)\oplus c=a\oplus(b\oplus c)$，所以结合律成立。

综上可知，定理成立。

定义 10.3.2　设$\langle B; \oplus, \otimes, ^c; 0, 1\rangle$是布尔代数，$S$是$B$的非空子集，若$S$对运算$\otimes$、$\oplus$和^{c}都封闭，且$0, 1\in S$，则称$S$是$B$的子布尔代数。

例 10.3.5　设$\langle B; \oplus, \otimes, ^c; 0, 1\rangle$是布尔代数，$a, b\in B$且$a<b$，令

$$S=\{x \mid x\in B \text{ 且 } a\leqslant x\leqslant b\}$$

称S为B的区间，可简记为$[a, b]$。可以证明$\langle S; \oplus, \otimes, ^c; a, b\rangle$是布尔代数，但当$a\neq 0$或$b\neq 1$时，$S$不是$B$的子布尔代数。

事实上，因为S是B的非空子集，a和b分别是S的下界和上界，对于任意的$x, y\in S$，有

$$a\leqslant x, y\leqslant b$$

从而有

$$a\leqslant x\otimes y\leqslant b \text{ 和 } a\leqslant x\oplus y\leqslant b$$

这说明运算$\oplus$和$\otimes$对S是封闭的。

另外，易知运算$\oplus$和$\otimes$在S上满足单位元律、交换律和分配律。下面证明在S上补元律也成立。

对于任意的$x\in S$，用x^c表示x在B中的补元，令

$$y=(a\oplus x^c)\otimes b$$

由于$a\leqslant a\oplus x^c$，$a\leqslant b$，因此$a\leqslant(a\oplus x^c)\otimes b$。同时$(a\oplus x^c)\otimes b\leqslant b$，所以$y\in S$。

根据 B 上的分配律、补元律、单位元律以及 $a\leqslant b$，$a\leqslant x$，$x\leqslant b$，有

$$\begin{aligned}x\oplus y&=x\oplus((a\oplus x^c)\otimes b)=x\oplus(a\otimes b)\oplus(x^c\otimes b)\\&=x\oplus a\oplus(x^c\otimes b)\\&=x\oplus(x^c\otimes b)\\&=(x\oplus x^c)\otimes(x\oplus b)=1\otimes(x\oplus b)=x\oplus b=b\end{aligned}$$

$$\begin{aligned}x\otimes y&=x\otimes((a\oplus x^c)\otimes b)=(x\otimes b)\otimes(a\oplus x^c)=x\otimes(a\oplus x^c)\\&=(x\otimes a)\oplus(x\otimes x^c)\\&=(x\otimes a)\oplus 0=x\otimes a=a\end{aligned}$$

这说明 $y=(a\oplus x^c)\otimes b$ 是 x 在 S 中的补元，即 S 上补元律成立。

由定理 10.3.2 知，$\langle S;\otimes,\oplus,{}^c;a,b\rangle$ 构成布尔代数。

定义 10.3.3　设 $\langle B;\oplus,\otimes,{}^c;0,1\rangle$ 和 $\langle B';\oplus',\otimes',{}^{c'};0',1'\rangle$ 是两个布尔代数，ϕ 是 B 到 B' 的映射，若对于 $\forall a,b\in B$，有

$$\phi(a\oplus b)=\phi(a)\oplus'\phi(b)$$
$$\phi(a\otimes b)=\phi(a)\otimes'\phi(b)$$
$$\phi(a^c)=\phi(a)^{c'}$$

则称 ϕ 是 B 到 B' 的同态映射。

与格类似，也可以定义布尔代数的单同态、满同态和同构，而且布尔代数也有与格同态类似的性质，这里从略，有兴趣的读者可以参考其他书籍。

习　题　10.3

1. 对以下各小题给定的集合和运算判断它们是哪一类代数系统(半群、含幺半群、群、环、域、格、布尔代数)，并说明理由。

(1) $S_1=\left\{1,\frac{1}{2},2,\frac{1}{3},3,\frac{1}{4},4\right\}$，$*$ 为普通乘法；

(2) $S_2=\{a_1,a_2,\cdots,a_n\}$，$\forall a_i,a_j\in S_2$，$a_i*a_j=a_i$，$n$ 为给定正整数，且 $n\geqslant 2$；

(3) $S_3=\{0,1\}$，$*$ 为普通乘法；

(4) $S_4=\{1,2,3,6\}$，$\forall x,y\in S_4$，$x*y$ 和 $x\cdot y$ 分别表示求 x 和 y 的最小公倍数和最大公因数；

(5) $S_5=\{0,1\}$，$*$ 为模 2 加法，$\cdot$ 为模 2 乘法。

2. 在布尔代数中，证明：

$$a\leqslant b\Leftrightarrow a\oplus b^c=1\Leftrightarrow a\otimes b^c=0$$

3. 对于 $n=1,2,3,4,5$，给出所有不同构的 n 元格，并说明其中哪些是分配格、有补格和布尔格。

4. 设 $\langle B;\oplus,\otimes,{}^c;0,1\rangle$ 是布尔代数，在 B 上定义二元运算 $*$：

$$\forall x,y\in B，有\ x*y=(x\otimes y^c)\oplus(x^c\otimes y)$$

问 $\langle B;*\rangle$ 能否构成代数系统？如果能，指出是哪一种代数系统，并说明理由。

5. 在布尔代数中化简下列式子：

(1) $(a\otimes b)\oplus(a^c\otimes b\otimes c^c)\oplus(b\otimes c)$；

(2) $((a\otimes b^c)\oplus c)\otimes(a\oplus b^c)\otimes c$；

(3) $(a\otimes b)\oplus(a\otimes b^c\otimes c)\oplus(b\otimes c)$；

(4) $(a\otimes b)^c\oplus(a\oplus b)^c$；

(5) $(1\otimes a)\oplus(0\otimes a^c)$；

(6) $(a^c\otimes b^c\otimes c)\oplus(a\otimes b^c\otimes c)\oplus(a^c\otimes b^c\otimes c^c)$。

6. 在布尔代数中证明下列等式：

(1) $a\oplus(a^c\otimes b)=a\oplus b$；

(2) $a\otimes(a^c\oplus b)=a\otimes b$；

(3) $(a\otimes c)\oplus(a^c\otimes b)\oplus(b\otimes c)=(a\otimes c)\oplus(a^c\otimes b)$；

(4) $(a\oplus b^c)\otimes(b\oplus c^c)\otimes(c\oplus a^c)=(a^c\oplus b)\otimes(b^c\oplus c)\otimes(c^c\oplus a)$；

(5) $(a\otimes b)\oplus(a^c\otimes c)\oplus(b^c\otimes c)=(a\otimes b)\oplus c$。

7. 设 ϕ 是布尔代数 $\langle B;\oplus,\otimes,{}^c;0,1\rangle$ 到布尔代数 $\langle B';\oplus',\otimes',{}^{c'};0',1'\rangle$ 的同态映射，证明：$\phi(B)$ 构成 B' 的子布尔代数。

10.4 布尔表达式与布尔函数

定义 10.4.1 设 $\langle B;\oplus,\otimes,{}^c;0,1\rangle$ 是一个布尔代数，取值于 B 中元素的变元称为布尔变元；B 中的元素称为布尔常元。从 B^n 到 B 的函数称为 n 元布尔函数，其中集合 $B^n=\{\langle x_1,x_2,\cdots,x_n\rangle \mid x_i\in B,1\leqslant i\leqslant n\}$。

布尔函数的值通常用表来表示。例如，对于开关代数，若一个布尔函数 $F(x,y)$，当 $x=1$，$y=0$ 时，取值为 1，当 x 和 y 取其他值时都为 0，则 $F(x,y)$ 可用表 10.4.1 表示。

表 10.4.1

x	y	$F(x,y)$
0	0	0
0	0	0
1	0	1
1	1	0

布尔函数也可以用由布尔变元和布尔运算构成的表达式，即布尔表达式来表示。关于布尔表达式的准确定义如下。

定义 10.4.2 设 $\langle B;\otimes,\oplus,{}^c;0,1\rangle$ 是布尔代数，B 上的布尔表达式定义如下：

(1) B 中任何布尔常元是布尔表达式；

(2) B 中任何布尔变元是布尔表达式；

(3) 如果 E_1 和 E_2 是布尔表达式，则 E_1^c、E_2^c、$E_1\otimes E_2$、$E_1\oplus E_2$ 也是布尔表达式；

(4) 只有有限次使用上面的(1)、(2)、(3)所构造的符号串才是布尔表达式。

一个含有 n 个相异布尔变元的布尔表达式称为 n 元布尔表达式，记为 $F(x_1,x_2,\cdots,x_n)$。布尔表达式的值是指用布尔常元代替布尔表达式 $F(x_1,x_2,\cdots,x_n)$ 中的布尔变元(即赋值)所得的结果。与命题公式的定义类似，表达式中的某些圆括号同样可以省略，省略规则也是类似的。

例 10.4.1　设$\langle B;\oplus,\otimes,{}^{c};0,1\rangle$是布尔代数，$B=\{0,1,a,b\}$，则 0、1、$a$、$b$、$a\otimes b$、$a\oplus b$、$a^{c}$、$1\otimes(x\oplus y)$、$(a^{c}\oplus y)\otimes(z\oplus b)$、$(a\otimes b)\oplus x^{c}\otimes y\otimes z$ 等都是布尔表达式，且 $1\otimes(x\oplus y)$、$(a^{c}\oplus y)\otimes(z\oplus b)$是二元布尔表达式，$(a\otimes b)\oplus x^{c}\otimes y\otimes z$ 是三元布尔表达式，其中 x、y、z 是布尔变元。

从例 10.4.1 可以看出，逻辑代数是一种布尔代数。再进一步看，命题公式是一种布尔表达式，真值函数是一种布尔函数。而且，与命题逻辑中的情况一样，在布尔代数中也有如下的一些定义和定理。

定义 10.4.3　设$\langle B;\oplus,\otimes,{}^{c};0,1\rangle$是布尔代数，$F_1(x_1,x_2,\cdots,x_n)$和$F_2(x_1,x_2,\cdots,x_n)$是其上的两个布尔表达式，如果在任何赋值下，$F_1(x_1,x_2,\cdots,x_n)$和$F_2(x_1,x_2,\cdots,x_n)$都有相同的取值，则称这两个布尔表达式等价，记为

$$F_1(x_1,x_2,\cdots,x_n)=F_2(x_1,x_2,\cdots,x_n)$$

例 10.4.2　设 $F_1(x_1,x_2,x_3)=x_1\otimes(x_2\oplus x_3)$，$F_2(x_1,x_2,x_3)=(x_1\otimes x_2)\oplus(x_1\otimes x_3)$是布尔代数$\langle B;\oplus,\otimes,{}^{c};0,1\rangle$上的两个布尔表达式，由布尔代数的分配律知

$$x_1\otimes(x_2\oplus x_3)=(x_1\otimes x_2)\oplus(x_1\otimes x_3)$$

故有 $F_1(x_1,x_2,x_3)=F_2(x_1,x_2,x_3)$。

定义 10.4.4　设$\langle B;\oplus,\otimes,{}^{c};0,1\rangle$是布尔代数，对于 n 个布尔变元$x_1,x_2,\cdots,x_n$，称表达式 $\Gamma_1\otimes\Gamma_2\otimes\cdots\otimes\Gamma_n$为关于 $x_1,x_2,\cdots,x_n$的极小项，称表达式 $\Gamma_1\oplus\Gamma_2\oplus\cdots\oplus\Gamma_n$为关于 $x_1,x_2,\cdots,x_n$的极大项，这里 Γ_i表示 x_i或 x_i^{c}。

显然，对于 n 个布尔变元有 2^n个极小项和 2^n个极大项。同命题逻辑一样，可以用二进制数表示其下标。以 m_k表示极小项，当极小项中出现第 i 个变元时，二进制下标 k 左起的第 i 位为 1；当极小项中出现第 i 个变元的补时，二进制下标 k 左起的第 i 位为 0。例如，布尔变元 x、y 形成的极小项 $x\otimes y^{c}$的符号是 m_{10}。同样，以 M_k表示极大项，当极大项中出现第 i 个变元时，二进制下标 k 左起的第 i 位为 0；当极大项中出现第 i 个变元的补时，二进制下标 k 左起的第 i 位为 1。例如，布尔变元 x、y 形成的极大项 $x\oplus y^{c}$的符号是 M_{01}。

同命题逻辑一样，容易证明布尔代数中的极小项和极大项有如下性质。

定理 10.4.1　在布尔代数中，极小项和极大项具有如下性质：

(1) 任意两个不同的极小项的布尔积等于 0；

(2) 全体极小项的布尔和等于 1；

(3) 任意两个不同的极大项的布尔和等于 1；

(4) 全体极大项的布尔积等于 0。

定义 10.4.5　设$\langle B;\oplus,\otimes,{}^{c};0,1\rangle$是布尔代数，称公式

$$(\Gamma_1)\oplus(\Gamma_2)\oplus\cdots\oplus(\Gamma_k)$$

为标准析取范式(主析取范式)。若这个标准析取范式与某个布尔函数或布尔表达式等价，则称它为这个布尔函数或布尔表达式的标准析取范式。这里 Γ_i或者是某个极小项 m_i，或者是某个布尔常元 a_i，或者是某个极小项与某个布尔常元的布尔积 $a_i\otimes m_i$，$i=1,2,\cdots,k$。

定义 10.4.6　设$\langle B;\oplus,\otimes,{}^{c};0,1\rangle$是布尔代数，称公式

$$(\Gamma_1)\otimes(\Gamma_2)\otimes\cdots\otimes(\Gamma_k)$$

为标准合取范式(主合取范式)。若这个标准合取范式与布尔表达式 $F_1(x_1,x_2,\cdots,x_n)$等价，则称它为布尔表达式 $F_1(x_1,x_2,\cdots,x_n)$的标准合取范式。这里 Γ_i或者是某个极大项

M_i，或者是某个布尔常元 a_i，或者是某个极大项与某个布尔常元的布尔和 $a_i \oplus M_i$，$i=1, 2, \cdots, k$。

10.5　布尔代数在电路分析中的应用

布尔代数的应用极为广泛，其中最明显的是在自动化技术和计算机技术中的应用。本节仅介绍布尔代数在电路分析中的应用。

开关是一种具有一个输入和一个输出的器件，其串联与并联构成的电路称为开关电路。整个开关电路从功能上可看作是一个开关，把电路接通记为1，把电路断开记为0。开关电路中的开关要么处于接通状态，要么处于断开状态，这两种状态也可以用布尔代数来描述。

一个具有 n 个独立开关组成的开关电路称为 n 元开关电路。整个开关电路是否接通完全取决于这些开关的状态以及连接方式。如果将整个线路用一个布尔表达式来表示，则串联对应布尔积，并联对应布尔和，反相对应布尔补。

接通条件相同的线路称为等效线路。两个开关电路是等效的，当且仅当对应的开关函数是等价的。找等效线路的目的是化简线路，使线路中包含的接点尽可能地少。还可以根据线路的布尔表达式找出电路接通和电路断开的条件，并根据所给条件来设计具有指定性质的线路。

例 10.5.1　设电路图如图 10.5.1 所示，试对它进行分析，找出其工作条件。

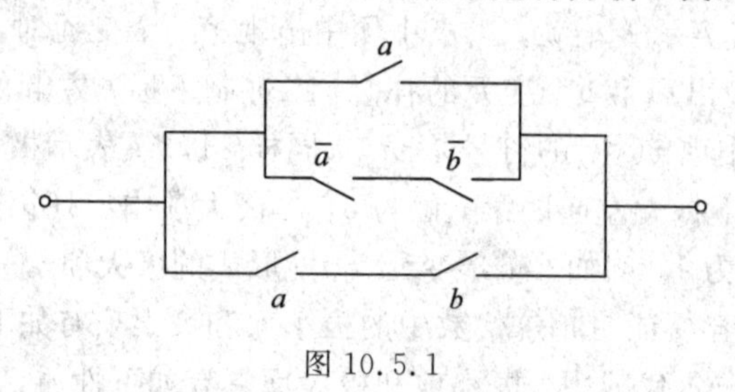

图 10.5.1

解　该电路的构造式是 $a \vee (\bar{a} \wedge \bar{b}) \vee (a \wedge b)$。为了便于分析，首先化简构造式，即

$$
\begin{aligned}
a \vee (\bar{a} \wedge \bar{b}) \vee (a \wedge b) &= ((a \vee \bar{a}) \wedge (a \vee \bar{b})) \vee (a \wedge b) \\
&= (a \vee \bar{b}) \vee (a \wedge b) \\
&= (a \vee (a \wedge b)) \vee \bar{b} \\
&= a \vee \bar{b}
\end{aligned}
$$

其次，作 $a \vee \bar{b}$ 的函数值表，见表 10.5.1。

表 10.5.1

a	b	$a \vee \bar{b}$
0	0	1
0	1	0
1	0	1
1	1	1

由表 10.5.1 即知该电路工作的条件是：

(1) $a=b=0$；

(2) $a=1$，$b=0$；

(3) $a=b=1$。

例 10.5.2　设计一个为三人小组进行秘密表决的电路，要求信号在两人或两人以上按下开关表示同意时亮，其他情况不亮。

解　该三人各控制开关 a、b、c，根据题意作出开关函数 $f(a,b,c)$ 的函数值表及函数值取 1 的各行的小项，如表 10.5.2 所示，这些小项的并即为该电路的析取范式

$$f(a,b,c)=(\bar{a}\wedge b\wedge c)\vee(a\wedge\bar{b}\wedge c)\vee(a\wedge b\wedge\bar{c})\vee(a\wedge b\wedge c)$$

将它化简得

$$f(a,b,c)=(a\wedge(b\vee c))\vee(b\wedge c)$$

则满足该工作条件的电路如图 10.5.2 所示。

表 10.5.2

a	b	c	$f(a,b,c)$	m_k
0	0	0	0	—
0	0	1	0	—
0	1	0	0	—
0	1	1	1	$m_3=\bar{a}\wedge b\wedge c$
1	0	0	0	—
1	0	1	1	$m_5=a\wedge\bar{b}\wedge c$
1	1	0	1	$m_6=a\wedge b\wedge\bar{c}$
1	1	1	1	$m_7=a\wedge b\wedge c$

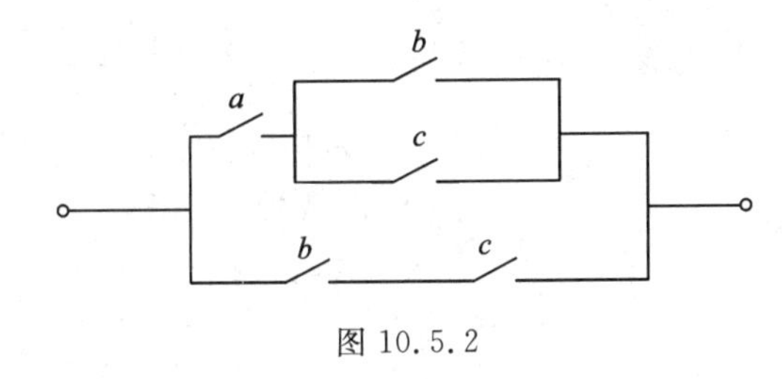

图 10.5.2